RVR

Paul Davies

Die Urkraft

Auf der Suche nach einer einheitlichen Theorie der Natur

Aus dem Englischen von Ernst Peter Fischer

Rasch und Röhring Verlag

CIP-Kurztitelaufnahme der Deutschen Bibliothek

Davies, Paul:
Die Urkraft: auf d. Suche nach e. einheitl. Theorie
d. Natur / Paul Davies. – 1. Aufl. – Hamburg;
Zürich: Rasch und Röhring, 1987.
ISBN 3-89136-148-3

Einbandgestaltung: Studio Reisenberger
Satz: Utesch Satztechnik GmbH, Hamburg
Druck- und Bindearbeiten: Bercker Graph. Betrieb, Kevelaer
Printed in Germany

Inhalt

Das Universum öffnet sich

Die Schöpfung und die Suche nach der Urkraft

Wir alle lieben Abenteuergeschichten. Eines der größten Abenteuer aller Zeiten findet gerade jetzt in der verborgenen Welt der Grundlagenphysik statt. Die handelnden Personen in dieser Geschichte sind Wissenschaftler, und sie suchen nach einer Beute von unvorstellbarem Wert – sie suchen nach nichts Geringerem als dem Schlüssel zum Universum.

Die wichtigste wissenschaftliche Entdeckung unseres Zeitalters besteht darin, daß es das physikalische Universum nicht immer gegeben hat. Die Wissenschaft sieht sich keiner größeren Herausforderung gegenüber, als eine Erklärung dafür zu suchen, wie es zu der Existenz des Universums gekommen ist und warum seine Struktur so ist, wie wir sie vorfinden. Ich glaube, daß diese Herausforderung in den letzten Jahren angenommen werden konnte. Wir haben zum erstenmal in unserer Geschichte eine rationale wissenschaftliche Theorie der Existenz überhaupt. Dieser revolutionäre Durchbruch stellt einen Fortschritt von unerreichter Größe in unserem Verstehen der Welt dar. Er wird die Vorstellungen, die sich die Menschen vom Kosmos und seiner Stellung darin machen, tiefgreifend beeinflussen.

Diese dramatischen Entwicklungen ergeben sich unmittelbar aus einigen größeren Fortschritten, die der Grundlagenphysik im letzten Jahrzehnt gelungen sind, und zwar vor allem in dem Bereich, der als Hochenergiephysik bekannt ist. Auf dem experimentellen Feld offenbaren wichtige Entdeckungen zum erstenmal tiefe Beziehungen zwischen subatomaren Teilchen und den Kräften, die in der Materie verborgen sind. Die Fortschritte des theoretischen Verstehens sind dabei sicher noch spektakulärer. Zur Zeit bestimmen zwei neue Konzeptionen das Tempo: Die eine läuft unter der Bezeichnung »große einheitliche Theorien«, also GET (auf englisch: »grand unified theories«, also GUT), und die andere heißt »Supersymmetrie«. Gemeinsam weisen sie auf die überzeugende Idee hin, daß die ganze Natur letztendlich von den Wirkungen einer einzelnen *Urkraft* (»superforce«) beherrscht wird. Diese Urkraft, so erklären die beiden Konzeptionen, habe die Fähigkeit, das Universum hervorzubringen und mit Licht, Energie, Materie und Struktur zu versorgen. Die Urkraft sei aber mehr als nur schöpferische Aktivität. Sie stelle darüber hinaus die Verschmelzung von Materie, Raumzeit und Kraft zu einem integrierten und harmonischen Rahmen dar, der dem Universum eine bis dahin unvermutete Einheit verleihe.

Jede Wissenschaft ist ihrem Wesen nach die Suche nach einer Einheit. Indem der Wissenschaftler unterschiedliche Erscheinungen mit einer gemeinsamen Theorie oder Beschreibung in Beziehung setzt, vereinheitlicht er einen Teil unserer verwirrend komplexen Welt. Was die jüngsten Entdeckungen so aufregend macht, liegt darin, daß nun *alle* natürlichen Erscheinungen von einem einzelnen Entwurf beschrieben werden können.

Die Suche nach einer Urkraft kann bis zu den frühen Arbeiten Albert Einsteins zurückverfolgt werden, der die Konstruktion einer einheitlichen Feldtheorie versucht hatte. Ein Jahrhundert vor ihm hatten die britischen Physiker Michael Faraday und James Clerk Maxwell gezeigt, daß Elektrizität und Magnetismus eng miteinander verbundene Kräfte sind, die durch ein einheitliches elektromagnetisches Feld beschrieben werden können. Der Erfolg dieser Konzeption kann durch die ungeheure Auswirkung gemessen werden, die das Radio und die Elektronik – beide leiten sich aus der Vorstellung elektromagnetischer Wellen ab – auf unsere Gesellschaft gehabt haben. Es gab stets zwingende Motive, den Vereinheitlichungsprozeß auszudehnen und das elektromagnetische Feld mit anderen Kraftfeldern wie der Gravitation zu verschmelzen. Wer weiß, welche außergewöhnlichen Ergebnisse sich dabei ergeben können?

Der nächste Schritt war aber alles andere als einfach. Einsteins Suche nach einer einheitlichen Theorie des elektromagnetischen Feldes und der Gravitation blieb vergeblich, und erst in den späten sechziger Jahren kam man auf dem Weg zur Einheit voran: Es konnte gezeigt werden, daß der Elektromagnetismus mathematisch mit einer der Atomkräfte kombiniert werden kann (sie ist als schwache Kraft bekannt). Die neue Theorie stellte prüfbare Vorhersagen auf, deren spektakulärste die Existenz einer neuen Art von Licht betraf, das nicht aus gewöhnlichen Photonen, sondern aus geheimnisvollen Teilchen bestehen sollte, die man Z nannte. In einer Reihe von Streuexperimenten mit hoher Energie, die in einem Beschleuniger für subatomare Teilchen in der Nähe von Genf durchgeführt wurden, gelang es schließlich 1983, die Z-Teilchen herzustellen und so die einheitliche Theorie triumphal zu bestätigen.

Zu dieser Zeit hatten sich die Theoretiker aber schon weiter vorgearbeitet und eine noch viel ehrgeizigere Theorie formuliert, welche die andere Atomkraft (die starke) mit der elektromagnetischen und der schwachen Kraft vereinheitlicht. Parallel dazu hatte die Forschung über die Gravitation erste Hinweise darauf gegeben, wie auch sie mit den anderen Kräften zu einer einheitlichen Theorie verschmolzen werden könnte.

Die Physiker glauben, daß es in der Natur nur diese vier fundamentalen Kräfte gibt. Damit liegt der Weg zu einer vollständig integrierten Theorie frei, mit der alle Kräfte innerhalb eines einzigen erklärenden Entwurfs erfaßt werden können. Die einheitliche Feldtheorie, nach der die Wissenschaft viele Jahrzehnte lang gesucht hat, scheint nun endlich greifbar zu werden.

Bei ihren Versuchen, die vier Kräfte der Natur zu einer gemeinsamen Urkraft zu verschmelzen, sind die Physiker über einige reichhaltige Entdeckungen gestolpert. Die moderne Theorie der Kräfte ist der Quantenphysik entwachsen, in der Kraftfelder dadurch agieren, daß sie »Boten«-Teilchen übermitteln. Da auch die Materie selbst aus Teilchen zusammengesetzt ist, liefert die Quantenphysik eine gemeinsame Beschreibung von Kraft und Materie. Es ist tatsächlich möglich, die Natur der Kräfte und die mikroskopische Struktur der Materie zu entwirren: Teilchen wirken auf andere Teilchen (und sich selbst) durch den Austausch von wieder anderen Teilchen. Daraus folgt, daß eine einheitliche Theorie der Kräfte auch eine einheitliche Theorie der Materie ist. Das verwirrende Aufgebot an Teilchenarten, das die Experimentatoren während der letzten fünfzig Jahre katalogisiert haben, ist kein bedeutungsloses Durcheinander mehr; die Teilchen können systematisch geordnet werden.

Grundlegend für das Programm der Vereinheitlichung ist das Konzept der Symmetrie. In ihrer grundlegendsten Form liegt eine Symmetrie vor, wenn Zusammenhänge zwischen verschiedenen Teilen eines Objektes oder eines Systems bestehen. Falls subatomare Teilchen mit nah verwandten Eigenschaften in Familien gruppiert werden, deutet das aufscheinende Muster auf tiefe Symmetrien hin, die dies bewirken. Die mathematische Analyse der Kräfte, die die Materie formen, offenbaren ebenfalls verborgene Symmetrien von subtiler und abstrakter Natur. Indem sie darauf aufbauten, haben die Physiker entdeckt, daß Kräfte auf eine seltsame Weise verstanden werden können: Sie stellen einfach den Versuch der Natur dar, verschiedene abstrakte Symmetrien in der Welt aufrechtzuerhalten.
Es sind nun diese Einsichten in die Beziehung zwischen Kraftfeldern, Teilchen und Symmetrie, aus denen die vielleicht bemerkenswerteste aller Vermutungen stammt – die Vermutung nämlich, daß wir in einem elfdimensionalen Universum leben. Nach dieser Theorie wird der dreidimensionale Raum unserer Wahrnehmungen um sieben ungesehene Dimensionen vermehrt, die gemeinsam mit der Zeit insgesamt elf Dimensionen bilden. Wenn diese zusätzlichen sieben Dimensionen für uns auch unsichtbar sind, so manifestieren sie ihre Existenz dennoch als Kräfte. Was wir etwa als elektromagnetische Kraft ansehen, ist in Wirklichkeit nur die Auswirkung einer ungesehenen räumlichen Dimension. Die Geometrie der sieben zusätzlichen Dimensionen spiegelt die Symmetrien wider, die den Kräften innewohnen. Aus diesen Arbeiten folgt, daß es in Wirklichkeit überhaupt keine Kraftfelder gibt, sondern nur eine leere elfdimensionale Raumzeit, die sich in Mustern kräuselt. Es scheint, die Welt kann mehr oder weniger aus einem strukturierten Nichts heraus gebaut werden. Kraft und Materie sind Manifestationen von Raum und Zeit. Falls es diese Verbindung wirklich gibt, wäre sie von tiefster Bedeutung.
Aus diesen ermutigenden Fortschritten in unserem Verständnis der grundlegenden Kräfte, die die physikalische Welt aufbauen, erwächst die Erkenntnis, daß die wesentliche Struktur des heutigen Universums in der frühesten kosmischen Epoche entworfen wurde, zu einem Zeitpunkt, als das Universum weitaus weniger als eine Sekunde alt war. Die Astronomen akzeptieren heute, daß der Kosmos abrupt in einem Urknall (»big bang«) entstanden ist,

einem heftigen, explosiven Ausbruch unter physikalischen Bedingungen, bei denen die extremsten Grenzwerte von Temperatur und Druck, die heutzutage im Universum vorherrschen, weit überschritten wurden. Für einen flüchtigen Augenblick war der Raum mit exotischen Formen der Materie angefüllt, die von Kräften beherrscht wurden, die seitdem unterdrückt geblieben sind. In diesem ersten kurzen Aufflackern der kosmischen Existenz übte die Urkraft ihre größte Herrschaft aus.

In seinem Anfang war das Universum ein breiartiges Ferment aus Quantenenergie, also in einem Zustand von außergewöhnlich hoher Symmetrie. Tatsächlich könnte der Anfangszustand des Universums der einfachste gewesen sein, der möglich ist. Und erst als sich das Universum rasch ausdehnte und abkühlte, da passierte es, daß die in der heutigen Welt gewohnten Strukturen aus dem ursprünglichen Hochofen »ausgefroren« wurden. Eine Kraft nach der anderen trennte sich von der Urkraft ab. Schritt für Schritt erwarben die Teilchen ihre Eigenschaften, die dazu dienten, die gesamte Materie in der Welt aufzubauen. Zu diesem frühen Zeitpunkt wurden auch die Anfänge der Galaxien erzeugt. Man kann sagen, daß der zugleich wohlgeordnete und verwirrende Kosmos, den wir heute sehen, aus der strukturlosen Uniformität des Urknalls heraus »erstarrt« ist. Je primitiver ein Objekt ist, desto früher lag die Epoche, in der es im ursprünglichen Hochofen geschmiedet wurde.

Das größte kosmische Geheimnis war schon immer die Frage, was den Urknall verursacht hat. Bis jetzt wurden nur metaphysische Antworten gegeben. Heute können wir aber eine angemessene wissenschaftliche Erklärung für den Urknall erahnen, die auf der Aktivität der Urkraft basiert. Folgt man diesen neuesten Vorschlägen, dann explodierte das Universum buchstäblich aus dem Nichts heraus in seine physikalische Existenz. Im selben Augenblick erschienen auch Raum und Zeit. Das Geheimnis dieses kosmischen Ereignisses ohne Ursache steckt in der Quantenphysik, ein Thema, das wir in den kommenden Kapiteln ausführlich behandeln werden.

Nachdem es vorhanden war, entwickelte sich das Universum extrem schnell unter der Herrschaft der Urkraft. Einige Theoretiker glauben, daß die derzeit beobachtete großräumige Struktur des Universums in den ersten 10^{-32} Sekunden zustande gekommen ist und daß diese rasche Entwicklung die Umwandlung von zehn Raumdimensionen in die drei heute überlebenden mit eingeschlossen hat. In demselben Zeitabschnitt könnte es auch passiert sein, daß das Universum zu einem »kosmischen Münchhausen« (»cosmic bootstrap«) wurde, der in der Lage war, selbst riesige Mengen von Energie aus dem Nichts an den Haaren herbeizuziehen. Wenn dies richtig ist, dann stammt nicht nur die gesamte Materie, die den Kosmos aufbaute, aus dieser ursprünglichen Energie, sondern auch all die Energie, die den Kosmos heute noch antreibt.

Die Wissenschaftler haben sich in zwei Lager gespalten. Da gibt es einige, die glauben, daß – im Prinzip – die Wissenschaft das Universum vollständig erklären kann. Die anderen meinen, daß der Existenz ein übernatürliches oder metaphysisches Element innewohnt, das nicht zurückführbar ist und für rationale Untersuchungen unfaßbar bleibt. Die wissenschaftlichen Optimisten, wie wir sie einmal nennen wollen, sind nicht so kühn zu behaupten, daß wir jemals eine vollständige Kenntnis von jedem Detail des Kosmos besitzen werden; sie bestehen aber darauf, daß jede Entwicklung und jedes Ereignis genau auf die Herrschaft der Naturgesetze zurückzuführen sind. Ihre Gegenspieler bestreiten dies.

Von allen Wissenschaften ist es gerade die Physik, die mit dieser Alternative besonders deutlich konfrontiert ist. Dies liegt teilweise daran, daß sie eine »fundamentale« Wissenschaft ist. Schließlich besteht die Aufgabe der Physiker darin, die Natur von Raum und Zeit zu verstehen, die grundlegende Struktur der Materie und die Wirkungen der Kräfte zu erkunden, die die Objekte hervorbringen, die wir zusammen das Universum nennen. Es ist das eigentliche Ziel der Physik zu erklären, woraus die Welt besteht, wie sie zusammengesetzt ist und wie sie funktioniert. Falls irgendein Teil dieser Welt, sei es die Vergangenheit, die Gegenwart oder die Zukunft, nicht in dieses Vorhaben eingeschlossen werden kann, dann werden dadurch vor allem die Physiker alarmiert.

Noch bis in die Mitte der siebziger Jahre hinein sind einige der hier beschriebenen Leistungen undenkbar gewesen. Die meisten Kosmologen hielten daran fest, daß die Physik zwar die Entwicklung des Universums beschreiben könnte, nachdem es einmal geschaffen worden war, daß aber der Ursprung selbst außerhalb des Zugriffs der Wissenschaft liege. Vor allem schien die Annahme notwendig zu sein, daß das Universum zu Beginn in einem sehr merkwürdigen Zustand eingerichtet worden ist, um die Gestalt herauszubilden, die wir heute beobachten. Damit mußte vermutet werden, daß alle wichtigen physikalischen Strukturen, die ganze Materie und Energie und auch ihre großräumige Verteilung von Gott gegeben waren; sie mußten »von Hand« als unerklärte Anfangsbedingungen eingeführt werden. Mit dem jüngsten Verständnisdurchbruch dagegen tauchen all diese Eigenschaften natürlich und automatisch als Konsequenz der physikalischen Gesetze auf. Die Anfangsbedingungen, soweit diesem Konzept im Quantenzusammenhang überhaupt noch ein Sinn zukommt, üben keinen Einfluß auf die Struktur des Universums aus, das anschließend seine Existenz beginnt. Wir müssen uns also vorstellen, daß das Universum als Resultat von *Gesetzen* und nicht durch *Zufall* zustande gekommen ist.

Die Tatsache, daß die gegenwärtige Natur des Universums gezwungen war, mit einem Urknall zu entstehen – das sagen die Gesetze der Physik –, läßt deutlich darauf schließen, daß diese Gesetze selbst nicht zufällig oder aufs Geratewohl aufgetaucht sind, sondern daß in ihnen die Spur eines Plans steckt. Trotz des Niedergangs der traditionellen Religionen suchen die Menschen weiterhin nach einer Bedeutung hinter der Existenz. Die neue Physik und die neue Kosmologie offenbaren, daß unser geordnetes Universum weit mehr ist als ein gigantischer Unfall. Ich glaube, das Studium der jüngsten Revolution auf diesen Gebieten ist eine Quelle großer Inspiration bei der Suche nach dem Sinn des Lebens.

Wie immer in der Wissenschaft sind Theorien und Modelle nur vorläufig, und sie können sich als falsch herausstellen, wenn neue Entdeckungen gemacht werden. Viele der Themen, die in diesem Buch diskutiert werden, stellen die vorderste Linie der Forschung dar, und ich zweifle nicht daran, daß zukünftige Entwicklungen zu einer Neueinschätzung ihrer Bedeutung führen werden. Daher ist bei einigen der im Detail angeführten Ergebnisse Vorsicht geboten. Nachdem ich dies gesagt habe, glaube ich aber nicht, daß zukünftige Entwicklungen dem zentralen Thema dieses Buches etwas anhaben können, daß wir zum erstenmal in der Geschichte eine vollständige Theorie des ganzen Universums zum Greifen nah haben, eine Theorie, in der kein physikalischer Gegenstand und kein physikalisches System außerhalb einer kleinen Menge grundlegender wissenschaftlicher Prinzipien liegen. Die hier dargelegte Theorie des Universums mag sich als falsch herausstellen, doch können wir zumindest erahnen, wie eine vollständige Theorie der Existenz aussehen muß. Wir können das Universum endlich begreifen, ohne auf irgendeinen übernatürlichen Einfluß angewiesen zu sein. Solch ein Universum ist zwar vollständig das Resultat der Wirkung natürlicher Kräfte, die den Wissenschaften zugänglich sind, und doch besitzt es eine Einheit und Harmonie, die nachhaltig ein deutliches Gefühl von Absicht vermittelt.

Wo sind wir?

Zu meinen ältesten Erinnerungen an die Kindheit gehört, daß ich meinen Vater gefragt habe, wo das Ende des Universums ist. »Wie kann es ein Ende haben«, erwiderte mein Vater, »falls der Raum ein Ende hätte, müßte doch etwas dahinterliegen?« Hier traf ich zum erstenmal auf das Konzept der Unendlichkeit, und ich erinnere mich heute noch an meine Mischung aus Verwirrung, Ehrfurcht und Faszination. Wie sich herausgestellt hat, ist dieses Thema nicht ganz so einfach zu erledigen, wie mein Vater mir einreden wollte.

Um die Grenzen des Universums zu verstehen, muß man erst über unsere Position darin Bescheid wissen. Die Erde macht zusammen mit ihren acht Schwesterplaneten, die alle die Sonne umkreisen, das Sonnensystem aus. Die Sonne ist ein typischer Stern, und die anderen Sterne, die wir sehen, wenn wir den Nachthimmel anschauen, sind relativ nah bei uns liegende Sonnen (vielleicht ein wenig größer und heller als unsere eigene), die wahrscheinlich mit eigenen Planetensystemen ausgestattet sind. Die Sterne sind nicht zufällig im Raum verteilt, sondern in einer ausgedehnten, radförmigen Struktur organisiert, die als Galaxie bezeichnet wird. Das breite Lichtband, das als Milchstraße bekannt ist, erweist sich im Teleskop als eine riesige Ansammlung von Sternen, Gas und Staub und bildet den helleren Teil unserer Galaxie. Die Milchstraße erscheint als Lichtband, weil die Galaxie die Form einer Scheibe hat. Wir sehen die meisten Sterne, wenn wir in die Ebene der Scheibe blicken. Die Sonne ist vom Zentrum der Scheibe etwa zwei Drittel des Durchmessers entfernt. Die Galaxie hat kein plötzliches Ende; die gesamte Struktur liegt eingebettet in einem großen aufgeblähten Hof (Halo) von weit auseinanderliegenden Sternen.

Wenn man über die Grenzen der Galaxie hinausschaut, kann man andere Galaxien sehen, die unserer in der Form sehr ähneln und die haufenförmig um uns verstreut liegen. Typisch für diese Galaxien ist der Andromedanebel, der für ein unbewaffnetes Auge als verschwommener Lichtfleck zu erkennen ist. Diese lokale Gruppe ist selbst Teil einer größeren Ansammlung von galaktischen Haufen, und so geht das immer weiter. Die modernen Teleskope enthüllen ein Universum voller Haufen von Galaxien – es gibt Tausende und Tausende von Millionen davon –, die gleichmäßig im ganzen Raum verteilt sind. Die Galaxien sind die Bausteine des Kosmos.

Astronomische Entfernungen sind in ihrer Größe überwältigend. Drückt man sie in Kilometern aus, ist man bald in einem Labyrinth von Nullen verloren. Ein bequemeres Maß ist das Lichtjahr, also die Strecke, die das Licht (die schnellste Einheit) in einem Jahr zurücklegt. Ein Lichtjahr ist etwa 9,5 Millionen Millionen Kilometer lang; man kann sich darunter vielleicht mehr vorstellen, wenn man sich daran erinnert, daß Licht nur 8,5 Minuten braucht, um von der Sonne aus die Erde zu erreichen, die 150 Millionen Kilometer entfernt ist. Der Mond ist etwa eine Lichtsekunde weit von der Erde weg. In diesen Einheiten dehnt sich unser Sonnensystem einige Lichtstunden weit aus, und der nächste Stern ist etwas mehr als vier Lichtjahre entfernt. Unsere Galaxie hat einen Radius von ungefähr 100 000 Lichtjahren, und in diesem riesigen Raum befinden sich wenigstens hundert Milliarden Sterne. Entfernungen zu anderen Galaxien werden in Millionen von Lichtjahren gemessen. Der benachbarte Andromedanebel ist etwa 2,5 Millionen Lichtjahre weit weg, und das größte Teleskop der Welt kann noch Galaxien erkennen, die bis zu zehn Milliarden Lichtjahre von uns entfernt sind.

Dieses Bild des Universums ist erst vor relativ kurzer Zeit entworfen worden. Alle alten Kulturen hielten es für selbstverständlich, daß die Erde im Mittelpunkt des Kosmos liegt. Obwohl die Astronomie in vielen primitiven Kulturen schon weit entwickelt worden war, mußte man bis zum modernen wissenschaftlichen Zeitalter warten, um die Natur der Sterne und die großräumige Struktur des Universums richtig verstehen zu können.

Im vorwissenschaftlichen Europa spiegelten die kosmologischen Ideen die Arbeit der frühen griechischen Philosophen wider. Im 6. Jahrhundert v. Chr. hatte sich Pythagoras eine kugelförmige Erde vorgestellt, die im Zentrum eines sphärischen Universums steht. Die kosmischen Körper wurden als göttlich angesehen, und ihre kreisförmige Bewegung war geometrisch perfekt reguliert. Im Lauf der Jahrhunderte entwickelten die Griechen dieses Grundthema weiter. Der Höhepunkt wurde mit dem komplexen Modell von Claudius Ptolemäus im 2. Jahrhundert n. Chr. erreicht. Das ptolemäische Universum umfaßte eine Sammlung von miteinander verwobenen kreisenden Kugeln, die die komplizierten Bewegungen des Mondes und der Planeten rekonstruieren sollte.
In diesem ersten Modell blieb das Universum zwar gewöhnlich von endlicher Größe, doch stritt man sich vielfach um die Natur der kosmischen Kante. Der römische Dichter Lucretius lenkte die Aufmerksamkeit auf dieses Problem, indem er fragte, was passieren würde, wenn jemand seinen Weg bis zu dieser »äußersten Grenze« machen und dann einen Speer losschleudern würde. Wäre sein Flug blockiert? In einigen Modellen lautete die Antwort »Ja«. Man stellte sich als Grenze eine Art Mauer oder undurchdringliche Oberfläche vor. Diese seltsame Idee hielt sich unmittelbar bis zu Keplers Zeiten im 17. Jahrhundert.
Im Gegensatz zu einer scharfen Grenze bevorzugte Aristoteles die Idee, daß der physikalische Bereich ganz allmählich verblaßt und in die Welt der Geister und ätherischen Substanzen übergeht. Einige Leute glauben auch heute noch an diese Vorstellung, indem sie sich einen Himmel (»heaven«) hinter dem sichtbaren Himmel (»sky«) vorstellen. Unser Aberglaube und viele religiöse Symbole beruhen auf ähnlichen Konzepten. In der Tat, das Wort »himmlisch« bezieht sich sowohl auf astronomische als auch auf geistige Vorstellungen.
Eine alternative kosmologische Tradition war die der »Leere«. In diesem Modell wurde das materielle Universum als endlich angesehen, aber seine äußere Grenze markierte nicht das Ende aller Existenz. Statt dessen lag dahinter der leere Raum, der sich in die Unendlichkeit erstreckte. Was auch immer die Natur der kosmischen Kante war, die Erde wurde unabhängig davon immer für den Mittelpunkt des Universums gehalten.
Diese Ideen brachen im Mittelalter zusammen, als Nikolaus

Kopernikus proklamierte, daß es die Sonne und nicht die Erde sei, die sich im Zentrum des Universums befinde, und daß die Planeten um diese Mitte kreisten. In Kopernikus' Modell behielt das Universum seine endliche Größe, und es besaß einen äußeren Rand – eine Kugel, die die Fixsterne enthielt. Kurze Zeit später schlug Thomas Digges vor, den Außenrand des kopernikanischen Modells zugunsten einer Anordnung aufzugeben, in der die Sterne in einem unbegrenzten Raum verstreut lagen. Für das Konzept eines unendlichen Universums waren schon mehr als tausend Jahre zuvor Lucretius und die sogenannten Atomisten eingetreten, doch mystische und religiöse Aspekte des Unendlichen legten sich in den Weg und vernebelten diese Idee. So wurde Giordano Bruno zum Beispiel von der Kirche deshalb hingerichtet, weil er behauptete, daß es unendlich viele Welten gibt.

Das Wachstum der wissenschaftlichen Astronomie, vor allem die Entwicklung großer Teleskope und die Erfindung des Spektroskops, änderten die menschlichen Konzeptionen des Universums gewaltig. Die Milchstraße wurde als ein »Inseluniversum« angesehen, das eine eigene Identität hatte. Noch am Ende des letzten Jahrhunderts gab es eine Kontroverse um die Frage, ob die Galaxie der Milchstraße allein in einer unendlichen Leere hockt oder ob es noch andere »Inseln« neben unserer gibt. Einigen Astronomen wenigstens schien es denkbar zu sein, daß man weit in den Weltraum vordringen und von da auf die ganze Schöpfung zurückblicken könnte. Sie glaubten, das ganze Universum der Sterne sei in einer einzigen Region konzentriert, und dahinter folge die unbegrenzte Leere.

Die wahre Natur des Universums wurde erst in den zwanziger Jahren im Gefolge der Arbeiten der amerikanischen Astronomen Harlow Shapley und Edwin P. Hubble klar erkennbar. Ihnen gelang endlich der Nachweis, daß viele der sogenannten Nebel – ausgefranste Lichtflecken, die den Astronomen seit langem bekannt waren – Galaxien waren, die außerhalb unserer eigenen lagen. Galaxien findet man, so weit die Teleskope reichen. Kein Hinweis darauf ist bekannt, daß ihre Dichte abnimmt, und nichts deutet auf einen Rand oder ein Ende der Ansammlung von Galaxien hin. Die Kosmologen bevorzugen die Annahme, daß es einen solchen Rand nicht gibt, und sie meinen, wo immer auch Raum sei, da seien Galaxien. Trotzdem stellen sich auch heute noch viele

Leute (unter ihnen einige Wissenschaftler) das Universum als Haufen von Galaxien vor, der von einer unendlichen Leere umgeben ist. Populäre Beiträge beschreiben manchmal »den Rand des Universums«, also eine äußere Grenze, außerhalb der es nur noch die Leere gibt. Die Naturwissenschaften gehen heute jedoch davon aus, daß es keine kosmische Kante und kein kosmisches Zentrum gibt. Das Universum ist keine Ansammlung von Galaxien, die im Raum enthalten sind; vielmehr ist der Raum im Universum enthalten.

Paradoxerweise müssen wir nicht voraussetzen, daß ein randloses Universum ein unendlich großes Volumen mit unendlich vielen Galaxien hat. Eine der Kuriositäten der modernen Kosmologie besteht darin, daß der Kosmos zugleich endlich und unbeschränkt sein kann. Wem dies wie ein Widerspruch erscheint, der soll an einen Kreis denken. In gewisser Weise geht ein Kreis immer weiter. Er hat weder Grenze noch Kante und auch keinen Mittelpunkt (wenigstens keinen, der auf dem Kreis selbst liegt). Trotz alledem ist ein Kreis endlich. Wir könnten sagen, ein Kreis ist eine Linie, die eine Kurve macht und zu sich selbst aufschließt. Es ist möglich, diese Idee auf drei Dimensionen zu erweitern und sich ein Universum vorzustellen, das sich krümmt und zu sich selbst aufschließt, um so einen endlichen Raum ohne Grenzen entstehen zu lassen. Viele Menschen haben Schwierigkeiten damit, an ein geschlossenes und endliches Universum zu denken, sie wollen sich immer vorstellen, daß noch etwas außerhalb davon liegt. Nichtsdestoweniger ist dieses Konzept sinnvoll, und es kann mathematisch geeignet beschrieben werden. Unter Kosmologen herrscht aber noch keine Einigkeit, ob das Universum wirklich so ist.

Falls es keine äußere Grenze des Bereichs gibt, in dem sich Galaxien befinden, dann verliert die Frage »Wo sind wir?« viel von ihrer Bedeutung. Der Raum hat keine Wegzeichen, und sogar in den am weitesten entfernten Regionen sind die großräumigen Aspekte des Universums fast genauso wie in unserer galaktischen Nachbarschaft. In kleinem Maßstab ist die Frage nach dem »Wo?« berechtigt, denn wir können unsere Lage relativ zu einem auffallenden nahen Objekt bestimmen, etwa zur Sonne oder zum Zentrum unserer Galaxie. Doch im Universum als Ganzes gibt es keinen bevorzugten Platz, von dem aus Objekte ihre Position eichen könnten. Hier ist es vielmehr so wie auf einem unendlichen

Schachbrett. Man kann zwar sagen, wie weit man von der nächsten Ecke eines Quadrates entfernt ist, es hat aber keinen Sinn, ganz allgemein von einer Position auf dem Brett zu reden.

Wann sind wir?

Obwohl wir generell keinen Sinn in der Frage »Wo?« finden können, reden die Kosmologen häufig vom Alter des Universums. Mit der Zeit haben wir ähnliche Probleme wie mit dem Raum, auch hier gibt es eine lange Geschichte von Argumenten und Verworrenheit. Plato lehrte, daß die Welt von Gottes Schöpfung perfekt war und in ihren großen Zügen unverändert geblieben ist. Er beharrte darauf, daß trotz der Änderungen, die wir Tag für Tag bemerken, die Dinge im Lauf der Äonen mehr oder weniger dieselben bleiben. Wenn Platos Glaube richtig wäre, dann könnte die Welt nicht zu einem bestimmten Zeitpunkt erschaffen worden sein, sie hätte für alle Ewigkeit bestehen müssen. Die Frage »Wann sind wir?« wäre in dem Fall bedeutungslos, weil die Zeit keinen Anfang hätte.

In einer dazu gegensätzlichen Denktradition stellt man sich eine erschaffene Welt vor, in der das Universum ein endliches Alter hat und dauernden Änderungen unterliegt, die nicht umkehrbar sind. Es ist offensichtlich, daß im Fall einer perfekten ursprünglichen Schöpfung die Welt nicht perfekt bleiben würde. Sie hätte natürlich auch in einem unvollkommenen Zustand beginnen können, um sich anschließend zur Perfektion hin zu entwickeln (oder der Perfektion entgegenzustreben).

Es gibt zahllose mythische Abhandlungen zur Genesis, die meist sehr phantasievoll sind. Die wissenschaftliche Version der Schöpfung wurde erst in unserer Zeit im Detail ausgearbeitet. Ihre Ursprünge gehen auf Edwin P. Hubbles Untersuchungen über extragalaktische Objekte in den zwanziger Jahren zurück. Als Ergebnis seiner sorgfältigen Forschungen über die Spektren von weit entfernten Galaxien machte er eine Entdeckung, die die Grundlage aller modernen Kosmologie geworden ist. Aus der Art, mit der das Licht von Galaxien verzerrt ist – seine »Rotverschiebung« –, erkannte Hubble, daß sich die Galaxien mit großer Geschwindigkeit von uns fortbewegen. Eine systematische Analyse der Bewegungsmuster und der Art, in der es von der Entfernung abhing, machten deutlich, daß die anderen Galaxien sich auch voneinander entfernen. Das Universum expandiert überall. Diese Idee eines expandierenden Universums kann ebenfalls zu Problemen mit der Anschaulichkeit führen, und es verschlimmert das Durcheinander über die Frage nach dem »Wo?« noch. Die Versuchung ist groß, die Ausdehnung des Universums als Explosion eines konzentrierten Klumpens aus Materie zu sehen, bei der die Fragmente in eine unbegrenzte vorgegebene Leere sausen. In diesem fehlerhaften Bild stellt man sich vor, daß die Größe des Universums kontinuierlich zunimmt, wenn die am weitesten außen fliegenden Teile der Ansammlung von Fragmenten immer weiter in die Leere vorstoßen. Doch diese allgemeine Vorstellung eines Universums ist deswegen unzureichend, weil in ihr eine kosmische Kante vorausgesetzt wird. In einem genaueren Bild expandiert der Raum *zwischen* den Galaxien. Dazu gibt es die hilfreiche Analogie eines Luftballons, der langsam aufgeblasen wird. Wir stellen uns vor, daß die Oberfläche des Ballons mit Punkten bedeckt ist; sie repräsentieren die Galaxien. Wenn der Ballon expandiert, dehnt sich das Gummi aus, und die einzelnen Punkte entfernen sich mehr und mehr von ihren Nachbarn (Abbildung 1). Man beachte, daß die Punkte selbst sich nicht auf etwas zu

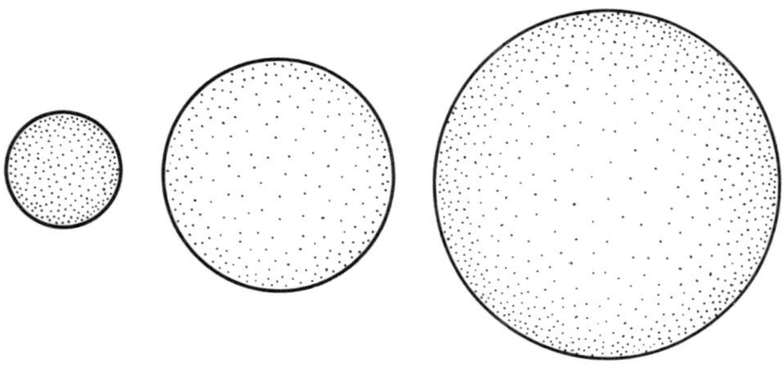

Abbildung 1: Das expandierende Universum verhält sich ähnlich wie ein Luftballon, der aufgeblasen wird. Die Punkte stellen Galaxien dar, die mehr oder weniger gleichmäßig über die Oberfläche verteilt sind. Wenn der Ballon anschwillt, streckt sich der Raum zwischen den Galaxien. Von jedem beliebigen Punkt sieht es so aus, als ob sich die benachbarten Punkte entfernen würden. Die Versammlung von »Galaxien« expandiert *nicht* von einem bestimmten Punkt im Raum aus. Natürlich ist die zweidimensionale Oberfläche des Ballons nur eine Analogie für den dreidimensionalen Raum; im realen Universum gibt es keine physikalische Region, die dem Inneren oder Äußeren des Ballons entspricht.

(oder von etwas weg-)bewegen, das tatsächlich innerhalb der Oberfläche liegt. Die Trennung zwischen den Punkten kommt durch die Expansion der Oberfläche selbst zustande.

Das expandierende Universum läßt sich mit der dreidimensionalen Version des expandierenden Luftballons vergleichen. Daher ist es falsch, wenn man sich vorstellt, daß die Galaxien *durch* den Raum sausen, also weg von einem gemeinsamen Zentrum der Expansion. Es ist die Wirkung des Raumes zwischen den Galaxien, der anschwillt und sich streckt, der die Galaxien voneinander wegführt. Die Fähigkeit des Raumes, sich zu strecken, ist eine Konsequenz von Einsteins Allgemeiner Relativitätstheorie, die wir in den kommenden Kapiteln erläutern werden. Die Tatsache, daß wir die entfernten Galaxien so sehen, als ob sie sich von uns wegbewegten, erlaubt nicht den Schluß, daß wir im Zentrum der Expansion stehen, genausowenig wie jeder andere Punkt auf dem Luftballon als Zentrum seiner Oberfläche angesehen werden kann. (Die *Oberfläche* hat kein Zentrum.) Das Universum dehnt sich also nicht in etwas aus, es vergrößert sich einfach überall.

Wenn das Universum anschwillt, dann muß es früher eingeschrumpft gewesen sein; wenn man rückwärts in der Zeit extrapoliert, kann man ableiten, daß das kosmische Material vor etwa 15 Milliarden Jahren dicht zusammengepreßt war. Daraus resultiert die Urknalltheorie vom Ursprung des Universums. Sie sagt, daß das Universum seine Existenz einer riesigen Explosion verdankt. Nach der heutigen Version dieser Urknalltheorie herrschten in den frühen Phasen des Universums extrem hohe Temperaturen und Dichten, so daß keine der heute beobachteten Strukturen einschließlich der Atome existieren konnte. Eine wichtige Bestätigung dieses Szenarios gelang 1965 zwei Wissenschaftlern, die für die amerikanische Bell Telephone Company an Problemen der Telekommunikation arbeiteten. Sie trafen zufällig auf eine mysteriöse Strahlung aus dem Weltall, die von Physikern und Astronomen rasch als kosmische Hintergrundstrahlung identifiziert wurde. Solch eine Strahlung gilt als Überbleibsel des ursprünglichen Feuers, ein verblassender Schimmer des gleißenden Ausbruchs, der das Schöpfungsereignis von 15 Milliarden Jahren markierte.

Die Natur des Urknalls wird oft mißverstanden, denn häufig kommt es vor, daß er als Explosion eines Haufens Materie in eine vorgegebene Leere aufgefaßt wird. Doch wir haben bereits gesehen, daß es außerhalb des Universums keinen Raum gibt. Es ist vielmehr genauer, sich den Urknall als das Ereignis vorzustellen, mit dem der Raum selbst zu existieren anfing. Und tatsächlich reicht das wissenschaftliche Bild der Schöpfung in dieser Hinsicht tiefer als die biblische Version, weil in ihm nicht nur der Ursprung der Materie, sondern auch der des Raumes erfaßt wird. Der Raum entstand aus dem Urknall und nicht umgekehrt. Der Urknall war folglich kein Ereignis, das im Universum stattfand; er hat das Universum erst werden lassen, und zwar als Ganzes und buchstäblich aus dem Nichts heraus.

Ein weiterer wichtiger Zug des Urknalls betrifft die Zeit. Viele Kosmologen glauben, daß es vor dem Urknall keine Zeit gab; das heißt, es gab kein Vorher. Eine der Lektionen der neuen Physik besteht darin, daß Raum und Zeit nicht einfach da sind. Sie sind Teil des physikalischen Universums. Wenn also der Urknall den Ursprung des physikalischen Universums anzeigt, dann traten auch Zeit und Raum erst mit ihm in Erscheinung. Es ist übrigens keine neue Idee, die Schaffung des Universums mit dem Beginn der Zeit gleichzusetzen. Im 4. Jahrhundert schrieb der heilige Augustinus: »Die Welt wurde mit der Zeit geschaffen, und nicht in ihr.«

Das plötzliche Auftreten des Universums mit dem Urknall bedeutet, daß es einen Sinn hat, die Frage »Wann sind wir?« zu stellen. Alle kosmischen Epochen können auf dieses singuläre und weitreichende Ereignis bezogen werden, das vor 15 Milliarden Jahren eintrat. Wir können die Geschichte des Universums über die Äonen aufzeichnen und alle Daten mit diesem absoluten Nullpunkt der Zeit eichen.

Was sind wir?

Die einfache Antwort auf diese Frage lautet, daß wir aus Materie bestehen. Was aber ist Materie, und wie kommt es, daß es sie gibt? Die materiellen Dinge zeigen eine derart erstaunliche Vielfalt an Form, Farbe, Dichte und Beschaffenheit, daß es wie ein hoffnungsloser Versuch aussieht, wenn man sich bemüht, die Natur der Materie zu verstehen. Und doch legten vor zweieinhalb Jahrtausenden griechische Philosophen die Grundlagen zu solch einem Verstehen, als sie die Komplexität der Welt dadurch erklärten, daß sie sie auf das Wechselspiel primärer Konstituenten zurückführten. Im 6. vorchristlichen Jahrhundert schlug Thales von Milet vor, daß Wasser das primäre Element aller Dinge sei. Später dachte man eher an vier irdische Elemente: Erde, Luft, Feuer und Wasser. Von diesen vier Elementen nahm man an, daß sie erhalten blieben – daß ihre Quantität (Gesamtmenge) sich nicht veränderte – und daß sie sich in Kombinationen zusammenfinden konnten, um eine große Vielzahl von Formen und Kompositionen zu produzieren. Die Himmelskörper bestanden danach aus einer fünften Substanz, der »quinta essentia«. Die griechischen Philosophen machten einen wichtigen Schritt in Richtung auf eine wissenschaftliche Theorie, indem sie wenigstens magische Argumente zurückwiesen. Anaxagoras (500–428 v. Chr.) verbesserte die früheren Vorstellungen wesentlich, als er ein unendliches Universum mit unendlich vielen Partikeln oder »Atomen« entwarf. Darüber hinaus schlug Anaxagoras vor, daß der Himmel aus denselben Substanzen besteht wie die Erde. Diese Ketzerei kostete ihn fast das Leben. Auch Leukippos entwarf eine atomare Theorie der Materie, die anschließend von seinem Schüler Demokrit ausgearbeitet wurde. Doch niemand fand Gefallen an dieser Theorie, und sie wurde von den großen Philosophen wie Aristoteles, Plato und Sokrates abgelehnt. Atomistische Ideen wurden jedoch später von Epikur (341–270 v. Chr.) wiederaufgenommen.

Der wesentliche Aspekt des Atomismus bestand in der These, daß die Welt sich aus zwei Teilen zusammensetzt, den unzerstörbaren Atomen und der Leere. Die Atome liegen in vielerlei Form vor, und sie können sich auf vielfältige Weise aneinander anschließen, um zusammengesetzte Strukturen zu bilden. Atome sind unteilbar und bewegen sich frei im leeren Raum. Sie befinden sich in einem Zustand kontinuierlicher Aktivität, da sie unentwegt zusammenstoßen und sich zu neuen Gebilden vereinen. Dabei unterliegen sie stets den rationalen Gesetzen von Ursache und Wirkung.

Jahrhundertelang blieb die Atomtheorie eine bloße Spekulation, da die Atome zu klein waren, um direkt beobachtet werden zu können. Die konkurrierende Idee eines Kontinuums, in dem die Materie unendlich oft teilbar und Leere nicht möglich ist, hielt sich bis ins 20. Jahrhundert hinein. Mit dem Aufstieg einer systematischen Chemie griff die Atomtheorie in das moderne wissenschaftliche Denken ein. Der englische Chemiker John Dalton

(1766–1844) wies nach, daß Atome verschiedene Gewichte haben und sich in bestimmten festen Proportionen zusammentun, um Verbindungen einzugehen. Direkte Hinweise auf Atome gab es damals noch nicht. Erst als am Ende des 19. Jahrhunderts das Elektron und die Radioaktivität entdeckt wurden, konnten die Atome endlich erkannt werden. Bald stand fest, daß es viele Atomsorten gab, von denen jede der modernen Version eines chemischen Elementes entsprach. Heute sind etwa neunzig natürlich vorkommende Elemente und mehr als ein Dutzend künstlich produzierter Elemente identifiziert worden.
Im Jahr 1909 bestimmte der neuseeländische Physiker Ernest Rutherford die grundlegende Architektur des Atoms. Rutherford bombardierte Atome mit Alphateilchen, die von radioaktiven Substanzen emittiert wurden, und ermittelte aus dem Muster ihrer Streuung, daß Atome nicht harte Klumpen aus unteilbarer Materie darstellten, wie einige Physiker geglaubt hatten, sondern daß sie vielmehr zusammengesetzte Körper waren, deren überwiegende Masse sich in einem zentralen Kern konzentrierte, der seinerseits von einer Wolke aus leichteren und beweglichen Elektronen umgeben wurde (Abbildung 2).
Es dauerte noch bis zum Beginn der dreißiger Jahre, bevor die Natur des Kerns angemessen erklärt werden konnte. Auch er, so stellte sich heraus, war ein zusammengesetztes System. Er bestand

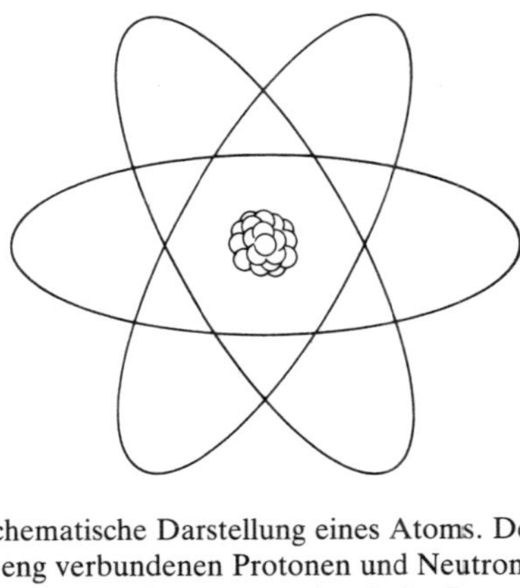

Abbildung 2: Die schematische Darstellung eines Atoms. Der zentrale Kern, der aus einem Ball von eng verbundenen Protonen und Neutronen besteht, wird von einer Wolke aus umlaufenden Elektronen eingehüllt. Der größte Teil der Masse befindet sich im Kern. Aus Quantengründen sind die Wege der Elektronen nicht solche wohldefinierten Bahnen, wie die Zeichnung sie zeigt.

aus einem Ball aus Protonen und elektrisch neutralen Teilchen, den Neutronen. Heute glaubt man zu wissen, daß sowohl die Protonen als auch die Neutronen aus wiederum kleineren Einheiten zusammengesetzt sind, die als Quarks bezeichnet werden. Viele Physiker sind davon überzeugt, daß die Elektronen und die Quarks die wahrhaft elementaren Teilchen im Sinne der Griechen sind. Sie scheinen überhaupt keine innere Struktur zu haben, und zusammen bauen sie alle bekannten Formen der gewöhnlichen Materie auf.

Offensichtlich besteht die Materie aus einer Hierarchie von Strukturen. Quarks werden verwendet, um Protonen und Neutronen zu bauen, die ihrerseits die Kerne errichten, die in den Atomen stecken. Atome schließen sich zu Molekülen oder Kristallen zusammen. Diese grundlegenden Materialien formen schließlich all die festen Objekte um uns herum. Gehen wir weiter aufwärts entlang dieser Skala, erreichen wir erst die Planetensysteme, dann die Sternhaufen und schließlich die Galaxien, die sich selbst wiederum zu Haufen und Superhaufen zusammenfinden. Menschen stehen irgendwie in der Mitte dieser Hierarchie. Wir sind für ein Atom, was ein Stern für uns ist.

Wie bekannt, gibt es von einigen Elementen – etwa Sauerstoff und Eisen – einen ziemlich großen Vorrat und von anderen – etwa Uran und Gold – so wenig, daß die Versorgung mit ihnen gelegentlich zu Krieg Anlaß gibt. Wenn die relative Häufigkeit der Elemente im ganzen Universum geschätzt wird, tritt ein auffallendes Muster zum Vorschein. Etwa neunzig Prozent des kosmischen Materials bestehen aus Wasserstoff, der leichtesten und einfachsten Substanz. Ein Wasserstoffatom besteht aus einem einzelnen Proton und einem einzelnen Elektron. Von den verbleibenden zehn Prozent ist das meiste Helium, das zweiteinfachste Element. Helium besteht aus zwei Protonen und zwei Neutronen. Die übrigen Elemente machen weniger als ein Prozent des Ganzen aus. Mit der Ausnahme von Eisen geht der generelle Trend dahin, daß schwere Elemente wie Gold, Blei und Uran weit weniger häufig vorkommen als leichte Elemente wie Kohlenstoff, Stickstoff und Sauerstoff.

Dieses Muster der Häufigkeit legt eine Idee nahe: Schwere Kerne enthalten viele Protonen und Neutronen; leichte Kerne enthalten wenige. Wenn leichte Kerne fusioniert werden könnten, würden schwere Kerne entstehen. Es ist daher verlockend anzunehmen, daß das Universum nur mit dem einfachsten Element – Wasserstoff – anfing und daß die schweren Elemente nach und nach in aufeinanderfolgenden Stufen von Kernfusionen aufgebaut wurden. Diese Theorie erklärt direkt, warum schwere Kerne selten sind. Eine Fusion erfordert sehr hohe Temperaturen, um die elektrische Abstoßung zwischen den Kernen zu überwinden. Je mehr Protonen ein Kern enthält, desto größer wird die Abstoßung und desto schwieriger ist es, noch weitere Protonen in einer Fusion hinzuzufügen.

Wer erklärt, wie die chemischen Elemente entstanden sind, hat nur einen Teil des Rätsels gelöst, das über dem Ursprung der Materie liegt. Dann bleibt immer noch zu fragen, wie die Protonen, Neutronen und Elektronen, aus denen die Elemente bestehen, in die Welt gekommen sind.

Die Wissenschaftler wissen seit langem, daß Materie nicht dauerhaft ist, sie kann vielmehr geschaffen und vernichtet werden. Wenn Energie hinreichend konzentriert wird, bilden sich neue Teilchen. Wir können uns die Materie als eine Art eingeschlossene Energie vorstellen. Die Tatsache, daß Energie in Materie umgewandelt werden kann, führt zu der Annahme, daß das Universum ohne Materie begann und daß all die Materie, die wir nun sehen, aus der Energie des Urknalls geschaffen worden ist. Diese attraktive Theorie sieht sich allerdings zwei Hindernissen gegenüber. Die Herstellung von Materie in Laboratorien ist inzwischen zur Routine geworden. Doch dabei wird jedes neu geschaffene Teilchen von einer Art »Negativ« begleitet, einem Partner, der als Antiteilchen bekannt ist. Ein negativ geladenes Elektron zum Beispiel wird immer mit einem Antielektron produziert, das besser als Positron bekannt ist. Es hat dieselbe Masse wie das Elektron, trägt aber die umgekehrte elektrische Ladung. Entsprechend wird jedes neu geschaffene Proton von einem Antiproton begleitet. Alle Antiteilchen zusammen nennt man die Antimaterie.

Treffen ein Teilchen und sein Antiteilchen aufeinander, löschen sie sich gegenseitig aus und lassen dabei die eingesperrte Energie frei. Offensichtlich ist eine Mischung aus Materie und Antimaterie auf explosive Weise unstabil. Aus diesem Grund scheint es unwahrscheinlich zu sein, daß mehr als ein winziger Bruchteil des Universums aus Antimaterie besteht. Dann lautet das Problem,

wie Materie ohne einen entsprechenden Anteil an Antimaterie überhaupt entstehen konnte. Wir werden sehen, wie jüngste Entdeckungen dieses Problem lösen könnten.
Die Erschaffung der Materie aus Energie ist nicht auf die gewohnten Teilchen wie Elektronen, Protonen und Neutronen beschränkt. Auch andere und viel exotischere Formen der Materie können produziert werden. Tatsächlich konnten Hunderte von verschiedenen subatomaren Fragmenten dadurch im Laboratorium hergestellt werden, daß man in Beschleunigern schnell bewegte Teilchen zusammenstoßen ließ. Diese Teilchen sind alle unstabil und zerfallen in die gewohnteren Formen. Weil sie so kurzlebig sind, spielen sie keine direkte Rolle im Universum.

Wie sind wir zusammengesetzt?

Wenn es keine Kräfte gäbe, würden die Teilchen der Materie sich einfach unabhängig voneinander umherbewegen und nichts vom Vorhandensein der anderen bemerken. Die Anwesenheit von Kräften ermöglicht es den Teilchen, andere Teilchen zu erkennen und auf sie zu reagieren. Sie zeigen daher ein kollektives Verhalten.
Wenn ein Ingenieur von Kräften redet, dann denkt er gewöhnlich an etwas, das drückt oder zieht, also an Seile oder Drähte. Kräfte dieser Art können wir uns anschaulich vorstellen, und wir verstehen aus eigener Erfahrung, wie solche Kräfte die Materie bewegen können. Kräfte manifestieren sich aber noch auf andere und weniger vertraute Weise, etwa beim radioaktiven Zerfall oder bei der Explosion eines Sterns. Da schließlich die Materie aus Teilchen besteht, müssen wir uns an die Teilchenphysik wenden, um eine Erklärung der Kräfte zu bekommen. Diese Wissenschaftsdisziplin sagt uns, daß alle Kräfte unabhängig von ihren großräumigen Manifestationen auf nur vier Grundformen zurückgeführt werden können: Gravitation, Elektromagnetismus und zwei Arten von Kernkräften. In den nächsten Kapiteln werden wir sehen, wie diese Kräfte tatsächlich von Teilchen zu Teilchen übertragen werden. Wir werden auch feststellen, daß Kräfte und Teilchen eng miteinander verwandt sind, so daß wir die einen nicht ohne die anderen verstehen können.
Mit zunehmender Größe ändert sich die relative Bedeutung der vier Kräfte. Auf der Ebene der Quarks und der Kerne dominieren

die beiden Kernkräfte. Die starke Kernkraft ist dafür verantwortlich, die Quarks zu Protonen und Neutronen zusammenzubinden und die Atomkerne zusammenzuhalten. Auf der Ebene der Atome dominiert die elektromagnetische Kraft. Sie bindet die Elektronen an den Kern und ermöglicht den Atomen, sich zu Molekülen zu verbinden. Die meisten der alltäglichen Kräfte – die Spannung in einem Draht oder der Druck eines Gegenstands gegen einen anderen – sind Beispiele für die weitreichende Wirkung der elektromagnetischen Kräfte. Im astronomischen Größenbereich dominiert die Gravitationskraft. Jede Kraft hat also ihren eigenen Größenbereich, und jede spielt eine wichtige Rolle in der Gestaltung der Eigenschaften der physikalischen Welt.

In den letzten Jahren haben die Physiker angefangen, sich über das Verhältnis der vier Kräfte zu wundern, die zusammen das Universum kontrollieren. Besteht zwischen ihnen eine Verbindung? Sind die Kräfte nur vier verschiedene Manifestationen einer einzigen Urkraft, die allem zugrunde liegt? Falls es diese Urkraft gibt, dann wird auf sie letztendlich jede Aktivität im Universum zurückzuführen sein, angefangen von der Erschaffung der subatomaren Teilchen bis hin zum Zusammenbruch eines Sterns. Wenn wir die Urkraft freilassen, würde sie uns eine unvorstellbare Macht verleihen. Sie könnte sogar erklären, wie es mit dem Universum überhaupt angefangen hat.

Die neue Physik und das Ende des gesunden Menschenverstandes

Vorsicht: Die Physik kann Ihren Geist erweitern

»Wissenschaft ist nichts anderes als trainierter und organisierter gesunder Menschenverstand.« So schrieb einmal Thomas H. Huxley, der große englische Biologe aus dem 19. Jahrhundert. Zu seiner Zeit hatte Huxley damit vermutlich recht. Obwohl die Wissenschaften des 19. Jahrhunderts einen großen Themenbereich umfaßten, blieben alle ihre Konzepte fest in der alltäglichen Welt der Erfahrungen verwurzelt, die der gesunde Menschenverstand macht.

Die Physik hatte am Ende des Jahrhunderts viele Erfolge zu verzeichnen. Sie hatte Elektrizität und Magnetismus erklärt, die Radiowellen entdeckt, und die atomare Theorie der Materie ruhte auf sicherer Grundlage. Obwohl diese Themen die Wissenschaften aus dem unmittelbaren Erfahrungsbereich des Menschen hinausführten, wurden sie immer noch so betrachtet, als ob es nur um einfache Ausweitungen von gewohnten Objekten und Ideen ging. Atome wurden als verkleinerte Versionen von Billardkugeln angesehen. Elektromagnetische Felder wurden als Spannungen in einem kurzlebigen Medium mit Namen Äther interpretiert, und das Licht sollte aus Vibrationen des Äthers bestehen. Obwohl Atome zu klein waren, um einzeln erfaßt zu werden, und obwohl der Äther sowohl unsichtbar als auch unberührbar war, konnten diese Dinge doch rasch in Analogie zu bekannten Objekten veranschaulicht werden. Darüber hinaus nahmen die Wissenschaftler an, daß die Gesetze, denen die ungesehenen Konstruktionen vermutlich unterlagen, dieselbe Form hätten wie die, die so erfolgreich auf handfestere und gewohntere Gegenstände angewendet worden waren.

Dann erschien eine neue Physik. Der Anbruch des 20. Jahrhunderts kündigte sich mit einer Explosion von Ideen an. Sie erschütterten die bequemen Konzepte der Wirklichkeit, die sich jahrhundertelang gehalten hatten. Viele liebevoll gehegte Grundsätze und unbezweifelte Annahmen fegte sie einfach weg. Die Welt erwies sich als ein seltsamer und unsicherer Platz, in dem der gesunde Menschenverstand nur als unzuverlässiger Führer fungieren konnte. Die Physiker sahen sich gezwungen, ihr Modell der Wirklichkeit neu zu entwerfen. Dabei mußten sie Elemente einbauen, denen nichts entsprach, was aus der menschlichen Erfahrung bekannt war. Nur die Mathematik konnte eine passende Beschreibung der abstrakten und fremden Konzepte geben, die eingeführt wurden, um die Flut der Entdeckungen zu kanalisieren.

Es war die Zeit der Revolutionen; nicht eine Revolution, sondern zwei, die unmittelbar aufeinander folgten. Da entstand zuerst die Quantentheorie, die neue Einsichten in die bizarren Mechanismen der Mikrowelt bereitstellte. Dann wurde die Relativitätstheorie formuliert, die Raum und Zeit zusammen in einen Schmelztiegel warf. Die alte Vorstellung eines rationalen und mechanistischen Universums, das durch strenge Gesetze von Ursache und Wirkung geordnet wurde, versank in der Vergessenheit, um durch eine mystische Welt voller Paradoxien und Surrealismen ersetzt zu werden.

Das erste Opfer dieser doppelten Revolution war die Intuition. Ein Physiker des 19. Jahrhunderts konnte sich stets ein vernünftiges geistiges Bild des ihn interessierenden Problems machen, doch das Quantum und die Relativität erforderten eine noch nie dagewesene geistige Gymnastik. Einige Erscheinungen schienen nur so schwer vorstellbar, daß selbst die professionellen Physiker sich davor scheuten. Max Planck zum Beispiel, der die Quantentheorie ins Leben gerufen hatte, wollte ihre Besonderheiten nie ganz akzeptieren, und Einstein fand sie derart grotesk, daß er sich ihr bis zu seinem Tod widersetzte.

Die moderne Physik sorgt kontinuierlich für neuartige Einsichten in die Mechanismen des Universums, und jede Generation von Studenten findet die verwendeten Ideen seltsam oder sogar unlogisch. An einer bekannten englischen Universität hing am Eingang zum Physikinstitut gewöhnlich ein Schild, das zur Vorsicht mahnte: »Vorsicht: Die Physik kann Ihren Geist erweitern.«

Sehen wir uns zum Beispiel die Welt der subatomaren Quantenteilchen an, in der die Intuition vollständig danebenliegt und die Natur uns auszutricksen scheint. Da gibt es etwa den »Barrierentrick«: Stellen wir uns vor, daß wir einen Stein gegen eine Fensterscheibe werfen. Wenn sich der Stein langsam bewegt, prallt er zurück und läßt das Fenster ganz. Hat der Stein mehr Energie, dann zerschlägt er die Scheibe und fliegt durch sie hindurch. Einen ähnlichen Versuch kann man mit einem Teilchen wie dem Elektron durchführen. Das Fenster ist dann eine Art von zerbrechlicher Schranke, wie sie etwa durch ein atomares Gitter oder eine elektrische Spannung dargestellt werden kann. Häufig verhält sich das Elektron genauso wie der Stein, es prallt zurück, wenn es sich der Barriere langsam nähert, und es geht hindurch, wenn es mehr Energie hat. Manchmal aber wird diese Regel in flagranter Weise mißachtet. Man beobachtet, daß das Elektron auch dann von der Barriere zurückprallt, wenn es genug Energie hat, um einen Durchbruch zu erzwingen.

Noch wesentlich bizarrer erscheint es, wenn ein Elektron zwar nicht genug Energie hat, um das Hindernis zu überwinden, wenn es aber trotzdem wie durch ein Wunder auf der Seite hinter dem Hindernis erscheint. Wir müssen uns dazu vorstellen, daß wir einen Kieselstein ganz leicht gegen ein Fenster werfen, und sehen, wie er durch das Glas auf die andere Seite der Scheibe dringt, ohne das Glas zu zerstören! Genau diese Art von Tricks führen Elektronen uns vor. Sie »durchtunneln« unüberwindliche Barrieren. Einen anderen Trick können wir beobachten, wenn ein Elektron sich einem Topf nähert und kurz davor ist, in ihn hineinzufallen. In dem Moment, in dem es an den Rand des Topfes gelangt, kehrt es möglicherweise einfach um. Genau voraussagen, ob das passiert, kann man aber nicht. Manchmal prallt das Elektron zurück, und manchmal fällt es in den Topf hinein.

Diese seltsamen Phänomene erwecken den Eindruck, als ob das Elektron seine Umgebung registrieren könnte. Wenn es auf eine Barriere trifft, scheint es hindurchsehen zu können. Es sagt sich dann: »Das Hindernis ist nur dünn, ich verschwinde einfach und trete erst auf der anderen Seite wieder in Erscheinung.« Wenn diese Vorstellung, daß ein Elektron zu einem Zeitpunkt hier, im nächsten dort sein kann, uns auch äußerst seltsam anmutet – genauso geschieht es in der Mikrowelt. In der Tat, in gewisser Weise verhalten sich Elektronen so, als ob sie an vielen verschiedenen Stellen zugleich wären. Es ist wichtig, sich klarzumachen, daß diese komischen Mätzchen nicht bloß Teil einer spekulativen Wissenschaft sind. Der »Tunneleffekt« zum Beispiel wird in vielen kommerziellen mikroelektronischen Schaltungen angewendet, etwa in der Tunneldiode. Tatsächlich enthält sogar der gewöhnliche Fluß von Elektronen in einem Kupferdraht tunnelnde Elemente.

Zahlreiche Ungereimtheiten von Elektronen können darauf zurückgeführt werden, daß sie sich in vieler Hinsicht wie Wellen verhalten. Es ist tatsächlich möglich, die wellenförmige Bewegung von Elektronen in mehreren kontrollierten Versuchen nachzuweisen. Die Idee, daß etwas sowohl eine Welle als auch ein Teilchen sein kann, versperrt sich der Anschaulichkeit. Und doch ist unbestreitbar, daß es die »Dualität« von Teilchen und Welle wirklich gibt. Weiter zeigt sich, daß das, was wir normalerweise als Welle ansehen, in der Mikrowelt Teilchencharakter annehmen kann. So verhalten sich Lichtwellen wie ein Strom aus Teilchen, wenn sie Elektronen aus Metalloberflächen herausschlagen (der lichtelektrische Effekt). Die Teilchen des Lichts heißen Photonen, und die Physiker setzen sie mit den Elektronen und Quarks auf die Liste der fundamentalen Teilchen. Es ist unmöglich, sich ein Welle-Teilchen vorzustellen; man sollte es gar nicht erst versuchen. In der Welt des Alltags ähnelt nichts auch nur entfernt diesen Seltsamkeiten. Falls wir einmal auf ein Welle-Teilchen treffen sollten, wir wüßten nichts damit anzufangen.

Ein großer Teil der Schwierigkeiten, die einige Leute haben, wenn sie die moderne Physik verstehen wollen, besteht darin, daß sie sich vergeblich bemühen, die angetroffenen abstrakten Konzepte in den alltäglichen Rahmen der Ideen des gesunden Menschenverstandes zu zwingen. Es scheint, die Menschen haben das große psychologische Bedürfnis, jede Realität auf einfache und schnell verdauliche Bilder zu reduzieren. Wenn ihnen dann etwas wie ein Welle-Teilchen über den Weg läuft, für das sich in der Welt der direkten Erfahrung nichts Entsprechendes findet, dann stellen sich Verwirrung und sogar offene Skepsis ein. Studenten der Physik denken manchmal, sie hätten etwas auf keinen Fall richtig verstanden, weil sie sich kein einfaches geistiges Bild von dem machen können, was passiert. Ich erhalte oft Briefe oder Manuskripte von Amateurwissenschaftlern, in denen eine neue Theorie der Teilchenphysik zusammengestellt ist, die auf Konzepten des gesunden Menschenverstandes beruht. Die Motivation dieser Autoren entspringt der Überzeugung, daß die professionellen Physiker etwas falsch gemacht haben müssen, wenn die Amateurwissenschaftler die verwendeten Konzepte nicht verstehen. Kein fundamentales Prinzip der Natur – so erklären sie – könne jemals abstrakt und ungewohnt sein. Es ist seltsam, daß niemand die abstrakte Kunst derart verschmäht.

Die Elektronen sind nicht die einzigen Teilchen, die den Launen der Quantenerscheinungen unterworfen sind. Alle mikroskopischen Teilchen besitzen deren Eigenschaften, auch die Quarks. Die beschriebenen Effekte geschehen alle bei relativ niedrigen Energien. Einige der Effekte, die bei hohen Energien auftreten, sind noch seltsamer. Etwa das abrupte Auftreten eines Teilchens an einer Stelle, wo vorher keines war. Oder der Zerfall eines instabilen Teilchens in einen Schauer aus anderen. Es gibt sogar Teilchen in der Art »Dr. Jekyll und Mr. Hyde«: Hier verschmelzen zwei getrennte Einheiten zu einer hybriden Struktur mit schizophrener Identität.

Zu den seltsamsten subatomaren Teilchen gehören die Neutrinos. Diese geisterhaften Objekte besitzen wahrscheinlich keine Masse und bewegen sich mit Lichtgeschwindigkeit. Sie tragen keine elektrische Ladung, und feste Körper beachten sie fast überhaupt nicht. Neutrinos sind derart substanzlos, daß sie locker die Erde durchqueren und sogar Bleiplatten in der Stärke von Lichtjahren passieren! Unzählige Millionen Neutrinos strömen durch Ihren Körper, während Sie das hier lesen. Diese Gebilde kämen dem reinen Nichts schon sehr nah, wenn sie nicht eine lebenswichtige Eigenschaft besäßen, die als Spin bezeichnet wird. Manchmal werden Neutrinos so vorgestellt, als ob sie sich tatsächlich drehen würden, so, wie die Erde um ihre Achse rotiert. Doch in Wirklichkeit ist diese Analogie falsch. Der Spin eines Neutrinos hat einige entscheidende krumme Eigenschaften, wie wir noch sehen werden.

Die Astrophysik ist ein anderes Gebiet, auf dem die gewohnten Konzeptionen des gesunden Menschenverstandes erschüttert werden. Gravitationswellen liefern ein gutes Beispiel dafür. Diese nicht zu fassenden Störungen sind nichts anderes als Kräuselungen des Raumes selbst, sie sind eine Art umherziehende Raumzerrung. Sie werden immer dann hervorgerufen, wenn materielle Körper oder Energie in heftige Bewegung geraten. Obwohl Gravitationswellen Energie und Impuls mit sich führen, besitzen sie keine Substanz als solche; sie sind eine wellenförmige Leere. Ebenso außergewöhnlich ist ihre intensive Durchdringungskraft, die sogar die der Neutrinos übertrifft. Gravitationswellen kann eigentlich nichts aufhalten, so daß sie natürlich nur sehr schwer registriert werden können; sie ignorieren jeden Detektor und laufen einfach durch ihn hindurch.

Man muß seine Vorstellungskraft schon an ihre Grenzen bringen, um sich mit diesen fremdartigen Konzepten anzufreunden. Ein systematischer Fortschritt wäre ausgeschlossen, wenn es die Mathematik nicht gäbe. Abstrakte Formeln benötigen keine Vorstellungskraft, sie können trotzdem auch die seltsamsten Erscheinungen korrekt beschreiben, solange die Gleichungen logisch konsistent bleiben. Die Durchdringung der Physik durch die fortgeschrittene Mathematik bringt es mit sich, daß jede theoretische Arbeit in einem Irrgarten aus unverständlichen Symbolen endet. Indem sich die Geheimsprache der Mathematik mit dem mystischen Geschmack der neuen Physik vermischt, bekommt das ganze Gebiet einen religionsähnlichen Anstrich. Die professionellen Physiker übernehmen dabei die Rolle der Priester. So kann man zweifellos auch die momentane Popularität erklären, die die neue Physik unter Leuten mit religiösen oder philosophischen Überzeugungen erlangt hat. Doch sollte man stets bedenken, daß die Physik ein sehr praktisches Gebiet ist und daß ein großer Teil der modernen Technik von unserem Verstehen dieser abstrakten Ideen abhängt, auch wenn viele von ihnen mehr nach Alice im Wunderland riechen.

Raumzerrungen

In dem Kaleidoskop der seltsamen Bilder, die in der neuen Physik auftauchen, ziehen die Entwürfe der Quanten- und der Relativitätstheorie das größte Interesse auf sich. In ihrer am weitesten entwickelten Form nennt man die Quantentheorie auch Quantenmechanik. Sie behandelt im wesentlichen alles, was im mikroskopischen Bereich vor sich geht. Die Quantenmechanik liefert die Grundlage für unser gesamtes Verständnis der molekularen, atomaren, nuklearen und subnuklearen Welten. Die Relativitätstheorie hat mit der Natur von Raum, Zeit und Bewegung zu tun. Sie wird wichtig, wenn das jeweils untersuchte System entweder fast mit Lichtgeschwindigkeit oder in einem starken Gravitationsfeld unterwegs ist.

Die Physik der Quanten und der Relativität greift den gesunden Menschenverstand auf viele Weisen an. Unter den Opfern findet sich nicht zuletzt unsere einfache Vorstellung von Geometrie. Im täglichen Leben ist ein Meter ein Meter. Wenn eine bestimmte Länge erst einmal definiert ist, dann gilt sie als fest und absolut. Nur wenige Leute kämen jemals auf den Gedanken, daß das, was heute ein Meter ist, morgen vielleicht zwei Meter sind oder daß ein Meter für dich ein halber Meter für mich ist. Und doch verlangt die Relativitätstheorie nicht nur, daß Entfernungen keine absolute und feste Bedeutung haben, sie schlägt sogar Experimente vor, mit denen entsprechende Diskrepanzen nachgeprüft werden können. Wenn sich zwei Beobachter relativ zueinander bewegen, dann – so sagt die Theorie – werden sie am *selben* Objekt *unterschiedliche* Längen messen. Beide Beobachter kommen zu diesem Ergebnis trotz der Tatsache, daß sie im Ruhezustand zu exakt gleichen Meßergebnissen gekommen sind.

Das Schrumpfen von Entfernungen ist nach Hendrick Lorentz und George Fitzgerald Lorentz-Fitzgerald-Kontraktion genannt worden. Es ist ein grundlegendes Ergebnis der Relativitätstheorie. Der Effekt wird nur bei Geschwindigkeiten wichtig, die nahe der Lichtgeschwindigkeit sind. Seine Existenz aber ist unbestreitbar. Der lineare Teilchenbeschleuniger in Stanford (Kalifornien) besteht aus einer geraden Röhre, die in unserem Bezugssystem etwa drei Kilometer lang ist. Die Elektronen, die in diese Röhre eingeschleust werden, bewegen sich hierin beinahe mit Lichtgeschwindigkeit. In ihrem Bezugssystem ist die Strecke weniger als einen Meter lang! Die Ingenieure, die solche Beschleuniger entwerfen und betreiben, müssen dieses Schrumpfen in der Praxis mitberücksichtigen.

Die Relativität treibt mit Entfernungen schon ziemlichen Unfug, doch richtig schlimm wird die Sache erst, wenn wir noch die Quantentheorie hinzuziehen. Hier verliert die Idee der »Position« ihren Wert, die doch dem gesunden Menschenverstand so einleuchtet. Jeder setzt voraus, daß materielle Dinge irgendwo sein müssen. Jedes subatomare Teilchen, das etwa zu unserem Körper

gehört, muß doch einen definierten Platz, einen wohlbestimmten Ort haben. Wie kann ein Teilchen denn sonst existieren, wenn es nicht irgendwo ist?
Als die Physiker anfingen, die Konzeption der Position im Lichte der Quantenmechanik zu untersuchen, stellten sie tief schockiert fest, daß diese Idee im allgemeinen keine Bedeutung hat. Die Quelle all dieser Probleme sind die fundamentalen Regeln der Quantenphysik, die als die Unbestimmtheitsrelationen von Werner Heisenberg bekannt sind. Heisenberg gehörte in den zwanziger Jahren zu den Mitbegründern der Quantenmechanik. Nach seinen Relationen ist es ausgeschlossen, der Position und der Bewegung eines Teilchens gleichzeitig eine wohldefinierte Bedeutung zu geben. Wir können präzise über die Geschwindigkeit (genauer: den Impuls) eines Teilchens wie etwa des Elektrons diskutieren und auch ein Experiment ausführen, um seine Größe zu messen. Dieser Versuch wird auch ein definiertes Ergebnis haben. Wir können auch einer ähnlichen Strategie folgen und die Position eines Elektrons bestimmen, wenn wir das wollen. Wann auch immer wir nach einem Elektron sehen, es wird irgendwo sein. Doch *beide* Attribute des Elektrons zur selben Zeit ermitteln, das können wir nicht, dies ist im Prinzip unmöglich. Welche Meßtechnik wir auch anwenden, um die Position eines Elektrons anzuvisieren, der Vorgang des Hinsehens selbst verändert auf unvorhersagbare Weise die Bewegung des Teilchens. Entsprechend »verschmiert« eine Messung der Bewegung unsere Kenntnis der Position. Diese beiden Arten der Messung sind schlicht und einfach inkompatibel.
Die Tatsache, daß wir nicht zugleich den Ort und die Geschwindigkeit eines Teilchens feststellen können, darf auf keinen Fall als experimentelle Ungeschicklichkeit oder technische Auflösungsmängel ausgelegt werden: Sie steckt vielmehr in der Natur der Dinge selbst. Es ist gerade die Konzeption eines lokalisierten (sich an einem bestimmten Platz befindenden) Elektrons, die bedeutungslos wird, wenn wir uns entscheiden, seinen Impuls wissen zu wollen.
All dies hat keinen Sinn mehr, wenn wir versuchen, uns die atomare Welt als eine Menge kleiner Bälle vorzustellen, die umeinandersausen. Wenn ein Teilchen nämlich nicht zugleich Ort *und* Geschwindigkeit haben kann, dann ist es auch wenig vernünftig,

ihm eine Bahn im Raum zuzuordnen. Es kann sein, daß wir wissen, daß ein Elektron zu einem Zeitpunkt an der Stelle A und zu einem späteren Zeitpunkt an der Stelle B war. Wir können aber nicht wissen, wie es von A nach B gekommen ist. Die Idee einer Trajektorie, einer Umlaufbahn, die kontinuierlich Anfangs- und Endpunkte miteinander verbindet, löst sich in Luft auf. In der Tat haben wir schon gesehen, wie in einigen praktischen Vorrichtungen Elektronen dazu neigen, Barrieren zu »durchtunneln«, indem sie auf der einen Seite verschwinden und auf der anderen Seite plötzlich wieder auftauchen. Dies ist ein typischer Quanteneffekt. Dieses verwirrende Verhalten kann nur auf eine Weise sinnvoll verstanden werden: Man muß annehmen, daß ein Elektron, um von A nach B zu kommen, *alle möglichen Wege auf einmal* nimmt! Diese seltsame Eigenschaft kann rasch demonstriert werden, wenn man ein Experiment geeignet umbaut, das der englische Physiker Thomas Young im 19. Jahrhundert durchgeführt hat. Young war daran interessiert, die Wellennatur des Lichtes zu demonstrieren. Er verwendete dazu eine Erscheinung, die als Interferenz bekannt ist. Interferenz tritt ein, wenn sich zwei Wellen überlagern. Wenn der Berg einer Welle mit dem der anderen zusammentrifft, tritt eine Verstärkung ein, die Wellenbewegung wird kräftiger. Wenn dagegen der Berg der einen Welle mit dem Tal der anderen zusammenfällt, heben sie sich gegenseitig auf, und die Wellenbewegung wird reduziert.

In seinem Versuch (Abbildung 3) lenkte Young einen Lichtstrahl auf eine undurchlässige Leinwand mit zwei Schlitzen. Die Bilder der beiden Blenden wurden auf eine zweite Leinwand projiziert. Hier treffen Lichtwellen von beiden Schlitzen zusammen, und es kommt zur Interferenz. Das Ergebnis hängt davon ab, ob die beiden Wellen im Gleichschritt eintreffen, und dies wiederum hängt von den beteiligten Winkeln ab und verschiebt sich von Ort zu Ort. So kommt eine Reihe von hellen und dunklen Streifen zustande, je nachdem, ob sich die Lichtwellen verstärken oder auslöschen.

Dies alles hört sich noch verrückter an, wenn wir auch noch die Teilchennatur des Lichtes berücksichtigen. Ein Lichtquantum, ein Photon, verhält sich wie ein Teilchen in dem Sinne, daß es auf der zweiten Leinwand an wohldefinierter Stelle eintrifft. (Wird die Leinwand durch eine photographische Platte ersetzt, um das Interferenzmuster aufzunehmen, dann wird jedes Photon chemisch ein einzelnes Silberkorn verändern, das in der photographischen Emulsion an wohlbestimmter Stelle sitzt.) Andererseits hängt das Interferenzmuster deutlich davon ab, daß *zwei* Öffnungen vorhanden sind, die *zwei* Wellenzüge produzieren, die sich dann überlagern können. Wird einer der Schlitze abgedeckt, verschwindet die Interferenz. Es ist auch nicht der Fall, daß einige Photonen durch den einen und die anderen Photonen durch den anderen Schlitz laufen. Denn das Muster zeigt sich (mehr oder weniger fleckenförmig) auch dann, wenn das Licht Photon für Photon die Leinwand mit den beiden Öffnungen passiert. Die einzige Erklärung hierfür besteht darin, daß jedes einzelne Photon irgendwie durch *beide* Schlitze geht und deren Vorhandensein mit in die hintere Leinwand einbringt, auf der das Interferenzbild entsteht. Dieser Eindruck dient dazu, die Photonen höchstwahrscheinlich auf einen hellen Streifen zu und von einem dunklen Streifen wegzulenken. Auf diese Weise koexistieren der Welle- und der Teilchenaspekt des Lichtes. Obwohl dieser Versuch zuerst mit Licht durchgeführt worden ist, treffen ähnliche Überlegungen auch zu, wenn Elektronen oder andere quantenhafte Welle-Teilchen hierbei verwendet werden.

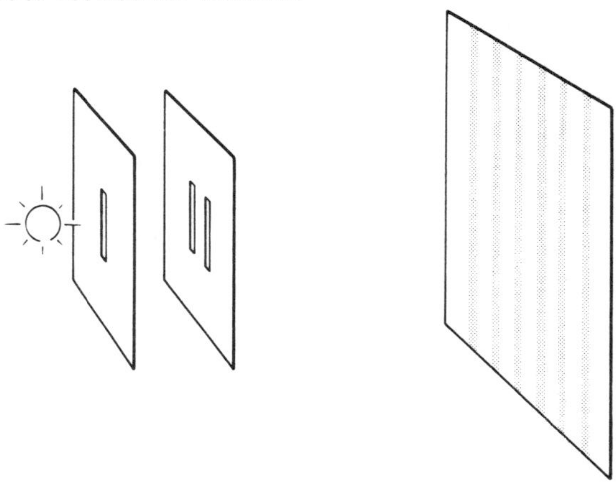

Abbildung 3: Youngs Interferenzversuch. Eine Lichtquelle bestrahlt zwei parallele Schlitze in einer undurchsichtigen Leinwand. Als projiziertes Bild erscheinen nicht zwei Lichtstreifen, sondern eine Reihe von hellen und dunklen Bändern, sogenannte »Interferenzstreifen«. Das Experiment unterstreicht graphisch die Wellennatur des Lichtes. Seltsame Nebeneffekte treten erst zutage, wenn man noch über den Teilchenaspekt des Lichtes (Photon) nachdenken will.

Die Konzeption, daß ein Teilchen »überall zugleich« ist, kann man sich auf keinen Fall veranschaulichen. Es ist vielleicht möglich, an zahllose »Gespensterteilchen« zu denken, die alle möglichen Wege ausprobieren, um zuletzt zu einem »wirklichen« Teilchen am Ort der Beobachtung zu verschmelzen, doch bleibt diese Verbilderung unzureichend. Nur die Mathematik kann die Subtilitäten umfassen, die hier beteiligt sind.

Die Unfähigkeit, ein Teilchen an einer bestimmten Stelle festzunageln, führt zu kuriosen Effekten, wenn mehr als ein Teilchen ins Spiel kommt. Wenn sich in einer Gruppe eine Menge identischer Teilchen versammelt hat und wenn wir in keinem einzelnen Fall sagen können, ob ein Teilchen hier oder dort ist, wie können wir dann wissen, welches Teilchen welches ist? Und tatsächlich, wir können es nicht. Die individuellen Identitäten der Teilchen werden vollkommen vernebelt.

Diese Zweideutigkeit hat wichtige physikalische Folgen. Wenn sich zwei Atome zusammenbinden und ein Molekül werden, dann wird die Aktivität des Elektrons eines Atoms durch die Anwesenheit des anderen beeinflußt. Dadurch entsteht zwischen den Atomen eine Anziehungskraft. Diese Kraft hängt zum Teil von der Tatsache ab, daß ein gegebenes Elektron in einem Atom von dem Elektron in dem anderen Atom nicht unterschieden werden kann. Durch die Verschwommenheit ihrer Positionen können die Elektronen nicht daran gehindert werden, gelegentlich ihre Plätze zu tauschen. Mit anderen Worten, die Elektronen in verschiedenen Atomen können ihre Identität austauschen. Austauschkräfte dieser Art sind in der Chemie wohlbekannt und haben meßbare Konsequenzen.

Aus alledem geht hervor, daß das Konzept der Entfernung auf wackeligen Beinen steht. Doch das Schlimmste kommt erst noch. Bei genauerem Hinsehen stellt sich folgendes heraus: So, wie ein Teilchen verschwommen aussieht vor dem Hintergrund des Raumes, so sieht der Raum selbst verschwommen aus. Es ist schon schlimm genug, daß ein Teilchen nicht weiß, wo es ist. Wenn aber die Positionen selbst nicht genau wissen, wo ihre Position ist, verkrümelt sich die Geometrie im Unverständlichen.

Der Ursprung dieser zusätzlichen Verwirrung steckt in den kuriosen Eigenschaften der Gravitation. Die Relativitätstheorie, die voraussagte, daß Entfernungen in Abhängigkeit von der Bewe-

gung des Beobachters sich ausdehnen und schrumpfen können, wurde von Einstein 1915 verallgemeinert, um gravitationsbedingte Effekte mit einzuschließen. Nach der Allgemeinen Relativitätstheorie ist Gravitation einfach die Geometrie von Raum und Zeit. Damit ist nicht die Geometrie gemeint, die wir auf der Schule kennenlernen. Gravitation ist *verzerrte* oder gekrümmte Raumzeit. Der Raum kann sich nicht nur strecken oder schrumpfen, er kann auch verbogen und gestaucht werden. Es sind diese Verzerrungen, die – laut Einstein – die Gravitation erklären.
Einstein wies auf einige Beispiele hin, mit denen Raumzerrungen und Zeitzerrungen beobachtet werden können. Eines dieser Beispiele ist der Effekt, den die Gravitation der Sonne auf ihre unmittelbare Nachbarschaft ausübt. Im Verlauf einer totalen Sonnenfinsternis, wenn der Glanz der Sonne ausgelöscht ist, gelingt es, eine geringfügige Verschiebung in der Position eines Sterns festzustellen, der am Himmel so nahe bei der Sonne zu sehen ist, daß sein Licht auf dem Weg zur Erde dicht an der Sonnenoberfläche vorbei muß (Abbildung 4). Die Strahlen des Sterns werden sichtbar durch die Raumzerrung umgeleitet, die die Sonne verursacht.
Diese und andere Versuche, bei denen die noch viel mächtigere Gravitation eines Neutronensterns ausgenutzt wurde, haben die Physiker davon überzeugt, daß die Gravitation den Raum tatsächlich krümmt. Eine Konsequenz dieser Tatsache liegt darin, daß der Raum (genauer: die Raumzeit) als elastisch anzusehen ist. Er kann seine geometrische Form ändern. Mit anderen Worten, wir können über die *Aktivität* des Raumes nachdenken. Wenn zum Beispiel ein Stern kollabiert, um ein schwarzes Loch zu werden, dann eskaliert die ziemlich sanfte Raumzerrung in seiner Umgebung und wird zu einem grotesk verkrümmten Raumgefängnis, aus dem nichts mehr entkommen kann. Ein anderes Beispiel ist das expandierende Universum, das wir im ersten Kapitel diskutiert haben. Hier streckt sich kontinuierlich der Raum zwischen den Galaxien.
Wenn sich der Raum ändern und bewegen kann, dann hat dies wiederum durchgreifende Konsequenzen für die Quantenphysik. So, wie Heisenbergs Unbestimmtheitsrelationen die Aktivität von Teilchen verschwimmen lassen, so lassen sie auch die Aktivität des Raumes verschwimmen. Mathematische Modellbetrachtungen verdeutlichen, daß der Raum »schaumig« wird in einem Bereich,

der wenigstens um zwanzig Größenordnungen kleiner ist als ein Atomkern. Die schaumige Struktur weist heftiges und spontanes Ansteigen und Abfallen der Krümmung auf. So, wie ein Teilchen alle möglichen Bahnen ausprobiert, auf denen es sich bewegen kann, so probiert auch der Raum auf dieser ultramikroskopischen Skala all seine verfügbaren Bewegungen durch. Im Fall der Teilchen bestand die Möglichkeit, an eine Armee von »Gespensterteilchen« zu denken, die alle einen anderen Weg einschlagen. Hier können wir von unendlich vielen koexistierenden »Gespensterräumen« reden, wobei jeder Gespensterraum die Verwirklichung einer bestimmten geometrischen Form repräsentiert.
Diese nebulöse Aktivität des Raumes impliziert, daß das Konzept eines »Ortes« selbst bei extrem kleinen Entfernungen zusammenbricht. Die ordentliche Anordnung von Punkten, die glatte Kontinuität des Raumes in der klassischen Geometrie, sie alle verschwinden im Schaum der Raumzeit. Statt dessen finden wir eine Orgie von halbvorhandenen Gespensterräumen, bei der alle durcheinanderfliegen. In diesem chaotisch wechselnden See verflüchtigt sich endgültig die Vorstellung des »Ortes«, wie sie der gesunde Menschenverstand kennt.

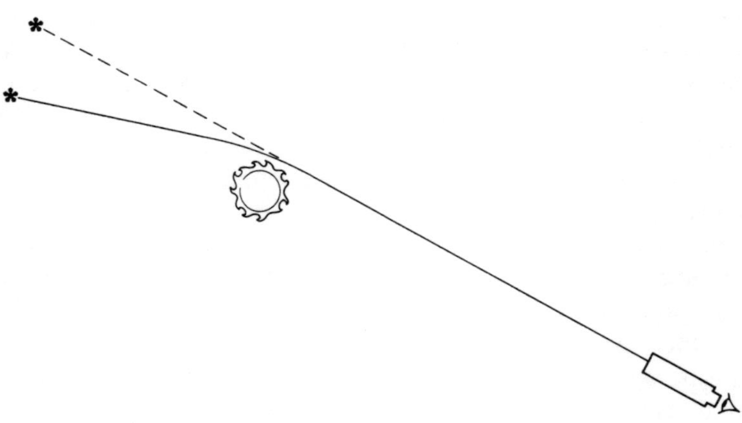

Abbildung 4: Das Licht eines Sterns wird durch die Raumzerrung abgelenkt, wenn es an der Sonne vorbeikommt. Dadurch verschiebt sich die sichtbare Position des Sterns am Himmel.

Der Spin

Da schon Positionen im Quantenreich nicht mehr wohldefiniert sind, ist man nicht weiter überrascht, wenn Winkel auf ähnliche Weise betroffen sind. Im täglichen Leben nehmen wir ganz selbstverständlich an, daß Gegenstände eine Orientierung haben. Eine Vase auf einem Tisch steht aufrecht, eine Kompaßnadel zeigt nach Norden, ein Lichtstrahl sucht den Himmel ab. Die Konzeption der *Richtung* ist zentral für das geistige Modell der Welt in unserem Kopf. Ohne diese Konzeption könnten wir der äußeren Wirklichkeit keinen Sinn abgewinnen. In der Quantenwelt jedoch, auf der Ebene der Atome und ihrer Bausteine, können Richtung und Orientierung nicht mehr so naiv behandelt werden. Ein Elektron, das einen Kern umkreist, kann zu keinem Zeitpunkt so festgenagelt werden, daß es in einer bestimmten Richtung vom Kern aus zu liegen kommt, da seine Position verschwommen ist. Ein Strahl von Photonen oder anderen Teilchen kann nicht als Richtungsanzeiger verwendet werden, da seine Elemente keinen wohldefinierten Bahnen folgen; sie streifen vielmehr auf undisziplinierte Weise umher.

Dennoch scheint es auf den ersten Blick einen vielversprechenden Kandidaten zu geben, der unzweideutig eine Richtung definieren könnte. Es wurde schon erwähnt, daß Neutrinos eine Art von interner Rotation besitzen, die wir »Spin« nennen. Tatsächlich haben alle subatomaren Teilchen die Eigenschaft eines Spins, am auffallendsten die Elektronen und die Quarks. Es ist verlockend, sich solch ein Teilchen (etwa ein Elektron) als einen kleinen Ball vorzustellen, der um eine Achse rotiert, so wie das verkleinerte Abbild der sich drehenden Erde. Offensichtlich muß die Achse des Spins in eine bestimmte Richtung zeigen, wenn dieses Bild sinnvoll sein soll. Und wenn wir diese Richtung in einer Messung ermitteln können, dann sollten wir ein Mittel in der Hand haben, um eine Richtung unzweideutig definieren zu können, gerade auch auf der Quantenebene. Solche Messungen können tatsächlich durchgeführt werden, aber dabei passieren die merkwürdigsten Dinge.

Angenommen, der Experimentator baut seinen Apparat auf und wählt zuerst eine bestimmte Vorzugsrichtung, bezüglich der er die Orientierung des Spins bei einem Teilchen messen will. In der Praxis könnte solch eine Richtung durch ein elektrisches oder magnetisches Feld festgelegt werden. Der Experimentator möchte nun wissen, in welchem Winkel der untersuchte Spin zu der vorgegebenen Feldrichtung steht. Er führt eine Messung durch und stellt zu seiner Überraschung fest, daß der Spin zufällig genau in dieselbe Richtung weist wie das Feld. Der Versuch wird einige Male wiederholt, aber das Ergebnis ändert sich nicht. Dem Experimentator kommt der Verdacht, daß hier eine Verschwörung vorliegt. Er stellt den Winkel seines Apparats neu ein, aber der Spin des Teilchens macht die Drehung mit. Was immer der Experimentator versucht, um den Spin in einer anderen Richtung zu erwischen, es geht schief. Die Tatsache, daß das Teilchen seine Absichten zu kennen scheint, haut ihn einfach um. Immer nimmt es die Richtung vorweg, die er doch ganz frei als seine Referenz gewählt hat.

Frustriert fällt ihm eine andere Strategie ein. Er baut zwei verschiedene Bezugsrichtungen auf, A und B, und mißt den Winkel des Spins relativ zu diesen beiden Richtungen. Da der Spin eines Teilchens auf keinen Fall in zwei verschiedene Richtungen gleichzeitig zeigen kann, sollte wenigstens eine Messung den Spin in einem Winkel registrieren, der zwischen beiden Richtungen liegt. Ausgehend von diesen Annahmen, macht der Experimentator seine erste Messung und stellt, ohne überrascht zu sein, fest, daß der Spin in Richtung A zeigt. Er führt nun die nächste Messung sehr schnell durch, so daß sich der Spin nicht neu orientieren kann. Die Richtung B wurde so gewählt, daß sie um 25 Grad von A abweicht. Der Experimentator erwartet ganz selbstverständlich, daß der Spin in Richtung A zeigt und daher einen Winkel von 25 Grad gegenüber der Richtung B einnimmt. Zu seiner Bestürzung muß er aber feststellen, daß die Natur ihn wieder ausgetrickst hat. Irgendwie ist ihm das Teilchen einen Schritt voraus; es hat sich wie durch ein Wunder an B orientiert, und sein Spin stimmt mit dieser Richtung überein. Voller Wut mißt der Experimentator erneut den Winkel gegenüber der Achse A. Doch, o Schreck! Der Spin zeigt wieder in seine ursprüngliche Richtung!

Seltsame Effekte wie diese sind heute sicheres Wissen der Physik. Die Physiker haben seit langem akzeptiert, daß der Spin eines Teilchens immer in die Richtung zeigt, die ein Experimentator zufällig als seine Referenzrichtung ausgewählt hat. Diese Eigenschaft unterläuft jeden Versuch, dem Konzept der Richtung im

Quantenbereich Sinn zu verleihen. Sie führt auch ein merkwürdiges subjektives Element in die physikalische Welt ein. Wenn der Spin eines Teilchens auf ewig dazu bestimmt ist, der zufälligen Wahl einer Vorzugsrichtung durch einen Experimentator zu folgen, dann dringt auf diese Weise der freie Wille eines Physikers in die Mikrowelt ein. Die unheimliche Sklaverei, die alle mit Spin ausgestatteten Teilchen zwingt, den vom Experimentator festgelegten Winkel einzunehmen, erweckt den Eindruck, als ob der Geist die Materie beherrschte. Im folgenden Kapitel werden wir sehen, daß diese subjektiven Elemente der Quantenphysik eine vollständig neue Einschätzung der traditionellen Vorstellungen von Realität und der Rolle des Bewußtseins im physikalischen Universum verlangen.

Das Thema des Teilchenspins enthält viele Überraschungen. Eine davon betrifft die augenscheinlich einfache, ja triviale Konzeption der Rotation. Im täglichen Leben ist uns das Verfahren des Herumdrehens geläufig. Angenommen, wir stehen in einem Zimmer und schauen die Tür an. Dann fangen wir an, uns zu drehen. Dabei sehen wir andere Stücke des Zimmers. Nach einer Drehung um 180 Grad stehen wir mit dem Rücken zur Tür. Nach weiteren 180 Grad stehen wir wieder so da wie zu Beginn und schauen nach einer vollständigen Drehung erneut auf die Tür. Die Welt sieht genauso aus, wie sie aussehen würde, wenn wir uns überhaupt nicht gedreht hätten. Was könnte einfacher sein?

Wenn man aber diesen elementaren Vorgang der Drehung mit subatomaren Teilchen durchführt, trifft man auf erstaunliche Begebenheiten. Wird ein Elektron durch ein besonders geformtes Magnetfeld geschleust, kann die Achse seines Spins immer weiter gekippt werden. Sie kann zuletzt sogar um insgesamt 360 Grad herumgerollt sein. Selbstverständlich erwarten wir – ausgestattet mit dem gesunden Menschenverstand –, daß das Elektron wieder seine ursprüngliche Lage eingenommen hat. Dem ist aber nicht so! Wenn die Eigenschaften eines einmal umgedrehten Elektrons mit einem unbeeinflußten Elektron verglichen werden, dann findet man auffallende Abweichungen. Um ein gedrehtes Elektron wieder so werden zu lassen, wie es vorher war, muß es *noch einmal* um 360 Grad – insgesamt also zweimal – gedreht werden. Erst dann kann man es nicht mehr von einem Elektron unterscheiden, das überhaupt nicht gedreht worden ist.

Was bedeutet das? Offensichtlich sind – einfach gesehen – 720 Grad erforderlich, um eine vollständige Drehung zu erreichen. Ein elementares Teilchen wie das Elektron nimmt eine Schwenkung von 720 Grad wahr. Menschen (und andere große Objekte) haben diese Fähigkeit verloren, wir können eine Drehung um 360 Grad nicht von zwei solchen Drehungen unterscheiden. In gewisser Weise nehmen wir nur die Hälfte der Welt wahr, die einem Elektron zur Verfügung steht.

Eine einfache Analogie dazu ist in Abbildung 5 gezeichnet. Sie zeigt eine Perle, die auf einem Draht sitzt, der zwei Umläufe macht. Von weitem können die beiden Schleifen nicht unterschieden werden, und so wirkt der Draht wie ein einziger Kreis. Wird die Perle nun herumgeschoben, scheint sie nach einem Umlauf um 360 Grad wieder am Ausgangspunkt angekommen zu sein. Wenn man aber aus nächster Nähe schaut, fällt auf, daß dies nicht der Fall ist. Die Perle muß noch einmal 360 Grad durchlaufen, um die ganze Schleife durcheilt zu haben und korrekt zum Ursprung zurückzukehren.

Dieser verwunderliche Aspekt eines »Doppelbildes« der Eigenschaften, die Elektronen und andere Quantenteilchen besitzen, gilt als fundamentaler Zug der Natur. Er führt zu vielen zwar unerwarteten, aber beobachtbaren Effekten. So ist zum Beispiel das Magnetfeld, das der Spin eines Elektrons hervorbringt, doppelt so groß wie das Feld, das entsteht, wenn man einen elektrisch geladenen Ball kreisen läßt. In späteren Kapiteln werden wir sehen, wie sich die merkwürdige geometrische Natur des Spins als der Schlüssel zur Vereinheitlichung der Physik erweisen könnte.

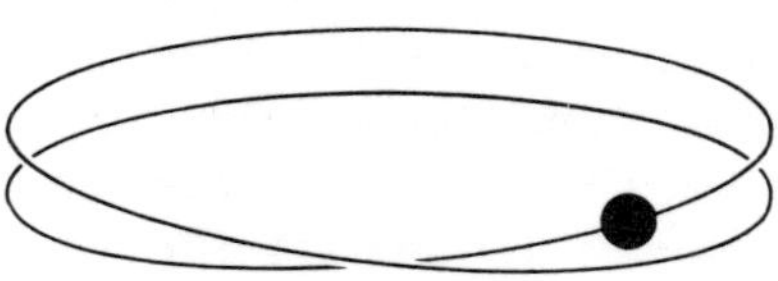

Abbildung 5: Die doppelte Schleife eines Drahts zeigt grob, wie sich Teilchen mit eingebautem Spin drehen. Wenn die Perle 360 Grad hinter sich gebracht hat, ist sie nicht wieder in ihrer Startposition. Dazu muß sie die 360 Grad noch einmal durchlaufen. Aus der Entfernung bemerkt man diese Feinheiten nicht.

Zeitzerrungen

Ebenso, wie die neue Physik unsere geometrischen Intuitionen wüst durcheinandergewirbelt hat, verändert sie unsere gängigen Konzeptionen von der Zeit gewaltig. Der gesunde Menschenverstand bringt uns dazu, an so etwas wie *die* Zeit zu denken, etwas Universelles und Absolutes, auf das alle Ereignisse bezogen werden. Wir unterscheiden nicht zwischen meiner Zeit und deiner Zeit; es gibt nur eine Zeit. Die Relativitätstheorie läßt eine derart simple Behandlung der Dinge aber nicht zu. So, wie der Raum je nach Bewegung des Beobachters sich strecken oder schrumpfen kann, vermag dies auch die Zeit. Zwei Ereignisse können einem ersten Beobachter als eine Stunde und einem zweiten Beobachter als eine Minute auseinanderliegend erscheinen.

Dies ist nicht bloß ein psychologischer Effekt. Zeit kann tatsächlich gedehnt oder gezerrt werden, sogar im Laboratorium. Solche Zeitzerrungen lassen sich mit Präzisionsuhren registrieren. Um eine Zeitzerrung zu produzieren, muß eine Uhr mit einer sehr hohen Geschwindigkeit, nahe der Lichtgeschwindigkeit, bewegt werden. Licht bewegt sich mit 300 000 Kilometern pro Sekunde und damit wesentlich rascher als die schnellsten verfügbaren Raumschiffe. Dennoch reicht die Genauigkeit der modernen Atomuhren aus, um die winzigen Zeitzerrungen an Bord eines modernen Jets zu registrieren.

Wirklich spektakuläre Zeitzerrungen können bei subatomaren Teilchen beobachtet werden, die so substanzlos sind, daß sie fast bis auf Lichtgeschwindigkeit beschleunigt werden können. In einem Experiment am Europäischen Kernforschungszentrum (CERN) in Genf wurde es möglich, sogenannte Myonen derart nah an die Lichtgeschwindigkeit heranzubringen, daß ihre Zeitskala zwanzigfach gestreckt wurde. Myonen können bequem verwendet werden, da sie instabil sind und nach dem Bruchteil einer Sekunde in Elektronen und andere Teilchen zerfallen. Sie tun dies mit einer festen Halbwertzeit, die sie mit einer inneren Uhr versorgt. Im Bezugsrahmen der Myonen tritt ein Zerfall im Durchschnitt nach zwei Millionstelsekunden auf. Im Laboratorium währt diese Lebensdauer dann wesentlich länger.

Diese Streckung der Zeit durch Bewegung ist einer der Effekte, die einige Amateurwissenschaftler mit Vorliebe hassen. Er scheint ihre Sensibilität mehr zu beleidigen als irgendeine andere Kuriosität der Physik. Etwa die Hälfte der Arbeiten, die physikalische Zeitschriften von privaten Absendern erhalten, kommen auf das Thema von Zeit und Relativität zurück, sie sind auf der Suche nach einem Fehler in Einsteins Ideen oder nach einem Widerspruch in der Theorie. Diese Menschen wollen einfach nicht akzeptieren, daß die Zeit elastisch ist und relativ zu anderen Beobachtern sich strecken oder schrumpfen kann. Besonders viel Hirnschmalz wird bei dem Versuch verschwendet, den berühmten »Zwillingseffekt« ins Rutschen zu bringen. Hierbei unternimmt ein Zwilling eine Reise mit hoher Geschwindigkeit, und als er zurückkehrt, ist sein Bruder zehn Jahre älter als er. Ein Phänomen, das für einen Physiker eine amüsante Kuriosität ist, kann bei anderen Menschen tiefe Abneigungen hervorrufen. Vielleicht liegt dies daran, daß Zeit eine persönliche Erfahrung ist und daß einige Leute es als Angriff auf ihre Persönlichkeit empfinden, wenn an der Zeit herumgedoktert wird. Doch ob uns dies paßt oder nicht, die Zeitzerrungen sind real.

Eine der größten von Menschen hergestellten Zeitzerrungen wird in einer Maschine produziert, die im Daresbury-Laboratorium im englischen Chesire steht. Die Einrichtung ist als Elektronensynchroton bekannt und wurde dazu entworfen, einen Strahl aus Elektronen zu beschleunigen, die einen Kreis von dreißig Metern Durchmesser dreimillionenmal pro Sekunde durchlaufen. Große Magneten lenken die Elektronen aus ihrer natürlichen gradlinigen Bewegung ab, und jede Ablenkung wird von einem Ausbruch elektromagnetischer Strahlung begleitet, die Synchrotonstrahlung heißt. Die Elektronen bewegen sich auf ihrer Bahn mit einer Geschwindigkeit, die weniger als ein Tausendstel von einem Prozent der Lichtgeschwindigkeit entfernt ist; dadurch unterscheidet sich ihre Zeitskala um den Faktor 10000 von unserer. Diese Diskrepanz nutzen die Ingenieure aus; sie war sogar der Grund, warum die Konstruktion überhaupt erst hergerichtet worden ist. Obwohl die Frequenz der ausgesandten Strahlung im Bezugssystem der Elektronen nur einige wenige Kilohertz beträgt, vergrößert die Zeitzerrung diese Frequenz im Bezugssystem des Laboratoriums tausendfach. Die auftretende Strahlung wird dann tatsächlich als ultraviolettes Licht oder als Röntgenstrahlung empfangen. Das Synchroton nutzt also die Zeitzerrung aus, um ausreichend viel kurzwelliges Licht über einen bestimmten Frequenzbereich zu erzeugen. Solche Einrichtungen gibt es sehr selten; sie haben viele praktische Anwendungsmöglichkeiten. So wird in Daresbury aus der mystisch anmutenden Zeitzerrung eine kommerzielle Einrichtung.

Die Streckung der Zeit geht Hand in Hand mit dem Schrumpfen der Entfernung – in der Tat zwingt uns die Relativitätstheorie dazu, Raum und Zeit in einer einheitlichen *Raumzeit* zusammenzufassen –, und beide Zerreffekte eskalieren grenzenlos, wenn die Lichtgeschwindigkeit erreicht wird. Aus diesem Grund ist es unmöglich, die Lichtgrenze zu durchbrechen und mit Überlichtgeschwindigkeit zu reisen. Wenn man dies nämlich tun würde, kehrte sich das Innere der Raumzeit nach außen, der Raum würde zur Zeit und die Zeit zum Raum verdreht, wodurch Objekte in die Vergangenheit fliegen könnten. Die Lichtgeschwindigkeit gilt daher als die schnellste Geschwindigkeit des Universums, mit der sich physikalische Objekte oder Wirkungen ausbreiten können.

Zeitzerrungen können auch durch Gravitation zustande kommen. Die Zeit fließt auf dem Dach eines Gebäudes ein wenig schneller als im Keller. Obwohl der Effekt viel zu klein ist, um von Menschen jemals bemerkt zu werden, können besondere Atomuhren eine Zeitzerrung sogar über der Höhe eines Gebäudes feststellen. Uhren wurden auch an Bord hoch fliegender Flugzeuge und Raketen installiert, um die Wirkung der Gravitation auf die Zeit zu untersuchen. Es gibt keinen Zweifel an der Realität der Zeitzerrungen; die Zeit läuft im Universum meßbar schneller als auf der Erde.

Gemessen an astronomischen Kriterien, ist die Gravitation der Erde bescheiden. Wir kennen kosmische Objekte, die die Zeit in einem riesigen Ausmaß verzerren. So ist zum Beispiel die Gravitation an der Oberfläche eines Neutronensterns so stark – ein Teelöffel voller Neutronen wiegt dort mehr als alle Kontinente der Erde –, daß die Zeit nur halb so schnell läuft wie auf der Erde. Steigt die Gravitation noch über das Niveau eines Neutronensterns an, entsteht ein schwarzes Loch. In diesem Fall implodiert der Stern vollständig, und er hüllt sich selbst nicht nur in eine unendliche Zeitzerrung, sondern auch in ein Gefängnis aus gekrümmtem Raum ein. Grob gesagt, steht die Zeit an der Oberfläche eines schwarzen Lochs relativ zu unserer eigenen Zeitskala still.

Die Tatsache, daß die Zeit nicht fixiert und universal, sondern elastisch und flexibel ist, untergräbt viele Annahmen des gesunden Menschenverstandes. Wenn meine Zeit und deine Zeit außer Tritt geraten können, dann hat es keinen Sinn mehr, von »der Zeit« oder von »jetzt« zu reden. Die Erwähnung »dieses Moments« etwa auf dem Mars ist hoffnungslos zweideutig, wenn erst einmal die Möglichkeiten von schnell bewegten Beobachtern mitbedacht werden. Entsprechend steckt keinerlei Bedeutung in der Frage »Was ist die Zeit auf einem Neutronenstern?«. Zeit ist ausschließlich relativ. In unserem eigenen Bezugssystem schreitet sie auf geordnete Weise voran. Wie auch immer wir uns bewegen oder wie auch immer sich die Gravitation ändert, die wir erfahren, die Zeit wird uns normal erscheinen. Doch werden seltsame Effekte auftreten, wenn wir Zeiten zwischen zwei verschiedenen Systemen vergleichen. Dann stellen wir fest, daß jedes Bezugssystem seine eigene Zeitskala hat, und diese Skala wird gewöhnlich von der Skala eines jeden anderen abweichen.

Normal ist anormal

Die seltsamen Auswirkungen, die die Quantenphysik und die Relativitätstheorie auf unsere traditionellen Ideen von Raum und Zeit haben, erfüllen die Welt mit einer Vagheit und Subjektivität, die ihre tägliche Normalität Lügen straft. Normalität ist eine Konsequenz des extrem beschränkten Rahmens unserer Erfahrung, an die wir gewöhnt sind. In unserem täglichen Leben bewegen wir uns nie mit Geschwindigkeiten, die groß genug sind, um Raum- oder Zeitzerrungen bemerkbar zu machen, und die meisten von uns tauchen nie in die verwischten und nebulösen Bereiche des Atoms ein. Und doch ist die rationale und ordentliche Welt des gesunden Menschenverstandes nur ein Schein. Dahinter liegt eine trübe Welt voller Paradoxien, schattenhafter Existenzen und sich verschiebender Perspektiven.

Der nebelhafte Surrealismus, den die neue Physik an den Tag bringt, wird besonders deutlich, wenn es um die Materie geht. Die solide Festigkeit etwa eines Felsens macht uns die konkrete Existenz von Objekten in einer äußeren Welt deutlich. Doch auch hier untergräbt ein genaueres Hinschauen die gewohnten Impressionen. Unter dem Mikroskop entpuppt sich das Material des Felsens als Gewirr aus zusammenhängenden Kristallen. Ein Elektronenmikroskop kann einzelne Atome aufdecken, die regelmäßig und mit großen Lücken zwischen sich angeordnet sind. Dringt man weiter in die Atome selbst vor, finden wir, daß sie fast vollständig aus leerem Raum bestehen. Ihr winziger Kern nimmt nur den Trillionsten Teil (10^{-12}) des atomaren Volumens ein. Der Rest wird von einer Wolke aus vergänglichen Weder-hier-noch-da-Elektronen eingenommen, Nadelstiche der Festigkeit, die in einem Ozean der Leere umhersausen. Sogar der Kern stellt sich bei näherer Betrachtung als pulsierendes Paket entschwindender Teilchen heraus. Die scheinbar konkrete Materie unserer Erfahrung löst sich auf in vibrierende Muster von Quantenenergie.

Es besteht kein Zweifel daran, daß die neue Physik ein starkes mystisches Element mit sich bringt. Die alte Sicht des Universums als Uhrwerkmechanik, die sich gemächlich nach einem vorbestimmten Plan entfaltet und dabei in einen absoluten Raumzeitrahmen eingespannt ist, wurde weggewischt. Seinen Platz hat eine Sammlung von Bildern eingenommen, die jedes für sich einen Aspekt der gewohnten Erfahrung enthält, die sich aber nicht in geeigneter Weise verbinden lassen. Ist ein Elektron eine Welle, oder ist es ein Teilchen? Beide Formen rufen ein deutliches geistiges Bild hervor, doch können wir uns auf keine Größe beziehen, für die beide Antworten zutreffen. Wir können uns auch nicht leicht die Idee veranschaulichen, daß der Raum gekrümmt ist oder sich ausdehnt. Raum assoziieren wir mit Leere, und eine verzerrte Leere ist ein geistiges Hindernis, das nur wenige überwinden können.

Der mystische Anklang der neuen Physik hat ihr nach Meinung vieler Leute eine religiöse oder philosophische Wendung gegeben. Sie sehen in ihren Entdeckungen eine Loslösung von der materialistischen und unpersönlichen Welt, die die moderne technologische Gesellschaft produziert hat. Zeitzerrungen und Quantenspuk öffnen dem Glauben viele Möglichkeiten, daß die Welt mehr ist, als das Auge sieht. Besonders der starke Geschmack nach Ganzheit macht die neue Physik attraktiv. Viele Menschen sind heute von den Wissenschaften enttäuscht. Dies ist eine Reaktion auf den traditionellen wissenschaftlichen Reduktionismus, der die Welt nüchtern in ihre einfachsten Komponenten zerlegt.

Die Idee, daß alles verstanden werden kann, wenn es auf seine konstituierenden Teile reduziert worden ist, hat das wissenschaftliche Denken mehrere Jahrhunderte lang stark beeinflußt. Newton erkannte, daß die Komplexität von Bewegung verstanden werden kann, wenn einfache, kleine Körper betrachtet wurden, auf die Kräfte wirken, die von anderen einfachen, kleinen Körpern hervorgerufen werden. Obwohl das Verhalten eines fallenden Blattes erstaunlich kompliziert erscheint, sollten die Bewegungen einzelner Teilchen einfachen mathematischen Prinzipien folgen.

Den Höhepunkt des Newtonschen Reduktionismus bildet die berühmte Aussage des französischen Mathematikers und Astronoms Pierre Laplace:

> »Eine Intelligenz, die sowohl alle zu irgendeinem gegebenen Zeitpunkt in der Natur wirkenden Kräfte als auch die augenblicklichen Positionen aller Dinge, aus denen das Universum besteht, kennt, wird in der Lage sein, die Bewegungen der größten Körper der Welt und der kleinsten Atome in einer einzigen Formel zu fassen, vorausgesetzt, sie ist mächtig genug, alle Daten für eine Analyse mit einzubeziehen; für diese Intelligenz wäre nichts unsicher, sowohl die Zukunft als auch die Vergangenheit lägen ihr vor Augen.«

Wenn also nur die genauen Positionen und Bewegungen aller Teilchen der Materie des Univerums bekannt wären, könnte im Prinzip das gesamte vergangene und zukünftige Verhalten aller Dinge bestimmt werden. Die Idee, daß jedes Verhalten auf diese rigide Weise festgelegt ist, zerstört die Konzeption des freien Willens und bringt das Bild eines sterilen und geistlosen Universums hervor. Es berührt uns noch stärker, wenn lebende Systeme gemeint sind: Der Versuch, Lebewesen auf nichts als sich bewegende Berge von Atomen zu reduzieren, die sich nach dem blinden Zufall entwickeln, hat mehr als alles andere den Eindruck erweckt, daß Wissenschaft ein seelenloses und entmenschtes Streben ist.

Gegen diesen traditionell reduktionistischen Hintergrund hebt sich die neue Physik deutlich ab. Der Quantenfaktor verwirft den Determinismus von Laplace und leugnet die Möglichkeit, die Welt allein durch ihre Komponenten zu verstehen. Im nächsten Kapitel werden wir sehen, wie zwei Teilchen auch dann noch in einem kohärenten Verhaltensmuster zusammenhängen, wenn sie offensichtlich weit voneinander getrennt sind. Ganz allgemein kann im Rahmen einer Messung oder Beobachtung ein subatomares Teilchen nicht aus der Umgebung gelöst werden, in der es sich befindet. Wir haben gesehen, wie in dem Versuch, den Young mit den zwei Schlitzen anstellte, das Verhalten eines Teilchens von der Größe eines Elektrons davon abhängt, ob einer oder zwei Schlitze zur Verfügung stehen, um durch die Leinwand hindurchschlüpfen zu können. Auf mysteriöse Weise schließt das Elektron Informationen über eine vergleichsweise riesige Struktur in seiner Nachbarschaft ein und verhält sich entsprechend. Auf ähnliche Weise zeigt der Spin eines Teilchens unvermeidlich in die Richtung, die durch die Meßstrategie des Experimentators zustande gekommen ist. Offensichtlich sind die mikroskopische und die makroskopische Welt eng miteinander verknüpft. Es besteht keine Hoffnung, ein vollständiges Verstehen der Materie aus der Kenntnis der konstituierenden Teile allein aufzubauen. Nur das System als Ganzes drückt die mikroskopische Realität konkret aus. Das Große und das Kleine koexistieren. Weder subsumiert das eine ganz das andere, noch »erklärt« das andere ganz das eine.

Eines der Hauptopfer der reduktionistischen Wissenschaften war der Geist. Bei dem Versuch, alle Systeme auf die Aktivität einfacher Komponenten zu reduzieren, kamen einige Wissenschaftler zu der Überzeugung, daß der Geist nichts anderes ist als die Aktivität des Gehirns, die aus nichts anderem als einem elektrochemischen Impulsmuster besteht, das sich wiederum aus nichts anderem als der Bewegung von Elektronen und Ionen zusammensetzt. Diese extreme materialistische Philosophie reduziert die Welt der menschlichen Gedanken, Gefühle und Empfindungen auf eine bloße Fassade.

Die neue Physik hingegen stellt den Geist zurück an eine zentrale Stelle in der Natur. Die Quantentheorie, so, wie sie gewöhnlich gedeutet wird, bleibt ohne Bedeutung, wenn nicht irgendein Beobachter eingeführt wird. Der Vorgang der Beobachtung ist in der Quantenmechanik nicht irgendein zufälliger Zug, ein Mittel, um Informationen zu bekommen, die in der äußeren Welt längst vorhanden sind; der Beobachter betritt die subatomare Wirklichkeit vielmehr auf fundamentale Weise, und die Gleichungen der Quantenmechanik bauen den Vorgang der Beobachtung explizit ein. Eine Beobachtung bringt eine deutliche Transformation der physikalischen Situation mit sich. Wenn jemand ein Atom anschaut, dann springt das Atom auf eine charakteristische Weise, die keine gewöhnliche physikalische Wechselwirkung nachmachen kann. Der gesunde Menschenverstand mag beim Anblick der neuen Physik zwar zusammengebrochen sein, doch bietet gerade das durch die wissenschaftlichen Fortschritte aufgedeckte Universum dem Menschen einen Platz, den er im großen Zusammenhang aller Dinge einnehmen kann.

Die Wirklichkeit und das Quantum

Im Labyrinth der Paradoxien

Im Sommer 1982 wurde an der Universität von Paris ein historisches Experiment durchgeführt. Der französische Physiker Alain Aspect und seine Mitarbeiter hatten sich vorgenommen zu versuchen, ob sie das Quantum hintergehen konnten. Es ging dabei nicht nur um die erfolgreichste aller wissenschaftlichen Theorien, zur Debatte stand die Grundlage dessen, was wir als »Realität« bezeichnen.

Wie viele entscheidende Versuche der Physik entsprang das Pariser Experiment einem Paradoxon; und zwar einem, das sowohl die Wissenschaftler als auch die Philosophen nahezu fünfzig Jahre lang verwirrt und beschäftigt hat. Das Thema betrifft die zentrale Eigenschaft der Quantenmechanik, die Unbestimmtheit nämlich. Die berühmte Unbestimmtheitsrelation von Heisenberg scheint jedem einfachen, intuitiven Bild der atomaren Welt, in dem sich Teilchen entlang wohldefinierter Bahnen unter dem Einfluß von Kräften bewegen, eine Schranke zu setzen. Ein Teilchen wie das Elektron ist unvorhersagbar im Zickzackkurs unterwegs, und seine Bewegung kann unmöglich im Detail verfolgt oder sinnvoll beschrieben werden.

Vor dem Aufkommen der Quantentheorie wurde das physikalische Universum mehr als ein riesiges Uhrwerk betrachtet, dessen Verhalten in jeder Einzelheit durch die unangreifbare Logik von Ursache und Wirkung festgelegt war, wie sie die Newtonschen Gesetze verkörperte. Die Newtonschen Gesetze treffen natürlich immer noch für die meisten Phänomene des Alltags zu. Sie lenken eine Kugel zu ihrem Ziel und halten die Planeten mit großer Präzision in ihren Bahnen. Doch wissen wir heute, daß die Dinge im Mikrokosmos ganz anders sind. Dort macht die gewohnte, ordentliche Verhaltensweise der makroskopischen Körper der Rebellion und dem Chaos Platz. Was wir gewohnt waren, als solide Gegenstände anzusehen, finden wir als gespenstische Mosaike aus zitternder Energie. Die Quantenunbestimmtheit sorgt dafür, daß wir über ein Teilchen nicht alles zu allen Zeiten wissen können. Wenn man versucht, ein Teilchen (metaphorisch gesehen) festzunageln, dann entzieht es sich dem Zugriff.

Diese Eigenschaft der Quantenteilchen, unberührbar zu sein, wurde zu einer Quelle größter Unzufriedenheit unter den Physikern, die an der Entwicklung der Theorie beteiligt waren. In den zwanziger Jahren dieses Jahrhunderts schien die neue Quantenmechanik ein Labyrinth von Paradoxien zu sein. Obwohl Werner Heisenberg und Erwin Schrödinger die wichtigsten Architekten für die technische Struktur der Theorie waren, fiel die Aufgabe der Interpretation auf Max Born und vor allem auf Niels Bohr, einen dänischen Physiker, zurück. Bohr war der erste gewesen, der erkannt hatte, daß die Quantentheorie sowohl auf Strahlung als auch auf Materie angewendet werden kann. In späteren Jahren wurde er die führende Autorität auf dem Gebiet der konzeptionellen Grundlagen der Quantenmechanik und der diesbezügliche Sprecher der Physikergemeinde. Sein Institut in Kopenhagen wurde für ein Jahrzehnt zum Brennpunkt der quantenphysikalischen Forschung. Bohr bemerkte einmal einem Kollegen gegenüber: »Wenn einem nicht schwindlig wird, wenn er zum ersten Mal von der Quantentheorie hört, dann hat er noch kein Wort von ihr verstanden.« In seinem Buch »Physik und Philosophie« erinnert sich Werner Heisenberg an das erste Unwohlsein, das ihm die Bedeutung der neuen Quantenmechanik bereitete:

> »Ich erinnere mich an viele Diskussionen mit Bohr, die bis spät in die Nacht dauerten und fast in Verzweiflung endeten. Und wenn ich am Ende solcher Diskussionen noch allein einen kurzen Spaziergang im benachbarten Park unternahm, wiederholte ich mir immer und immer wieder die Frage, ob die Natur wirklich so absurd sein könne, wie sie uns in den Atomexperimenten erschien.«

Der bekannteste Unzufriedene war Einstein. Obwohl er an der ersten Formulierung der Quantentheorie beteiligt gewesen war, fühlte sich Einstein nie glücklich damit. Er glaubte, sie müsse entweder falsch oder bestenfalls halb richtig sein. »Gott würfelt nicht«, lautete seine berühmteste Äußerung. Er bestand darauf, daß hinter der Quantenwelt voller unvorhersehbarer Verschmiertheit und Unordnung eine gewohnte klassische Welt aus einer konkreten Wirklichkeit liegt, in der Objekte tatsächlich wohldefinierte Eigenschaften wie Position und Geschwindigkeit besitzen und in der sie sich nach deterministischen Gesetzen von Ursache und Wirkung bewegen. Das Irrenhaus des atomaren Bereichs, so erklärte Einstein, habe keine Grundlage, es sei nur eine Fassade. Auf einer tieferen Schicht der Beschreibung regiere wieder die Vernunft.

Einstein versuchte diese tiefere Schicht in einer fortlaufenden Debatte mit Bohr zu finden, dem stärksten Befürworter der »Parteilinie«, die festlegte, daß die Verschmiertheit der Natur selbst innewohnt und irreduzierbar ist. Einstein versuchte die Quantenunbestimmtheit mit vielen phantasievollen Angriffen zu Fall zu bringen, indem er sich hypothetische Experimente ausdachte – sie sind als »Gedankenexperimente« bekannt –, um logische Schnitzer in der »offiziellen Sicht« zu verdeutlichen. Aber immer wieder gelang es Bohr, zurückzuschlagen und Einsteins Argument abzuschmettern.

Während einer denkwürdigen Konferenz, zu der sich die führenden europäischen Physiker versammelt hatten, richtete Einstein seinen Angriff gegen eine Variante der Unbestimmtheitsrelation, die davon handelt, wie genau die Energie eines Teilchens gemeinsam mit dem Zeitpunkt bestimmt werden kann, zu dem es diese Energie besitzt. Er hatte ein geniales Schema entworfen, um die Unbestimmtheit von Energie und Zeit zu umgehen. Die Grundlage seiner Idee bestand darin, die Energie des Teilchens präzise durch seine Masse zu bestimmen. Einsteins berühmte Relation $E = m \cdot c^2$ schreibt einer Masse m die Energie E zu, und die Masse kann bestimmt werden, indem man sie wiegt.

Dieses Mal war Bohr sichtbar durcheinander. Augenzeugen haben berichtet, wie er Einstein auf dem Rückweg zum Hotel in erregter Stimmung begleitete. Nach einer schlaflosen Nacht, in der Bohr Einsteins Argument ausführlich analysiert hatte, trat er triumphierend vor die Versammlung. Bei der Verwendung seines Arguments gegen die Quantenunbestimmtheit hatte Einstein ironischerweise einen Aspekt seiner eigenen Allgemeinen Relativitätstheorie übersehen. Diese Theorie erfordert, daß die Zeit von der Gravitation gezerrt wird. Da Gravitation vorhanden sein muß, um die Messung eines Gewichtes durchführen zu können, kann der Zerreffekt nicht vernachlässigt werden. Bohr wies nach, daß die Unbestimmtheit sich so zeigt wie immer, wenn man diese Zerrung korrekt beachtet.

Das Einstein-Podolsky-Rosen-Experiment

Das nachhaltigste von Einsteins Gedankenexperimenten tauchte erst 1935 auf, als er gemeinsam mit seinen Kollegen Boris Podolsky und Nathan Rosen eine wichtige Arbeit in der Zeitschrift »The Physical Review« publizierte, die bis auf den heutigen Tag die prägnanteste Formulierung der paradoxen Natur der Quantenphysik enthält. Das Gedankenexperiment von Einstein, Podolsky und Rosen befaßt sich mit der Frage, ob ein Teilchen gleichzeitig eine Position und einen Impuls haben kann. Die Herausforderung für Einstein und seine Kollegen bestand darin, ein Schema zu ersinnen, in dem es möglich schien, die beiden Größen wenigstens im Prinzip mit beliebiger Genauigkeit messen zu können.

Zu dieser Zeit war allgemein akzeptiert worden, daß jeder direkte Versuch, sowohl den Ort als auch den Impuls eines Teilchens zu bestimmen, zum Scheitern verurteilt war. Der Grund dafür ist einfach: Wenn man die Position ermittelt, dann beeinflußt gerade diese Messung den Impuls in unbestimmbarer Weise. Und die Bestimmung des Impulses zerstört jede vorhergehende Information über den Ort. Jede Art der Messung ist inkompatibel mit der anderen und verschmiert ihr Ergebnis. Wenn Einsteins Versuch, einen Weg zu finden, um beide Eigenschaften gleichzeitig zu bestimmen, Erfolg haben sollte, dann mußte er zu einer subtileren Strategie greifen.

Was sich Einstein, Podolsky und Rosen ausgedacht haben, kann vereinfacht so beschrieben werden, wenn man sich auf das Wesentliche konzentriert: Da wir nicht zugleich Ort und Impuls eines Teilchens *direkt* messen können, brauchen wir ein zweites Partnerteilchen. Von *zwei* Teilchen können wir gleichzeitig mehr Quantitäten ermitteln. Falls die Bewegung der beiden Teilchen von vornherein irgendwie verknüpft werden kann, dann müßten die gleichzeitig an beiden Teilchen vorgenommenen Messungen es

dem Experimentator ermöglichen, hinter den Vorhang der Quantenunbestimmtheit zu schauen, von dem Bohr behauptete, daß er niemals gehoben werden könnte.
Das angewendete Prinzip ist bekannt genug. Wenn beim Billardspiel die gestoßene Kugel auf eine andere trifft, rollen anschließend beide in unterschiedliche Richtungen davon. Ihre Bewegung ist aber nicht rein zufällig, sie liegt vielmehr durch das Newtonsche Gesetz von Kraft und Gegenkraft fest. Wenn man den Impuls einer Kugel bestimmt, kann man den der anderen ableiten (auch wenn sie inzwischen weit weg ist), ohne sie direkt zu beobachten. Das Gesetz von Kraft und Gegenkraft gilt auch für Quantenteilchen. Was man im wesentlichen also nur zu tun hat, besteht darin, zwei Quantenteilchen zusammentreffen, in Wechselwirkung treten und wieder weit auseinanderfliegen zu lassen. Nun kann der Impuls von Teilchen 1 gemessen werden. Aus dem Gesetz von Kraft und Gegenkraft kann nun der Impuls von Teilchen 2 – um das es hier geht – genau abgeleitet werden. Die Messung hat natürlich die Position von Teilchen 1 unbestimmt gemacht, aber dies macht nichts. Sie kann auf keinen Fall die Position von Teilchen 2 unbestimmt gemacht haben – und um die geht es hier –, denn Teilchen 2 ist weit weg, es könnte im Prinzip Lichtjahre entfernt sein. Wenn wir also mit dem Impuls von Teilchen 1 auch die Position von Teilchen 2 direkt experimentell bestimmen, dann kennen wir gleichzeitig den genauen Ort und den genauen Impuls von Teilchen 2. Dann haben wir also das Unbestimmtheitsprinzip ausmanövriert!
Das Experiment von Einstein, Podolsky und Rosen beruht auf zwei entscheidenden Annahmen. Die erste steckt darin, daß eine Messung, die an einem Teilchen ausgeführt worden ist, nicht augenblicklich ein Teilchen an anderer und weit entfernter Stelle beeinflussen kann. Die Grundlage dieser Annahme liegt einfach darin, daß Wechselwirkungen zwischen Systemen die Neigung haben, mit der Entfernung abzunehmen. Man kann sich nur schwer vorstellen, daß zwei Elektronen, die meterweit oder gar Lichtjahre voneinander entfernt sind, ihre Positionen und Bewegungen auf komplizierte Weise gegenseitig beeinflussen. Einstein verwarf eine solche Idee, die er als »spukhafte Fernwirkung« verspottete. Ein wichtiger Grund, sie abzulehnen, bestand in Einsteins Überzeugung, daß kein Signal und keine Wirkung sich schneller als

Licht ausbreiten können. Dieses Grundergebnis der Relativitätstheorie kann nicht leichtfertig aufgegeben werden. Unter anderem stellt die Abwesenheit von Signalen, die schneller als Licht sind, ein Lebenselement der allgemeinen Definition von Vergangenheit und Zukunft im Universum dar. Die Durchbrechung der Lichtschranke ist gleichbedeutend mit Signalen, die zeitlich rückwärts laufen. Eine Aussicht, die wieder voller Paradoxien steckt.

Die zweite fundamentale Voraussetzung, an der Einstein und seine Kollegen festhielten, bestand in der Annahme einer »objektiven Realität«. Sie glaubten, daß eine Qualität wie die Position oder der Impuls eines Teilchens objektiv gegeben ist, auch wenn das Teilchen weit weg ist und die betreffende Qualität nicht direkt beobachtet wird. An dieser Stelle wich die Haltung Einsteins von der ab, die Bohr einnahm. Nach Bohr ist es nicht möglich, einem Teilchen Attribute wie Position oder Impuls zuzuschreiben, wenn dazu nicht tatsächlich Beobachtungen ausgeführt worden sind. Indirekte Messungen reichen nicht aus. Die Verwendung eines Partnerteilchens ist Betrug.

Auf diesem Stand konnten Bohr und Einstein ihre Positionen halten. Gebraucht wurde eine Variante des Gedankenexperimentes, die es einem direkten Test ermöglichen würde, zu entscheiden, ob die Unbestimmtheitsrelation verletzt war oder nicht. In den sechziger Jahren entdeckte John Bell am CERN einen Weg dorthin. Er nahm sich die beiden grundlegenden Annahmen Einsteins, Podolskys und Rosens vor – kein Signal ist schneller als Licht, und es gibt eine objektive Realität – und verwendete sie, um ganz allgemeine Relationen zwischen Messungen an Teilchen 1 und 2 abzuleiten. Sie bezogen sich nicht nur auf Ort und Impuls, sondern zum Beispiel auch auf die Richtung des Spins. Bell stellte fest, daß bestimmte Arten von Messungen zwischen den Überzeugungen von Bohr und Einstein unterscheiden könnten. Das heißt, die beiden erwähnten Annahmen würden zu experimentellen Voraussagen führen, die nicht zutreffen würden, wenn die Quantenmechanik à la Bohr mit der ihr innewohnenden Unbestimmtheit richtig wäre. Mit einem entsprechenden Experiment würde man also einen direkten Test der Unbestimmtheit durchführen.

Bell kleidete die wesentlichen Differenzen zwischen den rivalisierenden Theorien in eine mathematische Aussage, die völlig zutreffend als Bellsche Ungleichung bezeichnet wird. Einfach ausgedrückt: Wenn Einstein recht hat, dann würde die Ungleichung in jeder experimentellen Situation erfüllt sein. Wenn Bohr recht hat, müßte die Ungleichung verletzt werden können. Der Ball war damit den Experimentatoren zugespielt worden.

Der Zusammenbruch der naiven Realität

Ein praktischer Test konnte in den sechziger Jahren noch nicht ausgeführt werden. Das Hauptproblem bestand in der Präzision der verfügbaren Technik. Um sicherzustellen, daß zwei getrennte Teilchen nicht auf konventionelle Weise miteinander kommunizieren, müssen Operationen an beiden Teilchen innerhalb so kurzer Zeitintervalle durchgeführt werden, daß sie auch dem Licht nicht ausgereicht hätten, um von dem einen zum anderen Teilchen zu fliegen. Für Teilchen, die einige Meter voneinander entfernt sind, bedeutet dies, daß die Operationen nicht länger als wenige Tausendstel des Millionsten Teils einer Sekunde dauern dürfen.
Im Lauf der siebziger Jahre versuchten einige Forschergruppen, die unterschiedlichsten Versuche mit zwei Teilchen aufzubauen, doch konnte keine von ihnen die Genauigkeit erreichen, die erforderlich ist, um die Resultate wasserdicht zu machen. Schließlich führte Alain Aspect in Paris eine Vielzahl von Verbesserungen ein, und im Jahr 1981 begann eine Reihe von Experimenten, bei der gleichzeitig die Polarisationswinkel von zwei Photonen bestimmt wurden, die sich in entgegengesetzte Richtungen bewegten und von einem einzelnen Atom ausgesandt wurden. Das Programm gipfelte in einem Versuch, der im Sommer 1982 ausgeführt wurde und der die ganze Frage entschieden zu haben scheint. Die Resultate waren eindeutig. Einstein hatte unrecht. Die Quantenunbestimmtheit kann nicht umgangen werden. Sie steckt unausweichlich in der Natur. Der Glaube an eine naive Realität – die Wirklichkeit von Teilchen, die wohldefinierte Eigenschaften ohne Beobachtung haben –, kann nicht aufrechterhalten werden. Aspect hatte den letzten Nagel in den Sarg geschlagen, in dem die Physik des gesunden Menschenverstandes ruhte.
Die Art und Weise, auf die das Experiment den Unterschied zwischen der Quantentheorie und jeder alternativen »realistischen« Theorie beleuchtet, ist von einigem Interesse. Die Experimentatoren stellten sich die Aufgabe, herauszufinden, bis zu welchem Ausmaß die Ergebnisse der Messungen an einem Photon mit

denen an dem anderen Photon korreliert waren. Nach der Bellschen Ungleichung sagen »realistische« Theorien voraus, daß es eine bestimmte maximale Stärke der Korrelation gibt. Die Quantentheorie sagt im Gegensatz dazu eine höhere Korrelation voraus, so, als ob die Teilchen mittels einer Form von Telepathie auf unnatürliche Weise kooperierten. Die Versuche zeigten, daß es tatsächlich Korrelationen über das Maximum hinaus gibt, das die Bellsche Ungleichung vorgesehen hatte.

Diese Situation kann mit zwei Personen verglichen werden, die Rücken an Rücken sitzen und gleichzeitig Münzen hochwerfen. Wenn die Würfe rein zufällig sind, dann wird man keine Korrelation zwischen den beiden Münzen erwarten. Das Erscheinen des Kopfes oder der Zahl auf der einen Münze tritt ebenso wahrscheinlich ein wie Kopf oder Zahl auf der anderen Münze. Nehmen wir aber einmal an, daß die Würfe nicht nur zufällig fallen, so daß, wenn eine Münze Kopf zeigt, die andere weniger wahrscheinlich mit dem Kopf nach oben fällt. Entsprechendes gilt für die Zahl. Beobachtungen würden nun definitiv auf eine Korrelation zwischen den Ergebnissen bei beiden Münzen hinweisen. In dem Versuch mit den zwei Teilchen ist die Aktivität der Teilchen nicht in unabhängiger Weise zufällig, da beide einen gemeinsamen Ursprung haben. Gewisse Korrelationen werden also erwartet. Der entscheidende Test besteht darin, den genauen Grad der Korrelation herauszufinden.

Auf den ersten Blick scheint das Experiment von Aspect ein Mittel bereitzustellen, um Signale zu bekommen, die sich schneller als Licht ausbreiten. In der Sprache des Münzenwerfens ausgedrückt: Wenn meine Köpfe wahrscheinlich mit deinen Köpfen oben liegen, dann scheine ich dir eine Nachricht senden zu können, obwohl du meine Münze nicht sehen kannst, indem ich einen einfachen Kode benutze, wie etwa Köpfe für Punkte, Zahlen für Striche. Falls die Korrelation unter hundert Prozent bleibt, dann ist die Nachricht »verrauscht«, bei hinreichender Wiederholung könnte sie aber korrekt übermittelt werden.

Weiteres Nachdenken zeigt jedoch, daß diese Möglichkeit Illusion bleibt. Das Ergebnis jedes meiner Münzenwürfe bleibt auch dann vollständig unvorhersagbar, wenn sie mit deinen Würfen korreliert sind, denn ich kann meine Münze nicht im voraus dazu bringen, wunschgemäß mit Kopf oder Zahl oben zu landen. Wenn sie mit Kopf oben landet, dann weiß ich, daß auch deine höchstwahrscheinlich Kopf zeigt, doch dies nützt mir wenig. Ich habe keine Kontrolle über die Folge der Punkte und Striche, die ausgesendet werden; die Botschaft verrinnt in einem weißen Rauschen.

Die seltsame Natur der Quantenwirklichkeit

Einige Monate, nachdem Aspect die Ergebnisse seiner Experimente publiziert hatte, hatte ich die Gelegenheit, für die BBC eine Sendung über die konzeptionellen Paradoxien der Quantenphysik zu machen. Dazu beigetragen haben Aspect selbst, John Bell, David Bohm, John Wheeler, John Taylor und Sir Rudolph Peierls. Ich habe alle Teilnehmer gefragt, was Aspects Ergebnisse ihnen sagen würden und ob sie nicht glaubten, daß die Realität des gesunden Menschenverstandes nun endgültig tot sei. Die Vielfalt der Antworten war erstaunlich.

Einer oder zwei der Teilnehmer zeigten sich überhaupt nicht überrascht. Ihr Vertrauen in die offizielle Interpretation der Quantentheorie, wie sie Bohr vor langer Zeit verkündet hatte, war so stark, daß sie fanden, Aspects Versuch habe nur bestätigt, was nie ernsthaft in Zweifel gezogen worden sei (die Bestätigung sei natürlich sehr willkommen). Auf der anderen Seite waren einige Teilnehmer nicht bereit, es dabei zu belassen. Ihr Glaube an eine Realität des gesunden Menschenverstandes – die objektive Realität, die Einstein gesucht hatte – blieb unerschütterlich. Worauf man nur verzichten müßte, so argumentierten sie, war die Annahme, daß Signale sich nicht schneller als Licht bewegen könnten. Es mußte die »spukhafte Fernwirkung« nach alledem doch geben. Bohm hat auch schon eine fertige Theorie aufgestellt, in die solche »nichtlokalen« Effekte eingebaut sind.

Und was ist mit den Paradoxien, die die Zeitsignale betreffen? Nun, hindert vielleicht irgend etwas diese Signale daran, in kontrollierter Weise ausgesendet zu werden? Diese Frage wurde nur in Andeutungen behandelt.

Obwohl nicht alle Physiker den Umsturz der naiven Realität zu akzeptieren scheinen, bleibt Bohrs Position die offizielle Sicht, und sie wurde zweifellos durch Aspects Experimente gestützt. Wenn man diese Position einnimmt, dann hat dies weitreichende Konsequenzen für die Natur der physikalischen Welt.

Zunächst offenbart das oben beschriebene Arrangement mit den zwei Teilchen, daß die Wirklichkeit eines Teilchens »da drüben« unauflöslich mit der Wirklichkeit des Teilchens »da vorne« verbunden ist. Die vereinfachende Annahme, daß zwei Teilchen nur deshalb, weil sie sich weit voneinander entfernt haben, als getrennte und unabhängige physikalische Einheiten angesehen werden müssen, liegt ziemlich weit daneben. Solange keine getrennten Messungen an beiden Teilchen stattgefunden haben, bleiben sie Teil eines einheitlichen Ganzen. Was wir unter Realität verstehen, kann nur durch die gesamte experimentelle Anordnung definiert werden, die über einen weiten Raum ausgebreitet werden könnte. Darüber hinaus stehen alle Teilchen kontinuierlich in Wechselwirkung miteinander und trennen sich voneinander aufgrund natürlicher Aktivität, wenn auch Aspect seinen Versuch so angelegt hat, daß das holistische Zwei-Teilchen-System absichtlich und auf kontrollierte Weise aufgebaut ist. Der nichtlokale Aspekt der Quantentheorie ist daher eine allgemeine Eigenschaft der Natur und nicht nur eine verrückte Situation, die in einem Laboratorium hergestellt worden ist.

Einige Leute haben betont, daß die Quantenphysik eine Welt impliziert, in der individuelle Materieteilchen nicht wirklich ein eigenes Recht auf Existenz als primäre Einheiten haben. Statt dessen besitzt nur die Kollektion aller Teilchen als Ganzes den Status der »Realität«, und die Teilchen, die den Meßapparat aufbauen, gehören dazu.

Die eher traditionelle Sicht der Realität, die auf der klassischen Physik Newtons basiert, ist ganz anders. Gemäß der Newtonschen Philosophie besteht Materie aus Teilchen, die schlicht als Bausteine betrachtet werden, die sich zu größeren Einheiten zusammensetzen können. Dieses Bild ist sehr verlockend, denn wir können uns leicht vorstellen, wie Myriaden solcher elementaren Teilchen als solide Kugeln zusammen ein so gewohntes Objekt wie einen Felsen bilden. Alle Eigenschaften, die solch ein Felsen besitzt, können dann den Atomen zugeschrieben werden, oder welche Bausteine gerade auch immer in Mode sind. Der Felsen *besteht aus* elementaren Teilchen, und die Teilchen sind einfach Fragmente des Felsens. Weiter nichts. Der aus Österreich stammende britische Physiker Otto Frisch, der die Kernspaltung als erster verstanden hatte, faßte das klassische Bild so zusammen:

»Es nimmt den Standpunkt ein, daß es definitiv eine äußere Welt gibt, die aus Teilchen besteht, die einen Ort, eine Größe, Härte und noch mehr haben. Es ist etwas zweifelhafter, ob sie auch Farbe und Geruch haben; dennoch, sie sind *Bona-fide*-Teilchen, die existieren, ob wir sie beobachten oder nicht.«

Wir können diese klassische Philosophie als »naiven Realismus« bezeichnen.
In der Quantenphysik wird diese simple klassische Relation zwischen dem Ganzen und seinen Teilen vollständig unzulänglich. Der Quantenfaktor zwingt uns dazu, Teilchen nur in ihrer Verbindung zum Ganzen zu sehen. In dieser Hinsicht ist es falsch, die elementaren Teilchen der Materie als *Dinge* anzusehen, die sich zusammenfinden, um größere Dinge zu bilden. Es ist vielmehr korrekter, die Welt als ein Netzwerk aus *Relationen* zu beschreiben.
Für den naiven Realisten ist das Universum eine Ansammlung von Objekten. Für den Quantenphysiker ist es ein untrennbares Gewebe von vibrierenden Energiemustern, in dem keine Komponente eine Wirklichkeit besitzt, die unabhängig von der Ganzheit ist; und in diese Ganzheit ist der Beobachter mit eingeschlossen. Der amerikanische Physiker H. P. Stapp hat das Quantenkonzept des Teilchens mit den folgenden Worten beschrieben:

»Ein elementares Teilchen ist keine unabhängig existierende Einheit, die nicht analysierbar ist. In seinem Wesen ist es eine Menge von Relationen, die nach außen auf andere Dinge übergreifen.«

Man wird dabei an die Worte von William Blake erinnert: »Die Welt in einem Sandkorn zu sehen ...« Wir müssen uns vorstellen, daß jede Materie und jede Energie überall in einer einheitlichen Existenz zusammengefaßt sind.
Eine weitere Konsequenz der Quantenphysik betrifft die Rolle des Beobachters, der Person also, die eine Messung tatsächlich ausführt. Die Verschmiertheit der Quantenunbestimmtheit reicht nicht bis in die tatsächlich vorgenommene Beobachtung hinein, und so muß in der Kette, die mit dem untersuchten Quantensystem beginnt, sich in der experimentellen Apparatur, den Anzei-

gegeräten und Meßlatten fortsetzt, durch unsere Sinnesorgane und unser Gehirn bis schließlich hin zu unserem Bewußtsein zieht, irgendwo etwas passieren, das die Verschmiertheit vertreibt. Die Regeln der Quantenmechanik sind in diesem Punkt sehr genau. Ohne eine Beobachtung wird sich ein Quantensystem in bestimmter Weise entwickeln. Im Fall einer Beobachtung wird es zu einer vollständig anderen Art der Änderung kommen. Wodurch genau dieses unterschiedliche Verhalten hervorgerufen wird, ist nicht klar; zumindest einige Physiker bestehen darauf, daß dies explizit durch den Geist selbst bewirkt wird.

Mit diesem mystischen Klang verlassen wir die Probleme und Paradoxien der Quantenphysik. Welche Kontroversen auch immer über ihre konzeptionellen Grundlagen bestehen bleiben, es gibt keine Meinungsverschiedenheit darüber, daß die Quantentheorie auf brillante Weise funktioniert. Vor allem bildet sie die Grundlage jeder Beschreibung der Welt, in der sich die elementaren Teilchen aufhalten und in der die Urkraft begraben liegt.

Symmetrie und Schönheit

»Schönheit ist Wahrheit,
Wahrheit ist Schönheit.«
John Keats

Mathematik als Sprache der Natur

Wenn ich zu Studienanfängern über »Die Konzepte der modernen Physik« spreche, dann sage ich ihnen immer, daß die Physik deshalb so schön ist, weil sie durch solch einfache mathematische Gesetze beschrieben wird. Diese Bemerkung ruft gewöhnlich ein spöttisches Geheule hervor. Der Grund dafür liegt natürlich darin, daß die physikalischen Gleichungen für einen Studenten, der sich gerade mit den ersten Mathematikseminaren herumschlägt, schrecklich kompliziert und undurchsichtig aussehen. Sie können noch nicht richtig schätzen, daß Mathematik unter anderem auch eine Sprache ist. Wenn man diese Sprache erst einmal gelernt hat, dann können äußerst komplizierte Dinge elegant in einem mathematischen Einzeiler zusammengefaßt werden.

In dieser Hinsicht unterscheidet sich die Mathematik nur wenig von anderen technischen Sprachen (obwohl sie unvergleichlich viel mächtiger und umfassender ist). Versuchen Sie doch einmal ein Investitionsvorhaben zu erklären, ohne die Begriffe Kapital, Zins und Inflation zu benutzen! Oder stellen Sie sich vor, Sie müssen beschreiben, wie ein Auto funktioniert, ohne dabei die Worte Nockenwelle, Vergaser, Zylinder oder Dichtung zu verwenden.

Wer zwei Mathematikern bei einer Unterhaltung zuhört, meint, sie reden in einer Geheimsprache. Und in gewisser Weise tun sie dies auch. Wie aber bei allen Kodierungen wird die komplexe Information sofort einfach, wenn man den Schlüssel kennt. Wenn eine kodierte Nachricht aufgefangen wird, erkennt man eine klare Anordnung von Informationen, bei der das tatsächlich Gemeinte aber in einem bedeutungslosen Haufen von Ziffern verborgen ist. Eine mathematische Formel ist so etwas wie ein Kode, und zwar mit einem Input und einem Output. Sehen wir uns zum Beispiel die Formel n^2 an, bei der n für die natürlichen Zahlen 1, 2, 3, 4 ... stehen soll. Setzt man diese Werte ein, ergibt sich 1, 4, 9, 16 ... In diesem Fall ist der Kode nicht schwer zu knacken, und die meisten Leute könnten rückwärts aus der Antwort 1, 4, 9, 16 ... die Formel n^2 und den Input 1, 2, 3, 4 ... ableiten. Wenn man aber die Formel nur ein klein wenig komplizierter macht, kann die Durchbrechung des Kodes eine entmutigende Aufgabe werden. Der Leser ist herzlich eingeladen, eine Formel für die Folge 2, 4, 6, 9, 12, 17, 20, 25, 28, 31, 34 ... zu finden.

Die vielleicht größte aller wissenschaftlichen Entdeckungen besteht darin, daß die Natur in einem mathematischen Kode geschrieben ist. Wir kennen den Grund dafür nicht, doch darin liegt der wichtigste Einzelfaktor, der es uns ermöglicht, das Ergebnis physikalischer Prozesse zu verstehen, zu beherrschen und vorherzusagen. Wenn wir erst einmal den Kode für ein bestimmtes physikalisches System durchbrochen haben, können wir die Natur wie ein Buch lesen.

Daß die Gesetze der Natur auf einem fundamentalen Niveau in einem mathematischen Kode geschrieben sind, wurde der Menschheit nur langsam bewußt. Die ersten Astronomen leiteten einfache numerische Relationen ab, die die Bewegung von Sonne, Mond und Sternen regulierten und halfen, eine Sonnenfinsternis vorherzusagen. Pythagoras entdeckte, daß der musikalische Ton einer gezupften Saite in einem präzisen Verhältnis zu ihrer Länge steht. Aber erst im Mittelalter wurden systematische Versuche unternommen, den mathematischen Kode der Natur zu entschlüsseln. Im 14. Jahrhundert stießen Gelehrte aus Oxford auf die interessante Tatsache, daß die senkrechte Distanz, die ein frei fallengelassener Körper zurücklegt, proportional zum Quadrat der vergangenen Zeit t^2 ist. Allgemein akzeptiert wurde diese Tatsache aber erst im 17. Jahrhundert, als Galilei und Newton ihre Arbeiten vorlegten. Andere und damit zusammenhängende Tatsachen bestanden darin, daß zum Beispiel die Periode eines schwingenden Pendels unabhängig von der Amplitude der Schwingung und proportional zur Quadratwurzel seiner Länge ist und daß auch ein Geschoß immer präzise einer geometrischen Kurve folgt, die als Parabel bekannt ist. Kepler leitete mathematische Relationen ab, die die Bewegungen der Planeten kontrollier-

ten, so zum Beispiel die Tatsache, daß die Quadrate der Umlaufzeiten proportional zur dritten Potenz der Hauptabstände von der Sonne sind.
All dies kulminierte in Newtons Aufstellung der Gesetze der Mechanik und der Gravitation. Er stellte fest, daß die Gravitation mit einer einfachen mathematischen Formel einhergeht, die als Gesetz des umgekehrten Quadrats bekannt ist. Dieses Gesetz verbindet die Gravitationskraft im Abstand r vom Zentrum eines kugelförmigen Körpers mit dem Verhältnis von $1/r^2$. Später zeigten Versuche mit elektrischen und magnetischen Kräften, daß auch sie dem Gesetz des umgekehrten Quadrats gehorchen.
Im 18. und 19. Jahrhundert breitete sich die mathematische Grundlage der Physik immer weiter aus. In vielen Fällen wurden neue mathematische Themen erfunden, um den rasch wechselnden Bedürfnissen der Physiker Rechnung zu tragen. In diesem Jahrhundert ist die mathematische Entwicklung der Physik viel weiter gegangen, und sie hat sich viele abstrakte Zweige der Mathematik einverleibt, wie etwa die nichteuklidische Geometrie, unendlich dimensionale Vektorräume und die Gruppentheorie.
Dinge, die oberflächlich sehr kompliziert und unsystematisch aussehen, können sich als Ausdrücke einfacher mathematischer Relationen herausstellen, wenn der Kode erst einmal gebrochen ist. Wenn ein Physiker die Welt der Natur erkundet, trifft er möglicherweise auf ein zunächst verwickelt oder gar zufällig erscheinendes Verhalten. Später kann sich mit Hilfe der geeigneten mathematischen Theorie dieses Verhalten als Ausdruck einer entwaffnend einfachen Mathematik herausstellen.
Hierfür kann kein besseres historisches Beispiel gegeben werden als die Bewegungen der Planeten in unserem Sonnensystem. Daß sich die Planeten am Himmel in relativ geordneter Weise bewegen, ist jedem bekannt, der auch nur ein wenig Interesse an Astronomie hat. Detaillierte Untersuchungen machen dann deutlich, daß sich einzelne Planeten in ihren Bewegungen sehr unterscheiden. So bewegt sich Mars zum Beispiel vor dem Hintergrund der Fixsterne gewöhnlich von Osten nach Westen, er kann aber auch gelegentlich umkehren und vorübergehend ostwärts ziehen. Außerdem bewegen sich die äußeren Planeten sehr viel langsamer als die inneren. Nähere Analysen offenbaren schließlich noch viel kompliziertere Eigenschaften.

Das einstmals bevorzugte Modell des Sonnensystems war im 2. vorchristlichen Jahrhundert von Claudius Ptolemäus entworfen worden. Es basierte auf der Annahme, daß die Erde im Zentrum des Universums fixiert steht und die Planeten an konzentrische Kugeln geheftet sind, die mit unterschiedlichen Geschwindigkeiten rotieren. Als immer genauere Beobachtungen immer verwikkeltere Bewegungen verlangten, wurde es in diesem System erforderlich, die ursprünglichen Kugeln mit anderen, kleineren Kugeln zu unterstützen, so daß die kombinierte Bewegung die beobachtete planetare Aktivität richtig wiedergab. Als Kopernikus im 16. Jahrhundert die wahre Organisation des Sonnensystems entdeckte, war das ptolemäische Kugelsystem äußerst verworren und kompliziert geworden.

Die wissenschaftliche Revolution, die durch die Arbeit Galileis und Newtons zustande kam, liefert ein klassisches Beispiel dafür, wie etwas, das wie kompliziertes Durcheinander zu sein scheint, bei Verwendung eines raffinierten mathematischen Modells eine elegante Einfachheit offenbaren kann. Der wichtigste Schritt Newtons bestand darin, die Planeten als materielle Körper zu behandeln, die sich durch den Raum bewegen und den physikalischen Gesetzen der Bewegung und der Gravitation unterworfen sind – Gesetzen, die er selbst bereits abgeleitet hatte. Dadurch war er in der Lage, neben der Größe und der Form der Planetenbahnen auch deren Umlaufzeiten zu beschreiben. Alles stimmte genau mit der Beobachtung überein. Der wichtige Punkt besteht darin, daß Newtons Gesetze der Bewegung und der Gravitation mathematisch sehr einfach sind, auch nach Schulstandard. Nichtsdestoweniger führen sie in Kombination zu einer reichhaltigen und komplexen Vielfalt von Bewegungen.

Das Beispiel der Planetenbewegungen dient auch noch dazu, einen anderen wichtigen Punkt aus der physikalischen Welt zu beleuchten. Ich werde oft gefragt, wie es kommt, daß das Universum so kompliziert ist, wenn die Gesetze der Physik so einfach sind. Die Antwort entspringt einem richtigen Verständnis dessen, was unter einem Gesetz verstanden wird. Wenn ein Physiker über ein Gesetz redet, dann meint er eine Art von Einschränkung in dem Verhalten einer Klasse von Systemen. Zum Beispiel besagt ein einfaches Gesetz, daß ein geworfener Ball eine parabolische Kurve beschreiben muß. Das Gesetz sagt nicht, daß alle Kurven

gleich sind. Sonst wäre ein Spiel mit dem Ball auch ziemlich langweilig. Einige Parabeln sind tief und flach, andere hoch und gebogen. Während alle Kurven zu der einen Klasse der Parabeln gehören, gibt es unendlich viele parabolische Kurven, aus denen man eine auswählen kann.
Was bestimmt dann die besondere Parabel, der ein geworfener Ball folgt? Hier spielt die Geschicklichkeit des Werfers eine Rolle, denn die Form der Kurve wird von der Wurfgeschwindigkeit und dem Winkel abhängen. Die beiden Parameter, die als die »Anfangsbedingungen« bekannt sind, müssen spezifiziert werden, bevor die Kurve eindeutig zu bestimmen ist.
Ein Gesetz wäre nutzlos, wenn die mit ihm bewirkte Einschränkung nur ein mögliches Verhaltensmuster zuließe. Es wäre dann mehr die *Beschreibung* der Welt und weniger ein Gesetz. In der realen Welt können die Reichhaltigkeit und die Komplexität der Aktivität immer noch auf einfachen Gesetzen beruhen, denn es gibt eine endlose Vielfalt von Anfangsbedingungen, die mit ihnen einhergehen. Im Sonnensystem erfordern die Gesetze, daß alle Planetenbahnen elliptisch verlaufen, doch können weder die genaue Größe noch die Auslenkung jeder einzelnen Ellipse aus dem Gesetz abgeleitet werden. Sie werden von den Anfangsbedingungen bestimmt, die wir in diesem Fall aber nicht kennen, da sie davon abhängen, wie das Sonnensystem entstanden ist. Dieselben Gesetze beschreiben auch die hyperbolische Bahn eines Kometen und sogar die komplizierten Trajektorien von Raumschiffen. Somit können die einfachen mathematischen Prinzipien, die Newton entdeckt hat, eine riesige Menge komplizierter Aktivität enthalten.

Schönheit als ein Führer zur Wahrheit

Schönheit ist zwar ein undurchsichtiges Konzept, doch besteht kein Zweifel daran, daß sie eine Quelle der Inspiration für viele Wissenschaftler ist. Wenn der Weg, auf dem man vorankommen will, nicht klar vor Augen liegt, können mathematische Schönheit und Eleganz die Führung übernehmen. Ein Physiker fühlt dies intuitiv, er hat eine Art irrationales Vertrauen darin, daß die Natur lieber den schönen als den häßlichen Weg geht. Bis heute war dieser Glaube trotz seiner subjektiven Eigenschaften ein verläßlicher und außerordentlich hilfreicher Reisegefährte.

Heisenberg hat einmal Einstein gegenüber folgendes gesagt:

> »Wenn man durch die Natur auf mathematische Formen von großer Einfachheit und Schönheit geführt wird . . ., die bis dahin noch von niemandem ausgedacht worden sind, so kann man eben nicht umhin zu glauben, daß sie ›wahr‹ sind, das heißt, daß sie einen echten Zug der Natur darstellen.«

Er fuhr dann fort, »daß man fast erschrickt vor der Einfachheit und Geschlossenheit, die die Natur auf einmal vor einem ausbreitet und auf die man so gar nicht vorbereitet war«; ein Gefühl, auf das viele seiner Zeitgenossen eingegangen sind. Der britische Physiker Paul Dirac ging soweit zu behaupten, daß »es für eine Gleichung wichtiger ist, Schönheit zu zeigen, als auf ein Experiment zu passen«. Dirac wollte damit sagen, daß die schöpferische Phantasie mit einem Satz eine Theorie hervorbringen kann, die in ihrer Schönheit so zwingend ist, daß die Physiker von ihrer Wahrheit überzeugt werden, noch bevor sie einem experimentellen Test unterworfen wird und auch angesichts experimenteller Hinweise, die ihr zu widersprechen scheinen.
In seinem unterhaltsamen Buch »Dismantling the Universe« (»Die Zerlegung des Universums«) kommt Richard Morris auf diesen Punkt zurück:

> »Es gibt mehr Parallelen zwischen der Wissenschaft und den Künsten als die, die direkt ins Auge fallen. Wie Künstler haben auch Wissenschaftler ihren individuellen Stil. Darüber hinaus erinnern ihre Vorstellungen davon, wie eine gute wissenschaftliche Theorie aussehen sollte, an künstlerische Überzeugungen. (. . .) Eine richtige Theorie ist diejenige, die vermutlich im Experiment verifiziert werden kann. Und doch kann in einigen Fällen die wissenschaftliche Intuition so genau sein, daß eine Theorie schon überzeugend wirkt, noch bevor die relevanten Versuche ausgeführt werden. Einstein – und viele Physiker mit ihm – blieb von der Wahrheit der Speziellen Relativitätstheorie auch dann überzeugt, als Experimente ihr zu widersprechen schienen.«

Morris berichtet darüber, wie Einstein auf die Nachricht reagierte, daß eine entscheidende Voraussage seiner Allgemeinen Relativitätstheorie in einem astronomischen Experiment bestätigt worden war. Einstein schien dies nicht zu bewegen. Als er gefragt wurde, wie er reagiert hätte, wenn das Ergebnis des Versuchs seiner Theorie nicht entsprochen hätte, antwortete er: »Dann hätte mir der liebe Gott leid getan – die Theorie stimmt schon.«

Mathematische Eleganz kann denjenigen, die keinen entsprechenden Hintergrund haben, nur unter Schwierigkeiten verständlich gemacht werden. Dennoch will ich es hier versuchen. Sehen wir uns die Kurve in Abbildung 6 an. Obwohl ihre Form im wesentlichen glatt ist und keine besonderen Eigenschaften zeigt, entspricht ihr nichts, was uns im täglichen Leben begegnet. Wenn Sie gebeten würden, sich die Kurve zu merken, um sie später *exakt* zu reproduzieren, die Aufgabe wäre hoffnungslos. Sie könnten dies zum Beispiel mit einem Kreis oder einer komplizierteren

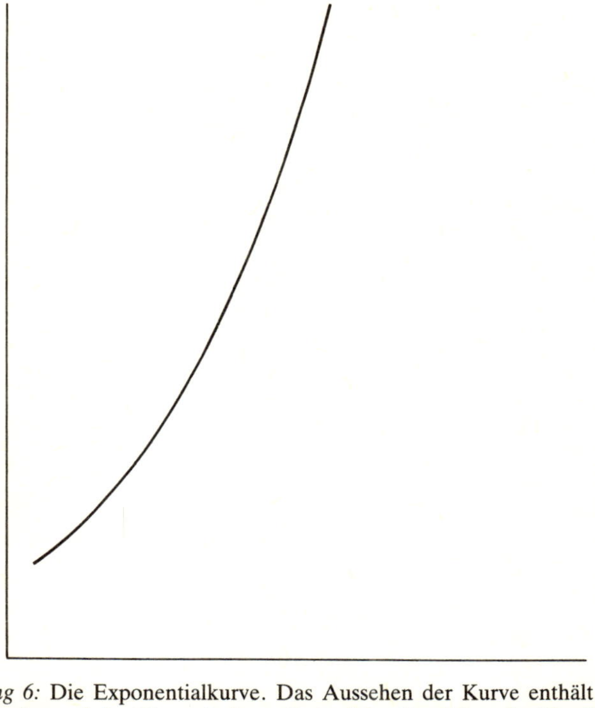

Abbildung 6: Die Exponentialkurve. Das Aussehen der Kurve enthält weitreichende mathematische Eigenschaften, die in vielen Bereichen der Physik auftauchen. Als Schaubild betrachtet, könnte die Exponentialkurve zum Beispiel das ungehemmte Wachstum der Erdbevölkerung darstellen.

geometrischen Figur machen, die Sie erkannt haben – etwa einer Ellipse (der schrägen Ansicht eines Kreises) –, doch die Kurve in Abbildung 6 weist viel mehr Struktur als ein Kreis auf. Sowohl der Anstieg als auch die Krümmung ändern sich entlang ihrer Länge auf eine systematische Weise, die nur schwer genau zu definieren ist.

Ein Mathematiker aber wird diese Kurve erkennen und wissen, wie alle ihre Eigenschaften kodiert werden können, so daß er sich später an sie erinnern und sie mit jeder gewünschten Genauigkeit reproduzieren kann. Die Kurve ist tatsächlich die graphische Darstellung der sogenannten Exponentialfunktion, die als e^x bezeichnet wird. Sie erscheint immer wieder in einem weiten Feld wissenschaftlicher Fragestellungen. Mathematiker wissen, daß diese Funktion aus der Formel $(1 + x/n)^n$ abgeleitet werden kann, für den Fall, daß n gegen unendlich geht. Wer über ein Rechengerät verfügt, kann jeden Punkt auf diesem Graphen mit der erforderlichen Genauigkeit berechnen.

Die Mathematiker erheben den Anspruch, daß die Exponentialfunktion eine der elegantesten Beziehungen ist, die der Mensch kennt. Warum ist das so?

Stellen wir uns vor, wir betrachten den Anstieg (den Gradienten) der Kurve in jedem Punkt. Sie fängt auf der linken Seite flach an und wird immer steiler. Wenn wir nun eine Abbildung nicht der Exponentialfunktion, sondern des Gradienten der Exponentialfunktion zeichnen, wie wird der Graph aussehen? Es stellt sich heraus, daß die dabei entstehende Kurve identisch mit der der Exponentialfunktion selbst ist. Eine exponentielle Kurve ist an jeder Stelle gleich (oder wenigstens proportional) ihrem eigenen Anstieg. Daraus ergibt sich die große Bedeutung der Exponentialfunktion bei der Beschreibung einfacher Formen des Wachstums, wie etwa das von sich unbeschränkt vermehrenden Populationen, bei denen der Gradient, der ein Maß für die Wachstumsrate ist, proportional zur Population selbst ist. Dies trifft auf die menschliche Bevölkerung in einigen Teilen der Welt in etwa zu.

In der exponentiellen Kurve hält sich aber noch mehr Eleganz verborgen. Sehen wir uns zum Beispiel die Figur in Abbildung 7 an. Technisch ist diese Kurve als Sinuswelle bekannt und wird als $\sin x$ geschrieben. Auch sie kann algebraisch aus einer Formel reproduziert werden.

Oberflächlich zeigt die Sinuskurve wenig Ähnlichkeit mit der Exponentialkurve. Die Sinuswelle ist periodisch, sie steigt und fällt regelmäßig, die exponentielle Linie hingegen steigt und steigt immer schneller. Die Verbindung zwischen beiden Kurven wird offenbar, wenn man den Gradienten der Sinuskurve aufzeichnet. Das Ergebnis ist eine weitere Sinuskurve, die um ein Viertel einer Wellenlänge nach rechts verschoben ist. Sie heißt Kosinuskurve. Zeichnen wir den Gradienten der Kosinuskurve, verschieben wir die Welle wieder um ein Viertel und erhalten eine auf dem Kopf stehende Sinuskurve. Nach zwei weiteren Operationen dieser Art (Gradientenbildung) sind wir wieder zurück bei der ursprünglichen Sinuskurve. Die Exponential-, die Sinus- und die Kosinuskurve haben eine wichtige Symmetrieeigenschaft gemeinsam, die die Form der Kurve mit der Form der Ableitung verbindet.
Die tiefe Verbindung zwischen e^x und $\sin x$ wird klar ersichtlich in der Theorie der komplexen Zahlen, bei denen das gewöhnliche Zahlensystem erweitert worden ist, um auch die Quadratwurzeln negativer Zahlen miteinzubeziehen. Hier findet man folgendes: Wenn x die Quadratwurzel einer negativen Zahl ist, dann wird e^x eine Mischung aus Sinus- und Kosinuswellen. Daher ist es keine Überraschung, daß physikalische Systeme, die ein exponentielles Verhalten an den Tag legen, ebenso wahrscheinlich ein periodisches, »sinusförmiges« Verhalten zeigen. Ein Beispiel dafür ist der sogenannte harmonische Oszillator. Dies könnte ein Pendel oder einfach eine an einer Feder befestigte Masse sein. Wird die Masse

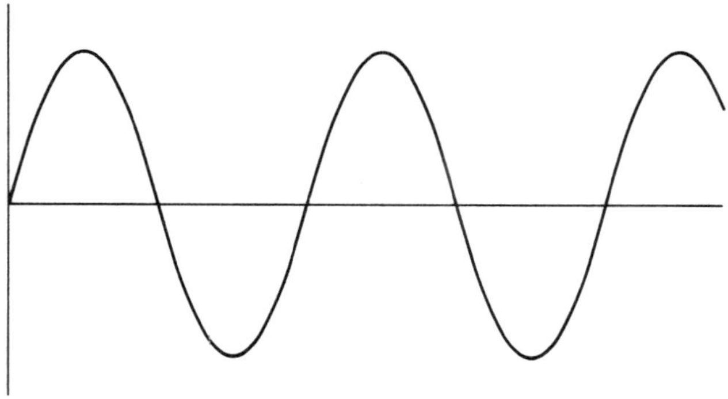

Abbildung 7: Die Sinuskurve. Diese charakteristische Gestalt besitzt Eigenschaften, die eng mit denen der exponentiellen Kurve verwandt sind. Sie beschreibt einen großen Bereich von physikalischen Erscheinungen, einschließlich der Wellenbewegung und der periodischen Oszillationen.

ein wenig ausgelenkt, wird sie unter dem Einfluß der periodischen Kraft der Feder hin- und herschwingen. Die Lage der Masse wird so variieren, wie dies durch die Sinusfunktion in Abbildung 7 gezeigt wird. Der Grund dafür kann in dem Gesetz für Federkräfte gefunden werden, das besagt, daß die Kraft, die die Feder auf die Masse ausübt, direkt proportional zu der Auslenkung der Masse aus der Ruhelage ist. Die Kraft ist so ausgerichtet, daß sie versucht, die Masse auf die Ruheposition zu bringen. Wenn also die Feder ausgedehnt wird, entsteht eine Zugkraft, wird die Feder zusammengedrückt, entsteht eine Schubkraft.

Stellen wir uns nun vor, daß die Kraftgesetze unverändert sind, nur daß die Richtung der Kraft nicht auf die Ruhelage hin, sondern von ihr weg weist. Dann ergäbe sich ein ganz anderes Verhalten. Die Masse würde einer exponentiellen Kurve folgen, die immer schneller in dieselbe Richtung beschleunigt würde. Federn können dies natürlich nicht tun, aber es gibt andere Systeme, bei denen dies möglich ist. Manchmal wird ein System unter bestimmten Bedingungen wie eine Sinuswelle oszillieren, dann wieder unter anderen Bedingungen wird es exponentiell davonschießen.

Verborgene Relationen und Symmetrien dieser Art mit Hilfe der mathematischen Analyse zu finden macht Teil der Geschicklichkeit der Physiker aus. Oftmals kann eine subtilere Symmetrie nur durch eine revolutionäre Änderung in der mathematischen Formulierung der Beschreibung sichtbar gemacht werden. Dies trat beim Übergang von der ptolemäischen Kosmologie zur Newtonschen Mechanik auf, es passierte dann bei der Newtonschen Mechanik selbst wieder.

Die Newtonschen Gesetze wurden im 19. Jahrhundert durch den französischen Physiker Joseph-Louis Lagrange und seinen irischen Kollegen William Rowan Hamilton vollständig umgeschrieben. In beiden Fällen wurde die mathematische Beschreibung so angepaßt, daß sie die Einfachheit und Eleganz ausnutzte, die in der Newtonschen Mechanik verkörpert sind. Vor allem Hamiltons Arbeit enthielt einen unerwarteten Hinweis auf die Quantenrevolution, die die klassische Physik vollständig wegfegen sollte. Doch darauf mußte man noch warten.

Das zentrale Problem der Mechanik besteht darin, die Bahnen materieller Teilchen, denen sie unter der Wirkung angewandter Kräfte folgen, zu verstehen, zu beschreiben und vorherzusagen.

Diese Bahnen haben offenbar eine unendliche Vielfalt von Formen in Abhängigkeit von den Kräften, die wirken. Ein scheinbar vollständig anderes Problem betrifft den Weg, den Lichtstrahlen in einem transparenten Material zurücklegen. Licht ist nicht der Newtonschen Mechanik unterworfen, obwohl es die bekannte Tatsache gibt, daß der Weg des Lichtes gebrochen werden kann, wenn es Materialien mit unterschiedlichen Dichten durchläuft. So sieht zum Beispiel ein Stock, der in einem Teich steht, geknickt aus. Der Grund hierfür liegt darin, daß die Lichtwellen in dichter Materie verlangsamt sind, so daß, grob gesagt, die Wellenzüge an verschiedenen Stellen der Wellenfront außer Tritt geraten, wenn sie in Stoffe mit verschiedenen Dichten eintreten. Das Endresultat besteht in den meisten Fällen darin, daß ein gegebener Lichtstrahl dem Weg folgen wird, der die Zeit minimal werden läßt, die er braucht, um von Ort zu Ort zu kommen. Somit kann die Form eines Lichtstrahls im Rahmen einer Theorie von Wellen verstanden werden, die sich in Abhängigkeit von der Natur des durchlaufenen Mediums mit unterschiedlichen Geschwindigkeiten ausbreiten.
Als Hamilton die Newtonsche Mechanik neu formuliert hatte, entdeckte er, daß sich die kürzeste Formulierung der Bewegungsgesetze in einer mathematischen Aussage fand, die identisch mit dem Minimalprinzip für Lichtwellen war. Kurz gesagt, versuchen Teilchen von einem Ort zum anderen zu kommen, indem sie die leichteste (und damit meistens auch die schnellste) der verfügbaren Routen einschlagen. Somit konnte man sehen, daß sich sowohl materielle Teilchen wie auch Lichtwellen – trotz ihres vollständig anderen Charakters – auf eine Weise ausbreiten, die in gewisser mathematischer Hinsicht mehr oder weniger identisch ist.
Dieses erstaunliche Ergebnis, das ausschließlich aus dem Versuch resultierte, die Gesetze der Mechanik in ein neues mathematisches Gewand zu kleiden, offenbart eine tiefe Harmonie der Natur, die auf einige Prinzipien hinweist, die im verborgenen arbeiten. Ausgestattet mit dem Vorteil des Blicks zurück, können wir nun sehen, worin diese Prinzipien bestehen. Die enge Verwandtschaft zwischen der Bewegung von Teilchen und Wellen legt die Annahme nah, daß mit materiellen Teilchen vielleicht eine Welleneigenschaft verbunden ist. Diese Welle-Teilchen haben wir bereits im zweiten und dritten Kapitel diskutiert. Sie bilden den

Ausgangspunkt auf dem Weg zur Quantenmechanik. Somit kann man in Hamiltons Trick den Wegweiser sehen, der in Richtung einer neuen Wellentheorie der Materie zeigt.

Symmetrie

Das Konzept der Symmetrie ist uns vertraut, weil es im täglichen Leben wichtig ist. Viele menschliche Erzeugnisse werden bewußt so gebaut, daß sie symmetrisch sind, entweder aus ästhetischen oder aus praktischen Gründen. Ein Ball ist symmetrisch, weil er unverändert aussieht, wenn man ihn um sein Zentrum in irgendeine Richtung dreht. Auch ein Schornstein bleibt bei einer eingeschränkten Menge von Drehungen unverändert, und zwar bei solchen, die um eine senkrechte Achse erfolgen, die im Zentrum des Schornsteins verläuft.

Und in der Natur finden wir ebenfalls reichlich Symmetrien. Eine Schneeflocke zeigt eine äußerst bemerkenswerte hexagonale Symmetrie. Kristalle weisen charakteristische geometrische Formen auf; so sind zum Beispiel Salzkristalle kubisch, worin sich die atomare Struktur widerspiegelt, die ihrer Form zugrunde liegt. Ein fallender Regentropfen ist eine perfekte Kugel, die dann, wenn sie einfriert, zu einem kugelförmigen Eisball werden kann, den wir als Hagelkorn kennen.

Eine andere Symmetrie, der wir oft in der Natur und in menschlichen Konzepten begegnen, ist die Spiegelsymmetrie. Der menschliche Körper zum Beispiel ist nahezu spiegelsymmetrisch um eine senkrechte Mittellinie. In einem Spiegel werden zwar unter anderem die rechte und die linke Hand vertauscht, dennoch bleibt das gesehene Bild für uns erkennbar. Viele architektonische Entwürfe sind spiegelsymmetrisch, wie zum Beispiel Bogengänge und Kathedralen.

Es besteht eine sehr enge Verbindung zwischen der geometrischen Symmetrie und dem, was die Physiker als Erhaltungssätze bezeichnen. Erhaltungssätze sagen uns, daß bestimmte Dinge sich im Lauf der Zeit nicht ändern. Bei einem Eishockeyspiel bleibt die Zahl der Spieler auf dem Eis erhalten. Einige kommen und andere gehen, aber die Gesamtzahl ändert sich nicht. In der Physik gibt es ein Gesetz, dem zufolge die Energie in einem isolierten System erhalten bleiben muß; das gleiche gilt für den Impuls und den Drehimpuls. Diese Einschränkungen bedeuten nicht, daß sich das

System nicht ändern kann; doch sind nur solche Änderungen möglich, bei denen die drei genannten Größen fest bleiben. Bei einem Billardspiel sind die Kugeln wegen der glatten Oberfläche des Tisches mechanisch nahezu isoliert, weshalb hier die Gesetze der Erhaltung von Energie und Impuls die Richtung und die Geschwindigkeit der Kugeln bestimmen.

Die Erhaltungssätze folgen zwar unmittelbar aus den Newtonschen Bewegungsgesetzen, aber erst die später erfolgte Neufassung dieser Gesetze durch Lagrange und Hamilton hat ihre Bedeutung voll zur Geltung gebracht. Dabei wird eine tiefe und mächtige Verbindung zwischen der Erhaltung einer Größe und dem Vorhandensein einer Symmetrie in dem betrachteten System aufgedeckt. Am Beispiel der Sonnengravitation läßt sich dieser Zusammenhang gut illustrieren. Wenn die kugelförmige Sonne um ihren Mittelpunkt gedreht würde, verliefe die Erde weiterhin unverändert auf ihrer Bahn. Das Gravitationsfeld der Sonne ist symmetrisch ausgerichtet, und eine einfache Drehung läßt es unverändert. Diese geometrische Symmetrie wird in ein physikalisches Gesetz übertragen: Das Drehmoment eines die Sonne umkreisenden Planeten ist immer konstant. (Diese Tatsache hat bereits Kepler im 17. Jahrhundert entdeckt, allerdings ohne ihre wirkliche Bedeutung zu sehen.) Ähnliche Überlegungen gelten für Impuls und Energie.

Symmetrien, die bei Drehungen oder Spiegelungen erscheinen, kann man sich leicht veranschaulichen, und sie gefallen dem Auge. Doch mit ihnen erschöpft sich das Reservoir an Symmetrien nicht, das es in der Natur gibt. Manchmal entdecken die Physiker neue und unerwartete Symmetrien, wenn sie die mathematische Beschreibung eines physikalischen Systems erkunden. Die Symmetrien sind in der Mathematik auf kryptische und subtile Weise kodiert, und sie treten nicht unmittelbar zutage, wenn man das physikalische System selbst beobachtet. Indem sie die Symbole in ihren Gleichungen manipulieren, versuchen die Physiker zu entdecken, wie viele Symmetrien in einem gegebenen Fall auftreten, einschließlich jener, die sich nicht anschaulich zeigen.

Ein klassisches Beispiel dafür lieferten etwa um die Jahrhundertwende die Bewegungsgesetze des elektromagnetischen Feldes. Einige Jahrzehnte zuvor hatten die Arbeiten Michael Faradays und anderer deutlich gemacht, daß Elektrizität und Magnetismus eng miteinander verwandt sind, daß sie voneinander leben. Die Wirkungen der elektrischen und magnetischen Kräfte konnten am besten in Form von *Feldern* verstanden werden, also als eine Art unsichtbarer Einflußbereich, der aus der Materie strömt, sich durch den Raum erstreckt und in der Lage ist, auf elektrisch geladene Teilchen, elektrische Ströme und Magnete einzuwirken. Man kann dieses Feld spüren, wenn man zwei Magneten dicht zusammenbringt und merkt, wie sie sich entweder abstoßen oder anziehen, obwohl sie sich gar nicht direkt berühren.

Später, in der Mitte des 19. Jahrhunderts, nahm dann James Clerck Maxwell diese Kenntnisse als Ausgangsbasis, von der aus er die elektrischen und magnetischen Felder harmonisch in einem Gleichungssystem verweben konnte. Maxwell fand dabei zunächst, daß seine Gleichungen nicht sehr ausgewogen aussahen; deren elektrische und magnetische Teile erwiesen sich nicht als völlig symmetrisch. Er fügte daher einen zusätzlichen Term hinzu, der dafür sorgte, daß die Gleichungen besser aussahen und symmetrisch waren. Der Zusatzterm konnte als eine Wirkung interpretiert werden, die bislang übersehen worden war – das Hervorbringen von Magnetismus durch ein sich veränderndes elektrisches Feld –, und dies wurde tatsächlich auch so gefunden. Offenbar entsprach die Natur Maxwells ästhetischem Sinn.

Maxwells Einführung dieser zusätzlichen Größe brachte weitreichende Konsequenzen mit sich. Zunächst vereinigte sie wirklich die Elektrizität und den Magnetismus zu einem einzigen Feld, dem elektromagnetischen Feld. Mit Maxwells Gleichungen war die erste einheitliche Feldtheorie entstanden und damit also der erste Schritt auf dem langen Weg zur Urkraft gelungen. Sie zeigten, daß in Wirklichkeit zwei verschiedene Gesichter einer einheitlichen Kraft vorliegen, obwohl auf den ersten Blick zwei verschiedene Kräfte der Natur am Werk zu sein scheinen.

Zum anderen zeigten die Lösungen der Maxwellschen Gleichungen einige unerwartete und aufregende Möglichkeiten. Es stellte sich heraus, daß die Gleichungen durch verschiedene Sinusfunktionen erfüllt werden konnten (wieder eine Symmetrie), die – wie wir schon berichtet haben – Wellen oder periodische Bewegungen darstellen. Diese *elektromagnetischen Wellen,* so schloß Maxwell, bewegen sich ohne Unterstützung durch das Feld und können so den Raum durchqueren, der ansonsten leer zu sein scheint. Seine

Gleichungen gaben eine Formel zur Berechnung der Geschwindigkeit dieser Wellen aus elektrischen und magnetischen Größen an. Setzt man die entsprechenden Zahlen ein, ergibt sich eine Geschwindigkeit von 300 000 Kilometern pro Sekunde, also die Lichtgeschwindigkeit. Die Schlußfolgerung war unausweichlich: Licht ist eine elektromagnetische Welle. Es kann ja tatsächlich den leeren Raum durchqueren, denn nur auf diese Weise sehen wir die Sonne.

Maxwell ging aber noch darüber hinaus und prophezeite, daß es auch elektromagnetische Wellen mit anderen Wellenlängen gebe. Einige Jahre später wurde seine Vorhersage bestätigt, als Heinrich Hertz die ersten Radiowellen im Laboratorium herstellen konnte. Heute wissen wir, daß Gammastrahlen, Röntgenstrahlen, infrarotes und ultraviolettes Licht und Mikrowellen allesamt elektromagnetische Wellen sind. Maxwells kleine Symmetrie ist ziemlich groß geworden.

Die Entdeckung der elektromagnetischen Wellen und ihre weitreichenden Auswirkungen beim Radio und schließlich auch in der elektronischen Revolution liefern nicht nur ein blendendes Beispiel dafür, wie die Kraft der Mathematik die Welt erfassen und unsere Kenntnis über sie erweitern kann, sie zeigt auch, wie Symmetrie und Schönheit als leitende Prinzipien verwendet werden können. Es dauerte aber fünfzig Jahre, bevor alle Implikationen der Symmetrie in den Maxwellschen Gleichungen richtig abgeschätzt werden konnten.

Um die Jahrhundertwende untersuchten Hendrick Lorentz und Henri Poincaré die mathematische Struktur der Maxwellschen Gleichungen im Hinblick auf die Symmetrien, die unter den verwendeten Symbolen verborgen lagen. Diese Symmetrien waren damals unbekannt. Der gefeierte »Zusatzterm«, den Maxwell eingeführt hatte, um seine Gleichungen auszubalancieren, gab dem elektromagnetischen Feld eine mächtige, aber subtile Symmetrie, die sich nur nach eingehender mathematischer Analyse zeigte. Es scheint, daß nur Einsteins übermenschliche Einsichtsfähigkeit solch eine Symmetrie aus physikalischen Gründen erwartete.

Die Lorentz-Poincaré-Symmetrie verhält sich ähnlich wie die geometrischen Symmetrien der Rotation und der Spiegelung. Sie weicht aber in einem entscheidenden Punkt von ihnen ab: Niemand hatte daran gedacht, Raum und Zeit physikalisch zu mischen. Raum ist Raum, und Zeit ist Zeit. Das Zusammentreffen der beiden in der Lorentz-Poincaré-Symmetrie war ungewöhnlich und unerwartet.

In ihrem Kern ist die neue Symmetrie einer Rotation ähnlich, aber nicht im Raum allein. Die Drehung schließt vielmehr auch die Zeit ein. Fügt man den drei Dimensionen des Raumes die Dimension der Zeit hinzu, dann erhält man die vierdimensionale Raumzeit. Und die Lorentz-Poincaré-Symmetrie ist eine Art Rotation in der Raumzeit. Eine Drehung in der Raumzeit bewirkt, daß räumliche Strecken auf die Zeit projiziert werden und umgekehrt.

Es muß schon von Bedeutung sein, daß Maxwells Gleichungen bei solchen seltsamen, Raum und Zeit verbindenden Operationen symmetrisch sind. Doch erst Einsteins Genie war in der Lage, alle sich daraus ergebenden Folgerungen zu erfassen. Raum und Zeit sind keine unabhängigen Größen, sondern sie sind miteinander verbunden. Die subtilen »Drehungen«, die Lorentz und Poincaré entdeckt hatten, sind nicht bloß Ergebnisse einer abstrakten Mathematik, sie können wirklich auftreten, und zwar durch *Bewegungen*. Der Schlüssel zu den verrückten Raumzeit-»Projektionen« liegt in der Geschwindigkeit des Lichtes und der elektromagnetischen Wellen ganz allgemein, wie sie sich mit den Maxwellschen Gleichungen ergibt. Es existiert also eine tiefe Verbindung zwischen der elektromagnetischen Wellenbewegung und der Struktur von Raum und Zeit. Wenn sich ein Beobachter nahezu mit Lichtgeschwindigkeit bewegt, dann werden Raum und Zeit in symmetrischer Weise schwer gezerrt, so, wie es Lorentz und Poincaré in ihren mathematischen Operationen beschrieben haben. Dies war der seltsame Effekt, der dem gesunden Menschenverstand so zuwiderläuft und von dem im zweiten Kapitel berichtet worden ist. Durch diese Einsicht in eine subtile und bis dahin unbekannte Symmetrie wurde die Relativitätstheorie von Einstein geboren. Mit ihr trat dann auch die neue Physik ins Leben, die die Gemeinde der Wissenschaftler durcheinandergerüttelt und das Gesicht des 20. Jahrhunderts verändert hat.

Andere abstrakte Symmetrien

Wir lernen von Lorentz und Poincaré, daß grandiose Fortschritte in der Physik durch mathematische Erkundungen möglich sind, vor allem dann, wenn das Konzept der Symmetrie ausgenutzt wird. Obwohl es schwierig und vielleicht sogar unmöglich sein kann, sich die mathematischen Symmetrien physikalisch vorzustellen, können sie doch den Weg zu neuen und mächtigen Prinzipien der Natur weisen. Die Suche nach unentdeckten Symmetrien ist zu einem der Hauptwerkzeuge geworden, die dem Physiker helfen, die Welt besser zu verstehen. Wir werden sehen, wie die Urkraft als extremes Beispiel einer Symmetrie in der Natur hervorgetreten ist.

Bisher haben alle behandelten Symmetrien den Raum oder die Raumzeit betroffen. Doch kann das Konzept der Symmetrie erweitert werden und dabei auch abstraktere Vorstellungen einschließen. Wie schon erläutert worden ist, besteht eine enge Verbindung zwischen der Symmetrie und den Erhaltungssätzen. Einer der am besten verifizierten Erhaltungssätze bezieht sich auf die elektrische Ladung. Die Ladung kann sowohl positiv als auch negativ sein, und ihr Erhaltungssatz sagt, daß die gesamte Menge an positiver Ladung weniger der gesamten Menge an negativer Ladung sich nicht ändern kann. Wenn eine Menge positiver Ladung eine gleiche Menge an negativer Ladung trifft, dann können sich die beiden neutralisieren und zusammen als Gesamtladung Null ergeben. Entsprechend können positive Ladungen hergestellt werden, solange nur eine gleiche Menge an negativer Ladung dazukommt. Nur das reine Verschwinden oder das Auftauchen einer einzigen Ladungsmenge ist streng verboten.

Da die elektrische Ladung erhalten bleibt, taucht die Frage nach der hiermit verbundenen Symmetrie auf. Man würde seine Zeit verschwenden, wenn man nach einer geometrischen Symmetrie suchen würde, die mit der Erhaltung der Ladung einhergeht. Doch sind nicht alle Symmetrien geometrischer Natur. Sehen wir uns zum Beispiel die Erscheinung im Wirtschaftsleben an, die als Inflation bezeichnet wird. Wenn der Wert des Dollars sinkt, dann sinkt auch der Besitzstand desjenigen, der ein festes Einkommen hat. Hat diese Person aber ein Einkommen, das an einen Index gebunden ist, dann ist seine Einkaufskraft unabhängig vom Wert der Währung. Wir können sagen, daß ein indexgebundenes Einkommen unter inflationären Änderungen symmetrisch ist.

Auch in der Physik gibt es viele Beispiele für nichtgeometrische Symmetrien. Eines davon betrifft die Arbeit, die erforderlich ist, um ein Gewicht zu heben. Die aufgewendete Energie hängt von dem zu bewältigenden Höhenunterschied ab (und nicht von dem eingeschlagenen Weg). Sie ist dabei jedoch unabhängig von der absoluten Höhe. Es macht keinen Unterschied, ob man die Höhe in bezug auf den Meeresspiegel oder die Position angibt, auf der man sich befindet. Es kommt nur auf die Differenz der Höhen an. Damit liegt in diesem Fall eine Symmetrie im Hinblick auf den Nullpunkt der Höhe vor.

Eine vergleichbare Symmetrie gibt es bei elektrischen Feldern. Hier spielt die *Spannung* (das elektrische Potential) die zur Höhe analoge Rolle. Wird eine elektrische Ladung von einem Punkt eines elektrischen Feldes zu einem anderen bewegt, dann hängt die dazu aufgewendete Energie nur von der Spannungs*differenz* ab, die zwischen den Endpunkten des eingeschlagenen Weges besteht. Wenn an das ganze System zusätzlich eine konstante Spannung angelegt wird, ändert sich die erwähnte Energie nicht. Dies ist eine weitere verborgene Symmetrie von Maxwells elektromagnetischen Gleichungen.

Die drei beschriebenen Beispiele illustrieren das, was die Physiker Eichsymmetrien nennen. Wir können uns die jeweiligen Symmetrien so vorstellen, als ob sie das Geld, die Höhe oder die Spannung »umeichen« würden. Alle diese Symmetrien sind abstrakt in dem Sinne, daß sie ihrer Natur nach nicht geometrisch sind. Dennoch bleiben sie wichtige Indikatoren für die Eigenschaften des untersuchten Systems. In der Tat ist es gerade die Eichsymmetrie, die die Erhaltung der Ladung sicherstellt.

Die nukleare Identitätskrise

Wir wenden uns nun den starken Kernkräften zwischen Protonen und Neutronen als letztem Beispiel für eine abstrakte Symmetrie zu, das in den kommenden Kapiteln von größter Bedeutung sein wird. Experimente zeigen uns, daß die Stärke und einige andere Eigenschaften dieser Kraft nicht davon abhängen, ob die beteiligten Partikel Protonen oder Neutronen sind. Tatsächlich sind Proton und Neutron bemerkenswert ähnliche Teilchen. Ihre Massen stimmen bis auf 0,1 Prozent überein, sie haben den gleichen Spin und verhalten sich identisch gegenüber der Kernkraft. Unterscheiden kann man sie nur durch die elektrische Ladung, die das Proton trägt. Doch spielt sie keine Rolle im Hinblick auf die Kernkräfte, sie ist nur eine Art Etikett. Die elektrische Ladung dient dazu, das

Proton zu identifizieren und es vom Neutron zu unterscheiden, sie trägt nicht mit zu der Kernkraft bei, die Neutronen und Protonen aneinanderbindet. Nimmt man einem Proton seine Ladung weg, gerät es in eine Identitätskrise.

Die starke Ähnlichkeit zwischen Proton und Neutron deutet an, daß hier eine Symmetrie wirksam ist. Vorgänge im Kern blieben unverändert, wenn wir durch einen Zaubertrick die Identität aller Protonen und Neutronen austauschen könnten. Doch man kann sogar noch weiter gehen. Dazu stellen wir uns einen magischen Knopf mit Zeiger vor. Die Drehung dieses Knopfes erlaubt uns, Protonen in Neutronen zu verwandeln; weist der Zeiger nach oben, dann sind alle betroffenen Teilchen Protonen. Wird dann der Knopf gedreht, so daß der Zeiger nach unten steht, dann sind alle Protonen in Neutronen verwandelt worden (Abbildung 8). Dies ist natürlich ein rein imaginäres Experiment, denn die Identität von Protonen und Neutronen können wir nicht wirklich ändern. Es handelt sich um eine völlig abstrakte Idee, die uns hilft, eine abstrakte Symmetrie aufzudecken, die sich anschließend als nützlich erweisen wird, wenn wir die Natur der Kernkräfte verstehen wollen.

Wir stellen uns nun vor, daß der Wechsel der Identität von Proton zu Neutron nicht abrupt eintritt, daß er vielmehr kontinuierlich vor sich geht, während der Knopf gedreht wird. Bei einer mittleren Einstellung des Zeigers sind die Teilchen weder reine Protonen

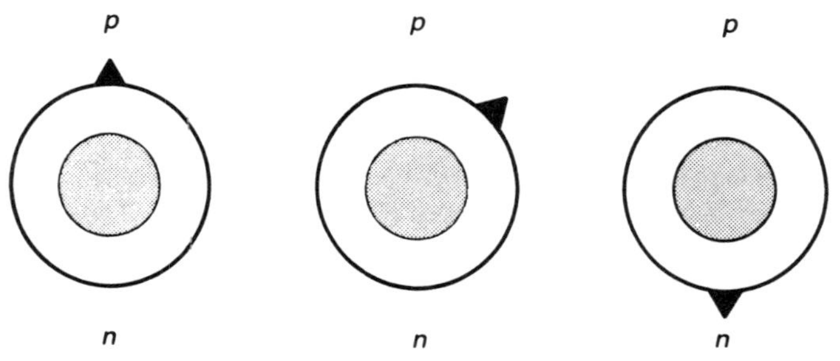

Abbildung 8: Der magische Knopf. Eine Drehung des Knopfes verändert nach und nach die Identität der Kernteilchen. Wenn der Zeiger nach oben weist, sind die Teilchen zu hundert Prozent Protonen (p). Wenn der Knopf gedreht wird, nehmen die Teilchen einen Hybridcharakter an, sie sind teils Protonen und teils Neutronen. Wenn der Zeiger nach unten weist, sind aus den Protonen reine Neutronen (n) geworden. Der Vorgang spielt sich nur in der Phantasie ab, er macht aber die grundlegende abstrakte Symmetrie der Kernkräfte deutlich.

noch reine Neutronen, sie sind eher eine Art Hybrid zwischen beiden. Wenn sich der Zeiger aus der Zwölf-Uhr-Position wegbewegt, fängt die »Protonenartigkeit« der Teilchen zu schwinden an, während die »Neutronenartigkeit« zunimmt. Viele werden Schwierigkeiten haben, sich »Protonenartigkeit« und »Neutronenartigkeit« vorzustellen oder an ein Neutron-Proton-Hybrid zu denken. Als Alternative kann man eine mittlere Zeigerposition auch so interpretieren, daß ein gegebenes Teilchen – für den Fall, jemand sieht nach – sich einmal als Proton und ein anderes Mal als Neutron zeigt. Das Teilchen hat dann eine Art Identitätskrise und springt zwischen den beiden möglichen Zuständen »Proton« und »Neutron« hin und her. Steht der Zeiger nahe bei der Zwölf-Uhr-Position, verbringt das Teilchen seine meiste Zeit als Proton, und wenn dann jemand nachsieht, wird er es auch die meiste Zeit als Proton registrieren. Wenn sich der Zeiger nun näher auf die Sechs-Uhr-Position zubewegt, dann wird es immer wahrscheinlicher, daß wir Teilchen als Neutronen antreffen. Weist schließlich der Zeiger genau nach unten, dann ist von der »Protonenartigkeit« nichts mehr geblieben, und das Teilchen ist zu hundert Prozent ein Neutron.

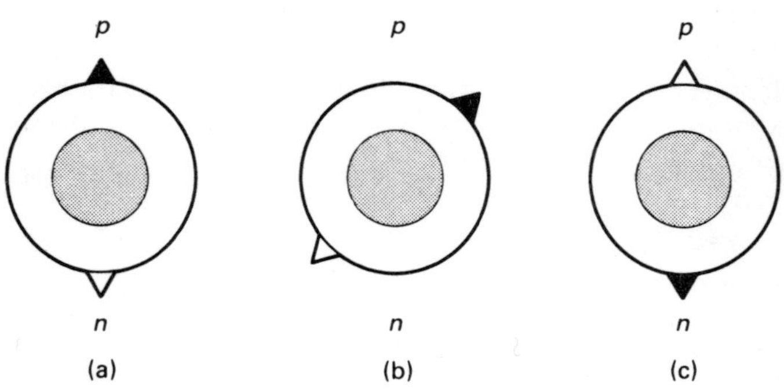

Abbildung 9: Wenn der magische Knopf mit zwei Zeigern ausgestattet wird, kann der Übergang von Protonen und Neutronen beschrieben werden. Der dunkle Zeiger operiert wie in Abbildung 8, und der weiße Zeiger erfaßt die gleichzeitige Umwandlung von Neutronen in Protonen. Fall (a) zeigt die Neutronen und Protonen in einer Zusammenstellung, wie wir sie tatsächlich beobachten. In Fall (b) erwerben die Protonen etwas Neutronenartigkeit und die Neutronen im gleichen Maß etwas Protonenartigkeit. Steht der Knopf wie in Fall (c) gezeigt, sind alle Protonen (Neutronen) in Neutronen (Protonen) umgewandelt worden. Wegen der zugrundeliegenden Symmetrie sind die Kernkräfte unabhängig von der Position des Knopfes.

Rüstet man den magischen Knopf mit zwei Zeigern aus (Abbildung 9), von denen der eine nach oben und der andere nach unten weist, dann kann man sich vorstellen, daß dieselbe Drehung des Knopfes, die Protonen zu Neutronen umwandelt, auch Neutronen in Protonen überführt. Die Einstellung des Knopfes in Abbildung 9a entspricht dem gegenwärtigen Zustand des Universums. Wird er nun gedreht (Abbildung 9b), dann fangen alle Protonen an, sich in Neutronen zu verwandeln, und alle Neutronen beginnen, zu Protonen zu werden. Die Beigabe von »Protonenartigkeit« zu Neutronen entspricht der Zumischung von »Neutronenartigkeit« zu Protonen. Wenn der Knopf eine halbe Umdrehung geschafft hat, dann haben alle Protonen und Neutronen ihre Identität gewechselt (Abbildung 9c).

Knopf und Zeiger sind nützlich, um die Natur der Symmetrie zu beschreiben, die den Kernkräften zugrunde liegt. Mit ihrer Hilfe können wir sagen, daß (im wesentlichen) die Kernkräfte *unabhängig von der Einstellung des Zeigers* sind. Er kann senkrecht stehen, zur Seite zeigen oder sich irgendwo dazwischen aufhalten. Die Kernkräfte ändern sich nicht. Diese Eigenschaft ist unter dem abschreckenden Begriff »Isospinsymmetrie« bekannt. »Iso« bezieht sich darauf, daß Kerne mit unterschiedlich vielen Neutronen als Isotope bezeichnet werden. Und »Spin« wird verwendet, weil die Symmetrieeigenschaften analog zu denen des schon bekannten inneren Spins erscheinen, über den im zweiten Kapitel berichtet worden ist.

Physik und Phantasie

Das Konzept des Isospins ist ein wunderbares Beispiel für die Macht der abstrakten Argumentation in der Physik, deren weitreichende Konsequenzen wir noch kennenlernen werden. In der wirklichen Welt gibt es keine magischen Knöpfe und Zeiger und keine Vorrichtungen, um Protonen und Neutronen zu mischen. Diese Idee ist ausschließlich ein theoretisches Konstrukt und reine Phantasie. Dennoch ist sie logisch möglich. Wir können uns vorstellen, so etwas zu tun, obwohl es in der realen Welt ausgeschlossen ist. Die Tatsache, daß ein imaginärer Vorgang fundamentale Auswirkungen auf die reale Physik hat, mag überraschen, doch die Verfolgung solch eines Weges gehört zum heutigen Rüstzeug des Physikers. Für ihn ist die Physik ein Modell, das die reale Welt der

Erfahrungen beschreibt. Das Modell mag viele Hilfseigenschaften besitzen, die selbst nicht Teil der wirklichen Erfahrungen sind, die aber dennoch eine wichtige Rolle in der Theorie spielen.
Warum muß sich die Physik überhaupt vollständig imaginäre und abstrakte Einheiten ausdenken, um die reale Welt zu modellieren? Ist es nicht möglich, ausschließlich mit Größen umzugehen, die tatsächlich auch beobachtet werden können? Schließlich kann man eine Theorie doch nur durch handfeste Beobachtungen prüfen, und die imaginären Züge des Modells zeigen sich nie ausdrücklich in einer der Vorhersagen der Theorie, die sich auf tatsächliche Messungen beziehen. Warum also muß man sie überhaupt berücksichtigen?
Den Einbau imaginärer Elemente in physikalische Theorien einem Laien gegenüber zu rechtfertigen ist für einen Physiker eine der schwierigsten Aufgaben. Wenn natürlich eine bestimmte Eigenschaft – wie der Isospin – dem Modell einen brillanten Erfolg beschert, fällt die Antwort nicht schwer. Dann erwidert der Physiker einfach: »Ich hab' sie eingeführt, weil sie die richtige Antwort liefert.«
Was so verwirrend erscheinen kann, ist die Frage, welches Stück einer Abstraktion denn nach dem Alice-im-Wunderland-Verfahren genommen werden soll? Aufgrund der Tatsache, daß die betreffende Eigenschaft rein imaginär ist, mag es einem Zyniker so erscheinen, daß alles erlaubt ist: »Es gibt keinen Grund, Dinge zu nehmen, die es in der Welt draußen wirklich gibt; nimm, was dir in den Sinn kommt.« Die Auswahl ist unendlich groß. Wie trifft man aber die richtige Wahl?
Und an dieser Stelle fangen die Physiker an, Wörter wie Schönheit, mathematische Eleganz und Symmetrie zu verwenden. Obwohl die Verwendung imaginärer oder abstrakter Ideen (etwa der Eichsymmetrie) keine logische Bedingung für eine erfolgreiche Theorie ist – im Prinzip könnten alle Theorien vollständig in Form von beobachtbaren Größen formuliert werden –, kann eine Theorie dennoch weitaus einfacher und attraktiver sein, wenn solche abstrakten Elemente eingeschlossen werden.
Betrachten wir noch einmal die Feldidee, die sich so erfolgreich in Physik und Technik bewährt hat. Das Feldkonzept ist von Faraday und Maxwell als Abstraktion eingeführt worden. Wir können ein elektromagnetisches Feld weder direkt sehen noch fühlen. Wir

wissen nur, daß es da ist, und zwar durch die Wirkung, die es auf elektrische Ladungen hat. Da auf der anderen Seite ein Feld überhaupt erst durch weitere elektrische Ladungen hervorgebracht wird, beschäftigen wir uns eigentlich mit der Wechselwirkung zwischen elektrischen Ladungen. Da nun die Ladungen selbst die Größen sind, die man im Versuch beobachtet, warum braucht man dann überhaupt ein Feld? Warum reicht es nicht, darüber zu reden, wie die Ladungen durch den Raum aufeinander wirken, und warum formulieren wir nicht alle Gleichungen allein mit ihrer Hilfe?

Dies kann man tatsächlich machen. Die Schwierigkeit ist dann die, daß die sich ergebende Theorie auf undefinierbare Weise unübersichtlich und kompliziert wird, auf eine Art allerdings, die der Physiker sofort durchschaut. Eine Feldtheorie ist viel eleganter. Die Mathematik ist glatter, harmonischer, zusammenhängender und ökonomischer. Sie ist auch viel *suggestiver*.

Dies ist ein wichtiger Punkt. Oftmals zeigt eine elegante und stromlinienförmige abstrakte Theorie den Weg zu neuen Entwicklungen in der Physik, die sich nicht so ohne weiteres gezeigt hätten, wenn sich die Theoretiker nur mit Modellen abgegeben hätten, die ganz mit Hilfe konkreter und beobachtbarer Größen formuliert gewesen wären. So würde es zum Beispiel die Quantentheorie der Felder, die wesentlich für die Urkraft und für andere jüngste Entwicklungen in der Grundlagenforschung ist, gar nicht geben, wenn sich das Feldkonzept nicht unter den Physikern durchgesetzt hätte.

Wenn ein abstraktes Konzept so erfolgreich wird, daß es bis in die Öffentlichkeit vordringt, dann verwischt sich die Unterscheidung zwischen real und imaginär. Die Vorstellungskraft wird von der Gewohnheit derart durchsetzt, daß ihre Produkte schließlich real zu werden scheinen. Genau dies ist im Fall der Energie passiert. Das Konzept Energie ist als abstrakte Idee in die Physik eingeführt worden. Was sie so attraktiv machte, war das Gesetz, daß die Energie immer erhalten bleibt und weder geschaffen noch zerstört wird. Doch was *ist* Energie? Kann man sie sehen oder anfassen? Wird ein Gewicht vom Boden hochgehoben, dann muß dazu Arbeit aufgewendet werden. Wir sagen, daß Energie verbraucht worden ist, aber das Gesetz von der Erhaltung der Energie garantiert uns, daß sie noch irgendwo ist. Wir sehen die angespannten

Muskeln des Gewichthebers. Wir können uns vorstellen, daß wir in seinen gespannten Gesichtszügen und anschwellenden Armmuskeln tatsächlich die Energie in Aktion sehen. Wenn aber das Gewicht gehoben ist und bequem auf neuer Höhe liegt, wo ist die Energie dann hingegangen? Können wir sie immer noch sehen? Der Physiker sagt, daß die Energie in dem Gewicht *gespeichert* ist, und zwar aufgrund der erhöhten Position. Dies ist das nicht zu fassende Konzept der »potentiellen« Energie. Die Energie ist schon da, aber sie ist nicht zu sehen. Sie könnte leicht zurückgewonnen werden, wenn wir dem Gewicht den Boden wegziehen und es fallen lassen. In dem Krach beim Auftreten zeigt sich ein Teil der gespeicherten Energie, die nun freigesetzt worden ist.

Energie ist also ein imaginäres und abstraktes Konzept, das dennoch so sehr in unseren alltäglichen Wortschatz eingedrungen ist, daß wir ihm eine konkrete Existenz zutrauen. »Ich habe nicht genug Energie, um den Garten umzugraben« – diese Aussage wird keine erstaunten Blicke voller Unverständnis hervorrufen. Niemand wird fragen, welche Farbe die Energie hat, oder darum bitten, sie in eine Schüssel zu füllen, damit man ihren Umfang messen kann. Und doch wird ohne Zögern akzeptiert, daß man Energie ebenso hat wie Haut und Knochen.

Energie ist eines der langlebigsten abstrakten Konzepte der Physik. Es ist außerordentlich hilfreich bei der Beschreibung einer Vielzahl physikalischer Prozesse. Das Gesetz von der Erhaltung der Energie bringt eine große Vielfalt von Erfahrungen zusammen, die sonst alle getrennt hätten diskutiert werden müssen, wenn es das Energiekonzept nicht gäbe. Energie erlaubt es, viele Ideen miteinander zu verbinden, und daher kann sie selbst als schön angesehen werden.

Darin liegt ihre Anziehungskraft und ihre Nützlichkeit. Die Natur *ist* schön. Wir wissen nicht, warum dies so ist, doch unsere Erfahrung lehrt uns, daß Schönheit Nützlichkeit impliziert. Erfolgreiche Theorien sind immer schöne Theorien. Sie sind nicht schön *wegen* ihres Erfolges, sondern wegen der ihnen innewohnenden Symmetrie und der mathematischen Ökonomie. Schönheit in der Physik ist ein Werturteil, das professionelle Intuition voraussetzt und daher nicht ohne weiteres einem Laien deutlich gemacht werden kann. Es wird auch in einer Sprache ausgedrückt, die der Laie nicht gelernt hat, der der Mathematik nämlich. Wenn man sich

aber in dieser Sprache unterhalten kann, dann ist diese Schönheit genauso offenkundig wie die der Poesie.
Dies bringt mich zum Ausgangspunkt zurück. Mathematik ist eine Sprache, die Sprache der Natur. Wenn man eine Sprache nicht beherrscht, kann man auch nicht die Schönheit ihrer Gedichte erfassen. Es gibt immer wieder Skeptiker, die sagen: »So, was ist diese mysteriöse mathematische Schönheit, von der du redest? Ich sehe in einer Ansammlung von Symbolen nichts Schönes. Ihr Physiker macht euch was vor.« Hierauf antworte ich gerne mit einem Vergleich zwischen Mathematik und Musik. Es ist unmöglich, einem Menschen, der nur einzelne Noten gehört hat, die Schönheit einer Symphonie zu erklären. Und doch würde niemand bestreiten, daß in einer Symphonie wirklich Schönheit steckt, auch wenn diese abstrakt und ihrer Natur nach undefinierbar ist. Etwas Ähnliches gilt für jemanden, dessen Kenntnisse der Mathematik sich auf das Zählen von Zahlen beschränken. Wie kann man ihm das Entzücken, den besonderen und bedeutsamen Reiz mitteilen, der von Maxwells Gleichungen ausgeht? Nichtsdestoweniger ist die ästhetische Qualität wirklich da. Und die Physiker mit gutem mathematischem Geschmack bringen (ebenso wie ihre komponierenden Kollegen) allesamt bessere Theorien (Kompositionen) hervor als die ungläubigen Philister.
Eine der großen Tragödien unserer Gesellschaft besteht darin, daß sich durch Angst, schlechten Unterricht und mangelnde Motivation nahezu alle Leute von der Teilhabe an der mathematischen Poesie und der Musik der Natur ausgesperrt haben. Der ausschweifende Rundblick, den die Mathematik bietet, bleibt ihnen verwehrt. Sie mögen sich am Duft einer Rose oder an der Farbe eines Sonnenuntergangs erfreuen, doch eine ganze Dimension der ästhetischen Erfahrung bleibt ihnen verschlossen.

Die vier Kräfte

Die Quelle aller Änderungen

Seit der Mensch über die ihn umgebende Welt nachdenkt, fällt ihm auf, daß sie sich ändert. Die Welt ist voller Aktivität – die Bewegung der Sonne, der wehende Wind, die umherfliegenden Vögel, der fließende Wasserstrom. Auch unseren Vorfahren war klar, daß die Jahreszeiten wechseln, daß Menschen altern und daß ihre Werkzeuge stumpf wurden.
Was aber war die Ursache für all die Änderung und Bewegung? Einige der Dinge – Tiere zum Beispiel – schienen ihre Beweggründe in sich selbst zu tragen; andere wiederum – Felsen, Pfeile, Messer – brauchten offensichtlich einen äußeren Antrieb, um sie in Bewegung zu versetzen. Zunächst wurde bei einem Gegenstand nicht unterschieden, ob er sich im Raum fortbewegt oder ob er sich ganz allgemein ändert. Es gab noch keine klaren Vorstellungen von Geschwindigkeit und Beschleunigung. Unsere entfernten Vorfahren glaubten natürlich, daß es Kräfte gibt, die die Welt formen und die Änderungen bewirken, doch waren diese Kräfte magisch und untrennbar mit dem Glauben an die Götter und Dämonen verbunden, die das Universum regierten.
Die griechischen Philosophen begannen dann zwar mit systematischeren Untersuchungen von Wechsel und Änderung, doch verstanden auch sie die Ursachen nicht. Aristoteles glaubte, daß der Schlüssel zur Bewegung im Widerstand steckte. Er hatte beobachtet, daß sich ein Körper in einem dünnen Medium wie Luft freier und somit schneller bewegt als in einem dichten Medium wie Wasser. In beiden Fällen ist eine Kraft erforderlich, um den Widerstand dieser Medien zu überwinden. Aristoteles verhöhnte die atomistische Idee von Teilchen, die sich in freier Bewegung im leeren Raum aufhielten; dieses Vakuum könnte keinen Wider-

stand hervorrufen, die Teilchen würden sich in ihm also mit unendlicher Geschwindigkeit bewegen, was ein unsinniger Gedanke sei. Die Konzeption einer Kraft, wie sie der moderne Ingenieur verwendet, wurde erst im 17. Jahrhundert vollständig entwickelt, als Newtons Gesetze der Mechanik allgemein anerkannt wurden. Newtons Meisterleistung bestand in der Einsicht, daß Bewegung als solche nicht notwendigerweise eine Kraft erfordert. Ein materieller Körper wird sich mit gleichförmiger Geschwindigkeit in eine gegebene Richtung bewegen, ohne daß eine äußere Macht ihn ziehen oder stoßen muß. Nur die Abweichungen von gleichförmigen Bewegungen erfordern eine Erklärung, das heißt das Vorhandensein von Kräften. Nach Newton rufen Kräfte Beschleunigungen hervor, und er legte eine präzise mathematische Formel vor, die beide miteinander verknüpfte.

Newtons Entdeckung löste unmittelbar ein Rätsel über die Bewegung der Erde um die Sonne. Es gab nämlich keine sichtbare Vorrichtung, die die Erde stoßend oder ziehend auf ihrer Bahn hielt. In Newtons Theorie wird auch keine gebraucht. Die Tatsache der Erdbewegung ist überhaupt kein Thema; erklärt werden muß nur die Abweichung von einer gleichförmigen Bewegung, die gradlinig mit konstanter Geschwindigkeit erfolgt. Die Bahn der Erde im Raum umkurvt die Linie, deren Richtung zur Sonne weist; eine Tatsache, die problemlos durch die Gravitationskraft gedeutet werden kann, die von der Sonne ausgeht.

Die Newtonsche Mechanik setzte sich schnell als erfolgreiche Beschreibung von Kraft und Bewegung durch und stellt heute die Grundlage aller Ingenieurkunst dar. Sie gibt aber keinen Hinweis auf den Ursprung der Kräfte, die die Materie beschleunigen. Auf den ersten Blick scheint es viele verschiedene solcher Kräfte zu geben: den Einfluß des Windes auf einen fließenden Wasserstrom, den Druck der Luft auf Wasser, die Wirkung von Metall, das sich ausdehnt, den heftigen Ausbruch explodierender Chemikalien, die Zugkraft von ausgedehntem Gummi, die Muskelkraft des Menschen, das Gewicht schwerer Gegenstände und vieles mehr. Einige Kräfte scheinen durch direkten Kontakt mit einem Körper zu wirken, etwa der Zug eines Seiles, andere – wie die Gravitation – scheinen dagegen über Entfernungen hinweg und durch den leeren Raum zu wirken.

Sorgfältige Untersuchungen haben gezeigt, daß trotz dieser gro-

falt alle Aktivität der Natur auf die Wirkung von nur vier fundamentalen Kräften zurückgeführt werden kann. Diese Kräfte sind letztendlich für alle Aktivität in der Welt verantwortlich, sie sind die Quelle aller Änderungen. Jede Kraft ist mit den anderen zugleich vergleichbar und verschieden von ihnen. Eine Hauptaufgabe der Physiker besteht darin, diese vier Kräfte zu verstehen. Damit wäre die Voraussetzung dafür geschaffen, den Weg zur Urkraft zu gehen.*

Gravitation

Historisch war die Gravitation die erste der vier Kräfte, die wissenschaftlich behandelt wurde. Obwohl die Menschen die Gravitation immer bemerkt haben und ihre Konzepte von »oben« und »unten« darauf basieren, wurde die wahre Rolle der Gravitation als einer Naturkraft erst erkannt, als Newton im 17. Jahrhundert seine Theorie der Gravitation publizierte. Bis dahin hatte die Gravitation als untrennbar mit der Erde verbunden gegolten und war mit den gerade gängigen kosmologischen Vorstellungen vermischt worden. Da Aristoteles glaubte, daß sich die Erde im Zentrum des Universums befindet, betrachtete er die Tendenz der Körper, auf den Boden zu fallen, einfach als Beispiel des allgemeinen Prinzips, demzufolge alle Körper im Universum einen »natürlichen Platz« einnehmen und sich auf ihn zubewegen. Körperliche Gegenstände streben daher nach unten, und gasförmige Substanzen streben zum Himmel, zu dem weniger substantiellen und geistigen Bereich. Die ätherischen Elemente des Himmels selbst drehen sich um die Erde auf exakt kreisförmigen Bahnen, denn dies ist, geometrisch gesehen, die perfekte Bewegung.

* Es gibt zwei Verfahren, die Newtonsche Gravitationskonstante zu bestimmen, in tiefen Bohrlöchern und im Laboratorium. Bei Versuchen, den Wert der Konstanten mit größtmöglicher Präzision zu bestimmen, ist es mehreren Physikern aufgefallen, daß das geophysikalische Verfahren einen Wert liefert, der einen Prozent höher liegt. Eine mögliche Deutung für diesen Befund vermutet, daß sich die Massenanziehung zwischen Körpern aus *zwei* Komponenten zusammensetzt, aus der normalen Gravitation und einer zweiten (schwachen) Kraft gegen die Erdenschwere, die nicht von der Masse, sondern von der sogenannten Baryonenzahl (Neutronen und Protonen) abzuhängen scheint. Sie wäre eine weitere – die *fünfte* – fundamentale Kraft. Mit ihr blieben die Überlegungen zur Gravitation und zu den anderen fundamentalen Kräften nach wie vor gültig; nur der Weg zur Urkraft würde etwas länger werden; Anmerkung des Übersetzers.

Mit dem Aufkommen modernerer astronomischer Ideen im Mittelalter wurde erkannt, daß die Kräfte der Gravitation keineswegs auf die Erde beschränkt sind, sondern daß sie zwischen der Sonne, dem Mond, den Planeten, ja zwischen allen Himmelskörpern wirken. Eine der überzeugendsten Demonstrationen dieser Tatsache besteht in Newtons Erklärung der Gezeiten der Ozeane durch die Gravitation des Mondes. Newtons Gesetz des umgekehrten Quadrats verkörpert die »langreichweitige« Natur der Gravitation. Damit ist gemeint, daß zwar die Stärke der Gravitation mit der Entfernung abnimmt, daß ihre Wirkungen aber dennoch sehr weit weg registriert werden können. Die Gravitation hält das Universum sozusagen zusammen: Sie ergreift die Planeten auf ihrer Bahn um die Sonne, sie bindet die Sterne zu Galaxien zusammen, und sie verhindert zudem, daß die Sterne in die Leere des Raumes zerkochen. Auf der astronomischen Skala ist die Gravitation im allgemeinen die dominierende Kraft.

Ein wichtiger Aspekt der Gravitation ist ihre Universalität. Im Kosmos entgeht nichts ihrem Zugriff. Jedes Teilchen unterliegt der Gravitation, oder »koppelt« an die Gravitation an, wie die Physiker sagen. Sogar die Energie reagiert auf die Schwerkraft. Umgekehrt ist jedes Teilchen selbst eine Gravitationsquelle. Weiterhin ist die Stärke, mit der Teilchen an die Gravitation ankoppeln, immer gleich. Diese Tatsache steckt implizit in der berühmten Beobachtung, die Galilei zugeschrieben wird, daß alle Körper gleich schnell fallen, unabhängig von ihrem Gewicht und ihrer Zusammensetzung.

Die Gravitationskraft zwischen Teilchen zieht immer an, sie wirkt so, daß sich die Teilchen näherkommen. Abstoßende Gravitation wurde nie beobachtet.* Den Grund dafür kann man gut verstehen: Jede Abstoßung durch die Schwerkraft würde eine negative Energie erfordern. Da die in einem Teilchen eingesperrte Energie immer positiv ist und ihm so eine positive Masse zukommen läßt, versuchen Teilchen immer, sich aufeinander zu zu bewegen. Negative Energie klingt unbegreiflich. Doch obwohl Teilchen sie nicht besitzen können, kann ein Feld damit ausgestattet sein. Dies hat tiefreichende Konsequenzen, die wir später erkunden werden.

* Diese Aussage muß möglicherweise revidiert werden. Siehe dazu die Fußnote auf S. 95; Anmerkung des Übersetzers.

Die vielleicht überraschendste Eigenschaft der Gravitation ist ihre Winzigkeit. Die Schwerkraft zwischen den Komponenten eines Wasserstoffatoms ist 10^{-39}mal schwächer als die entsprechende elektrische Kraft. Wenn ein Wasserstoffatom von der Gravitation und nicht von der Elektrizität zusammengehalten würde, wäre die kleinste Umlaufbahn eines Elektrons größer als das beobachtbare Universum! Tatsächlich ist die Gravitation auf der Ebene der subatomaren Teilchen so schwach, daß die Physiker immer dazu tendiert haben, sie hier vollständig zu ignorieren. In den bislang beobachteten Teilchenumwandlungen spielt sie keine Rolle.

Sogar noch auf dem Niveau makroskopischer Objekte entgeht der Effekt der Gravitation unserer Aufmerksamkeit. Wenn man eine Straße entlangläuft, üben die Häuser zwar eine minimale Gravitationswirkung aus, sie ist aber viel zu klein, um von uns wahrgenommen zu werden. Präzisionsinstrumente können aber auf diese Kräfte reagieren. Schon 1774 beobachtete der Schotte Nevil Maskelyne die winzige Abweichung eines Senkbleis von der Senkrechten durch die Gravitationskraft eines benachbarten Bergs. Im Jahr 1797 führte Henry Cavendish ein berühmtes Experiment durch, in dem er sorgfältig die geringe Kraft gemessen hat, die zwischen zwei kleinen Bällen, die sich an den Enden eines horizontal befestigten Holzstabes befanden, und zwei großen Bleikugeln wirksam wurde. Damit konnte zum erstenmal eine Gravitationskraft zwischen zwei Körpern im Laboratorium gemessen werden.

Es erscheint überraschend, daß wir die Gravitation überhaupt bemerken, wenn sie so klein ist. Und wie kommt es, daß sie zur dominierenden Kraft im Kosmos wurde? Die Antwort liegt in ihrer Universalität, weil jedes materielle Teilchen der Schwerkraft unterliegt, die immer attraktiv wirkt, akkumuliert sich die Gravitation, wenn mehr und mehr Materie zusammenkommt. Man spürt die Gravitation im täglichen Leben, weil alle Atome der Erde in einer konzertierten Aktion an der eigenen Person ziehen. Der Effekt eines einzelnen Elektrons oder Protons ist äußerst vernachlässigbar, doch wenn sie alle zusammen ziehen, dann kann das Ergebnis eine beträchtliche Kraft sein. Wenn es ebenso viele Teilchen gäbe, die entgegengesetzt zur Schwerkraft wirkten, dann würden sie sich gegenseitig neutralisieren, und die Schwerkraft könnte nie bemerkt werden, obwohl es sie weiterhin gäbe. Sie wäre dann zu schwach, um sich bemerkbar zu machen.

Nur als *Feld* kann die Gravitation geeignet beschrieben werden. Wir können uns jedes Teilchen als die Quelle eines Schwerkraftfeldes vorstellen, das aus ihm strömt und es mit einem unsichtbaren Einflußbereich umgibt. Das Feld ist mehr als nur eine andere Art, über Gravitation zu reden. Wie im zweiten Kapitel notiert, kann es wellenartige Störungen tragen. Genauso, wie Maxwell entdeckte, daß in einem elektromagnetischen Feld Wellen aufgebaut werden können, die sich dann durch den Raum bewegen, genauso entdeckte Einstein, daß Wellen auch in einem Gravitationsfeld möglich sind.

Obwohl Newtons Theorie der Gravitation 200 Jahre lang hinreichend und adäquat war, wurde sie das Opfer der neuen Physik, die in den ersten Jahrzehnten dieses Jahrhunderts urplötzlich auftauchte. Eine seit langem bekannte Diskrepanz der Newtonschen Theorie betraf die Bahn des Planeten Merkur, die nicht ganz elliptisch ist. Eine kleine Verdrehung (Präzession) der Bahn wird von Schwerkrafteinflüssen anderer Planeten bewirkt. Als aber alle diese Effekte berücksichtigt worden waren, blieb eine Restverdrehung von nur 43 Bogensekunden. Diese Abweichung war ein Umstand, der im Rahmen der Newtonschen Theorie nicht verstanden werden konnte.

Noch schlimmer war die Tatsache, daß Newtons Gravitationsgesetz mit der aufkommenden Theorie der Relativität nicht in Einklang war. Newton zufolge wird die Gravitationskraft zwischen zwei Körpern augenblicklich durch den Raum wirksam, so daß, falls die Sonne plötzlich weggezaubert würde, die Erde sofort ihre Umlaufbahn verließe, obwohl wir das Verschwinden der Sonne erst nach acht Minuten bemerkten, weil das Licht so lange braucht, um zu uns zu kommen. Einsteins Relativitätstheorie erlaubt es aber keinem physikalischen Einfluß, sich schneller als Licht auszubreiten, und so kommt Newtons Theorie hiermit in Konflikt.

Durch seinen Versuch, die Theorie der Relativität so zu erweitern, daß auch die Gravitation berücksichtigt werden konnte, gelangte Einstein 1915 zu seiner Allgemeinen Theorie der Relativität, die nicht nur Newtons Gravitationsgleichungen ablöste, sondern darüber hinaus die gesamte Basis unseres Verständnisses von Gravitation änderte. In der Theorie von Einstein ist die Schwerkraft überhaupt keine Kraft mehr, sie ist nun der Ausdruck der Krümmung oder Verzerrung der Raumzeit. Körper werden nicht durch die Gravitation zu bestimmten Umlaufbahnen »gezwungen«, sie folgen einfach dem direktesten und einfachsten Weg durch eine gekrümmte Raumzeit. Nach Einstein ist Gravitation nichts als Geometrie.

Newtons Theorie bleibt für alle praktischen Zwecke wie die Navigation in Luft- und Raumfahrt zufriedenstellend. Sie reicht auch noch zur Beschreibung der meisten astronomischen Systeme aus. Sie versagt aber, wenn die Gravitationsfelder so intensiv werden, wie sie es in der Nachbarschaft von kollabierten Objekten wie Neutronensternen oder schwarzen Löchern tun. Sogar in gemäßigteren Gravitationsfeldern kann der Effekt der gekrümmten Raumzeit registriert werden. Die Drehung der Bahn des Merkur ist zum Beispiel eine Konsequenz der von der Sonne verursachten Raumzerrung. Und es gibt, wie im zweiten Kapitel beschrieben worden ist, sehr empfindliche Uhren, die die Zeitzerrung an der Oberfläche der Erde ermitteln können.

Elektromagnetismus

Die Gravitation war zwar die erste Kraft, die man im wissenschaftlichen Sinne gut verstanden hatte, doch kannten die Menschen die elektromagnetischen Wirkungen seit undenklichen Zeiten ebensogut. Elektrische Kräfte werden in auffallender Weise bei Gewitterblitzen freigesetzt, und sie können in ihrer Wirkung bei Entladungen der Corona und anderen leuchtenden atmosphärischen Erscheinungen beobachtet werden. Magnetische Kräfte sind für die komplizierten Muster verantwortlich, die sich in der Morgenröte zeigen.

Der griechische Philosoph Thales gilt als der erste, der die Elektrizität identifiziert hat. Er stellte fest, daß ein Stück Bernstein in der Lage war, kleine Objekte anzuziehen, wenn man vorher an ihm gerieben hatte. Das Wort »Elektron« steht im Griechischen für Bernstein. Dieses seltsame Phänomen wurde erst nach dem Mittelalter von William Gilbert untersucht, der Arzt Königin Elisabeths I. war. Er stellte fest, daß es viele Substanzen gibt, die elektrische Eigenschaften wie Bernstein besitzen. Weitere Untersuchungen in England und auf dem europäischen Kontinent brachten die Tatsache zum Vorschein, daß bestimmte Substanzen als Isolatoren wirkten. Der französische Physiker Charles Dufay entdeckte, daß die elektrische Ladung in zwei Variationen existiert, die wir heute positiv und negativ nennen.

Im 18. und im frühen 19. Jahrhundert wurde die Elektrizität durch die Experimente von Benjamin Franklin und Michael Faraday genauer verstanden. Es wurde erkannt, daß sich gleiche elektrische Ladungen abstoßen und ungleiche anziehen und daß die Stärke in beiden Fällen durch eine einfache mathematische Formel erfaßt wird: Die elektrische Kraft verringert sich mit der Entfernung auf dieselbe Weise, wie es Newton für die Gravitation entdeckt hat, nämlich gemäß der Beziehung des »umgekehrten Quadrats«. Die elektrischen Kräfte sind aber ungeheuer viel größer als die der Gravitation. Im Gegensatz zu den verschwindenden Schwerkraftwirkungen, die Cavendish mit einer besonderen Ausrüstung registriert hatte, können elektrische Kräfte zwischen alltäglichen Objekten jederzeit beobachtet werden.

Die Arbeiten von Faraday deuteten darauf hin, daß es Elektrizität in den Atomen gibt, doch es dauerte noch bis zu den neunziger Jahren des 19. Jahrhunderts, bevor J. J. Thompson die »Kathodenstrahlen« entdeckte und damit die Existenz des Elektrons sicherstellte. Heute wissen wir, daß die elektrische Ladung, die mit materiellen Teilchen verbunden ist, immer in ganzen Vielfachen einer fundamentalen Einheit vorliegt. Es gibt so etwas wie das »Atom« der Ladung (Elementarladung). Warum dies so sein muß, ist eine interessante Frage. Dabei tragen nicht alle Teilchen eine Ladung mit sich herum. Das Photon und das Neutrino zum Beispiel sind elektrisch neutral. In dieser Hinsicht unterscheiden sich Gravitation und Elektrizität. Alle Teilchen der Materie »koppeln« an das Feld der Schwerkraft an, aber nur geladene Teilchen koppeln an das elektromagnetische Feld an.

Wie die Elektrizität wurde auch der natürliche Magnetismus früh von den Griechen entdeckt. Etwa um 600 v. Chr. waren ihnen die Eigenschaften von Magneteisensteinen (Eisenoxiden) bekannt, die sich – wie festgestellt wurde – über Entfernungen hinweg beeinflussen können. Ungefähr 500 Jahre später entdeckten die Chinesen die bemerkenswerte Richtungseigenschaft von Magneten, und sie konstruierten den ersten groben Kompaß. Seine Verwendung war aber auf mystische Zwecke beschränkt, und es dauerte noch mehrere hundert Jahre, bevor ein Kompaß als Navigationshilfe eingesetzt wurde.

Gegen Ende des 16. Jahrhunderts fingen die Wissenschaftler an, die wahre Natur des Magnetismus richtig einzuschätzen. Gilbert verdeutlichte, daß sich die Erde selbst wie ein Magnet verhielt und Eigenschaften zeigte, die denen eines von ihm konstruierten kugelförmigen Magneten glichen. Auch der Magnetismus – so stellte man fest – trat auf zwei Arten in Erscheinung, die in Anlehnung an den Erdmagnetismus als Süd- und Nordpol bezeichnet wurden. Wie bei der Elektrizität stoßen sich gleiche Pole ab und ziehen sich ungleiche Pole an. Anders als bei der Elektrizität jedoch treten die magnetischen Pole stets paarweise auf, immer als Nord- und Südpol. In einem typischen Magnetstab fungiert ein Ende als Nordpol und das andere Ende als Südpol. Wird der Stab in der Mitte durchgeschnitten, bilden sich an der Schnittstelle neue Pole aus, so daß zwei Magnete mit Nord- und Südpol entstehen. Was auch immer man versucht, es ist unmöglich, einen einzelnen magnetischen Pol, einen *Monopol,* herzustellen. Könnte es sein, daß isolierte magnetische Pole in der Natur verboten sind? Und falls dies so ist, woran liegt das? Wir werden sehen, daß die Untersuchung der Urkraft eine Antwort auf diese Frage liefert.

Die Kraft zwischen den Magnetpolen gehorcht ebenso wie die Schwerkraft und die Elektrizität dem Gesetz des umgekehrten Quadrats. Elektrische und magnetische Felder sind also »langreichweitig«, und sie können über weite Entfernungen bemerkt werden. So reicht zum Beispiel das Magnetfeld der Erde weit in den Weltraum hinein. Auch die Sonne hat ein Magnetfeld, welches das ganze Sonnensystem durchdringt. Es gibt sogar ein galaktisches Magnetfeld.

Im frühen 19. Jahrhundert wurde eine tiefe Verbindung zwischen der Elektrizität und dem Magnetismus gefunden. Der Däne Hans Christian Oersted entdeckte, daß ein elektrischer Strom um sich selbst herum ein Magnetfeld aufbaut, und Faraday zeigte, daß ein sich änderndes Magnetfeld einen elektrischen Stromfluß erzeugt. Diese Entdeckungen bildeten die Grundlage des elektrischen Dynamos, der heute eine große Rolle im Ingenieurwesen spielt.

Wie schon im vierten Kapitel berichtet wurde, gelang es Maxwell um 1850, den entscheidenden Schritt zu tun, als er Elektrizität und Magnetismus zu einer einzigen Theorie des Elektromagnetismus zusammenfaßte, der ersten einheitlichen Feldtheorie. Mit einigen angemessenen Verfeinerungen, um auch Quanteneffekte berücksichtigen zu können, blieb Maxwells Theorie bis 1967 intakt und äußerst erfolgreich. Dann konnte der nächste große Schritt zur Vereinheitlichung getan werden.

Die schwache Kraft

Obwohl dies damals natürlich nicht richtig eingeschätzt werden konnte, wurden die Menschen im Jahr 1054 Zeugen davon, wie die schwache Kraft in Aktion tritt. Orientalische Astronomen bemerkten in diesem Jahr, daß plötzlich ein Stern von intensiver Helligkeit in einer Region des Himmels aufleuchtete, in der zuvor nichts registriert worden war. Dieser »Gaststern« brannte einige Wochen lang sehr hell und übertraf beinahe die Planeten selbst an Brillanz, dann verschwand er wieder in der Dunkelheit. Heute erkennen die Astronomen in diesem Ausbruch von 1054 eine Supernova. Damit ist eine Explosion gemeint, bei der ein alternder Stern katastrophenartig zerfällt, was von einem Kollaps seines Kerns begleitet wird, wobei es zu der Abgabe eines riesigen Impulses von Neutrinos kommt. Diese Neutrinos, die nur mit der schwachen Kraft ausgestattet sind, feuern die äußeren Schichten des Sterns in den Raum hinaus und produzieren dabei eine wüste Wolke aus expandierendem Gas. Die Supernova von 1054 bleibt bis heute als verschwommener Nebelfleck im Sternbild Taurus sichtbar.

Eine Supernova stellt eines der wenigen Beispiele dar, in denen die schwache Kraft auffallend in Erscheinung tritt. Sie ist nach der Schwerkraft die bei weitestem schwächste Kraft, und in vielen Systemen, in denen sie vorhanden ist, werden ihre Effekte durch die elektromagnetische oder durch die starke Kraft überlagert.

Der wissenschaftlichen Welt dämmerte es nur sehr langsam, daß es eine schwache Kraft gibt. Die Geschichte dazu fängt 1896 an, als der französische Physiker Henri Becquerel zufällig die Radioaktivität entdeckte, während er dabei war, das mysteriöse Vernebeln einer photographischen Platte zu untersuchen, die er gemeinsam mit einigen Kristallen aus Uransulfat in einer Schublade aufbewahrt hatte. Eine systematische Untersuchung der Radioaktivität unternahm dann Ernest Rutherford, der nachweisen konnte, daß aus den radioaktiven Atomen zwei verschiedene Teilchensorten austraten. Er nannte sie Alpha und Beta. Die Alphateilchen waren schwer und positiv geladen; sie stellten sich schließlich als

schnell bewegte Heliumkerne heraus. Die Betateilchen konnten als Elektronen mit hoher Geschwindigkeit identifiziert werden.
Die Einzelheiten des Betazerfalls wurden vor 1930 nicht verstanden. Der Vorgang war sehr eigentümlich. Auf den ersten Blick schien er einen der Fundamentalsätze der Physik zu verletzen, nämlich den von der Erhaltung der Energie. Energie schien verlorenzugehen. Wolfgang Pauli rettete die Situation, indem er ein neues Teilchen postulierte, das neutral und durchdringend sein mußte, das bisher niemand gesehen hatte und das zusammen mit dem Elektron aus dem Kern kam. Enrico Fermi nannte dieses Teilchen »ein kleines Neutrales«, also Neutrino. Es entzog sich dem Zugriff derart, daß es erst in den fünfziger Jahren gelang, Neutrinos definitiv nachzuweisen.
Doch auch mit den Neutrinos blieb der Betazerfall ein Geheimnis. Die Elektronen und Neutrinos traten aus einem instabilen Kern heraus. Die Physiker hatten aber unwiderlegbare Beweise, daß keines der beiden Teilchen *innerhalb* eines Kerns sein konnte. Woher kamen sie dann? Fermi schlug vor, daß Elektronen und Neutrinos vor ihrem Hinauswurf gar nicht existieren, daß sie vielmehr in diesem Moment erst geschaffen werden mit Hilfe von Energie, die in dem radioaktiven Kern vorhanden ist. Die Quantentheorie hatte gezeigt, daß die Emission und Absorption von Licht als Erzeugung und Vernichtung von Photonen verstanden werden kann; Fermi vermutete, daß dies auch mit Elektronen und Neutronen passieren könnte.
Die Bestätigung von Fermis Hypothese erfolgte mit Hilfe des Verhaltens freier Neutronen. Läßt man Neutronen allein, zerfallen sie innerhalb weniger Minuten und lassen ein Proton, ein Elektron und ein Neutrino zurück. Ein Teilchen verschwindet, und drei neue erscheinen. Bald wurde klar, daß die bekannten Kräfte es einem Neutron nicht erlauben würden, in dieser Weise zu explodieren. Der Betazerfall mußte von einer anderen Kraft betrieben werden. Messungen der Zerfallsrate machten deutlich, daß die betreffende Kraft außerordentlich klein sein mußte, viel kleiner als die elektromagnetische Kraft (aber immer noch sehr viel stärker als die Gravitation). So wurde schließlich erkannt, daß es eine »schwache Kraft« geben muß.
Mit der Entdeckung instabiler subnuklearer Teilchen stellten die Physiker fest, daß die schwache Kraft für viele Umwandlungen

verantwortlich war. Tatsächlich koppeln die meisten bekannten Teilchen an die schwache Kraft an. Für die geisterhaften Neutrinos ist die schwache Wirkung (neben der Gravitation) die einzige Art, ihre Existenz in der Welt zu manifestieren.

Die schwache Kraft ist ihrem Charakter nach vollständig anders als Gravitation und Elektromagnetismus. Zunächst übt sie keinen Druck oder Zug aus, wie ein Ingenieur es verstehen würde, es sei denn in Ereignissen wie der erwähnten Supernova. Sie ist dafür auf die Umwandlung der Teilchenidentität beschränkt, wobei sie die entstehenden Produkte mit hohen Geschwindigkeiten abfeuert. Zum anderen ist die Aktivität der schwachen Kraft auf einen sehr kleinen Raumbereich beschränkt. In der Tat wurde es erst zu Beginn der achtziger Jahre möglich, die Reichweite der schwachen Kraft genau zu bestimmen. Eine Zeitlang sah es so aus, als ob ihre Wirkung punktartig zustande käme; der betroffene Raum war zu klein, um gemessen zu werden. Im Gegensatz zu der langreichweitigen Natur des Elektromagnetismus und der Gravitation wirkt die schwache Kraft nicht über eine Entfernung von 10^{-16} Zentimetern hinaus. Sie kann daher nicht auf makroskopische Objekte einwirken und ist vielmehr auf einzelne subatomare Teilchen beschränkt.

Obwohl Fermi und andere die Theorie der schwachen Kraft in den dreißiger Jahren nach und nach verbessert haben, sind tiefe Unstimmigkeiten geblieben. Es wurde klar, daß die schwache Kraft noch nicht wirklich verstanden war. Eine neue Theorie, die auf Fermis Grundidee aufbaute und einige entscheidende neue Elemente hinzufügte, haben in den sechziger Jahren dann Steven Weinberg, damals in Harvard, und Abdus Salam vom Imperial College in London ausgearbeitet. Diese Theorie bedeutet den größten Fortschritt in Richtung auf die Urkraft, seit Maxwell seine elektromagnetische Theorie entworfen hat. Wir werden ihn im achten Kapitel beschreiben.

Die starke Kraft

Das Vorhandensein einer starken Kraft trat allmählich in das Bewußtsein der Physiker, als die Struktur des Atomkerns klar wurde. Irgend etwas mußte die Protonen gegen die Abstoßung, die durch ihre elektrische Ladung verursacht wird, aneinanderbinden. Die Gravitation ist viel zu schwach dazu, und so wurde offensichtlich eine neue Art von Kraft erforderlich, die sehr stark sein mußte, stärker als der Elektromagnetismus. Außerhalb des Kerns kann keine Spur dieser starken anziehenden Kraft gefunden werden, weshalb die Reichweite dieser Kraft sehr klein sein mußte. Sie wird tatsächlich sehr schnell sehr klein, wenn man sich mehr als 10^{-13} Zentimeter von einem Proton oder Neutron entfernt. Folglich kann die starke Kraft – obwohl sie die stärkste der natürlichen Kräfte ist – nicht direkt bei makroskopischen Körpern bemerkt werden.

Sowohl die Neutronen als auch die Protonen unterliegen der starken Kraft, die Elektronen aber nicht. Ebensowenig die Neutrinos und die Photonen. Im allgemeinen koppeln nur schwere Teilchen an die starke Kraft an. Ihre Wirkungen manifestieren sich sowohl in Form einer üblichen Zugkraft, die den Kern zusammenhält, als auch durch die Möglichkeit, die die schwache Kraft ebenfalls hat, nämlich instabile Teilchen zerfallen zu lassen. Wegen ihrer Stärke bildet die starke Kernkraft eine große Energiequelle. Die vielleicht wichtigste Energiequelle, die durch die starke Kraft sprudeln kann, ist das Sonnenlicht. Die Zentralbereiche der Sonne und anderer Sterne sind Kernfusionsreaktoren unter der Kontrolle der starken Kraft, die auch die Energie einer Atombombe freisetzt.

Die ersten Versuche, die starke Kraft zu verstehen, waren nur mäßig erfolgreich. Es schien keine einfache mathematische Beschreibung zu geben, die zufriedenstellend ausfiel. Die Kraft schien nicht auf unmittelbar einsichtige Weise von der Entfernung abzuhängen, und die Kernphysiker, die ein Modell dieser Kraft entwarfen, sahen sich gezwungen, viele willkürliche Parameter einzuführen. Man konnte den Eindruck gewinnen, daß die starke Kraft eine Art Amalgam aus vielen Kräften war, die alle verschiedene Eigenschaften aufwiesen.

Als man sich mit diesen Komplikationen herumschlug, wurde die Quarktheorie der Kernmaterie vorgeschlagen. Diese Theorie sagt, daß Neutronen und Protonen keine elementaren Teilchen, sondern zusammengesetzte Strukturen sind, die aus der Vereinigung von jeweils drei Quarks bestehen. Offensichtlich muß es eine Kraft geben, die drei Quarks zu einem Trio zusammenleimt, und bald wurde klar, daß im Rahmen der Quarktheorie die Kräfte zwischen Protonen und Neutronen nur das Ergebnis der viel mächtigeren Kraft waren, die zwischen den Quarks agierte. Nun konnte man verstehen, warum sich die starke Kraft nur so kompliziert darstellen ließ. Wenn ein Proton an ein Neutron gebunden ist, dann sind an dieser Adhäsion insgesamt sechs Quarks beteiligt, von denen sich jedes mit allen anderen in Wechselwirkung befindet. Der größte Teil der Kraft steckt zwar in der Verleimung (»glue«) der Quarktrios, doch bleibt ein Rest übrig, um die beiden Dreierblocks noch aneinanderzubinden.

Als die wahre Natur der Quarkkraft richtig eingeschätzt wurde, konnte die starke Kraft mathematisch wesentlich einfacher modelliert werden. In den kommenden Kapiteln werden wir sehen, wie diese Beschreibung die starke Kraft auf eine Linie mit den anderen bringt, deren Richtung den Weg zu der vereinheitlichenden Urkraft weist.

Die Welt der subatomaren Teilchen

Das Zertrümmern der Atome

Es wird oft gesagt, daß es zwei Arten von Forschung gibt, die Klein- und die Großforschung. Atome zu zertrümmern ist Großforschung. Hierbei verwendet man große Maschinen, verbraucht viel Geld und streicht den Löwenanteil bei der Vergabe der Nobelpreise ein.

Warum wollen Physiker Atome überhaupt zertrümmern? Die einfache Antwort – um herauszufinden, was in ihrem Inneren ist – enthält zwar ein Stück Wahrheit, doch gibt es auch einen allgemeineren Grund. Eigentlich ist Atomzertrümmerung ein ungeeigneter Name. Eine genauere Beschreibung würde vom Zusammenstoß hochenergetischer Teilchen reden. Wenn subatomare Teilchen mit hohen Geschwindigkeiten zusammenstoßen, dann bricht unter dem Schock des Aufpralls eine neue Welt von Kräften und Feldern hervor. Die Fragmente aus energiereicher Materie, die bei diesen Begegnungen entstehen, tragen Geheimnisse über das Funktionieren der Natur mit sich, die seit der Schöpfung unbeachtet geblieben sind, da sie sich tief ins Innere der Atome zurückgezogen hatten.

Die Maschinen, die diese Zusammenstöße bewerkstelligen, heißen Teilchenbeschleuniger, und sie sind beeindruckend, was ihre Größe und ihre Kosten angeht. Ihre Ausmaße werden in Kilometern angegeben, und sie lassen selbst die Laboratorien, in denen die Kollisionen analysiert werden, wie Zwerge aussehen. Bei anderen wissenschaftlichen Projekten steht die Ausrüstung im Laboratorium. In der Hochenergiephysik wurde das Laboratorium auf die Ausrüstung gepflanzt. Vor kurzem ließ sich das CERN auf die Konstruktion einer ringförmigen Maschine für mehrere hundert Millionen Dollar ein, die in einem Tunnel untergebracht ist, der eine Länge von 27 Kilometern hat. Diese Maschine heißt LEP (Large Electron-Positron Ring = großer Elektron-Positron-Ring). Sie wurde gebaut, um Elektronen und ihre Antiteilchen (Positronen) ganz nahe an die Lichtgeschwindigkeit heranzubringen. Um eine Vorstellung von den riesigen Energien zu bekommen, die hierbei mitspielen, stellen wir uns vor, daß statt der Elektronen ein Pfennigstück beschleunigt wird. Am Ende des Laufes hätte der Pfennig genug Energie, um Elektrizität im Wert von hundert Millionen Dollar abzugeben. Kein Wunder also, wenn diese Art von Unternehmungen als »Hochenergiephysik« beschrieben wird. Der Elektronen- und der Positronenstrahl umkurven den Ring zunächst in unterschiedlichen Richtungen, und dann läßt man sie frontal zusammenstoßen. Dabei vernichten sie sich gegenseitig und setzen Energie frei, die ausreicht, um Dutzende anderer Teilchen entstehen zu lassen.

Was sind dies für Teilchen? Einige von ihnen sind die Komponenten, aus denen wir alle zusammengesetzt sind: die Protonen und Neutronen der Atomkerne und die Elektronen, die um sie herumkreisen. Andere Teilchen trifft man normalerweise in der gewöhnlichen Materie nicht an; sie existieren nur ganz flüchtig, bevor sie in vertrautere Formen zerfallen. Die Zahl der verschiedenen Arten von instabilen und vorübergehenden Teilchen ist erstaunlich: Bislang sind insgesamt mehr als hundert davon katalogisiert worden. Wie die Sterne, so sind auch die instabilen Teilchen zu zahlreich, um alle einen Namen erhalten zu können. Viele kennt man nur durch griechische Buchstaben, andere nur durch Zahlen. Es ist wichtig, zu verstehen, daß diese vielen verschiedenen instabilen Teilchen in keinem direkten Sinn die *Konstituenten* der Protonen, Neutronen oder Elektronen sind. Wenn Elektronen und Positronen mit hohen Energien zusammenstoßen, dann brechen sie dabei nicht auf und verschütten einen Schwall ihres subatomaren Abfalls. Sogar wenn Protonen, die ganz sicher Objekte (Quarks) in ihrem Inneren beherbergen, mit hoher Geschwindigkeit zusammenstoßen, werden sie nicht zerbrochen. Man muß sich vielmehr vorstellen, daß der Abfall, der bei solchen Zusammenstößen erscheint, an Ort und Stelle aus der Energie des Zusammenpralls geschaffen wird.

Vor zwanzig Jahren noch waren die Physiker durch Zahl und Vielfalt der subatomaren Teilchen vollständig verwirrt, als immer mehr in scheinbar endloser Reihe entdeckt wurden. Sie fragten sich, *wozu* eigentlich alle diese Teilchen dienten. Waren sie einfach nur wie Tiere in einem Zoo, die zwar entfernt miteinander verwandt sind, zwischen denen aber keine systematische Beziehung besteht? Oder zeigte sich in ihnen der Schlüssel zum Universum, wie einige Optimisten glaubten? Produzierten die Teilchenphysiker nichts als unbedeutende Zufallssplitter der Materie, oder wurde nach und nach ein Muster deutlich, eine noch kaum wahrgenommene Ordnung, die auf eine reichhaltige und ausgeklügelte Struktur der nuklearen Welt hinwies? Heute besteht kein Zweifel mehr: Im Mikrokosmos herrscht eine tiefe und bedeutungsvolle Ordnung. Obwohl wir diese Ordnung erst in Umrissen erkennen können, fangen wir doch an zu verstehen, was alle diese Teilchen bedeuten.

Der erste Schritt zu diesem Verstehen gelang durch einfaches systematisches Katalogisieren, gerade so, wie es die Biologen des 18. Jahrhunderts mit Tier- und Pflanzenarten gemacht haben. Die wesentlichen Attribute der subatomaren Teilchen sind Masse, elektrische Ladung und Spin.

Masse ist ungefähr identisch mit Gewicht, und Teilchen mit großer Masse werden oft als »schwere« Teilchen bezeichnet. Einsteins Beziehung $E = m \cdot c^2$ sagt uns, daß die Masse eines Teilchens von seiner Energie und also seiner Geschwindigkeit abhängt. Ein Teilchen in rascher Bewegung ist schwerer als ein Teilchen in Ruhe. Worauf es ankommt, ist die *Ruhemasse,* und die kann nicht variiert werden. Wenn ein Teilchen die Ruhemasse Null hat, dann bewegt es sich mit Lichtgeschwindigkeit. Das Photon ist das offensichtliche Beispiel für ein masseloses Teilchen. Von allen Teilchen mit nicht verschwindender Ruhemasse scheint das Elektron das leichteste zu sein. Proton und Neutron sind etwa 2000mal schwerer, und das schwerste bisher im Laboratorium hergestellte Teilchen (das Z-Teilchen) ist etwa 200000mal schwerer als das Elektron.

Die elektrische Ladung tritt zwar nicht in einem solchen Wertebereich auf, sie liegt aber immer, wie wir bereits gesehen haben, in festen Vielfachen einer fundamentalen Einheit vor. Einige Teilchen haben keine elektrische Ladung, etwa das Photon und das Neutrino. Wird dem positiv geladenen Proton die Ladung +1 zugeordnet, dann hat das Elektron genau die Ladung −1.

Das Thema Spin ist im zweiten Kapitel erörtert worden. Auch der Spin liegt in festen Vielfachen einer fundamentalen Einheit vor, die aus historischen Gründen als ½ festgesetzt wird. So haben das Proton, das Neutron und das Elektron den Spin ½, und das Photon hat den Spin 1. Es sind auch Teilchen bekannt, die den Spin 0, $\frac{3}{2}$ und 2 haben. Kein fundamentales Teilchen hat einen Spin größer als 2, und die Theoretiker glauben, daß es eine solche Einheit auch nicht geben kann.

Der Spin eines Teilchens gibt wesentliche Auskünfte über seine Natur, und alle Teilchen fallen in zwei getrennte Klassen. Teilchen mit ganzzahligem Spin (0, 1, 2) heißen »Bosonen«, nach dem indischen Physiker Satyendra Bose; Teilchen mit halbzahligem Spin (½ oder $\frac{3}{2}$) heißen Fermionen, nach dem italienischen Physiker Enrico Fermi. Zu welcher der beiden Klassen ein Teilchen gehört, ist sein vielleicht wichtigstes Kennzeichen.

Eine weitere wichtige Eigenschaft ist die Lebensdauer eines Teilchens. Bis vor kurzem wurde angenommen, daß Elektronen, Protonen, Photonen und Neutrinos absolut stabil sind, das heißt, ihre Lebensdauer ist unendlich lang. Ein Neutron kann stabil bleiben, wenn es innerhalb eines Kerns gefangen ist. Ein freies Neutron zerfällt innerhalb von 15 Minuten. Alle weiteren Teilchen scheinen extrem kurzlebig und instabil zu sein, ihre Lebensdauer variiert von Mikrosekunden bis hinab zu 10^{-23} Sekunden. Wem diese Zeiten unfaßbar kurz erscheinen, der sollte sich daran erinnern, daß ein sich nahezu mit Lichtgeschwindigkeit bewegendes Teilchen (und die meisten Produkte von Beschleunigern können dies) in einer Mikrosekunde 300 Meter zurücklegen kann.

Teilchen zerfallen aufgrund von Quantenprozessen, weshalb diesen Prozessen immer ein Element von Unvorhersagbarkeit innewohnen wird. Die Lebensdauer eines gegebenen Teilchens kann nicht vorhergesagt werden. Nur die durchschnittliche Lebensdauer kann auf einer statistischen Basis angegeben werden. Sie wird gewöhnlich Halbwertszeit genannt. Damit meint man die Zeit, die für eine gegebene Population von Teilchen vergehen muß, bevor fünfzig Prozent von ihnen verschwunden sind. Experimente zeigen, daß der Niedergang einer Population exponentiell vor sich geht, so daß die Halbwertszeit 0,693mal so lange dauert wie die durchschnittliche Lebensdauer.

Es reicht nicht aus zu wissen, daß ein Teilchen existiert; die Physiker wollen auch wissen, was es tut. Dies wird zum einen Teil von den oben angeführten Größen bestimmt, zum anderen Teil hängt dies von den Kräften ab, die im Inneren oder von außen wirken. Der Faktor, der vor allen anderen die Eigenschaften eines Teilchens festlegt, steckt in der Antwort auf die Frage, ob es die starke Kraft spürt oder nicht. Teilchen, die an die starke Kraft angekoppelt sind, bilden eine besondere Klasse. Sie heißen *Hadronen.* Teilchen, die die schwache, aber nicht die starke Kraft spüren, heißen *Leptonen,* also »leichte Dinger«. Wir werden im folgenden einen kurzen Blick auf jede dieser Familien werfen.

Leptonen

Das bekannteste Lepton ist das Elektron. Wie alle Leptonen scheint es ein elementares und punktförmiges Objekt zu sein. Soweit wir heute sagen können, besitzt ein Elektron keine innere Struktur, das heißt, es ist nicht durch irgend etwas »aufgebaut«. Obwohl es Leptonen sowohl mit als auch ohne elektrische Ladung gibt, haben alle den gleichen Spin, nämlich ½; sie sind also alle Fermionen.

Ein weiteres wohlbekanntes Lepton – diesmal eines ohne Ladung – ist das Neutrino. Wie im zweiten Kapitel erläutert, sind Neutrinos kaum zu fassen und beinahe schon geisterhaft. Da sie weder die starke noch die elektromagnetische Kraft spüren, werden sie von der Materie fast gar nicht beachtet, und sie gehen durch sie hindurch, als ob sie nicht vorhanden wäre. Dies brachte historisch große Probleme mit sich, die Neutrinos überhaupt zu finden. Nachdem ihre Existenz theoretisch vorhergesagt worden war, dauerte es noch mehr als drei Jahrzehnte, bevor sie wirklich im Laboratorium nachgewiesen werden konnten. Die Physiker mußten auf das Erscheinen der Atomreaktoren warten, die Neutrinos im Überfluß verströmen, bevor sie eines davon in einem frontalen Zusammenstoß mit einem Kern erwischen konnten. Dies bewies schließlich, daß es sie tatsächlich gibt. Heutzutage können besser geregelte Experimente mit sorgfältig gesteuerten Neutrinostrahlen ausgeführt werden, die von den zerfallenden Teilchen stammen, die in einem Beschleuniger produziert werden. Die überwältigende Mehrheit der Neutrinos ignoriert das Ziel zwar vollständig, doch gelegentlich reagiert eines und liefert dann nützliche Informationen über die Struktur anderer Teilchen und die Natur der schwachen Kraft. Versuche mit Neutrinos benötigen im Gegensatz zu Experimenten mit anderen subatomaren Teilchen keinen besonderen Schutzschild. Ihre Durchdringungskraft ist so groß, daß sie völlig ungefährlich werden. Sie gehen einfach durch einen Körper hindurch, ohne auch nur den geringsten Schaden anzurichten.

Trotz ihrer Unberührbarkeit genießen die Neutrinos einen Status, der von keinem anderen Teilchen erreicht wird. Sie sind nämlich das am häufigsten vorkommende Objekt des Universums, und ihre Zahl übertrifft die der Elektronen oder Protonen um den Faktor eine Milliarde. Das Universum ist tatsächlich nur ein See aus Neutrinos, in dem einige Verunreinigungen wie etwa Atome schwimmen. Möglicherweise übertreffen alle Neutrinos zusammen mit ihrem Gewicht das der Sterne und spielen daher auch die Hauptrolle in der Gravitation des Kosmos. Eine Gruppe sowjetischer Wissenschaftler hat jedenfalls von Versuchen berichtet, in denen die Neutrinos eine kleine Masse zu offenbaren schienen. Es handelte sich nur um ein Zehntausendstel der Elektronenmasse, doch wäre dies genug, um das Universum von der Gravitation her zu überwältigen und seinen Kollaps in ferner Zukunft herbeizuführen. Daher könnte das Neutrino, das oberflächlich wie das harmloseste und vergänglichste Teilchen aussieht, die Macht besitzen, den Kosmos auszulöschen.

Von den noch verbleibenden Leptonen wurde das Myon 1936 inmitten der Produkte radioaktiver Strahlung entdeckt. Es gehörte zu den ersten subatomaren Teilchen, die gefunden wurden. In jeder anderen Hinsicht (also abgesehen von der Stabilität) scheint das Myon wie der große Bruder des Elektrons zu sein. Es hat dieselbe Ladung, denselben Spin, reagiert gleichartig auf die Kräfte, ist aber viel schwerer. Innerhalb des zweimillionsten Teils einer Sekunde zerfällt es in ein Elektron und zwei Neutrinos. Myonen sind Teilchen, die tatsächlich ziemlich oft in der Natur vorkommen und zum Beispiel für die kosmische Hintergrundstrahlung verantwortlich sind, die an der Erdoberfläche mit Hilfe von Geigerzählern gemessen werden kann.

Viele Jahre lang waren das Elektron und das Myon die einzigen geladenen Leptonen. Gegen Ende der siebziger Jahre wurde ein drittes gefunden, das sogenannte Tauon. Da ein Tauon etwa 3500mal so schwer wie ein Elektron ist, gilt es als Schwergewicht

im Trio der geladenen Leptonen. Abgesehen von der großen Masse, verhält sich ein Tauon wie ein Elektron.
In den sechziger Jahren stellte man fest, daß es mehr als eine Sorte von Neutrinos gibt. Da ist einmal die Art, die zusammen mit einem Elektron entsteht, wenn ein Neutron zerfällt. Da ist zum anderen die Art, die zusammen mit einem Myon entsteht. Jedes Neutrino geht also mit seinem eigenen geladenen Lepton einher, und deshalb spricht man vom »Elektronneutrino« oder vom »Myonneutrino«. Es scheint unvermeidbar zu sein, daß es noch eine dritte Neutrinoart gibt, nämlich diejenige, die mit dem Tauon verbunden ist. Damit haben wir insgesamt drei Arten von Neutrinos und also unter dem Strich sechs Leptonen (Tabelle 1). Natürlich hat jedes Lepton sein eigenes Antiteilchen, so daß wir, alles zusammen, zwölf verschiedene Leptonen zählen.

Hadronen

Im Gegensatz zu der Handvoll von bekannten Leptonen gibt es buchstäblich Hunderte von Hadronen. Diese Tatsache allein legt die Vermutung nahe, daß Hadronen keine elementaren Teilchen sind, sondern aus kleineren Objekten aufgebaut werden. Alle Hadronen spüren die starke und die schwache Kraft sowie die Gravitation. Es gibt sie darüber hinaus als geladene und als neutrale Teilchen. Die bekanntesten und am weitesten verbreiteten Hadronen sind die stabilen Neutronen und Protonen. Alle anderen sind kurzlebig und zerfallen in weniger als dem Millionstel einer Sekunde unter dem Einfluß der schwachen Kraft oder noch viel schneller unter dem Einfluß der starken Kraft (typischerweise in 10^{-23} Sekunden).

Name	Symbol	Masse	Ladung
Elektron	e^-	1	−1
Muon	μ^-	206.7	−1
Tauon	τ^-	3536.	−1
Elektron-Neutrino	ν_ε	0	0
Muon-Neutrino	ν_μ	0	0
Tauon-Neutrino	ν_τ	0	0

Tabelle 1: Die sechs Leptonen treten als geladene und als ungeladene Teilchen auf (ohne Berücksichtigung der Antiteilchen). Masse und Ladung sind in Einheiten der Masse beziehungsweise Ladung des Elektrons ausgedrückt. Es gibt Hinweise darauf, daß auch die Neutrinos eine winzige Masse haben.

In den fünfziger Jahren waren die Physiker äußerst verwirrt über Zahl und Vielfalt der Hadronen. Stück um Stück fingen sie dann an, die Daten über die wesentlichen Größen der Teilchen wie Masse, Ladung und Spin in aussagekräftiger Form anzuordnen. Nach und nach wurde eine Ordnung erkennbar, und Muster traten hervor. Einiges wies darauf hin, daß unterhalb der verschmierten Datenoberfläche Symmetrien wirkten. Der entscheidende Schritt zur Aufklärung der Geheimnisse der Hadronen gelang 1963, als Murray Gell-Mann und George Zweig vom California Institute of Technology die Quarktheorie vorschlugen.

Die dieser Theorie zugrunde liegende Idee ist sehr einfach. Im Inneren aller Hadronen befinden sich kleine Teilchen, die man als Quarks bezeichnet. Die Regeln besagen, daß es den Quarks erlaubt ist, in zwei möglichen Arten zusammenzukleben: entweder als Trio oder als Paar aus Quark und Antiquark. Bei Kombinationen aus drei Quarks kommen offenbar schwerere Teilchen heraus, und die nennt man Baryonen, also die »Schweren«. Die bekanntesten Baryonen sind das Proton und das Neutron. Paare aus Quark und Antiquark sind irgendwie leichter und bilden die Teilchen, die als Mesonen bezeichnet werden. Der Name leitet sich aus der Tatsache ab, daß die zuerst entdeckten Mesonen ihrer Masse nach zwischen Elektronen und Protonen zu liegen kamen. Um allen damals bekannten Hadronen Rechnung zu tragen, führten Gell-Mann und Zweig drei verschiedene Quarktypen oder -»aromen« ein, die sie schrulligerweise als »up« (u) (»rauf«), »down« (d) (»runter«) und »strange« (s) (»seltsam«) bezeichneten. Die verschiedenen Kombinationen all dieser Aromen erklären dann die Existenz von vielen hundert Hadronenarten. So besteht ein Proton aus zwei u-Quarks und einem d-Quark, und ein Neutron setzt sich aus zwei d-Quarks und einem u-Quark zusammen.

Damit das Verfahren auch richtig funktioniert, dürfen die Quarks nur Bruchteile der elementaren elektrischen Ladung tragen, das heißt, sie besitzen eine Ladung, die entweder ein Drittel oder zwei Drittel der Elektronenladung ausmacht. Auf diese Weise können Aggregate aus ein oder zwei Quarks eine Nettoladung von entweder 1 oder 0 haben. Alle Quarks besitzen einen Spin von der Größe ½ und sind also Fermionen. Die Masse der Quarks ist nicht so gut definiert wie die der anderen Teilchen, weil die Energie des Leims, der sie zu Hadronen zusammenbindet, mit der Masse der Quarks selbst vergleichbar ist. Dennoch ist bekannt, daß das »seltsame« Quark irgendwie schwerer als ein »rauf«- oder ein »runter«-Quark ist. Während die Quarks in den Hadronen eingeschlossen sind, können sie auch in angeregten Zuständen existieren, die genauso wie die angeregten Zustände von Atomen zu verstehen sind, nur viel energiereicher. Tatsächlich bringt die Überschußenergie, die ein angeregtes Hadron trägt, derart viel zusätzliche Masse mit sich, daß die Physiker in den Tagen, als die Quarktheorie noch nicht anerkannt war, glaubten, sie hätten vollständig verschiedene Teilchen vor sich. Heute hat man verstanden, daß viele scheinbar verschiedene Hadronen in Wirklichkeit nur angeregte Zustände derselben Grundmenge von Quarks sind.

Wie im fünften Kapitel erläutert worden ist, werden Quarks mit Hilfe der starken Kraft zusammenge»leimt«. Sie unterliegen aber ebenso der schwachen Kraft. Wenn die schwache Kraft auf ein Quark einwirkt, kann sich dabei das Aroma ändern. Dies ist das Wesentliche am Zerfall eines Neutrons. Eines der d-Quarks in einem Neutron verwandelt sich in ein u-Quark, und die überschüssige Ladung wird von einem Elektron weggetragen, das gleichzeitig erzeugt wird. Entsprechende andere schwache Wechselwirkungen mit geändertem Aroma führen den Zerfall anderer Hadronen herbei.

Das Vorhandensein eines seltsamen Quarks ist erforderlich, um einen Satz sogenannter »seltsamer« Teilchen aufzubauen. Dies sind schwere Hadronen, die in den frühen fünfziger Jahren entdeckt worden sind. Das seltsame Verhalten, dem sie ihren Namen verdanken, besteht in der Tatsache, daß diese Teilchen nicht mit Hilfe der starken Kraft zerfallen konnten, obwohl sie selbst und

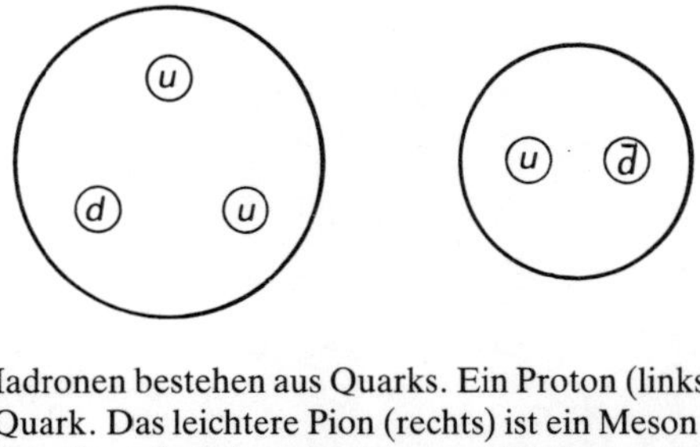

Abbildung 10: Hadronen bestehen aus Quarks. Ein Proton (links) besteht aus zwei u- und einem d-Quark. Das leichtere Pion (rechts) ist ein Meson und enthält ein u-Quark und ein d-Antiquark. Die verbleibenden Mitglieder der Hadronenfamilie werden durch andere Quarkkombinationen aufgebaut.

ihre Produkte Hadronen waren. Die Physiker rätselten herum, warum die starke Kraft trotz der Tatsache, daß alle Teilchen Mitglieder der Hadronenfamilie blieben, daran gehindert wurde, den Zerfall zu bewirken. Aus irgendeinem Grund mußten die Hadronen bei der viel langsameren schwachen Kraft Zuflucht nehmen. Warum? Die Quarktheorie löste dieses Rätsel ganz natürlich auf. Die starke Kraft kann das Aroma der Quarks nicht ändern; dies gelingt nur der schwachen Kraft. Ohne Änderung des Aromas aber, bei dem das seltsame Quark in ein u- oder d-Quark umgewandelt wird, kommt es nicht zum Zerfall.

In Tabelle 2 sind verschiedene mögliche Quarkkombinationen aus drei Sorten mit ihren Namen (die gewöhnlich nur aus einem griechischen Buchstaben bestehen) aufgeführt. Die vielen angeregten Zustände wurden nicht mit angegeben. Die Tatsache, daß verschiedene Permutationen von drei grundlegenden Teilchen alle Hadronen erfassen konnten, stellte einen wesentlichen Triumph für die Theorie dar. Trotz dieses Erfolgs dauerte es noch einige Jahre, bevor es direkte physikalische Hinweise auf die Existenz von Quarks gab.

1969 wurde am riesigen Linearbeschleuniger SLAC in Stanford eine Reihe von historischen Experimenten durchgeführt, bei

Quarkkombination	Name	Symbol
uud	Proton	p
udd	Neutron	n
uds	Neutrales Sigma	Σ^0
dds	Negatives Sigma	Σ^-
uus	Positives Sigma	Σ^+
uss	Neutrales Chi	Ξ^0
dss	Negatives Chi	Ξ^-
uds	Lambda	Λ
$u\bar{d}$	Positives Pion	π^+
$d\bar{u}$	Negatives Pion	π^-
$d\bar{s}$	Neutrales Kaon	K^0
$u\bar{s}$	Positives Kaon	K^+
$s\bar{u}$	Negatives Kaon	K^-
$s\bar{d}$	Neutrales Antikaon	$\bar{K}^0$

Tabelle 2: Die drei Geschmacksrichtungen der Quarks u, d und s tragen die entsprechenden Ladungen $+\frac{2}{3}$, $-\frac{1}{3}$ und $-\frac{1}{3}$. Sie finden sich zu dritt zusammen, um acht Baryonen mit den aufgeführten Namen zu bilden. Kombinationen aus Paaren von Quarks und Antiquarks bilden die Mesonen. (Einige Kombinationen sind ausgelassen worden, zum Beispiel sss und $u\bar{u}$.)

denen diese Hinweise gewonnen wurden. Die Experimentatoren in Stanford argumentierten so: Wenn Protonen wirklich aus Quarks bestehen, dann muß es doch möglich sein, in ein Proton einzudringen und die Quarks aufeinandertreffen zu lassen. Was man brauchte, war ein subnukleares Geschoß, das direkt durch das Innere eines Protons geschossen werden konnte. Ein anderes Hadron kam dafür nicht in Frage, denn es war so groß wie ein Proton selbst. Das ideale Geschoß wäre ein Lepton wie das Elektron. Da dies keine starke Kraft verspürt, wird es nicht im Leim klebenbleiben, der die Quarks bindet. Es wird aber aufgrund seiner Ladung die Anwesenheit von Quarks registrieren können. Das Experiment in Stanford bestand im wesentlichen darin, daß der drei Kilometer lange Beschleuniger als ein gigantisches Elektronenmikroskop verwendet wurde, das ein Bild vom Inneren des Protons entwarf. In einem herkömmlichen Elektronenmikroskop können Strukturbesonderheiten ausgemacht werden, die weniger als den Millionsten Teil eines Millimeters messen. Ein Proton ist aber noch mehr als zehnmillionenmal kleiner und kann nur erkundet werden, wenn die Elektronen mit Energien von $2 \cdot 10^{10}$ Volt ausgestattet werden.

Zu der Zeit, als das Experiment in Stanford durchgeführt wurde, hatte die einfache Quarktheorie nur wenig Anhänger unter den Physikern. Sie erwarteten zwar, daß die Elektronen von der elektrischen Ladung der Protonen abgelenkt würden, sie nahmen aber auch an, daß diese Ladung gleichmäßig im Inneren des Protons verschmiert ist. In diesem Fall würde sich die Streuung der Elektronen als ein »weiches« Muster zeigen, das heißt, die Elektronen würden bei ihrem Durchtritt durch die Protonen an keiner Stelle besonders stark gestreut. Im Versuch zeigte sich aber etwas völlig anderes. Die Elektronen schienen dabei vielmehr frontal auf steinharte Klumpen zu treffen, die sie in alle möglichen Richtungen zurückprallen ließen. Heute wissen wir, daß die festen Brocken im Inneren der Protonen Quarks sind.

Im Jahr 1974 wurde dieser einfachen Version der Quarktheorie, die inzwischen unter den Theoretikern immer mehr Anhänger fand, ein heftiger Schlag versetzt. Innerhalb von nur wenigen Tagen verkündeten zwei Teams von amerikanischen Physikern unabhängig voneinander – eines arbeitete in Stanford unter der Leitung von Burt Richter und das andere in Brookhaven unter der

Leitung von Samuel Ting – die Entdeckung eines neuen Hadrons mit Namen Psi. Dies selbst war keine besondere Neuigkeit, doch lag die Schwierigkeit der Quarktheorie darin, daß in ihrem System der Teilchen kein Platz mehr für ein neues Quark vorhanden war. Jede mögliche Kombination der u-, d- und s-Quarks und ihrer entsprechenden Antiquarks war schon berücksichtigt worden. Woraus sollte dann Psi bestehen?

Dieses Problem wurde durch eine Idee gelöst, die schon seit einiger Zeit die Runde machte. Es mußte noch ein viertes Quark geben, das bis dahin noch nicht entdeckt worden war. Das neue Aroma hatte man schon »Charm« (c) getauft, und nun wurde vorgeschlagen, daß das Hadron Psi aus einem charmanten Quark besteht, welches mit einem charmanten Antiquark zusammenhängt. Da Antiquarks ein Gegenaroma (Antiaroma) mit sich tragen, bleibt Psi neutral ohne Charm. Die positive Ermittlung des neuen Aromas Charm ließ auf sich warten, bis es gelang, andere Mesonen herzustellen, in denen charmante Quarks mit Antiquarks gepaart sind, die ein anderes Aroma auszeichnet. Heute ist eine ganze Reihe solcher Teilchen mit Charm bekannt. Sie sind alle ziemlich schwer; das charmante Quark ist sogar noch schwerer als das seltsame Quark.

Die Episode wiederholte sich im Jahr 1977, als das sogenannte Ypsilon in Erscheinung trat. Diesmal zögerten die Physiker nur kurz, bevor sie ein fünftes Quarkaroma zur Erklärung heranzogen. Es heißt »bottom«(Boden)-Quark oder manchmal auch »beauty«(Schönheit)-Quark, abgekürzt b-Quark. Das Ypsilon ist ein »bottom«-Quark-Antiquark-Paar. Also ist die Qualität »bottom« in ihm verborgen. Doch auch hier tauchten allmählich andere Quarkkombinationen auf, die ihre »nackte Schönheit« offenbarten. Was die vergleichbaren Massen der Quarks angeht, so kann man einige Vorstellungen darüber aus der Tatsache gewinnen, daß das Pion das leichteste Meson ist und aus einem d-Quark-Antiquark besteht. Das Psi-Teilchen ist etwa 27mal schwerer, und das Ypsilon ist sicher 75mal schwerer als das Pion.

Das allmähliche Anwachsen der Liste bekannter Quarkaromen verläuft parallel zu der der verschiedenen Leptonen, und die Frage stellt sich, wo dies alles enden wird. Die Quarktheorie sollte eigentlich unser Verständnis für den Hadronenzoo erleichtern, doch nun muß man wieder befürchten, daß die Sache ausufert.

Seit den Tagen Demokrits lautete die Philosophie der Atomisten, daß es auf einer hinreichend kleinen Skala wirklich elementare Teilchen gibt, aus denen alle Materie aufgebaut ist. Diese Theorie bezieht ihre Attraktivität aus der Tatsache, daß die fundamentalen Teilchen, die per definitionem unteilbar sind, nur in geringer Vielfalt vorhanden sein müssen. Die Komplexität der Materie wird dann nicht durch die Vielfältigkeit der Elemente, sondern durch die Vielfältigkeit der Kombinationen erklärt. Die Entdekkung, daß es Dutzende von verschiedenen Atomkernen gibt, erschütterte die Annahme, daß das, was wir heute als Atome bezeichnen, mit dem übereinstimmt, was die Griechen als elementare Teilchen der Materie angesehen hatten. Obwohl wir heute noch aus historischen Gründen von verschiedenen chemischen »Elementen« reden, wissen wir, daß Atome keineswegs elementar sind, daß sie vielmehr aus Protonen, Neutronen und Elektronen bestehen. Wenn nun die Zahl der Quarks zu groß wird, wird wieder die Versuchung entstehen, auch in ihnen zusammengesetzte Körper mit noch kleineren Teilchen zu sehen.

Zwar gibt es aus diesem Grund einige Unzufriedenheit mit dem Quarkschema, doch nehmen die meisten Physiker an, daß die Quarks wirklich elementare Teilchen sind, also punktartig, unteilbar und ohne innere Struktur. Hierin ähneln sie den Leptonen, und schon seit langem wird vermutet, daß es zwischen diesen zwar verschiedenen, aber ähnlich aufgebauten Familien eine tiefe Verbindung gibt. Die vorgeschlagene Verkettung kann wahrgenommen werden, wenn man die Quarks und die Leptonen wie in Tabelle 3 zusammen vorstellt. Die Leptonen wurden paarweise zusammengestellt, so daß jedes geladene Lepton mit seinem asso-

Leptonen	Quarks
e^-	u
ν_e	d
μ^-	c
ν_μ	s
τ^-	t
ν_τ	b

Tabelle 3: Leptonen und Quarks passen entsprechend ihres Geschmacks paarweise zusammen. Das dauerhafte Universum wird aus den vier oberen Teilchen gebildet. Die beiden unteren Gruppierungen scheinen bloße Duplikate der ersten zu sein, und sie bestehen (mit Ausnahme der Neutrinos) aus sehr instabilen Teilchen.

ziierten Neutrino einhergeht. Auf ähnliche Weise wurden die Quarks in Paaren angeordnet. Die Tabelle wurde so arrangiert, daß jede Ebene eine Wiederholung der darüberliegenden ist. So wird etwa in Ebene 2 das Myon als »schweres Elektron« behandelt, und das seltsame und das charmante Quark werden als schwere Ausführungen des d- beziehungsweise u-Quarks angesehen. Auch eine dritte ist vorgesehen, auf der das Tauon als noch schwerere Version des Elektrons erscheint und auf der das b-Quark die schwergewichtige Ausführung des u-Quarks ist. Um die Wiederholung zu vervollständigen, brauchen wir noch ein weiteres Neutrino (das Tau-Neutrino) und ein sechstes Quarkaroma, das schon »top« (»Spitze«) oder »truth« (»Wahrheit«) gerufen wird (t-Quark). Bisher bleibt der Nachweis des t-Quarks unvollständig, doch zweifeln nur wenige Physiker daran, daß es existiert. Ist es möglich, daß es vierte, fünfte und noch mehr Ebenen gibt, die von noch schwereren Teilchen bevölkert werden? Falls dies zutrifft, dann sollte die nächste Generation von Beschleunigern in der Lage sein, sie herzustellen. Es gibt aber ein seltsames Argument dafür, daß die drei uns bekannten Ebenen die einzigen sind, die es gibt. Das Argument betrifft die Zahl der Neutrinosorten. Wir werden in Kürze sehen, daß während des heißen Urknalls, der den Beginn des Universums markiert, Neutrinos im Überfluß produziert worden sind. Eine Art von Demokratieprinzip sorgte dafür, daß dabei jede Teilchenart den gleichen Energieanteil bekam. Je größer also die Zahl der Neutrinoarten ist, um so mehr Energie floß in den Neutrinosee ein, der den Kosmos durchdringt. Rechnungen zeigen nun, daß die Gravitation aller dieser Neutrinos einen ernsthaften und störenden Einfluß auf die Kernprozesse, die in den ersten Minuten des ursprünglichen Universums abliefen, ausgeübt hätten, wenn mehr als drei Arten von Neutrinos vorhanden gewesen wären. Wegen dieses indirekten Argumentes scheint es wahrscheinlich zu sein, daß die drei in Tabelle 3 gezeigten Strukturebenen die Gesamtheit der Hadronen und Leptonen darstellen, die die Natur beschäftigt.

Es ist eine seltsame Tatsache, daß die gewöhnliche Materie nur aus den beiden leichtesten Leptonen (dem Elektron und seinem Neutrino) und den beiden leichtesten Quarks (u und d) gemacht ist. Wenn es die anderen Leptonen und Quarks plötzlich nicht mehr gäbe, würde sich in der Welt wahrscheinlich nicht viel ändern. Die verbleibenden Quarks und Leptonen scheinen einfach überflüssige Duplikate der obersten Strukturebene zu sein. Sie sind alle instabil und zerfallen rasch in die Teilchen auf der höchsten Ebene. Das Tauon und das Myon zerfallen zu Elektronen, und die s-, c- und b-Teilchen zerfallen rasch, entweder in Neutronen oder Protonen, wie im Fall der Baryonen, oder in Leptonen, wie im Fall der Mesonen. Dies bringt die Frage mit sich, wozu es all diese Teilchen auf Ebene 2 und 3 überhaupt gibt. Warum plagt sich die Natur überhaupt mit ihnen herum?

Die Botenteilchen

Die sechs Paare aus Leptonen und Quarks tragen zwar allen Bausteinen der Materie Rechnung, sie erschöpfen aber keineswegs die Liste aller Teilchen, die den Physikern bekannt sind. Einige Teilchen, wie etwa das Photon, kommen in diesem Schema nicht vor. Diese verbleibenden Teilchen gehören nicht zum Baumaterial der Welt, sie haben mit dem Leim zu tun, der die Welt zusammenhält, sie sind also mit den vier Kräften verbunden.

Ich erinnere mich daran, daß man mir als kleinem Jungen erzählt hatte, daß der Mond dafür sorge, daß die Ozeane stiegen und fielen im Laufe der Gezeiten. Es schien mir immer sehr geheimnisvoll zu sein, daß das Wasser *wissen* sollte, wo der Mond war, und dabei seinem Gang am Himmel folgte. Nachdem ich als Student von der Gravitation erfahren hatte, vertiefte sich meine Verwunderung noch. Wie machte es der Mond nur, viele hunderttausend Kilometer weit durch den leeren Raum hindurchzugreifen und die Ozeane zu erfassen? Die Standardantwort – der Mond bringt ein Gravitationsfeld in seiner Umgebung hervor, das bis zu den Ozeanen reicht und diese überredet, sich zu bewegen – hatte schon Sinn. Doch sie befriedigte mich nicht. Man kann das Gravitationsfeld des Mondes nicht sehen. War dies nicht nur eine phantasievolle Art zu reden? Wurde damit wirklich irgend etwas erklärt? Mir kam es immer so vor, daß irgendwie der Mond dem Ozean mitteilen mußte, wo er sich befindet. Irgendeine Art von Signal mußte zwischen beiden hin- und hergehen, so daß das Wasser wußte, wie es sich zu bewegen hatte.

Wie sich herausstellte, unterscheidet sich die Idee, daß eine Kraft in Form eines Signals durch den Raum kommuniziert wird, nicht sehr von dem modernen Ansatz zu diesem Problem. Um zu verstehen, wie dieses Bild zustande kommt, müssen wir uns den Mechanismus eines Kraftfeldes genauer ansehen. Wir nehmen als Beispiel nicht die Gezeiten der Ozeane, sondern den einfacheren Fall, in dem zwei sich nähernde Elektronen von einer Kraft abgestoßen werden und sich beschleunigend voneinander entfernen. Die Physiker kennen dies als Streuproblem. Natürlich stoßen die Elektronen nicht buchstäblich gegeneinander; sie berühren sich tatsächlich nicht. Alle Kraftwirkungen kommen über eine Entfernung zustande, und zwar durch das elektromagnetische Feld, das jedem Elektron entströmt.

Es ist leicht, sich ein Bild von streuenden Elektronen zu machen. Zu Beginn sind die Teilchen weit voneinander entfernt, und ihre Wirkung aufeinander ist gering. Sie bewegen sich auf konvergierenden Wegen, die nahezu gerade sind (Abbildung 11). Wenn dann die sie abstoßenden Kräfte zunehmen, fangen die Wege an, sich zu krümmen, bis die Elektronen den Punkt der größten Annäherung erreicht haben. Danach laufen die Wege wieder auseinander, und die Elektronen entfernen sich voneinander, bis sie sich schließlich wieder gradlinig auf divergierenden Trajektorien befinden. Dieses Szenario könnte im Laboratorium leicht mit

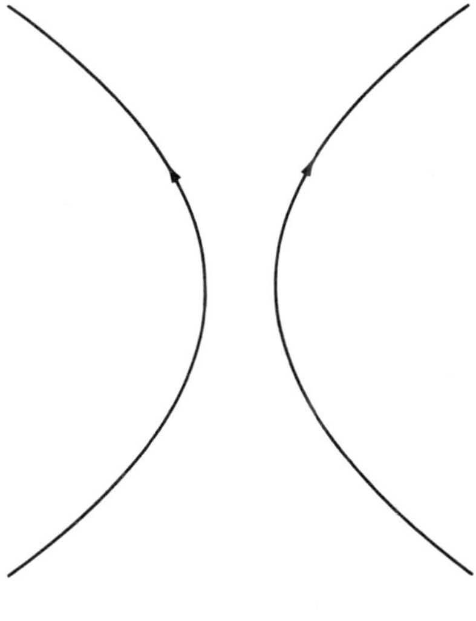

Abbildung 11: Die Streuung zweier geladener Teilchen. Die Bahnen laufen aufgrund der elektrischen Abstoßung voneinander weg, wenn sich die Teilchen zu nahe kommen.

Hilfe von elektrostatisch aufgeladenen Kugeln an Stelle von Elektronen demonstriert werden. Dabei haben wir wieder das Problem, wie jedes Teilchen »weiß«, daß das andere da ist, so daß es seine Bewegung entsprechend anpassen kann.
Obwohl das Bild der sich krümmenden Elektronenbahn leicht veranschaulicht werden kann, bleibt es doch aus vielen Gründen falsch. Dies liegt einfach daran, daß Elektronen Quantenpartikel sind, und deren Verhalten unterliegt allen Besonderheiten der Quantenphysik. Zunächst einmal folgen Elektronen sowieso keinen wohldefinierten Wegen. Wir können vielleicht den Ausgangs- und den Endpunkt ihrer Bewegung bestimmen – vor beziehungsweise nach der Streuung –, aber die Strecke, der sie dazwischen folgen, bleibt verborgen und unbestimmt. Darüber hinaus steht die intuitive Vorstellung eines Elektrons, das kontinuierlich Energie und Impuls mit dem Feld austauscht, im Widerspruch zu dem Vorhandensein von Photonen. Energie und Impuls können nur in Form von Quantenpaketen durch das Feld übertragen werden. Ein genaueres Bild der Art und Weise, in der die Bewegung eines Elektrons durch das Feld gestört wird, besteht darin, sich vorzustellen, daß das Teilchen einen plötzlichen Ruck erfährt, wenn es ein Photon aus dem Feld absorbiert. Vom Quantenniveau aus gesehen, kann man die Streuung zweier Elektronen so zeichnen wie in Abbildung 12. Die wellenartige Linie, die die beiden Wege der Elektronen verbindet, stellt ein einzelnes Photon dar, das von einem Elektron emittiert und von dem anderen absorbiert wird.

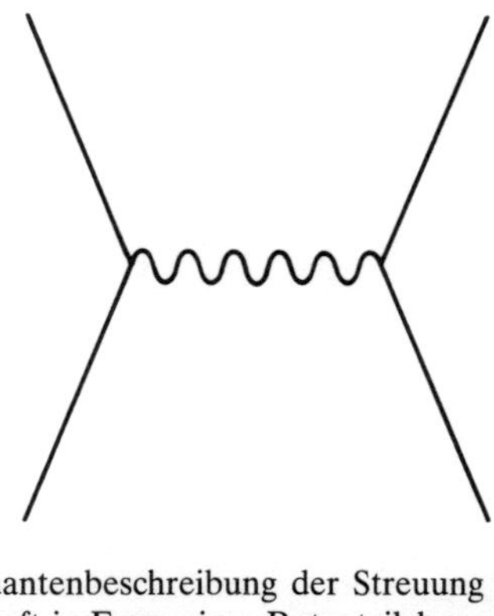

Abbildung 12: Die Quantenbeschreibung der Streuung von geladenen Teilchen erfaßt die wirkende Kraft in Form eines Botenteilchens als ein virtuelles Photon (Wellenlinie), das zwischen den beiden Teilchen ausgetauscht wird.

Der Streuvorgang zeigt sich nun als abrupter Wechsel in der Richtung, in der sich die Elektronen bewegen.

Diese Art der Diagramme wurde zuerst von Richard Feynman verwendet, um bestimmte Ausdrücke in einer Gleichung zu repräsentieren, und sie sollten nur einen symbolischen Wert haben. Seit dieser Zeit aber sind Feynmans Diagramme als grobes Bild verwendet worden, um zu zeigen, was physikalisch tatsächlich passieren soll. Solche Bilder kommen der Intuition sehr zu Hilfe, sie sollten aber nur locker interpretiert werden. So ist es zum Beispiel niemals möglich, den scharfen Knick in der Bewegung eines Elektrons zu beobachten. Wir wissen auch nicht, welches Teilchen das Photon emittiert und welches es absorbiert. All diese Einzelheiten gehen in den Schleiern des Quantennebels verloren.

Trotz dieser Warnung liefern die Feynman-Diagramme eine wirkungsvolle Darstellung der Quantenversion einer Kraft. Wir können uns das Photon, das zwischen den Elektronen ausgetauscht wird, als eine Art Botenteilchen denken, das von einem Elektron ausgesendet wird, um dem anderen zu sagen: »Ich bin hier, also hau du ab.« Natürlich unterliegen alle Quantenprozesse den Regeln der Wahrscheinlichkeit, und somit wird jeder Austausch nur mit einer gewissen Chance eintreten. Es kann auch sein, daß Elektronen zwei oder mehr Photonen miteinander austauschen (Abbildung 13), obwohl dies weniger wahrscheinlich ist.

Es ist wichtig, sich klarzumachen, daß wir das Botenteilchen, das

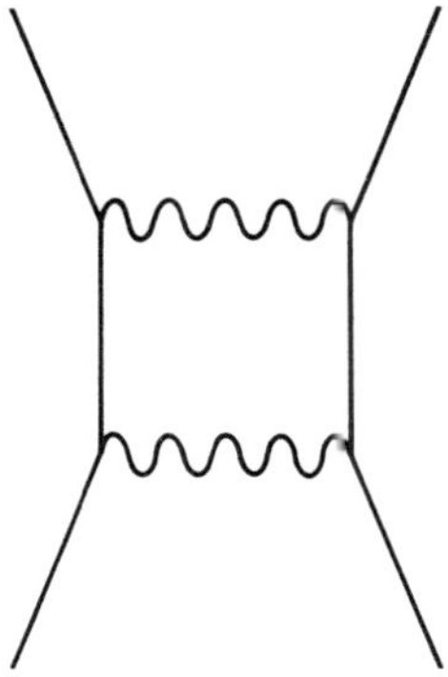

Abbildung 13: Zwei Elektronen streuen sich durch den Austausch von zwei Botenphotonen. Solche Prozesse stellen kleine Korrekturen des dominierenden Prozesses dar, der in Abbildung 12 gezeigt wird.

von einem Elektron zum anderen läuft, nicht wirklich sehen. Die Boten bleiben eine Art privates Arrangement zwischen den Elektronen. Sie existieren nur, um den Elektronen zu sagen, wie sie sich bewegen sollen. Und obwohl sie Energie und Impuls besitzen, brauchen die üblichen Regeln für diese Größen, die man aus der klassischen Physik kennt, nicht erfüllt zu werden. Botenteilchen sind mit den Bällen verglichen worden, die zwischen Tennisspielern hin- und hergeschlagen werden. So, wie ein Tennisball die Aktivitätsmuster bestimmt, denen die Spieler folgen, so beeinflußt das Photon das Verhalten der Elektronen.

Der Erfolg der Beschreibung mit Hilfe von Botenteilchen führt zu einer Erweiterung der Photonenkonzeption. Aus dem Lichtteilchen, das wir sehen können, wird eine vergängliche Einheit, die nur von den geladenen Teilchen »gesehen« wird, die gestreut werden. Die Photonen, die wir sehen, nennt man manchmal *real,* und die Photonen, die als Boten fungieren, nennt man *virtuell.* Dies soll uns an ihre nur vorübergehende und fast gespenstische Eigenart erinnern. Die Unterscheidung ist irgendwie künstlich, sie wird aber dennoch weitgehend verwendet.

Die Beschreibung der elektromagnetischen Aktivität mit Hilfe von Photonenboten liefert mehr als nur eine bildhafte Beschreibung der Quantenkräfte. Sie stellt vielmehr eine äußerst raffinierte und detaillierte mathematische Theorie dar, die als Quantenelektrodynamik (QED) bekannt ist. Als die QED kurz nach dem Zweiten Weltkrieg zum erstenmal geeignet formuliert werden konnte, stand den Physikern eine Theorie zur Verfügung, die sowohl die Kriterien der Quantentheorie als auch die der Relativitätstheorie erfüllte. Somit gab es eine wunderbare Gelegenheit, diese beiden wichtigen Aspekte der neuen Physik in Zusammenarbeit zu sehen und sie in Experimenten zu testen.

Als Theorie war die QED eine bemerkenswerte Tat. Die ihr vorangehenden Arbeiten über die Wechselwirkung zwischen Photonen und Elektronen hatten nur begrenzten Erfolg gehabt, was an mathematischen Schwierigkeiten lag. Nachdem die Theoretiker dann aber gelernt hatten, wie ihre Summationen richtig auszuführen waren, paßte alles zusammen. Die Theorie lieferte die Möglichkeit, die Ergebnisse jedes gewünschten Vorgangs auszurechnen, an dem Elektronen und Photonen beteiligt waren, unabhängig davon, wie kompliziert er war.

Um zu testen, wie genau ihre neue Theorie der realen Welt entsprach, konzentrierten die Physiker ihre Aufmerksamkeit auf zwei Effekte, die von besonderem physikalischem Interesse waren. Der erste betraf die Energieniveaus des Wasserstoffatoms, des einfachsten atomaren Systems. Nach der QED sollten die Niveaus geringfügig von den Werten abweichen, die sie haben würden, wenn es die virtuellen Photonen nicht gäbe. Die Theorie sagte ganz genau den Wert der Abweichung voraus. Ein Experiment, in dem diese Verschiebung und ihre Größe so genau wie möglich gemessen werden sollten, wurde von Willis Lamb an der Universität von Arizona durchgeführt. Zur allgemeinen Begeisterung stimmten Theorie und Experiment genau überein.
Der zweite entscheidende Test der QED betraf eine kleine Korrektur des magnetischen Feldes, das von einem Elektron getragen wird. Auch in diesem Fall paßten Theorie und Experiment genau zusammen. Die Theoretiker bemühten sich nun, ihre Rechnungen zu verfeinern, und die Experimentatoren versuchten, ihre Techniken entsprechend zu verbessern. Doch auch als die Genauigkeit in beiden Verfahren mehr und mehr zunahm, blieb die Übereinstimmung makellos. Heute stimmen Experiment und Theorie bis an die Grenzen ihrer Präzision überein, dies bedeutet, genauer als neun Stellen hinter dem Komma. Diese erstaunliche Konsistenz macht aus der QED die erfolgreichste aller existierenden wissenschaftlichen Theorien.
Mit diesem Triumph vor Augen kann man rasch verstehen, wieso die QED zum Modell der Quantenbeschreibung der verbleibenden drei Naturkräfte wurde. Natürlich erforderten die anderen Felder, die mit den anderen Kräften verbunden waren, andere Arten von Botenteilchen. Im Fall der Gravitation wurde ein Teilchen mit Namen »Graviton« erfunden, das seine Rolle analog zum Photon spielt. Wenn zwei Teilchen sich gegenseitig durch die Schwerkraft beeinflussen, dann werden zwischen ihnen Gravitonen ausgetauscht. Wir können dann Diagramme zeichnen, die denen der Abbildungen 12 und 13 ziemlich ähnlich sehen. Es sind die Gravitonen, die die Botschaft des Mondes zu den Ozeanen tragen und ihnen mitteilen, die Bewegung der Gezeiten durchzuführen. Und unser Planet wird dadurch in seiner Bahn gehalten, daß Gravitonen zwischen Sonne und Erde hin- und hersausen. Ein ganzes Netz aus Gravitonen bindet uns alle sicher an die Erde.

Die Gravitonen bewegen sich wie die Photonen mit Lichtgeschwindigkeit; sie sind daher Teilchen mit verschwindender Ruhemasse. Doch an dieser Stelle enden die Gemeinsamkeiten. Während Photonen den Spin 1 haben, haben Gravitonen den Spin 2. Dies ist ein wichtiger Unterschied, der die Richtung der Kraft bestimmt. Im Fall des Elektromagnetismus stoßen sich identische Teilchen (etwa zwei Elektronen) ab; im Fall der Gravitation ziehen sie sich an.

Auch die Gravitonen treten in realer und virtueller Form in Erscheinung. Ein reales Graviton ist ein Quantum einer Gravitationswelle, gerade so, wie ein reales Photon ein Quantum einer elektromagnetischen Welle ist. Im Prinzip könnten wir reale Gravitonen »sehen«. Da die Gravitation jedoch eine solch unglaublich schwache Kraft ist, scheint es unmöglich, sie direkt zu registrieren. Gravitonen koppeln an andere Quantenteilchen mit einer so geringen Stärke an, daß die Wahrscheinlichkeit dafür, daß ein Graviton von einem Teilchen gestreut oder absorbiert wird – zum Beispiel von einem Photon – unendlich klein ist.

Wenn wir uns den verbleibenden Kräften zuwenden (Tabelle 4), der schwachen und der starken Kraft, kann auch hier die Grundidee von Botenteilchen aufrechterhalten werden. Dabei gibt es aber wichtige Unterschiede im Detail. Wir erinnern uns, daß die starke Kraft dafür verantwortlich ist, die Quarks aneinanderzuleimen. Dies kann durch ein Kraftfeld erreicht werden, das dem elektromagnetischen ähnlich ist, aber es ist viel komplizierter. Elektrische Kräfte können zwei Teilchen mit ungleicher Ladung dazu bringen, sich aneinanderzubinden. Im Fall der Quarks bilden sich gebundene Zustände mit drei Teilchen, woraus man auf ein verwickelteres Feld schließen kann, an dem drei Arten von »Ladung« beteiligt sind. Die Botenteilchen, die zwischen den

Kraft	Botenteilchen	Ladung	Masse
Elektromagnetismus	Photon	0	0
Gravitation	Graviton	0	0
Schwache Kraft	$W^{\pm}$	±1	85
	Z	0	95
Starke Kraft	Gluon	0	0

Tabelle 4: Die Botenteilchen, die die vier Kräfte der Natur vermitteln. Die Masse ist in Einheit der Protonenmasse angegeben.

Quarks pendeln und sie paarweise oder als Trio verpacken, nennt man »Gluonen«.
Im Fall der schwachen Kraft ist die Situation ein wenig anders. Diese Kraft ist extrem kurzreichweitig. Das liegt daran, daß die schwache Kraft ein Botenteilchen mit extrem hoher Ruhemasse ist. Die hierin eingesperrte Energie muß mit Hilfe der Heisenbergschen Energie-Unbestimmtheit »ausgeliehen« werden. Da die ausgeliehene Masse (also Energie) so groß ist, erfordert es die Unbestimmtheitsrelation, daß die Leihfrist sehr kurz ist. Sie dauert nur 10^{-26} Sekunden. Da sie nur so kurz leben, kommen die Botenteilchen nicht weit, folglich reicht die Kraft nur ein kurzes Stück.
Eigentlich gibt es zwei verschiedene Arten der schwachen Botenteilchen. Eines ist identisch mit dem Photon, bis auf die Ruhemasse. Es hat noch keinen Namen und ist nur unter dem Buchstaben Z bekannt. Das Z-Teilchen ist im wesentlichen eine neue Form von Licht. Der andere Typ des schwachen Botenteilchens wird W genannt und unterscheidet sich von Z dadurch, daß er geladen ist. Im siebten Kapitel werden wir die W- und Z-Teilchen näher diskutieren, die beide erst 1983 entdeckt worden sind.
Die Klassifikation der Teilchen in Quarks, Leptonen und Boten vervollständigt die Liste der bekannten subatomaren Teilchen. Jedes spielt eine separate, aber entscheidende Rolle bei der Gestaltung des Universums. Ohne Boten gäbe es keine Kräfte, und jedes Teilchen würde von seinem Nachbarn vergessen werden. Strukturen könnten nicht existieren, und jede Aktivität bliebe ohne Konsequenz. Ohne Quarks gäbe es keinen Atomkern und kein Sonnenlicht. Ohne Leptonen könnten Atome nicht existieren, es gäbe keine Chemie und kein Leben.

Wozu treibt man Teilchenphysik?

Die renommierte britische Tageszeitung »Guardian« brachte vor kurzem einen Kommentar, der nach der Motivation hinter der Teilchenphysik fragte, diesem Multimillionen-Dollar-Unternehmen, das nicht nur einen beträchtlichen Teil des Wissenschaftshaushalts auffrißt, sondern auch einen großen Teil der intellektuellen Talente bindet. Wissen die Physiker, was sie da tun? fragte die Zeitung. Und falls sie es wissen, wem nützt das eigentlich? Wen, außer den Physikern, interessieren all diese Teilchen?

Zufällig hörte ich einige Monate später bei einer Vorlesung zu, die George Keyworth, der Wissenschaftsberater des amerikanischen Präsidenten, in Baltimore hielt. Auch Keyworth sprach das Thema Teilchenphysik an, doch sein Ton war ganz anders. Die amerikanischen Physiker ärgerten sich über die (damals) frische Nachricht aus dem europäischen Starlaboratorium für Teilchenphysik des CERN, daß die so wichtigen W- und Z-Teilchen endlich in dessen großen Proton-Antiproton-Ring gefunden worden waren. Die Amerikaner hatten sich daran gewöhnt, daß ihre eigenen Hochenergielaboratorien alle großen Entdeckungen absahnten. War dies nun etwa ein Zeichen von wissenschaftlichem oder gar nationalem Niedergang?
Keyworth zweifelte nicht daran, daß die Gesundheit Amerikas im allgemeinen und seiner Wirtschaft im besonderen verlange, daß die Nation an der Front der wissenschaftlichen Bemühungen liege. Die Hauptprojekte der Grundlagenphysik waren der Schlüssel dieser Bemühungen, so sagte er. Amerika müsse seine Überlegenheit in der Teilchenphysik zurückgewinnen.
In derselben Woche liefen die Nachrichtendrähte mit der Geschichte über ein amerikanisches Beschleunigungsmonster heiß, das für die kommende Entwicklungsphase der Teilchenphysik geplant war. Die Grundkosten waren mit zwei Milliarden Dollar veranschlagt, was die Maschine zum teuersten Gerät machen würde, das jemals von Menschen gebaut worden ist. Dieser Superkasten von Uncle Sam, neben dem sogar der neue Beschleuniger des CERN namens LEP wie ein Zwerg wirkt, könnte groß genug werden, um Luxemburg einmal zu umrunden. Riesige Supraleiter sollen die intensiven Magnetfelder erzeugen, die erforderlich seien, um die Teilchenstrahlen entlang der ringförmigen Röhre abzulenken, die ein so großes Hindernis werden würde, daß man sie weit weg in der Wüste unterbringen müsse. Ich fragte mich, was wohl der Kommentator des »Guardian« darüber dachte.
Diese ehrfurchtgebietende Maschine, die als »Supraleitender Super-Kollidierer« bekannt ist und im Jargon »Desertron« genannt wird, soll Protonen so beschleunigen, daß ihre Energie 20 000mal so hoch wie die Ruheenergie ist. Es ist wichtig, diese Tatsache richtig zu erfassen: Bei ihrer höchsten Geschwindigkeit werden die Teilchen nur einen Kilometer pro Stunde hinter der

Lichtgeschwindigkeit zurückbleiben, der höchstmöglichen Geschwindigkeit im Universum. Die Auswirkungen der Relativität werden so stark sein, daß jedes Teilchen beim Flug 20000mal mehr wiegen wird als in Ruhe. Vom Standpunkt solch eines Teilchens aus gesehen, wird die Zeit so gestreckt sein, daß dem Teilchen eine Sekunde wie 5,5 Stunden in unserem Bezugssystem vorkommt. Jeder Kilometer in der Röhre, die es durcheilt, wird dem Teilchen zu bloßen fünf Zentimetern zusammengeschrumpft erscheinen.

Woher kommt nun der zwanghafte Drang einiger Nationen, soviel Mittel in den Versuch zu stecken, die Materie mit immer mehr Gewalt auseinanderzubrechen? Haben diese Untersuchungen irgendeinen praktischen Nutzen?

Zweifellos spielt bei Großforschung immer ein starkes nationales Element eine Rolle. Wie im Sport ist es schön, wenn man Preise gewinnt und von der Welt anerkannt wird. Teilchenphysik ist so etwas wie ein nationales Männlichkeitssymbol geworden. Wer es gut und in spektakulärer Weise hinkriegt, beweist, daß mit seiner Wissenschaft, seiner Technik und seiner Ökonomie nicht viel falsch sein kann. Dies stärkt die Zuversicht in die eigenen technologischen Produkte, die sich besser exportieren lassen. Die Konstruktion eines Beschleunigers und all der dazugehörenden Apparate verlangt in der Tat einen sehr hohen Standard an technischer Kompetenz. Wertvolle Erfahrungen werden in neuen Techniken gewonnen, die wichtige Auswirkungen in anderen wissenschaftlichen Unternehmungen zeigen. So ist zum Beispiel die Forschungs- und Entwicklungsarbeit für die im Desertron erforderlichen supraleitenden Magneten in Amerika seit zwanzig Jahren in vollem Gang. Dennoch bleiben dies alles nur indirekte Gewinne, die schwer zu bestimmen sind. Gibt es aber auch spürbare Ergebnisse?

Ein weiteres Argument, das man oft zur Unterstützung der Grundlagenforschung hört, lautet etwa so: Die Physik läuft der Technologie gewöhnlich um fünfzig Jahre voraus. Wenn neue Entdeckungen gemacht werden, dann sind mögliche Anwendungen keineswegs offensichtlich, und doch wurden die meisten wesentlichen Fortschritte beim Verstehen der Grundlagenphysik früher oder später genutzt. Man denke nur an die Arbeiten von Maxwell zum Elektromagnetismus. Hätte er die moderne Telekommunikation und die Elektronik vorhersehen können? Und was hat man von Rutherfords Aussage zu halten, in der er jedes Reden vom Nutzen der Kernenergie als Spinnerei abtat? Wer kann sagen, was alles beim Studium der Teilchenphysik herauskommen kann, welche neuen Kräfte freigesetzt, welche neuen Prinzipien entdeckt werden, die unser Verstehen der Welt erweitern und uns die Macht geben über einen größeren Bereich physikalischer Voraussetzungen? Die Auswirkungen könnten genauso revolutionär sein, wie Radio und Kernkraft es waren.

Die meisten Zweige der Wissenschaft werden irgendwann als Militärtechnik ausgenutzt. Bislang ist die Teilchenphysik (im Gegensatz zur Kernphysik) dabei ziemlich unschuldig geblieben. Die Ansprache von Keyworth fiel jedoch mit einer Welle der Publizität zusammen, die das kontroverse SDI-Programm von Präsident Ronald Reagan ausgelöst hat. Der Vorschlag besteht darin, hochenergetische Teilchen dazu nutzbar zu machen, daß sie direkt gegen feindliche Raketen gelenkt werden können. Dies wäre dann eine sehr praktische (wenn auch finstere) Anwendung der Teilchenphysik.

Nach der vorherrschenden Meinung ist solch eine Vorrichtung aber nicht machbar (obwohl sich die Gerüchte halten, daß die Russen schon daran arbeiten). Die meisten Teilchenphysiker finden diese Idee sowohl absurd als auch abstoßend, und sie haben scharf gegen den Vorschlag des Präsidenten protestiert. Keyworth kritisierte sie deshalb und forderte jedes Mitglied der Physikergemeinde auf, darüber nachzudenken, »welchen Teil er dazu beitragen kann«, Strahlenwaffen zu einem funktionsfähigen System zu machen. Seine Bitte folgte (zweifellos rein zufällig) seinen Auslassungen zur finanziellen Unterstützung der Hochenergiephysik.

Ich bin immer der Meinung gewesen, daß die Physiker sich nicht gezwungen fühlen sollten, Grundlagenforschung dadurch zu verteidigen, daß sie auf praktische Auswirkungen (besonders im militärischen Bereich) hinweisen, historische Analogien bemühen oder vage Versprechungen von Wunderapparaten machen. Physiker führen ihre Forschungen in erster Linie um ihrer selbst willen durch, sie werden von einer tiefen Neugierde darüber geleitet, wie die Welt zusammengesetzt ist, sie wollen mehr wissen und die Natur in immer genaueren Details verstehen. Zweieinhalb Jahrtausende lang haben die Menschen die letzten Bausteine der Materie gesucht, und nun sind wir diesem Ziel sehr nah. Wir können mit gigantischen Maschinen direkt ins Herz der Dinge sehen und der Natur ihre innersten Geheimnisse abringen. Es mag Nebenwirkungen geben, es kann eine bislang unvermutete Technik entstehen, es wird auf der anderen Seite vielleicht aber auch nichts dabei entstehen, was von praktischem Nutzen ist. In Kathedralen und Konzertsälen stecken ebenfalls nur geringe praktische Werte. Und wie Faraday einmal bemerkte: »Was ist der Nutzen eines neugeborenen Kindes?« Abstrakte Unternehmungen wie die Teilchenphysik legen Zeugnis ab von der Inspiration des menschlichen Geistes, ohne den wir, auch in einer Welt mit drängenden materiellen Sorgen, verloren sind.

Die Zähmung des Unendlichen

Der Weg zur Einheit

Der Besuch in einem großen Teilchenbeschleuniger ist immer eine aufregende Erfahrung. Hunderte von Wissenschaftlern, Ingenieuren und anderen Mitarbeitern, die Konzentration von Talenten, die sich dem Betreiben einer kleinen Zahl riesiger Maschinen verschrieben haben, die durch ihre Stärke und ihre Komplexität beeindrucken. Die reine Größe und die Verpflichtung des Unternehmens, die Ahnung, in unbekannte Gebiete vorzudringen, all dies zusammen vermittelt den Eindruck, Wissenschaft in ihrer raffiniertesten Form zu erleben.

Als ich im Herbst 1982 das CERN besuchte, um einige Vorlesungen zu halten, merkte ich deutlich, daß irgend etwas in der Luft lag. Es war eine Atmosphäre voller Aufregung und Erwartung, das Gefühl, daß hinter der nächsten Ecke eine wesentliche Entdeckung gemacht werden würde. Oberflächlich sah alles nach der üblichen Hektik aus: belebte Korridore voller Wissenschaftler, die zu Experimenten oder Seminaren hasteten, Besucher aus Übersee, die in wichtige Unterhaltungen verstrickt waren und sich die neuesten Daten zeigen ließen, Theoretiker, die geschäftig Gleichungen auf die Tafel oder auf endlose Papierschlangen schrieben, Techniker, die Drähte und Röhren untersuchten, das Geklapper und Geplapper einer Cafeteria zur Mittagszeit. Zu jeder Zeit werden am CERN viele Versuche durchgeführt. Den Beschleunigern selbst – sie befinden sich in schlichten Zementgebäuden oder sind unsichtbar unter der Erde installiert – sieht man keine Aktivität an. Wer hier nur zufällig vorbeikommt, vermutet nichts von den Kräften, die im Inneren dieser technischen Titanen freigelegt werden.

Die größte Maschine am CERN war zu dieser Zeit der Proton-

Antiproton-Kollidierer, ein ringförmiger Schlauch mit einem Durchmesser von vielen Kilometern, den Protonen und Antiprotonen in entgegengesetzten Richtungen umkreisen. Wenn diese Teilchenstrahlen auf die richtige Energie gebracht worden sind, läßt man sie frontal zusammenstoßen. Dabei vernichten die Protonen die Antiprotonen, und die frei werdende Energie ruft einen Schauer neuer Teilchen hervor, die sich vom Punkt des Zusammenpralls aus in allen Richtungen ausbreiten. Die Spuren dieser Teilchen werden oft von besonderen elektronischen Vorrichtungen offenbart, die beim Durchgang elektrisch geladener Objekte in Gang gesetzt werden. Wenn man einen ganzen Satz solcher Geräte verwendet, kann man die Folgen des Zusammenstoßes sogar dreidimensional rekonstruieren. Die Maschine wird mit Protonen und Antiprotonen beliefert, die von einer ganzen Armee anderer Einrichtungen am Rand stammen. Eine davon stellt die hochexplosiven Antiprotonen her und speichert sie in einem speziellen magnetischen Ring, bevor sie in den Kollidierer geleitet werden. Das ganze System stand unter der Leitung des italienischen Physikers Carlo Rubbia. Im Herbst 1982 war Rubbia der Mann der Stunde.

Obwohl der Kollidierer damals nur allmählich auf die geplante Kapazität hochgefahren wurde, versuchten einige ungeduldige Physiker schon eifrig, eine Vorschau auf die Art der Ereignisse zu bekommen, die durch Zusammenstöße in diesem noch unerforschten Energiebereich hervorgerufen würden. Wenngleich sie in unbekannte Regionen aufbrachen, hatten die Physiker am CERN eine Theorie, die sie leitete, und ein erhofftes Wegzeichen ragte unter allen anderen hervor. Wenn ihre Berechnungen richtig waren, dann konnten die Physiker bald den ersten Blick auf ein neues Teilchen werfen, den Boten der schwachen Kraft, der W genannt wird. Das W-Teilchen war schon vor Jahrzehnten vorhergesagt, aber nie gesehen worden. Die Bestätigung seiner Existenz würde den ersten Schritt auf dem Weg zur Urkraft bedeuten.

Im Dezember 1982 waren sich die Experimentatoren ihrer Sache sicher. Gerüchte liefen um den Erdball, und im Januar 1983 rief Rubbia die Presse zusammen. Das W-Partikel war gefunden worden.

Ihrem Wesen nach ist Wissenschaft die Suche nach Einheit. Die wissenschaftliche Methode verdankt ihren bemerkenswerten Erfolg der Geschicklichkeit von Wissenschaftlern, Fragmente ihres Wissens zu Mustern zusammenzufügen. Verbindungen herzustellen ist eine der fundamentalsten und befriedigendsten wissenschaftlichen Tätigkeiten. Die Verbindung zwischen der Gravitation und der Planetenbewegung, die von Newton gefunden wurde, kündigte die eigentliche Geburt des wissenschaftlichen Zeitalters an. Der Zusammenhang zwischen Mikroben und Krankheiten etablierte die moderne Medizin als ernste Wissenschaft. Die Verbindung zwischen den thermodynamischen Eigenschaften eines Gases und dem chaotischen Gezappel seiner Moleküle sorgte für die Atomtheorie der Materie. Die Verwandtschaft zwischen Masse und Energie legte den Weg zur Atomkraft frei.

Immer, wenn neue Verbindungen geschmiedet werden, verstehen wir mehr von der natürlichen Welt, und unsere Kontrolle darüber nimmt zu. Neue Verbindungen bedeuten mehr, als nur eine Menge von Kenntnissen zu vereinigen. Sie machen auch den Zugang zu bis dahin unerwarteten Erscheinungen frei. Eine Verknüpfung ist damit sowohl eine Synthese des Wissens als auch ein Anreiz, die wissenschaftlichen Anstrengungen auf neuem und reichhaltigem Weideland fortzuführen.

Es war immer die Grundlagenphysik, die auf dem Weg zur Vereinheitlichung des Wissens voranging. Dennoch ist ohne Beispiel, was seit 1970 eingetreten ist. Wir scheinen an der Schwelle einer Einheit zu stehen, die stärker und weitreichender ist als alles, was es davor gegeben hat. Unter den Physikern wächst die Hoffnung, daß wir dabei sind, einen Blick auf nichts Geringeres als die einheitliche Theorie aller Existenz zu werfen.

Vollständige Theorien des Universums sind nicht neu. Die meisten Religionen neigen dazu, die natürliche und die übernatürliche Welt in ihrer kosmischen Ganzheit zu beschreiben. Doch mystische Kosmologien wurzeln in uralten Weisheiten, göttlichen Offenbarungen und komplizierten Theologien. Und nicht zwei von ihnen stimmen überein.

Wissenschaftliche Theorien dieser Art sind zwar selten, aber nicht ganz unbekannt. So versuchte zum Beispiel der britische Astronom Sir Arthur Eddington 1946 in seinem Buch »Fundamental Theory« eine allumfassende Beschreibung von Materie, Kraft und Schöpfung zu geben. Eddingtons ehrgeizige Ideen waren jedoch der sehr persönliche Traum eines recht exzentrischen Wissenschaftlers. Heute aber sind sowohl die wissenschaftliche Theorie als auch das Experiment bis zu dem Punkt vorgedrungen, an dem eine vollständige Theorie des Universums vorgelegt werden kann, die auf prüfbaren und weitgehend akzeptierten Hypothesen beruht.

Der dem großen Sprung nach vorne zugrundeliegende Anreiz entspringt dem Studium der fundamentalen Kräfte der Natur. Im fünften Kapitel haben wir erklärt, welche vier fundamentalen Kräfte die Physiker anerkennen: Gravitation, Elektromagnetismus, die schwache Kraft und die starke (oder Gluonen-)Kraft. Schon in der Mitte des 19. Jahrhunderts hatte Maxwell Elektrizität und Magnetismus in einer einheitlichen elektromagnetischen Theorie zusammengefaßt. In den zwanziger Jahren unseres Jahrhunderts begann dann Einstein mit einem systematischen Versuch, den Elektromagnetismus mit seiner neuen Theorie der Gravitation (der Allgemeinen Relativitätstheorie) zu vereinen.

Es dauerte aber nicht lange, da überholten ihn die Ereignisse. Die Kernkräfte – die schwache und die starke – wurden entdeckt, und somit mußte jeder Versuch, eine Einheit zu finden, mit vier (und nicht mit zwei) fundamentalen Kräften rechnen. Die Faszination blieb dennoch erhalten. Warum sollte es vier unterschiedliche Kräfte geben? Die Aussicht, alle Aktivität der Natur als Ausdruck einer einzigen Urkraft zu beschreiben, blieb ein herausfordernder Traum, auch wenn er etwas zu weit wegzuliegen schien. Heute ist der Traum nicht mehr weit davon entfernt, in Erfüllung zu gehen. Er könnte schon bald Wirklichkeit werden.

Der entscheidende Schritt auf dem heutigen Weg in Richtung Einheit gelang in den späten sechziger Jahren. Bis zu dieser Zeit war den Theoretikern unvergleichlicher Erfolg bei der Anwendung der Quantentheorie auf Felder beschieden. Das Feldkonzept war mehr als hundert Jahre zuvor entwickelt worden und hatte sich in einem weiten Bereich von praktischen Anwendungen, wie etwa der Radiotechnik, bestätigt. Die Hochzeit zwischen der Quantenmechanik und dem elektromagnetischen Feld führte direkt zur Quantenelektrodynamik (QED) und ihrer legendären Genauigkeit und Vorhersagekraft.

Leider konnte im Fall der anderen drei Kräfte kein ähnlicher Erfolg gefeiert werden. Die Quantentheorie der Gravitation, bei der Graviton-Botenteilchen die Gravitationskraft übermitteln, ging in mathematischen Schwierigkeiten unter. Und die schwache Kraft blieb im wesentlichen unverstanden. Das Vorhandensein von Z wurde nicht akzeptiert, und eine Beschreibung mit Hilfe des W-Teilchens allein führte nur bei den einfachsten Arten von Prozessen mit geringer Energie zu vernünftigen Ergebnissen. Die starke Kraft wurde noch weniger begriffen. Es war inzwischen klargeworden, daß Hadronen im allgemeinen und Protonen und Neutronen im besonderen überhaupt keine elementaren Teilchen waren, aber die Quarktheorie war damals noch nicht richtig etabliert. Die Kräfte zwischen Hadronen waren offensichtlich äußerst kompliziert, doch wußte niemand, wie man die innere Struktur der Hadronen modellieren sollte, um eine einfachere, grundlegende Beschreibung zu finden.

So kam es, daß in den sechziger Jahren jede der vier fundamentalen Kräfte der Natur von einer anderen Theorie beschrieben wurde, von denen auch nur eine, die QED, als erfolgreich bezeichnet werden konnte. Die Theoretiker fragten sich damals, worin das Geheimnis des Erfolgs der QED zu suchen war. Worin lagen die besonderen Vorzüge des elektromagnetischen Feldes, die es der Quantenbeschreibung erlaubten, so gut zu funktionieren? Falls es gelingt, diese Eigenschaften zu identifizieren, sollte es möglich sein, die Theorien über die anderen Kräfte so zu modifizieren, daß die wesentlichen Ingredienzien mit eingebaut werden können.

Das lebendige Vakuum

Der leere Raum macht nicht den Eindruck, daß es sich lohnt, ihn zu untersuchen; und doch steckt in ihm der Schlüssel zum vollen Verständnis der Kräfte in der Natur. Die Idee eines Vakuums läßt sich leicht veranschaulichen: Es ist ein Bereich des Raumes, aus dem alles entfernt worden ist, alle Teilchen, alle Felder, alle Wellen. In der Praxis kann ein perfektes Vakuum unmöglich hergestellt werden. Sogar weit außen im Weltraum findet sich immer ein winziger Rest Gas oder Plasma und daneben auch die Hintergrundstrahlung, die vom Urknall zurückgeblieben ist. Dennoch können wir über das Vakuum als einer Idealisierung reden. Als die Physiker anfingen, die Quantentheorie der Felder zu erkunden, entdeckten sie, daß ein Vakuum überhaupt nicht so war, wie man es lange Zeit vermutet hatte, nämlich leerer Raum ohne Substanz und Aktivität. Die Quantenphysik schien in der Lage zu sein, ihre Tricks sogar ohne irgendwelche Quantenteilchen auszuspielen.

Die Quelle der Hexerei kann man in Heisenbergs Unbestimmtheitsrelation finden, die sich auf Eigenschaften der Energie bezieht. Im zweiten Kapitel hatten wir erklärt, wie das Gesetz von der Erhaltung der Energie aufgrund von Quanteneffekten für einen sehr kurzen Zeitraum aufgehoben sein kann. In diesem kurzen Zeitabschnitt kann Energie für alle Zwecke »ausgeliehen« werden, und einer dieser Zwecke besteht darin, Teilchen in die Welt zu setzen. Jedes so geschaffene Teilchen wird sehr kurzlebig sein, denn die in ihm verpackte Energie muß nach dem winzigen Bruchteil einer Sekunde zurückgegeben werden. Nichtsdestoweniger ist es den Teilchen möglich, aus dem Nichts heraus aufzutauchen und eine vorübergehende Existenz zu genießen, bevor sie wieder im Meer der Vergessenheit versinken. Diese flüchtige Aktivität kann nicht verhindert werden. Auch wenn man den Raum so leer wie möglich macht, er wird immer ein Gastgeber für diese vorübergehenden Teilchen sein, deren Besuch durch einen Heisenberg-Kredit finanziert wird. Die temporären »Geister«teilchen können nicht gesehen werden, auch wenn sie in der Lage sind, physikalische Spuren ihres kurzen Lebens zu hinterlassen. In der Tat, sie sind von der Art der »virtuellen« Teilchen, also den Botenteilchen ähnlich, nur daß es kein Ende der Leitung gibt, dem sie etwas mitteilen können oder von dem sie etwas erfahren.

Was als leerer Raum erscheinen könnte, ist daher ein brodelndes Ferment aus virtuellen Teilchen. Ein Vakuum ist keineswegs träge und ohne Besonderheiten, es steckt voller pulsierender Energie und Leben. Ein »reales« Teilchen, wie ein Elektron, muß immer vor diesem Hintergrund voll frenetischer Energie gesehen werden. Wenn sich ein Elektron durch den Raum bewegt, dann schwimmt es eigentlich durch einen See von Geisterteilchen aller Arten – virtuellen Leptonen, Quarks und Botenteilchen, die in einem großen Handgemenge vereint sind. Die Gegenwart eines Elektrons wird diese irreduzible Aktivität des Vakuums verzerren, und die Verzerrung wirkt auf das Elektron zurück. Auch wenn es sich nicht bewegt, ist ein Elektron nicht unbewegt; permanent wird es von allen Arten von Teilchen aus dem Vakuum attackiert.

Wenn zwei Elektronen ein Botenphoton austauschen, dann ist diese Transaktion nichts anderes als eine weitere Störung mitten in einem vorgegebenen Kraftwerk voller Wechselwirkungen. Die korrekte Beschreibung der Kräfte zwischen den Teilchen muß diese zusätzlichen virtuellen Quanten berücksichtigen. Die vollständige Erfahrung eines gegebenen Teilchens in der Anwesenheit von Kraftfeldern wird auch Vorgänge einschließen, bei denen zwei oder drei Botenteilchen ausgetauscht werden, bei denen Botenteilchen mit dem Vakuum in Wechselwirkung treten und bei denen sich Vakuumteilchen an die sendenden und die empfangenden Botenteilchen anhängen. Es wird eine unendliche Vielzahl von möglichen Wechselwirkungen geben, die alle auf einmal stattfinden.
Der in Abbildung 14 aufgezeichnete Vorgang ist ein sehr einfaches Beispiel für diese Prozesse von höherer Ordnung. Eines der grundlegenden Teilchen sendet ein virtuelles Photon aus, welches daraufhin ein Elektron-Positron-Paar produziert. Die Mitglieder dieses Paares tauschen ein weiteres virtuelles Photon aus, dann vernichten sie sich gegenseitig, formen dabei noch ein virtuelles Photon, welches schließlich von dem empfangenden Teilchen absorbiert wird. Möglicherweise ist dieses ganze Diagramm nur der Ausschnitt aus einem noch verwickelteren Bild, in dem die zwei Quellenteilchen nur vorübergehend existieren, bevor sie sich in etwas ganz anderes umwandeln.
Wir müssen uns die Wechselwirkungen zwischen allen Teilchen so vorstellen, daß sie durch ein Gewebe von zunehmender Komplexität zustande kommen, das durch sich immer mehr windende Austauschprozesse zwischen verschiedenen Arten von virtuellen Teil-

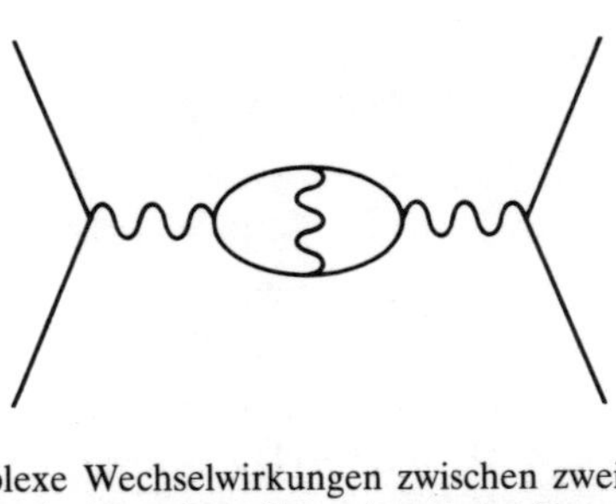

Abbildung 14: Komplexe Wechselwirkungen zwischen zwei Teilchen durch den Austausch eines Botenphotons, das selbst mit anderen Botenteilchen in Wechselwirkung tritt.

chen aufgebaut wird. In der Tat ist ein Kraftfeld niemals statisch. Immer wieder gibt es Geisterteilchen, die kommen und gehen, die auftauchen und verschwinden und die in einem glitzernden Muster von Energie zusammenhängen.
Auf den ersten Blick scheint diese unendliche Komplexität aller Aktivität jede Hoffnung auf ein Verstehen (und erst recht auf eine Möglichkeit zur Berechnung) der Kräfte zwischen realen Teilchen zunichte zu machen. Glücklicherweise ist dies aber nicht der Fall. Wie sich herausstellt – wenigstens in der QED –, nimmt mit zunehmender Komplexität der Vorgänge deren Einfluß auf die realen Teilchen immer mehr ab. Im Fall der Streuung zweier Elektronen stammt der dominierende Beitrag aus dem Austausch eines einzelnen Botenphotons. Die anderen Vorgänge liefern nur kleine Korrekturen hierzu. In einer Rechnung ist es nicht üblich, mehr als drei oder vier der einfachsten Diagramme zu berücksichtigen, es sei denn, die erforderliche Genauigkeit ist sehr hoch.
Stellen wir uns vor, wir lassen ein neues Teilchen in den ruhelosen See des aktiven Vakuums fallen. Dann findet sich dieses Teilchen sofort von einer Hülle vibrierender Energie umgeben. Wir können diesen Energieanzug nicht direkt sehen, doch nehmen wir einmal an, wir haben ein Zaubermikroskop, das in der Lage ist, alle virtuellen Quanten sichtbar zu machen. Wenn wir durch dieses Mikroskop schauen, sehen wir im Zentrum das »nackte« Teilchen, das diesmal ein Elektron sein soll. Am äußeren Rand der es umgebenden Wolke sausen Photonen von geringer Energie umher; sie erkunden den das Elektron umgebenden Raum und bändeln mit den geisterhaften Halbformen des Vakuums an, wobei sie mit der wogenden See der virtuellen Quanten verschmelzen, die den ganzen Raum durchdringt.
Wenn wir weiter in die Hülle eindringen, nimmt die Energie der virtuellen Photonen zu, und ihre Bewegungen werden heftiger. Einige der Photonen wandeln sich gelegentlich in Paare aus Elektronen und Positronen um, die dann sofort wieder verschmelzen und erneut Photonen werden. Manchmal findet auch ein komplizierterer Austausch statt, an dem mehr virtuelle Teilchen beteiligt sind. Geht man noch näher an das Elektron heran, stellt man fest, daß die Hülle tatsächlich vor Energie pulsiert. In diesem Bereich mischen sich inkohärent schwerere Teilchen unter die Photonen; wir sehen Quarks, schwere Leptonen und Botenteilchen aller Art.

Erhöhen wir das Auflösungsvermögen unseres Mikroskops noch weiter, stellen wir fest, daß die Energie in der Hülle rapide ansteigt, wenn wir uns dem Elektron selbst nähern. Sie scheint zuletzt sogar grenzenlos zu steigen. Und wir scheinen in eine Krise zu geraten.

Das Wunder der QED

Manchmal hört man, daß in jeder Krise der Wissenschaft eine neue Theorie geboren wird. Die von unserem imaginären Mikroskop sichtbar gemachte Krise ist das Symptom einer tiefsitzenden Schwierigkeit im Feldkonzept. Trotz ihrer eindrucksvollen Erfolge fällt die Quantentheorie der Felder an einem entscheidenden Punkt auf die Nase. Der Ursprung der Schwierigkeit kann bis in die klassische Physik zurückverfolgt werden. Ein Planet wie die Erde produziert ein Gravitationsfeld, das zum Beispiel auf den Mond wirkt. Daneben wirkt das Feld der Erde natürlich auch auf sie selbst. Der Boden, auf dem wir stehen, wird von der Erdgravitation festgehalten. Solch eine »Wirkung auf sich selbst« schien eine unvermeidbare Konsequenz der Feldtheorie zu sein.
Es gab einmal eine Zeit, da glaubte man, das Elektron sei einfach nur eine stark verkleinerte Version der Erde, also ein kleiner, fester Ball, dessen elektrische Ladung gleichmäßig in ihm verteilt ist. So, wie die Erde auf sich selbst durch die Gravitation wirkt, so sollte auch ein Elektron auf sich selbst durch elektrische Kräfte wirken. Die beiden Fälle unterscheiden sich allerdings durch einen wichtigen Umstand: Die Gravitation zieht an und hält die Erde zusammen, die elektrischen Kräfte in einem Elektron stoßen ab und versuchen, das Elektron in die Luft zu sprengen. In Anbetracht dieser Schwierigkeit erhob sich das verflixte Problem, welche Kräfte dieser elektrischen Abstoßung entgegenwirken, um das Elektron in einem Stück zu erhalten.
Als die Relativitätstheorie auf den Plan trat, vergrößerten sich die Probleme beim elektronischen Modellbau, denn nun gab es auch Schwierigkeiten mit der Annahme, daß das Elektron ein fester Körper ist. Um dies zu verstehen, stellen wir uns einen Ball vor, gegen den wir treten, so daß er in eine bestimmte Richtung fortfliegt. Wenn der Ball vollständig fest ist, dann beginnt er sich zu bewegen, ohne daß seine Form sich ändert. Um dies zu erreichen, müssen sich alle Bereiche des Balls gleichzeitig bewegen. Dies

widerspricht aber dem Prinzip, daß sich keine physikalische Wirkung schneller als Licht ausbreiten kann. Die Stellen des Balls, die weit von dem Punkt entfernt sind, an dem ihn unser Fuß trifft, können so lange nichts über den Tritt wissen (und also nicht reagieren), bis eine Schockwelle das Innere des Balls durchquert hat (was langsamer geht als die Ausbreitung des Lichts). Umgekehrt müssen sich die Stellen des Balls in der Nähe des Punkts, den der Fuß trifft, schneller zu bewegen anfangen als der Rest. Der Ball ändert somit seine Form, er kann also nicht vollständig fest sein. Wenn ein Elektron aber gequetscht und gezerrt werden kann, dann kann es wenigstens im Prinzip in Stücke gerissen werden. Es wäre also überhaupt kein Elementarteilchen. Wir sollten dann Stücke und Stückchen von geladener Materie in allen Größen und Formen finden. Tatsächlich aber sind alle Elektronen identisch und ununterscheidbar.

Um diesem Dilemma zu entkommen, mußten die Physiker die Idee aufgeben, daß ein Elektron ein fester Ball ist. Statt dessen kamen sie zu der Überzeugung, daß es sich um einen strukturlosen Punkt ohne irgendeine Ausdehnung handle. Diese Sicht tat sich zwar leicht mit der Frage, was wohl die inneren Teile eines Elektrons zusammenhält, sie brachte aber eine andere Schwierigkeit mit sich. Diesmal stammte der Ärger von dem Feld, das ein Elektron umgibt. Die elektrische Kraft eines geladenen Körpers nimmt mit wachsender Entfernung ab, in Übereinstimmung mit dem Gesetz des umgekehrten Quadrats. Dagegen nimmt die Stärke des Feldes näher zur Quelle hin immer mehr zu. Im Fall einer Punktladung steigt die Feldstärke ohne Ende, wenn man sich der Quelle nähert. Dies aber heißt, die gesamte elektrische Energie des Systems ist unendlich groß.

Die Tatsache, daß es eine unendliche Feldenergie in Verbindung mit einer Punktladung gibt, scheint der Feldtheorie den Todesstoß zu versetzen. Wenn ein Elektron unendlich viel Energie hat, dann ist es unendlich schwer, was absurd ist. Die Theoretiker standen vor einem Dilemma: Entweder gaben sie das Punktmodell des Elektrons auf, oder sie suchten einen Weg, der um dieses Hindernis herumführte. Solch ein Weg wurde dann zwar gefunden, aber den meisten Physikern sah er mehr nach Betrug aus. Er ist unter dem Begriff »Renormalisierung« bekannt.

Wir stellen uns vor, wir könnten die Ladung eines Elektrons durch einen Zaubertrick »abschalten«. Das aus ihm strömende Feld würde verschwinden und mit ihm die elektrische Energie. Dann bliebe uns etwas, das wir als »nacktes« Elektron bezeichnen könnten, weil es sein elektromagnetisches Feld verloren hat, mit dem es sonst angezogen ist. Wir fragen dann, wie groß die Masse dieses nackten Elektrons ist. Die beobachtete Masse eines realen Elektrons besteht aus zwei Teilen: der nackten Masse und der Masse der elektrischen Energie, die vom Feld erzeugt wird. Die Blamage besteht darin, daß die Rechnungen für den elektrischen Teil unendlich ergeben. Dies wäre reiner Unsinn, wenn wir die Ladung tatsächlich abschalten könnten, denn keine physikalische Größe kann sich um einen unendlichen Betrag verändern. Wir können dies jedoch nicht tun. Die Ladung kann nicht abgeschaltet werden. Wenn wir ein Elektron beobachten, dann registrieren wir das ganze Paket, zu dem das Feld mitgehört. Und die *beobachtete* Masse ist natürlich nur endlich groß. Haben wir wirklich Grund zur Sorge, wenn unsere Berechnungen uns sagen, daß ein untrennbarer Teil der Elektronenmasse arithmetisch unendlich ergibt?

Die Antwort lautet, daß einige Leute sich darüber Sorge machen, aber nicht allzu ernsthaft. Das Auftreten von unendlichen Gliedern in der Theorie ist ein Warnsignal, daß da etwas nicht stimmt; wenn sich aber die Unendlichkeiten niemals in beobachtbaren Größen zeigen, dann können wir sie einfach ignorieren und weiter an den Rechnungen arbeiten. Dazu müssen die unendlich großen Glieder irgendwie aus den Formeln herausgeschubst werden. In der Praxis adjustiert der Theoretiker einfach seinen Nullpunkt auf der Skala, die dazu verwendet wird, die Masse zu messen, um einen unendlichen Betrag, er »renormalisiert« ihn. Auf vergleichbare Weise kann man sich darauf einigen, die Höhe eines Flugzeugs vom Startplatz und nicht vom Meeresspiegel aus zu bestimmen – mit dem Unterschied, daß im Fall der Masse die Verschiebung um einen unendlichen Betrag erfolgt. Die Theoretiker sagen dazu, daß dies keine Rolle spielt, da es überhaupt keinen von Gott gegebenen Nullpunkt der Masse gibt; jede Änderung unserer Wahl – auch wenn sie unendlich groß ist – kann in der realen physikalischen Welt nicht beobachtet werden.

Mit diesem mathematischen Taschenspielertrick gelingt es, die Beschreibung eines Elektrons frei von all den unendlichen Größen zu halten, die die Theorie zunächst ad absurdum zu führen schienen. Andere Schwierigkeiten tauchten dann auf, als die Quantenbeschreibung eines punktförmigen Elektrons in Angriff genommen wurde. Die Überlegungen drehen sich nun um die Natur der virtuellen Photonen.

Wir haben gesehen, wie jedes Elektron in eine Hülle von flickernder Quantenenergie gekleidet ist, die aus allen möglichen Arten von virtuellen Teilchen besteht. Jetzt wollen wir uns die Herkunft dieses Gewandes näher ansehen. Ursprünglich wurden virtuelle Photonen als Quantenbeschreibung für den Mechanismus eingeführt, mit dem ein Elektron einem anderen mitteilt, daß es nun eine Kraft auszuüben gedenkt. Es ist jedoch möglich, daß ein einsames Elektron mit virtuellen Photonen *auf sich selbst* einwirkt. In der klassischen Theorie gibt es solche Wirkungen auf sich selbst ebenfalls; hier rufen sie bei punktförmigen Elektronen unendliche Glieder hervor. In einer bildhaften Quantenbeschreibung der Wirkung auf sich selbst sendet ein Elektron ein Botenphoton zu sich selbst. Ein Diagramm dieser Aktion findet sich in Abbildung 15. Man sieht ein virtuelles Photon, das von einem Elektron emittiert wird, sich ein wenig in den Raum vorwagt, dann zurückkommt und von demselben Elektron reabsorbiert wird. Die Vorstellung eines umkehrenden Photons überrascht, aber wir dürfen nicht vergessen, daß die Konzepte des gesunden Menschenverstandes im Quantenbereich nicht mehr viel gelten. Dort ist eher die Rebellion die Norm.

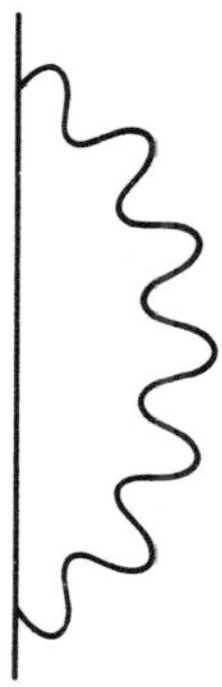

Abbildung 15: Ein geladenes Teilchen emittiert und reabsorbiert sein eigenes Botenteilchen. Solche Prozesse führen zu »Selbstaktionen«, die geladene Teilchen mit Energie versorgen. Mathematisch ist die gesamte Energie, die durch solche Schleifen produziert wird, unendlich groß.

In der Quantenbeschreibung eines Elektrons muß das elektromagnetische Feld, das dieses Teilchen ankleidet, als ein Gefolge von virtuellen Photonen angesehen werden, die um das Elektron wirbeln, an ihm festhängen und eine zähe Energiehülle bilden. Die Photonen kommen und gehen sehr schnell. Diejenigen, die nahe im Zentrum der Hülle bleiben, tragen eine beträchtliche Menge Energie mit sich herum; wenn die Gesamtenergie der Photonenhülle ausgerechnet wird, stellt sie sich sogar als unendlich groß heraus.

In Anbetracht dieses Ergebnisses kann der Theoretiker nun dazu übergehen, die unendliche Energie wegzu»renormalisieren«, genauso, wie er es in der klassischen Theorie gemacht hat. Die in Abbildung 15 gezeigte Schleife ist eigentlich nur einer der möglichen Prozesse, durch den ein Elektron auf sich selbst wirken kann. Viel kompliziertere Selbstwirkungskreise sind denkbar, so etwa der in Abbildung 16 gezeigte. In diesem Fall kreiert das Botenphoton auf seinem Rundweg ein virtuelles Elektron-Positron-Paar. Es wird offensichtlich, daß immer kompliziertere Schleifen konstruiert werden können und kein Ende in der Zahl der Wege abzusehen ist, auf denen ein Elektron sich selbst beeinflussen kann. Nun liefert jede dieser Schleifen ihren eigenen unendlichen Beitrag zu der Gesamtenergie des Systems ab. Jedes denkbare Netz von Schleifen produziert unendlich viel Energie. Statt mit einer Unendlichkeit wie in der klassischen Theorie zufrieden zu sein, be-

Abbildung 16: Noch kompliziertere Selbstaktionen bringen weitere unendliche Energieeffekte mit sich. In der QED aber können all diese Effekte – wie kompliziert sie auch sein mögen – durch eine einfache Subtraktion mathematisch umgangen werden (»Renormalisierung«).

kommen wir nun eine endlose Reihe von unendlichen Gliedern in den Rechnungen. Wir könnten versuchen, eine Unendlichkeit dadurch loszuwerden, daß wir einen unendlichen Term abziehen; doch sobald wir dies getan haben, taucht eine andere Unendlichkeit auf. Es scheint keinen Ausweg zu geben.

Gerade im Blick auf diese trübe Aussicht geschieht so etwas wie ein Wunder. Wenn diese schreckliche Reihe von unendlichen Gliedern (mathematisch) auf die richtige Weise verpackt wird, dann wird es möglich, den ganzen Batzen mit einem Griff loszuwerden. Eine einzige unendliche Subtraktion (oder Renormalisierung) radiert alle Unendlichkeiten weg, unabhängig davon, wie kompliziert die Schleife war, durch die sie hervorgerufen wurde. Der Beweis, daß dieses Wunder eintritt, war ein ungeheurer Kraftakt. Er gelang vor dreißig Jahren. Ohne ihn wäre die Theorie zu einem bedeutungslosen Nichts geschrumpft.

Selbstverständlich waren die Theoretiker von diesem Resultat begeistert. Es ist schön, wenn man erfährt, daß etwas tatsächlich funktioniert und daß in der Art, in der Photonen und Elektronen aufeinander wirken, nichts Geheimnisvolles mehr steckt. Sie nannten die QED eine »renormalisierbare Theorie« und setzten sich daran, alle diese winzigen Effekte zu bestätigen, die durch die virtuellen Teilchen zustande kommen und die im Experiment so genau geprüft werden konnten wie zum Beispiel die Verschiebung des Energieniveaus, die Lamb gemessen hat, und die kleine Korrektur im Magnetfeld des Elektrons. Die außerordentliche Übereinstimmung zwischen Theorie und Experiment, die auf dieser Ebene besteht, zeigt, daß die virtuellen Teilchen und Vakuumeffekte nicht bloß Erfindungen von Theoretikern sind. Sie werden einfach gebraucht, um eine genaue Beschreibung der atomaren Welt geben zu können.

Angespornt von diesem Erfolg, richteten die Theoretiker ihre Aufmerksamkeit auf die anderen Kräfte der Natur, um zu sehen, ob der Trick mit der Renormalisierung auch hier funktionierte. Jedes Kraftfeld erzeugt seinen eigenen Satz an unendlichen Energien (und noch weiterer unendlicher Größen). Die Hoffnung bestand darin, daß sich das Wunder der verschwindenden Unendlichkeiten, das man in der QED erlebt hatte, bei diesen Kräften wiederholen würde.

Leider lag man mit dieser Hoffnung schief. Von den vier Kräften der Natur schien nur die elektromagnetische die magische Eigenschaft zu besitzen, renormalisierbar zu sein. Die Botenteilchen der anderen Kräfte – wie sie damals konzipiert waren – produzierten endlose Unendlichkeiten, die nicht im Block weggeschoben werden konnten, wie dies in der QED gelungen war. Die Theoretiker kehrten an ihre Schreibtische zurück und versuchten, das Erfolgsgeheimnis der QED zu verstehen. Bald dämmerte es ihnen, daß es etwas mit Symmetrie zu tun hat.

Die Symmetrie weist den Weg

Der Physiker und Schriftsteller Charles Percy Snow hat einmal von den »zwei Kulturen« geschrieben, in die sich die moderne technische Gesellschaft unterteilt – grob gesagt, in die wissenschaftliche und in die künstlerische Kultur. Viele Wissenschaftler haben aber einen einfühlsamen künstlerischen Geschmack. Sie finden Gefallen an Gemälden und Skulpturen, sie spielen oft Musikinstrumente mit großem Geschick, und sie haben große Achtung vor Stil und Schönheit. Besonders für einen Theoretiker kann die Wissenschaft selbst eine Form von Kunst werden, eine raffinierte Mischung aus Mathematik und Magik.

Im vierten Kapitel haben wir gesehen, wie ein ästhetisches Urteil zum wichtigen Teil eines wissenschaftlichen Fortschritts werden kann. Zu den hierbei erfolgreichen Beispielen gehört, in einem allgemeineren Sinn, die Anwendung der Symmetrie auf die Grundlagenphysik. Und tatsächlich hat sich in den letzten Jahren die Fundgrube der Symmetrie als so mächtig erwiesen, daß sie das Denken in vielen Gebieten auf diesem Feld beherrscht. Es scheint nun sicher zu sein, daß der Schlüssel zum geeigneten Verstehen der Naturkräfte Symmetrie heißt. Die Physiker glauben, daß alle Kräfte nur existieren, um die Natur in die Lage zu versetzen, eine Reihe von abstrakten Symmetrien der Welt aufrechtzuerhalten.

Was hat eine Kraft mit Symmetrie zu tun? Diese Vorstellung erscheint verwirrend und unklar. Eine Kraft ist etwas, das entweder auf Materie drückt oder an ihr zieht oder die Identität von Teilchen austauscht. Symmetrie hingegen ist ein ganz anderes Konzept, eines, das mit der Harmonie und der Einfachheit von Formen zu tun hat.

Um eine Antwort auf unsere Frage zu finden, erinnern wir uns zunächst daran, was mit Symmetrie gemeint ist. Im weitesten

Sinn ist etwas symmetrisch, wenn es bei einer bestimmten Operation unverändert bleibt. So ist zum Beispiel eine Kugel symmetrisch, denn sie sieht unverändert aus, wenn sie in irgendeinem Winkel um den Mittelpunkt gedreht worden ist. Der Bogen einer Kathedrale ist symmetrisch, weil er unverändert bleibt, wenn ich rechts und links austausche (bezogen auf eine Senkrechte durch die Mitte). Die Gesetze der Elektrizität sind symmetrisch im Hinblick auf die Umkehrung der positiven und negativen Ladung. Und so weiter.

Die Symmetrien, die der Revolution unseres Verstehens der vier Kräfte zugrunde liegen, sind als »Eichsymmetrien« bekannt. Im vierten Kapitel hatten wir einige Beispiele für solche abstrakten Symmetrien gegeben; etwa die Invarianz der mechanischen Gesetze bei Änderung des Nullpunkts der Höhe. Eichsymmetrien hängen mit der Idee zusammen, daß das Niveau oder der Wert einer physikalischen Größe neu geeicht werden kann. Ein System zeichnet sich durch eine Eichsymmetrie aus, wenn die physikalische Natur dieses Systems bei solch einer Verschiebung unverändert bleibt. Wir wollen nun mit Hilfe eines einfachen Beispiels sehen, wie die abstrakte Konzeption, eine Eichänderung vorzunehmen, mit der Vorstellung von einer konkreten Kraft in Beziehung gesetzt werden kann.

Dazu stellen wir uns vor, wir befinden uns in einem Raumschiff weit draußen in den Tiefen des Kosmos. Wir sind weit entfernt von allen Planeten oder anderen astronomischen Gebilden und bewegen uns gradlinig mit konstanter Geschwindigkeit. Wir sind vollständig schwerelos und schweben frei umher. Es ist leicht, sich dies auszumalen.

Nun wollen wir in diesem Szenarium eine »Eichtransformation« vornehmen. Wir wollen also die Beschreibung ändern, indem wir eine Größe neu eichen oder (anders gesagt) indem wir für diese Größe eine neue Skala einführen; in unserem Fall soll es die Entfernung sein. Nehmen wir an, das Raumschiff bewegt sich weiter mit konstanter Geschwindigkeit, es wurde nur parallel um einen Kilometer gegenüber der ursprünglichen Bahn verschoben. Was würde solch eine Umeichung für die Passagiere mit sich bringen? Gar nichts, wenigstens nichts, was die Kräfte angeht. Die Passagiere würden sich genauso fühlen wie vorher. Genauer gesagt, das Verhalten von physikalischen Objekten um die Reisenden herum ist vollständig unabhängig davon, auf welchem gradlinigen Weg sich das Raumschiff befindet. In diesem Beispiel steckt offenbar eine Symmetrie, die wie folgt formuliert werden kann: Die Gesetze der Physik bleiben bei einer Translation (das heißt einer Verschiebung) zur Eichung der Entfernung unverändert. Bis jetzt haben wir dabei noch nicht über Kräfte geredet.

Wenn wir die Umeichung vornehmen, bewegt sich das Raumschiff weiter auf geradem Kurs. Die Änderung der Entfernung war für alle Punkte des Wegs gleich. Anders gesagt, die Umeichung war überall gleich. In diesem Fall sprechen die Physiker von einer »globalen« Eichtransformation. Der globale Charakter ist wichtig: Würde sich die Umeichung kontinuierlich entlang des Wegs des Raumschiffs verändern, dann wäre der umgeeichte Weg eine Zickzacklinie. Wollte ein Raumschiff solch einem Weg folgen, müßte es dauernd seine Motoren zünden, und während es heftig hin- und herschwankt, würden die Passagiere ziemlich herumgewirbelt. Sie würden Kräfte spüren, und das Verhalten der umliegenden physikalischen Gegenstände würde durch die Manöver ziemlich beeinflußt. Eichänderungen, die von Stelle zu Stelle variieren, nennt man »lokale« Eichtransformationen. Offensichtlich sind die physikalischen Gesetze nicht invariant bei solchen lokalen Änderungen, die den Weg des Raumschiffs krümmen und es den Passagieren sehr unbehaglich machen. Oder sind sie es etwa doch?

Wir wollen ein einfaches Beispiel betrachten und nehmen dazu an, daß das Raumschiff nach unserer Umeichung so programmiert ist, daß es mit konstanter Geschwindigkeit in einem Kreis fliegt. Der Astronaut bemerkt die Krümmung des Wegs, denn er ist nun nicht mehr schwerelos. Er schwebt nicht mehr frei herum. Statt dessen wird er durch die Zentrifugalkraft gegen die Wand gedrückt. Die Physik innerhalb dieser sich kreisförmig bewegenden Kapsel ist sehr verschieden von der Physik in einer Kabine, die sich gleichmäßig auf gerader Linie bewegt.

Wir stellen uns nun vor, wir selbst wären in dem Raumschiff, das ständig im leeren Raum kreist. Wir schlafen ein, und wenn wir erwachen, sind wir wieder schwerelos. »Aha«, denken wir, »das Raumschiff fliegt wieder gradlinig.« Wir sehen aus dem Fenster und stellen zu unserer Überraschung fest, daß die Sterne im Kreis laufen. Wie können wir schwerelos sein und uns doch in einem Kreis bewegen? Ein Blick aus dem Fenster am anderen Ende des

Raumschiffs zeigt uns den Grund: Wir befinden uns in einer Umlaufbahn um einen Planeten.
Eines der unterhaltsameren Spektakel bei der tatsächlichen Raumfahrt besteht in der Schwerelosigkeit der Astronauten, wenn sie die Erde umkreisen. Ihre Erfahrungen dabei lassen sich von denen eines Astronauten unterscheiden, der sich mit konstanter Geschwindigkeit auf einem geraden Weg durch den interstellaren Raum bewegt. Hierin steckt ein tiefes Prinzip der Physik: Die Physik auf einer gekrümmten Bahn um einen Planeten stimmt mit der Physik auf einem gradlinigen Weg tief im Weltall überein. Der Grund dafür ist klar: die *Gravitation* des Planeten *neutralisiert* die Auswirkungen der Krümmung der Raumschiffbahn exakt. Die Physiker reden dann davon, daß die Gravitation ein »Kompensationsfeld« ist. Sie kann die Abweichung eines Systems von einer gradlinigen Bewegung genau ausgleichen. Natürlich haben wir ein einfaches Beispiel gewählt, nämlich die kreisförmige Bewegung. Um die Bewegung eines Raumschiffs, das auf einer Zickzacklinie unterwegs ist, auszugleichen, benötigen wir ein viel komplizierteres Gravitationsfeld. Entscheidend aber ist, daß es möglich ist, zu jedem Weg, auf den man das Raumschiff schickt, ein Gravitationsfeld zu finden, das den Passagieren ihre Bequemlichkeit und Schwerelosigkeit zurückgibt. Die Gravitation kann immer so aufbereitet werden, daß sie jedes heftige Herumschlagen auf einem wilden Weg wegtransformiert.
Aus dieser Geschichte kann man eine Schlußfolgerung ziehen, die sehr weitreichend ist. Die Gesetze der Physik können sogar im Hinblick auf *lokale* Eichtransformationen symmetrisch gemacht werden, wenn dafür gesorgt wird, daß ein Gravitationsfeld die Variationen von Ort zu Ort kompensiert. Die Physiker drehen diesen Satz gern herum und sagen, ein Gravitationsfeld ist das Hilfsmittel, mit dem die Natur eine lokale Eichsymmetrie beibehält, also die Freiheit, die Entfernungsskala beliebig an jedem Ort neu zu eichen. Ohne Gravitation gibt es nur die globale Symmetrie, dann können wir nur von einer geraden Linie zu einer anderen übergehen, ohne die Physik zu stören. Mit der Gravitation können wir zu jeder Art von Weg übergehen, ohne die Physik zu ändern. Eine Symmetrie bedeutet – wir erinnern uns –, daß etwas invariant bleibt, wenn wir eine Operation durchführen. Die Symmetrie, die hier eine Rolle spielt, ist die Invarianz der Physik unter

willkürlichen Änderungen in der Form des zurückgelegten Wegs. So gesehen, drückt die Gravitation nur eine abstrakte Symmetrie aus – eine lokale Eichtransformation –, die der Physik der Welt zugrunde liegt. Es ist so, als ob sich der »große Designer« gesagt hätte: »Ich liebe wirklich die Schönheit der Symmetrie. Wie schön wäre es, wenn wir an jedem Ort eine Eichsymmetrie hätten. So soll es sein! Aha! Wie ich sehe, habe ich ein neues Feld erfunden. Nennen wir es Gravitation.«

Die Bedeutung des Konzepts Eichsymmetrie beruht darin, daß nicht nur die Gravitation auf diese Weise erzeugt werden kann, sondern alle vier Naturkräfte. Sie alle können als »Eichfelder« verstanden werden. In einer *Quanten*beschreibung von Eichfeldern, die mit Materieteilchen verkoppelt sind, muß das Konzept der Eichänderung erweitert und an die Phase der Quantenwelle angekoppelt werden, die ein Teilchen beschreibt. Doch sollen uns die technischen Einzelheiten nicht den Weg versperren. Der entscheidende Punkt besteht darin, daß die Natur eine Zahl von lokalen Eichsymmetrien aufweist und daher gezwungen ist, mehrere Kraftfelder einzuführen, um die damit einhergehenden Eichänderungen zu kompensieren. Die Kraftfelder können als das Verfahren der Natur verstanden werden, der Welt lokale Eichsymmetrien aufzuerlegen. So gesehen, ist das elektromagnetische Feld nicht einfach eine besondere Art von Kraftfeld, die zufällig existiert. Es ist vielmehr ein Ausdruck der *einfachsten bekannten* Symmetrie, die mit den Prinzipien der speziellen Relativität konsistent ist. Die Eichtransformation entspricht in diesem Fall den Änderungen der »Spannung« von Ort zu Ort.

Es ist schon unheimlich, daß ein theoretischer Physiker, der keine Ahnung vom Elektromagnetismus hat, aber glaubt, daß die Welt auf Symmetrie aufbaut, dessen Existenz ableiten kann, indem er ausschließlich von der doppelten Forderung der einfachsten lokalen Eichsymmetrie und der Lorentz-Poincaré-Symmetrie der speziellen Relativität ausgeht. Unter Leitung dieser Prinzipien und sonst nur mit Hilfe der Mathematik wäre unser Physiker in der Lage, die Maxwell-Gleichungen zu rekonstruieren, ohne auch nur ein einziges Experiment zu Elektrizität und Magnetismus ausgeführt zu haben, ja, er braucht nicht einmal von deren Existenz zu wissen! Er würde dann so argumentieren: Dies sind die einfachsten und der Form nach elegantesten Symmetrien, also wäre es doch ein Wunder, wenn sich die Natur nicht mit ihnen ausgestattet hätte. Aufgrund dieser rein abstrakten Überlegung würde unser Physiker zu der Erwartung geführt, daß es in der realen Welt Elektromagnetismus gibt. Er könnte nun sogar alle elektromagnetischen Gesetze ableiten, die Existenz von Radiowellen und die Möglichkeit von Dynamomaschinen vorhersagen, die in Wirklichkeit aufgrund von Versuchen entdeckt worden sind. So groß ist die Macht der mathematischen Analyse, daß sie uns dazu bringen kann, Eigenschaften zu vermuten, die wir nie wirklich gesehen oder vorher vermutet haben.

Es stellt sich heraus, daß das Konzept der Eichsymmetrie weit mehr als eine angenehme mathematische Raffinesse ist. Mit ihm haben wir den Schlüssel zur Konstruktion einer Quantentheorie der Kräfte gefunden, die frei von den destruktiven unendlich großen Termen sind, die wir im letzten Abschnitt besprochen haben. Es stellt sich nämlich heraus, daß Eichsymmetrien eng mit der Fähigkeit zur Renormalisierung zusammenhängen. Das Wunder der QED kann auf die tiefe und einfache Symmetrie zurückgeführt werden, die dem elektromagnetischen Feld innewohnt. Daraus kann man schließen, daß die Schwierigkeiten mit der Quantenbeschreibung der anderen drei Kraftfelder damit zu tun haben, daß es bislang nicht gelungen ist, alle Symmetrien ausfindig zu machen, die in ihnen verkörpert sind. Wenn zum Beispiel auch die schwache Kraft als Eichfeld formuliert werden könnte, müßte auch von dieser Kraft eine erfolgreiche Quantenbeschreibung möglich sein.

Auf den ersten Blick scheint ein ernsthaftes Hindernis zu verhindern, daß dieser Weg beschritten wird. Eine der Charakteristiken von Eichfeldern ist ihre Langreichweitigkeit. Die Freiheit, Eichänderungen überall zu machen, erfordert kompensierende Felder, die an allen Stellen des Raumes wirken können. Dies ist kein Problem bei der Gravitation und dem Elektromagnetismus, die in den Raum hinausgreifen und weit entfernte Objekte beeinflussen; doch die schwache Kraft ist nur kurzreichweitig. In der Quantensprache ausgedrückt: Graviton und Photon sind masselos, die Boten der schwachen Kraft, W und Z, sind aber eher massiv. Dies scheint einer Eichfeldbeschreibung der schwachen Kraft einen Riegel vorzuschieben. In den sechziger Jahren wurde aber entdeckt, daß dieser Einwand Lücken hat, und die Physik machte einen ihrer großen Schritte nach vorne.

Die große Dreieinigkeit

Eine neue Kraft

Die Historiker werden auf die siebziger Jahre als die Zeit zurückblicken, in der die Wissenschaftler entdeckten, daß es in der Natur doch keine vier fundamentalen Kräfte gibt. Die elektromagnetische und die schwache Kraft, die auf den ersten Blick sehr verschiedene Eigenschaften haben, sind in Wirklichkeit zwei Auswirkungen einer einzelnen Kraft – sie wird als die elektroschwache Kraft bezeichnet –, deren Existenz niemand vermutet hatte.

Die Vereinigung dieser beiden Kräfte stellt einen historischen Fortschritt auf dem Weg zur Urkraft dar. Den ersten Schritt in diese Richtung hatte Maxwell vor über hundert Jahren geschafft, als er die Elektrizität und den Magnetismus zusammenfaßte. Die fertige und abschließende Fassung der elektroschwachen Theorie war im wesentlichen das Ergebnis der unabhängig voneinander erfolgenden Arbeit zweier Männer, nämlich Steven Weinbergs von der Harvard-Universität und Abdus Salams vom Imperial College in London. Beide stützten sich dabei auf frühere Ergebnisse von Sheldon Glashow. Ihre Theorie beeinflußte den Verlauf der Teilchenphysik in den folgenden Jahren entscheidend.

Das Wesentliche von Weinbergs und Salams Theorie besteht darin, daß die schwache Kraft durch ein Eichfeld beschrieben wird. Dieser Schritt muß zuerst gegangen werden, bevor es überhaupt eine Hoffnung auf Vereinheitlichung geben kann. Im letzten Kapitel haben wir gesehen, wie das Konzept der Eichsymmetrie zum Schlüsselelement bei der Formulierung einer Theorie der Kräfte wird, die von den Problemen der unendlichen Terme nicht geplagt wird.

Um die schwache Kraft als Eichfeldtheorie beschreiben zu können, müssen wir annehmen, daß alle Teilchen, die die schwache

Kraft spüren, als Quellen eines neuen Feldes wirken – einem Feld der schwachen Kraft –, obwohl dieses Feld von uns nicht direkt wahrgenommen wird. Teilchen, die an der schwachen Wechselwirkung teilnehmen – also etwa Elektronen und Neutrinos –, tragen eine »schwache Ladung« analog zur elektrischen Ladung, die diese Teilchen an das schwache Feld ankoppeln.

Falls die schwache Kraft als ein Eichfeld angesehen wird (das heißt als ein Weg der Natur, irgendwelche lokalen Eichänderungen zu kompensieren), dann besteht der erste Schritt darin, die genaue Form der beteiligten Eichsymmetrie zu entdecken. Wir haben bereits gesehen, daß die einfachste Eichsymmetrie schon vom Elektromagnetismus beansprucht wird. Es ist auch keine Überraschung, daß die Symmetrie der schwachen Kraft komplizierter als die des Elektromagnetismus ist, denn ihre Wirkung ist ebenfalls komplizierter. So spielen zum Beispiel beim Zerfall eines Neutrons nicht weniger als vier verschiedene Teilchenarten eine Rolle (Neutron, Proton, Elektron, Neutrino), und die Wirkung der schwachen Kraft führt bei diesen Teilchen zu einem Wandel der Identität. Im Gegensatz dazu läßt die elektromagnetische Kraft die Identität der Partikel unverändert.

Dies zeigt uns, daß die schwache Kraft eine viel ausgeprägtere Eichsymmetrie verkörpert, zu der Änderungen in der Identität der Teilchen gehören. Wir haben am Ende des vierten Kapitels eine Eichsymmetrie gerade dieser Art kennengelernt. Sie lief unter dem Namen »Isospinsymmetrie«. Ursprünglich sollte die Isospinsymmetrie die starke Kernkraft zwischen Proton und Neutron beschreiben. Wir erinnern uns daran, daß ein Eichwechsel in diesem Fall der Drehung eines imaginären Knopfes entsprach, der die Identität von Protonen und Neutronen mischte. Die Idee bestand darin, daß die Kernkräfte unter solchen imaginären Transformationen invariant bleiben. In ihrer Beschreibung der schwachen Kraft als Eichfeld borgten sich Weinberg und Salam die Isospinidee bei den Kernphysikern aus und paßten sie dem vollständig anderen Thema der schwachen Wechselwirkung an. Sie benutzten dieselbe wesentliche Idee einer Symmetrie, bei der die Identitäten gemischt wurden; nur daß die hier verwendete Hybridisierung die Identität der Quellen der schwachen Kraft verschmelzen sollte, also zum Beispiel die Elektronen und die Neutrinos.

Wir stellen uns wieder einen magischen Knopf vor, der es uns erlaubt, Elektronen in Neutrinos zu verwandeln und umgekehrt. Wenn der Knopf gedreht wird, nimmt die Elektronenartigkeit der Elektronen nach und nach ab, bis sie zu Neutrinos werden. Zur selben Zeit nimmt die Neutrinoartigkeit der Neutrinos ab, und sie werden zu Elektronen. Natürlich kann dies nicht in Wirklichkeit passieren, doch haben Theoretiker die Möglichkeit, die Konsequenzen solcher fiktiven Vorgänge mit Hilfe der Gleichungen zu erkunden, die die Teilchen und Kräfte beschreiben.

Was wir gerade beschrieben haben, ist ein Beispiel für einen globalen Wechsel der Eichung. Er ist global, weil das Drehen des Knopfes die Identitätsmischung jedes Elektrons und jedes Neutrinos im Universum verändert. In dem vorhergehenden Kapitel haben wir gesehen, wie der Übergang von einer globalen zu einer lokalen Symmetrie zur Erfindung von Kraftfeldern führt, die benötigt werden, um die Eichänderungen zu kompensieren, die an jedem Punkt erforderlich sind. Die Neueichung der Festlegung einer Position diente dazu, das Konzept eines Gravitationsfeldes einzuführen. Auch die globale Eichung, die durch den magischen Knopf beschrieben worden ist, könnte in eine lokale Eichung umgewandelt werden. Wir könnten uns an jedem Punkt des Raumes einen eigenen Knopf denken, und diese Knöpfe stellen wir alle auf verschiedene Weise ein. Wenn dies erledigt ist, werden neue Kraftfelder benötigt, um die Symmetrie aufrechtzuerhalten, um also die chaotische Neueinstellung der Knöpfe von Ort zu Ort auszugleichen. Es stellt sich heraus, daß diese neuen Kraftfelder genau die schwache Kraft beschreiben. Die Tatsache, daß die in diesem Fall erforderliche Eichsymmetrie komplizierter als im elektromagnetischen Fall ist, zeigt sich darin, daß drei neue Kraftfelder erforderlich sind, um die Symmetrie aufrechtzuerhalten. Dies steht im Gegensatz zu nur einem elektromagnetischen Feld. Eine Quantenbeschreibung dieser drei Felder kann rasch gegeben werden: Es gibt drei neue Botenteilchen, eines für jedes Feld.

Wie gut beschreiben nun diese drei Felder die schwache Kraft? Der Zweck der Felder besteht darin, die von Ort zu Ort auftretenden Variationen im Identitätsgemisch aus Elektronen und Neutrinos auszugleichen. (Die Theorie kann auch auf andere Leptonen oder Quarks angewendet werden.) Das heißt, wenn ein Quantum des Feldes emittiert oder absorbiert wird, kommt es zu einem

plötzlichen Wechsel in der Identität eines Teilchens. Ein Elektron kann zu einem Neutrino werden und umgekehrt. Genau dies tritt ein, wenn die schwache Kraft zur Wirkung kommt.
Ein für die schwache Kraft typischer Vorgang wird in Abbildung 17 gezeigt. Der Experimentator sieht dieses Ereignis als eine Streuung, in der ein Neutron (n) auf ein Neutrino (ν_e) trifft. Die beiden Teilchen wechseln dann ihre Identität, und ein Proton (p) und ein Elektron (e) kommen heraus. Eine mehr ins Detail gehende Beschreibung, die auch von den Botenteilchen handelt, spricht von einem d-Quark des Neutrons, das zu einem u-Quark wird (und so aus dem Neutron ein Proton macht), wobei ein Bote auf Reisen geschickt wird (angedeutet als gestrichelte Linie), der von dem Neutrino absorbiert wird und es dabei in ein Elektron umwandelt. Da das Proton mit einer positiven Ladung auftritt, muß das Botenteilchen (aus Gründen der Ladungserhaltung) negativ geladen sein. Diese negative Ladung bleibt dann auf dem Elektron hängen. Das negativ geladene Botenteilchen trägt die Bezeichnung W^-. Es gibt auch das positiv geladene Antiteilchen W^+. Das W^+ könnte die schwache Kraft etwa von einem Antineutron zu einem Antineutrino übertragen.
Das W^-- und das W^+-Teilchen tragen zwei zu den drei schwachen Kraftfeldern bei, die Weinbergs und Salams Theorie vorhergesagt

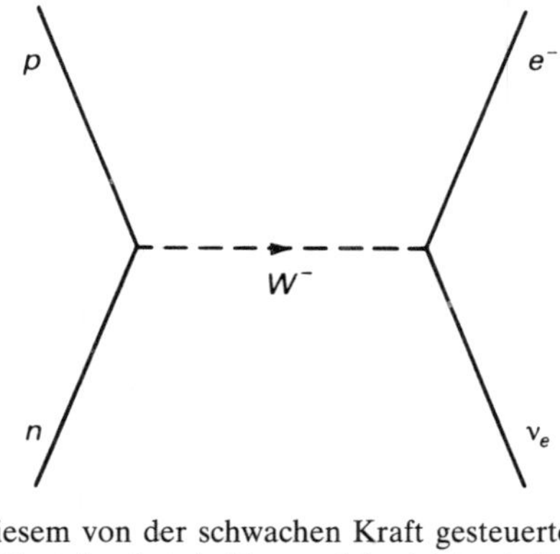

Abbildung 17: In diesem von der schwachen Kraft gesteuerten Prozeß trifft ein Neutron (n) auf ein Neutrino (ν_e); beide wandeln sich in ein Proton (p) und in ein Elektron (e^-) um. Eine genaue Analyse zeigt, daß diese Transmutation durch den Austausch eines schweren geladenen Botenteilchens (W^-) zwischen Neutron und Neutrino zustande kommt. Dem W^- gelingt die Umwandlung eines Neutrons in ein Proton dadurch, daß es in dem Augenblick seiner Emission den Geschmack eines Quarks von u nach d verschiebt.

hat. Das verbleibende Feld entspricht einem elektrischen neutralen Botenteilchen, das Z genannt wird. Als diese Theorie zum erstenmal formuliert wurde, war die Idee eines neutralen Boten der schwachen Kraft eine neuartige Vorstellung. Falls es dieses Z gibt, zeigt es sich als schwache Kraft zwischen Teilchen, die keine Übertragung von elektrischer Ladung erfordern. Ein Beispiel sieht man in Abbildung 18. Hier stoßen ein Elektron und ein Neutrino zusammen, indem sie ein Z austauschen. 1973 bewiesen seit langem betriebene Experimente am CERN, daß es diese elektrisch neutrale schwache Kraft wirklich gibt. Dieses Ergebnis unterstützte nachhaltig Weinbergs und Salams Theorie.
Trotz dieser zufriedenstellenden Übereinstimmung zwischen Theorie und Experiment mußte die Beschreibung der schwachen Kraft als Eichfeld noch ein größeres Hindernis überwinden. Es liegt nämlich in der Natur der Eichfelder, daß sie langreichweitig sind. Außerdem scheint die Theorie unvermeidlich zu der Vorhersage zu führen, daß die Botenteilchen masselos wie das Photon sind. In Wirklichkeit ist die schwache Kraft sehr kurzreichweitig, und die Botenteilchen führen eine riesige Masse mit sich. Werden aber den W- und den Z-Teilchen in der Theorie Massen zugeordnet, dann wird die entscheidende Eichsymmetrie zerstört. Wie kann es gelingen, das Beste aus den beiden Welten zu bekommen, das heißt sowohl die Eichsymmetrie als auch Botenteilchen mit Masse?

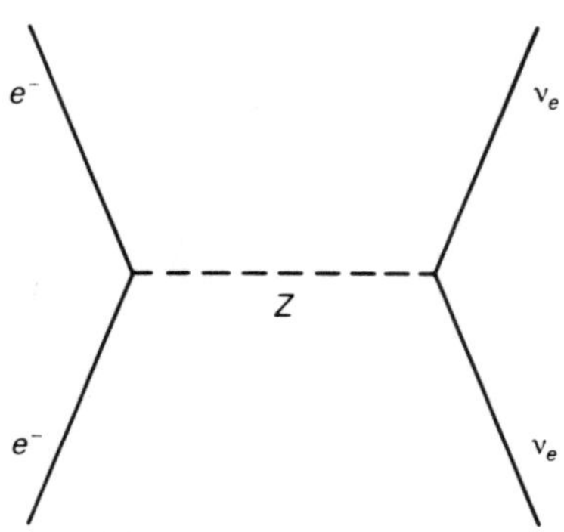

Abbildung 18: Weinbergs und Salams Theorie sagt voraus, daß Elektronen sich an Neutrinos durch den Austausch eines neuartigen elektrisch neutralen Botenteilchens streuen können, das Z heißt.

Die Auflösung dieser Zwickmühle gelang Weinberg und Salam 1967. Dabei half eine clevere Idee, die unter dem Namen »spontane Symmetriebrechung« bekannt ist. Wir wollen sehen, wie sie funktioniert: Dazu stellen wir uns eine glatte Oberfläche in Gestalt eines mexikanischen Huts vor, der horizontal liegt (siehe Abbildung 19). Ein kleiner Ball wird auf die Mitte des Höckers gelegt. Nun besitzt das System offensichtlich eine Symmetrie, es bleibt nämlich unverändert, wenn man es um eine senkrechte Achse rotiert, die durch das Zentrum des Huts geht. Was die Gravitation angeht, so gibt es keine bevorzugte horizontale Richtung (sie wirkt nur vertikal); alle Stellen am Rand des Huts sind diesbezüglich gleichwertig.

Auch wenn das System symmetrisch ist, stabil ist es dadurch nicht. Wenn man den Ball erst einmal losläßt, wird er nicht für alle Zeiten im Gleichgewicht auf der Spitze der Erhebung bleiben, er wird vielmehr den Hutschaft hinunterrollen und irgendwo auf dem Hutrand zur Ruhe kommen. Wenn dies passiert ist, wird die Symmetrie zerstört sein. Der Ball wird sich einen bestimmten Platz auf dem Rand ausgesucht haben, um hier anzuhalten; dabei legt er eine bevorzugte horizontale Richtung von der zentralen Achse aus fest. Die Stabilität wurde mit der Symmetrie bezahlt. In der stabilen Anordnung bleibt die Drehsymmetrie der Kräfte (in diesem Fall der Gravitation) zwar erhalten, sie ist aber verborgen. Der tatsächliche Zustand des Systems spiegelt nicht mehr die Symmetrie der Kräfte wider, die es kontrollieren.

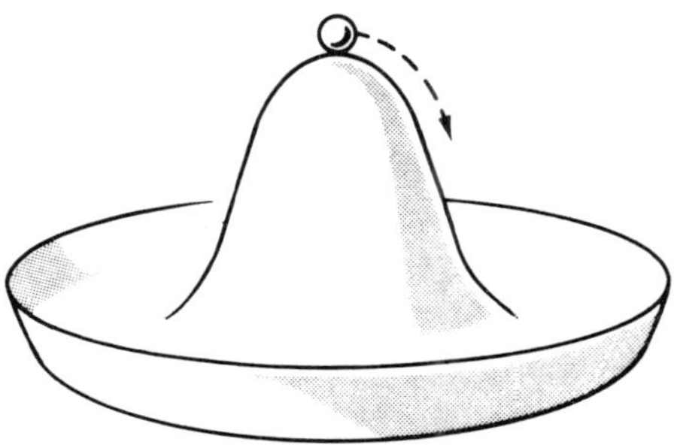

Abbildung 19: Spontane Symmetriebrechung. Der Ball wird auf die Spitze eines mexikanischen Huts gesetzt. Dessen Gestalt ist zwar vollständig kugelsymmetrisch, aber instabil. Der Ball rollt spontan in den Hutrand und kommt an einem beliebigen Punkt zur Ruhe. Die Symmetrie ist nun gebrochen, sie wurde gegen die Stabilität eingetauscht.

Dieselbe Idee haben Weinberg und Salam verwendet, obwohl es bei ihnen nicht um eine Dreh-, sondern um eine Eichsymmetrie ging, und die spontane Brechung betraf den Quantenzustand, der von den Kraftfeldern eingenommen worden war. In ihrer Theorie bleibt also die zugrundeliegende Eichsymmetrie in den Feldern vorhanden, die Felder können aber nicht mehr in einem Zustand existieren, der die Symmetrie widerspiegelt, denn solch ein Zustand ist instabil. Das Feld »sinkt« also in einen stabilen Zustand hinab, der die Symmetrie bricht und dem Botenteilchen eine Masse verpaßt. Natürlich sind die Details komplizierter als in unserem Beispiel vom mexikanischen Hut, aber die Grundidee bleibt dieselbe: Die Symmetrie ist in den zugrundeliegenden Gesetzen immer noch vorhanden, aber der tatsächliche Zustand des Systems zeigt sie nicht an. Auch aus diesem Grund haben die Physiker die lebenswichtige Eichsymmetrie in den 35 Jahren übersehen, die sie mit dem Studium der schwachen Kraft zugebracht haben.

Um die entscheidende Symmetriebrechung hinzukriegen, führten Weinberg und Salam ein zusätzliches Feld in die Theorie ein, das nach Peter Higgs von der Universität Edinburgh als Higgs-Feld bezeichnet wird. Er hatte zuvor schon spontane Symmetriebrechungen im Zusammenhang mit der Teilchenphysik studiert. Niemand hat jemals ein Higgs-Feld gesehen, doch kann seine Anwesenheit einen entscheidenden Einfluß auf das Verhalten der Eichfelder ausüben. Im Fall unseres Huts ist der symmetrische Zustand mit dem Ball auf der Spitze instabil. Der Ball zieht es vor, in die Krempe zu rollen, denn der Zustand mit der gebrochenen Symmetrie hat eine niedrigere Energie. Entsprechend verhält sich ein Higgs-Feld so, daß in seinem Zustand mit niedrigster Energie die Symmetrie gebrochen ist. Durch die Kopplung zwischen dem Higgs-Feld und den Eichfeldern bekommen die W- und Z-Teilchen ihre Masse. Die Theorie sagt auch voraus, daß es ein Higgs-Teilchen gibt, welches den Spin 0 und eine große Masse hat.

Nachdem sie auf die Idee der spontanen Symmetriebrechung gekommen waren, konnten Weinberg und Salam den nächsten wichtigen Schritt machen. Sie faßten den Elektromagnetismus und die schwache Kraft in einer einzelnen Eichfeldtheorie zusammen. Um beiden Feldern zu ermöglichen, aus einer einheitlichen Theorie hervorzutreten, war es erforderlich, mit einer sorgfältiger ausgearbeiteten Eichsymmetrie anzufangen. Sie mußte sowohl die einfache Eichsymmetrie umfassen, die mit dem Elektromagnetismus verknüpft ist, als auch die Isospinsymmetrie, die mit der schwachen Kraft verbunden ist. Insgesamt sind also vier Felder in dieser Theorie vorhanden: das elektromagnetische Feld und die drei Felder der schwachen Kraft. Im nächsten Schritt mußte das Higgs-Feld dafür sorgen, daß es zu einer spontanen Brechung der Symmetrie kommt. Zuerst sind die W- und Z-Quanten ohne Masse. Die Symmetriebrechung bewirkt dann, daß einige der Higgs-Teilchen mit den W- und Z-Teilchen verschmelzen und sie dabei mit Masse versehen. Wie Salam es ausdrückt: Die W- und Z-Teilchen essen die Higgs-Teilchen auf, um Gewicht zu bekommen. Das Photon bleibt bei diesem Vorgang unberührt und folglich masselos.

Weinbergs und Salams Theorie erklärt auf wunderbare Weise, warum die elektromagnetischen und die schwachen Kräfte so völlig verschiedene Eigenschaften haben. Die grundlegende Struktur ihrer Kraftfelder ist eigentlich ziemlich identisch; beides sind Eichfelder. Es ist der Effekt der Symmetriebrechung, sie bewirkt diesen Riesenunterschied im Charakter der Kräfte. Wir sind nicht in der Lage, die Eichsymmetrie der schwachen Kraft zu bemerken, weil sie vor uns durch die Symmetriebrechung versteckt wird.

Ein weiterer großer Unterschied zwischen den zwei Kräften liegt in ihrer Stärke. Warum ist die schwache Kraft so schwach? Auch hierauf gibt die Theorie eine Antwort. Wenn die Symmetrie nicht gebrochen würde, hätten beide Kräfte eine vergleichbare Stärke. Die Symmetriebrechung sorgt für eine Schwächung auf seiten der schwachen Kraft. In der Tat hängt die Stärke der schwachen Kraft unmittelbar mit den Massen von W und Z zusammen. Man kann sagen, daß die schwache Kraft so schwach ist, weil W und Z so schwer sind.

Als Weinberg und Salam ihre Theorie in den späten sechziger Jahren veröffentlichten, blieb eine wesentliche theoretische Herausforderung bestehen. Konnte die Theorie renormalisiert werden? Würde das Wunder der QED, bei dem die Unendlichkeiten zerdrückt wurden, auch im Fall des vereinigten elektroschwachen Eichfeldes zu Hilfe kommen? Dieses Problem wurde an der Universität Utrecht von Gerhardt 't Hooft in Angriff genommen. Es war eine schreckliche Aufgabe. Sie umfaßte komplizierte und langwierige Berechnungen von nacheinander folgenden Termen in einer langen Reihe, um zu sehen, wo die tödlichen Unendlichkeiten liegen könnten. Ein Teil der Arbeit konnte einem Computer übertragen werden. Später hat 't Hooft einmal beschrieben, wie er am Ende der Berechnungen voller Spannung auf den Computeroutput wartete:

> »Ein paar einfache Modelle erbrachten ermutigende Ergebnisse; in diesen ausgewählten Beispielen hatten sich alle unendlichen Stellen gegenseitig aufgehoben, unabhängig davon, wie viele Eichteilchen ausgetauscht worden waren, und unabhängig davon, wie viele Schleifen in den Feynman-Diagrammen eingeschlossen waren. Der entscheidende Test würde kommen, wenn mit Hilfe des Computerprogramms nach den Unendlichkeiten gesucht würde, die die Theorie für alle möglichen Diagramme mit zwei Schleifen enthält. Die Ergebnisse dieser Prüfung standen im Juli 1971 zur Verfügung. Der Output des Computers bestand aus einer ununterbrochenen Kette von Nullen. Jede Unendlichkeit hob sich genau auf.«

Das entscheidende Element zur Vermeidung der Katastrophe mit Unendlichkeiten bestand in dem hohen Grad an Symmetrie, der in die elektroschwache Theorie eingebaut worden war. Diese Lektion hatte man gut gelernt.

Nun stand nur noch ein definitiver experimenteller Test der neuen Theorie aus. Die zufriedenstellendste Bestätigung wäre die positive Identifizierung der immer noch hypothetischen W- und Z-Teilchen.

Bei einem Experiment im Laboratorium bleiben W und Z in den meisten Fällen ungesehen. Sie bleiben virtuelle Teilchen, die als Boten zwischen anderen Teilchen ausgetauscht werden. Wenn jedoch hinreichend viel Energie in das System gepumpt werden kann, dann kann der Heisenberg-Kredit, der die fliehende Existenz der W- und Z-Teilchen finanziert, zurückgezahlt werden, und die Teilchen können »wirklich« werden, das heißt, sie können davonfliegen und eine unabhängige Existenz führen. Da sie so massiv (etwa neunzigmal so schwer wie das Proton) sind, erfordert die Befreiung von W und Z riesige Mengen an Energie. Und die konnten erst mit der neueren Entwicklung der sehr großen

Beschleuniger bereitgestellt werden. Nun war es möglich, W und Z herzustellen und zu identifizieren.
Mit der Entdeckung der W- und Z-Teilchen im Jahr 1983 wurde Weinbergs und Salams Theorie triumphal bestätigt. Nun war es nicht mehr nötig, über vier fundamentale Kräfte zu reden. Die an der Oberfläche getrennten elektromagnetischen und schwachen Kräfte wurden als zwei Komponenten einer einzigen elektroschwachen Kraft erkannt. Für ihre großen Leistungen erhielten Weinberg und Salam den Nobelpreis für Physik des Jahres 1979, den sie mit Sheldon Glashow von der Harvard-Universität teilten, der zuvor die Grundlagen der Theorie erarbeitet hatte.
Durch die brillanten Erfolge der elektroschwachen Theorie wurden die Physiker inspiriert, sich zu fragen, ob eine weitere Vereinheitlichung möglich war. Vielleicht gibt es ja nur zwei fundamentale Kräfte in der Natur, und vielleicht gibt es sogar nur eine einzige Urkraft? Es dauerte dann auch nicht lange, bis die starke Kraft genauer in Augenschein genommen wurde.

Die farbigen Quarks und die QCD

Als der Erfolg von Weinbergs und Salams Theorie feststand, da tauchte bald die Idee auf, daß die starke Kraft mit der elektroschwachen Kraft eine Art Legierung in Form einer weiteren Vereinheitlichung eingehen könne. Bevor aber solch eine Vereinheitlichung in Angriff genommen werden konnte, war es erforderlich, die starke Kraft im Gewand eines Eichfeldes auftreten zu lassen. Wir haben gesehen, wie man sich die starke Kraft anhand des Austausches von Gluonen vorstellen kann, die dazu dienen, die Quarks paarweise oder als Trio zusammenzuhalten, wobei die sogenannten Hadronen entstehen. Eine Eichfeldbeschreibung dieser Vorgänge kann konstruiert werden, wenn wieder einmal das Konzept des Isospins (in hinreichender Allgemeinheit) verwendet wird.
Die wesentliche Idee sieht wie folgt aus: Jedes Quark besitzt eine Eigenschaft analog zur elektrischen Ladung, die als Quelle des Gluonenfeldes fungiert. Aus Mangel an besseren Begriffen nennt man die »Ladung« eine *Farbe.* (Es ist nicht beabsichtigt, dabei eine Verbindung mit gewöhnlichen Farben herzustellen.) Das elektromagnetische Feld wird von einer Art der Ladung erzeugt, das kompliziertere Gluonenfeld verlangt drei verschiedene Farbla-

dungen. Jedes Quark kann daher in einer von drei möglichen Farben daherkommen, die etwas willkürlich als Rot, Grün und Blau bezeichnet werden.

Die mit diesen Farben verbundene Eichsymmetrie kann wiederum in Form des magischen Knopfes veranschaulicht werden, der die Identitäten miteinander mischt. In diesem Fall hat der Knopf nicht zwei, sondern drei Zeiger – einen roten, einen grünen und einen blauen (Abbildung 20). Die Drehung des Knopfes entspricht der Umwandlung roter Quarks in grüne oder blaue und so fort, wobei dies von der Stellung der Zeiger abhängt. Die Umwandlung geht dabei wieder kontinuierlich vonstatten, die Rotartigkeit geht allmählich in die Blauartigkeit über und entsprechend so weiter. Die Theorie entfaltet sich nun entlang derselben Linien wie im Fall der schwachen Kraft. Die Forderung nach lokaler Eichsymmetrie – das heißt die Bedingung der Invarianz bei unabhängigen Variationen der Farbe an jedem Punkt im Raum – verlangt die Einführung von ausgleichenden Kraftfeldern. Diesmal ist wegen der drei (statt zwei) Zeiger auf dem Knopf die beteiligte Symmetrie verwickelter, was sich in der höheren Zahl der Kraftfelder niederschlägt, die erforderlich sind, um die lokale Eichsymmetrie aufrechtzuerhalten. Die Botenteilchen dieser Felder sind natürlich die Gluonen, und die Analyse führt dazu, daß es acht Sorten von Gluonen gibt. Man vergleiche dies mit dem einen Botenteilchen der elektromagnetischen Kraft (dem Photon) und den drei Botenteilchen der schwachen Kraft (W^+, W^- und Z).

Antiquarks gibt es entsprechend in drei Antifarben (Antirot,

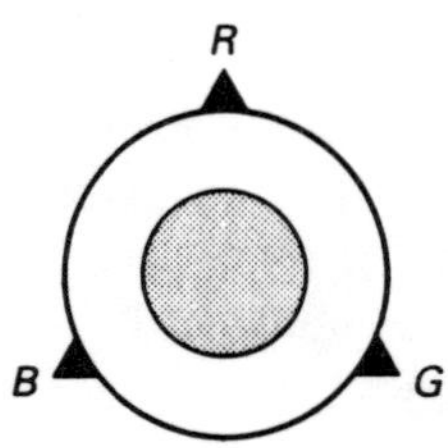

Abbildung 20: Der magische Knopf mit drei Zeigern repräsentiert die umfangreichere Eichsymmetrie, die mit der Quarkfarbe zusammenhängt. Die Kraft zwischen den Quarks (Gluon) bleibt unverändert bei der Drehung des Knopfs, die die Quarkfarben – Rot (R), Grün (G) und Blau (B) – vermischt.

Antigrün und Antiblau). Die Gluonen selbst sind auch bunt, sie weisen eine Mischfärbung auf, zum Beispiel aus Blau und Antigrün. Jedesmal, wenn ein Quark einen Gluonboten losschickt, muß sich seine Farbe ändern, um für die Farbe zu bezahlen, die das Gluon wegschleppt. Ein rotes Quark kann also ein rot-antiblaues Gluon auf die Reise schicken und dabei blau werden. Entsprechend wird ein grünes Quark blau, wenn es ein blau-antigrünes Gluon absorbiert. Und so weiter.

Bei der Emission oder Absorption eines Quarks wird also letztendlich die Identität eines Quarks verändert, aus einem roten Quarkteilchen wird zum Beispiel ein grünes Quarkteilchen. In dieser Hinsicht ähnelt die starke der schwachen Kraft, bei der etwa die Aussendung eines W-Teilchens ein Elektron in ein Neutrino verwandelt. Die Quarks unterliegen neben der starken auch der schwachen Kraft. Der Identitätswechsel, der mit dem Austausch eines schwachen Boten einhergeht, ist allerdings verschieden von der Änderung, die bei der Emission eines Gluons eintritt. Während die Gluonen die *Farb*identität der Quarks ändern, beeinflußt die schwache Kraft das *Aroma.* Wenn zum Beispiel ein Neutron zerfällt, sendet eines seiner d-Quarks ein W^- aus und wird dabei zum u-Quark. Es ist wichtig, daran zu denken, daß Quarks sowohl durch Farben als auch durch ein Aroma gekennzeichnet sind, die beide nicht verwechselt werden dürfen.

In einem typischen Hadron wie dem Proton tauschen die drei Quarks kontinuierlich Botengluonen aus und verändern dabei ihre Farbe. Die Umlagerungen sind allerdings nicht völlig willkürlich. Die Mathematik dieser Theorie legt den Quarks eine strenge Regel auf, der sie bei ihrem bunten Treiben ausnahmslos folgen müssen. Zu jeder Zeit muß die Summe aller drei Quarkfarben Rot + Grün + Blau ergeben. Setzen wir die Analogie mit den wirklichen Farben ein wenig weiter fort, dann müssen alle Farbkombinationen innerhalb eines Hadrons stets »Weiß« ergeben (die Primärfarben Rot und Blau und Grün ergeben zusammen einen farblosen Eindruck, also Weiß). So zeigt sich die Wirkung der allumfassenden Eichsymmetrie. Die Operation des Gluonfeldes gleicht innere Änderungen der Quarkfarben aus, um das reine Weiß der Hadronen zu erhalten.

Hadronen können auch aus Quark-Antiquark-Paaren bestehen, sie sind dann Mesonen. Da ein Antiquark eine Antifarbe trägt, ist

solch eine Kombination garantiert farblos (»weiß«). So kombinieren sich ein rotes Quark und ein antirotes Antiquark zu einem farblosen Meson. In diesem Schema sind natürlich auch die Leptonen farblos, denn sie spüren die Gluonenkraft überhaupt nicht.
Die Quantentheorie der Farben – sie wird Quantenchromodynamik (QCD) genannt – erklärt auf wunderbare Weise alle Regeln der Quarkkombinationen, die ursprünglich in den sechziger Jahren noch mehr oder weniger ad hoc zusammengeschustert werden mußten. Vom Standpunkt der QCD aus gesehen, zeigt sich in der starken Kraft nichts anderes, als daß die Natur darauf besteht, eine abstrakte Symmetrie aufrechtzuerhalten: in diesem Fall die Forderung, daß alle Hadronen weiß bleiben sollen, wenn innere Farbumlagerungen erfolgen. Wenn wir diese abstrakte Eichsymmetrie von der Natur verlangen, dann werden uns die Gluonfelder aufgezwungen. Wir brauchen sie nicht mehr zu erfinden, sie fallen automatisch aus der Mathematik heraus.
Es gibt einen bedeutenden Charakterzug der starken Kraft, den wir bislang noch nicht erwähnt haben. Als die Quarktheorie zum erstenmal aufkam, schien es sofort einen eindeutigen Test für sie zu geben. Man brauchte nur ein Hadron zu zerschlagen und der Welt die frei werdenden Bausteine zu präsentieren. Ein isoliertes Quark sollte sehr auffällig sein, da seine elektrische Ladung entweder ⅓ oder ⅔ der Ladung ausmacht, die andere Teilchenarten mit sich tragen.
Als aber dann immer größere Beschleuniger bereitstanden und dennoch niemand Erfolg bei dem Versuch hatte, ein Hadron in Stücke zu brechen, fingen die Physiker an sich zu fragen, ob da mit der Quarktheorie nicht etwas falsch war. Denn falls es Quarks im Inneren der Protonen gibt, dann muß es doch möglich sein, eines von ihnen herauszubrechen, wenn man nur hart genug zuschlägt. Doch ein Proton weigerte sich auch dann zu zerbrechen, als es mit einer Energie getroffen wurde, die ein Vielfaches seiner Ruheenergie ausmachte. Das einzige, was sich dabei zeigte, waren ganze Schauer aus neuen komplett zusammengesetzten Hadronen. Einzelne Quarks sah man nie.
Eine alternative Strategie bei der Suche nach Quarks besteht darin, in der Natur nachzusehen. Wenn es Quarks gibt, dann ist es vernünftig anzunehmen, daß sie irgendwo auf natürliche Art und Weise produziert werden. Vermutlich wurden zuerst Quarks her-

gestellt, als die Materie in die Welt kam. Sie schlossen sich dann zusammen, um Hadronen zu bilden. Man könnte nun vernünftigerweise damit rechnen, daß es dabei einigen Quarks nicht gelungen ist, einen Partner zu finden, daß sie also übriggeblieben sind und das Universum allein durcheilen. Bei einer Untersuchung von gewöhnlichem Material könnte man daher auf das herumliegende einsame Quark treffen.
Genau dies hat William Fairbank von der Stanford-Universität versucht. Er hat sehr sorgfältig kleine Proben von natürlichen Mineralien wie etwa Niobium untersucht, um zu sehen, ob sie irgendwelche Partikel der Ladung ⅓ oder ⅔ enthielten. Dazu beobachtete er das Verhalten seiner Proben, nachdem er sie in ein starkes elektrisches Feld gebracht hatte. Fairbank wiederholte seine sehr sorgfältig ausgeführten Versuche viele Jahre lang, und hin und wieder meldete er einen Erfolg. Er behauptete, in einigen Proben seien Teilchen vorhanden, die nur einen Bruchteil der Elementarladung mit sich trügen. Bis auf den heutigen Tag bleibt jedoch offen, ob dieser Anspruch zu Recht besteht. Ähnliche Experimente wurden in anderen Laboratorien ohne jeden Erfolg durchgeführt, und so bleiben die Physiker skeptisch. Bedeutet dies, daß trotz allem die Existenz der Quarks angezweifelt wird? Keineswegs! Man gewinnt mehr und mehr das Gefühl, daß Quarks *nur* im Inneren von Hadronen existieren können. Wenn dies zutrifft, dann muß es ein Gesetz der Natur geben, das es den Quarks verbietet, isoliert zu existieren. Jedesmal, wenn wir versuchen, ein Quark aus einem Hadron zu entfernen, muß uns etwas darin hindern, dieses vollständig zu schaffen. Dieses Etwas ist vermutlich das Kraftfeld der Gluonen. Offenbar sind die Quarks so fest in den Hadronen angebunden, daß keine Kraft des Universums diese Bindung brechen und die Quarks freisetzen kann. Die Physiker sprechen davon, daß die Quarks im Inneren der Hadronen »dauerhaft eingesperrt« sind. Es geht also um das Problem der Einsperrung, das sie zu lösen haben.

Superleim

Eine der großen Herausforderungen für die Teilchenphysik besteht darin, die Einsperrung der Quarks mit Hilfe einer Eichfeldtheorie zu verstehen. Falls ein einzelnes Quark produziert werden könnte, würde es eine besondere Farbladung zeigen – rot,

grün oder blau. Solange die Quarks eingesperrt bleiben, sehen wir keine Farbe, nur die insgesamt »weißen« (farblosen) Kombinationen. Falls die Einsperrung von Dauer ist, dann erlaubt uns die Natur aus irgendwelchen Gründen nicht, eine nackte Farbe zu beobachten. Sie fällt unter die Zensur. Dies würde zugleich verständlich machen, warum die Leptonen, anders als die Quarks, isoliert existieren können, denn Leptonen sind farblos.
Was passiert, wenn wir versuchen, ein Quark aus einem Hadron herauszuziehen? Was ist das für ein Superleim, der so erbarmungslos festhält?
Ein wichtiger Hinweis auf die Natur der Quarkkräfte stammt aus den bereits geschilderten Experimenten am SLAC. Hier wurden hochenergetische Elektronen durch Protonen hindurchgeschossen. Die Ergebnisse wiesen darauf hin, daß die Kräfte zwischen den Quarks bei sehr kurzen Entfernungen mehr oder weniger dahinschwinden und daß die Quarks sich hier nahezu frei bewegen. Weitere Informationen kann man sammeln, wenn man das Verhalten von Mesonen betrachtet, in denen ein Quark und ein Antiquark ein gebundenes System bilden, das irgendwie an ein Wasserstoffatom erinnert. Wer die angeregten Zustände eines solchen Atoms untersucht, kann das Gesetz des inversen Quadrats für die elektrische Kraft zwischen Proton und Neutron ableiten, bei der die gegenseitige Anziehung mit zunehmender Entfernung stetig abnimmt. Untersuchungen mit den angeregten Zuständen von Mesonen weisen auf eine vollständig andere Situation hin. Wenn die zwei Partikel sich weiter voneinander entfernen und in Zustände mit höherer Energie übergehen, dann wird die Kraft zwischen ihnen nicht schwächer, sondern stärker.
Diese Ergebnisse machen deutlich, daß die Quarkkraft sehr seltsam ist. Alle anderen Kräfte der Natur werden mit zunehmender Entfernung schwächer. Die zwischen den Quarks wirkende Kraft macht das Gegenteil. Sie ist mit einem elastischen Band verglichen worden, das auch um so heftiger zieht, je weiter es gestreckt wird, und dessen Spannung abnimmt, wenn seine Enden zu dicht beieinander sind. Auch eine Kette kann hier als Analogie dienen. Die Quarks scheinen im Inneren der Hadronen angekettet zu sein. Bleiben sie nahe beisammen, bemerken die Quarks die Kette nicht; sie können sich in einem engen Bereich frei und unabhängig bewegen. Versucht aber eines der Quarks auszubrechen, wird es

brutal zurückgezogen. Die Physiker sprechen bei diesem Verfahren von »Sklaverei«.

Als die Vorstellung der Quarksklaverei schließlich modisch geworden war, fragte sich jedermann sofort, ob die QCD eine Erklärung dafür liefern könne. Die entsprechenden Rechnungen stellten sich als extrem schwierig heraus, obwohl sie für viele aufregende Hinweise sorgten. Es ist demnach möglich, von einem physikalischen Standpunkt aus zu skizzieren, wie es kommt, daß die Kraft zwischen Quarkteilchen mit der Entfernung wächst.

Ein wesentlicher Unterschied zwischen dem elektromagnetischen Feld, bei dem die Kraft mit zunehmender Entfernung abnimmt, und dem Gluonenfeld besteht darin, daß die Photonen selbst keine elektrische Ladung tragen. Wenn sie dies täten, wäre die Welt bis zur Unkenntlichkeit verändert. Im Gegensatz dazu tragen die Gluonen Farb»ladungen« in hybriden Kombinationen wie zum Beispiel Rot-Antigrün. Daher dienen die Gluonen nicht nur dazu, die Quarks zusammenzubinden, sie selbst haben ebenfalls die Neigung, aneinanderzukleben. Dadurch werden die Dinge zwar recht verwickelt, doch zeigt eine sorgfältige Analyse, daß diese universelle Klebrigkeit der Gluonen den Schlüssel zur Erklärung der Quarksklaverei liefern könnte.

Um zu erkennen, wie dies gehen soll, müssen wir zum Konzept des Vakuums zurückkehren. Sehen wir zunächst einmal nach, was passiert, wenn wir ein Elektron in das Vakuum setzen. Wir erinnern uns, daß der Raum um das Elektron nicht wirklich leer ist, er steckt vielmehr voll von allen möglichen virtuellen Teilchen. Darunter befinden sich auch virtuelle Photonen und virtuelle Positronen. Obwohl wir diese virtuellen Teilchen nicht direkt sehen, wissen wir doch, daß sie da sind und physikalische Spuren hinterlassen können. Auch das im Vakuum sitzende Elektron wird von den virtuellen Teilchen etwas erfahren, denn sie werden auf seine Anwesenheit reagieren. Das elektrische Feld des Elektrons wird das Aktivitätsmuster stören, das die virtuellen Elektronen und Positronen in ihrer kurzen Lebensspanne produzieren. Die Positronen werden mehr zu dem uns interessierenden Elektron hingezogen, die virtuellen Elektronen werden abgestoßen. Es wird also insgesamt eine kleine Verschiebung an Ladung geben, eine Erscheinung, die als Polarisation bezeichnet wird. Die Tatsache, daß der leere Raum in Anwesenheit eines elektrischen Feldes elektrisch polarisiert werden kann, stellt eine kuriose Konsequenz der Quantentheorie dar. Es ist schwer, sich ein Vakuum mit elektrischen Eigenschaften vorzustellen, doch der Effekt ist wirklich vorhanden und in Experimenten gemessen worden.

Das Ergebnis der Vakuumpolarisation besteht darin, daß sich eine Art neutralisierender Schirm um das Elektron spannt. Es gibt keine Möglichkeit, ihn loszuwerden. Er ist Teil der Wolke aus virtuellen Teilchen, die alle Elektronen mit sich herumtragen. Aus der Ferne gesehen, scheint durch die Abschirmung die elektrische Ladung eines Elektrons kleiner zu sein, als sie in Wirklichkeit ist. Wenn wir innerhalb der Wolke messen könnten, würden wir anfangen, etwas vom »nackten« Elektron mit seiner viel größeren Ladung wahrzunehmen. Wir würden beim Eindringen in die Wolke feststellen, daß hier das einfache Gesetz des inversen Quadrats, das bei großen Entfernungen zutrifft, nicht mehr gilt. Dies liegt an der Wolke aus virtuellen Positronen, die das mittendrin gelegene Elektron umarmen. Mit anderen Worten, der Abschirmeffekt des Vakuums kann die Art beeinflussen, mit der sich eine Kraft über die Entfernung ändert.

Auch im Gluonenfeld kommt es zu Abschirmungen. Die Wirkung besteht dabei darin, die Stärke der Farb»ladung« zu modifizieren, die von einem Quark getragen wird. Virtuelle Antiquarks tendieren dazu, sich um ein Quark mit der passenden Farbe zu versammeln. So zieht zum Beispiel ein rotes Quark einen Haufen aus antiroten Antiquarks an. Wie im Fall des Elektromagnetismus wird die Farbladung dabei partiell neutralisiert. Doch tragen hier die Gluonen zusätzlich zur Polarisation des Vakuums bei. Da Gluonen ebenfalls farbig sind, reagieren virtuelle Gluonen im Vakuum auf die Anwesenheit von Quarks. Wie sich herausstellt, wirkt die Wolke aus Gluonen auf entgegengesetzte Weise wie die Hülle aus Quarks; sie neigt nämlich dazu, die Farbe des Quarks in der Mitte zu verstärken und nicht zu neutralisieren. Der Effekt der virtuellen Gluonen besteht also darin, der Wirkung der virtuellen Quarks entgegenzutreten. Detaillierte Rechnungen zeigen, daß die Gluonen dabei sogar gewinnen, daß also insgesamt die Quarkfarbe durch das Vakuum *verstärkt* und nicht vermindert wird.

Dies hat weitreichende Konsequenzen für die Kräfte in den Quarks. Wenn ein Nachbarquark in die Hülle aus virtuellen Teilchen eindringt, dann stellt es fest, daß die effektive Farbe des

Quarks innerhalb der Wolke abnimmt und die Kraft dahinschwindet. Das eindringende Quark wird vom Zugriff des anderen Quarkteilchens verschont, solange es sich innerhalb dessen Wolke bequem macht. Ganz dicht dran wird die Quarkkraft ganz schwach. Dies steht im direkten Gegensatz zur Situation in der Elektrodynamik, stellt aber gerade das geeignete allgemeine Verhalten dar, um die Sklaverei der Quarks erklären zu können.
Es wäre zu früh, die QCD als den uneingeschränkten Erfolg zu feiern, der der QED bescheinigt wurde, als sie vor gut vierzig Jahren vervollständigt werden konnte. Der Fortschritt ist aber auf jeden Fall beeindruckend. Noch in den sechziger Jahren schien die Physik der Hadronen ein Durcheinander von komplizierten Kräften und unverständlichen Teilchen zu sein. Die QCD hat diesen Misthaufen weggeräumt und eine einfache Grundlage bereitgestellt, auf der mit nur relativ wenigen Parametern eine Theorie der Hadronen errichtet werden kann.

Die große Vereinheitlichung

Mit dem Aufkommen der QCD besaßen alle Kräfte der Natur eine gemeinsame Beschreibung mit Hilfe von Eichfeldern. Dies ließ neue Hoffnungen erwachsen. Die erfolgreiche Vereinheitlichung der schwachen und der elektromagnetischen Kräfte im Rahmen der Eichfeldtheorie deutete darauf hin, daß eine weitere Vereinheitlichung möglich war. 1973 publizierten Sheldon Glashow und Howard Georgi eine Theorie, in der die neue elektroschwache Kraft mit der starken Gluonenkraft verschmolzen wurde, um eine »große einheitliche Kraft« zu formen. Dies war die erste GET, die erste »große einheitliche Theorie« (englisch: GUT, »grand unified theory«). Heute befinden sich mehrere solcher GETs in einem Wettbewerb; sie beruhen alle auf derselben wesentlichen Idee.
Wenn die elektroschwache und die starke Kraft wirklich nur zwei Erscheinungsformen einer einzelnen großen Kraft sind, dann muß diese große Kraft als ein Eichfeld mit einer Symmetrie beschrieben werden, die umfassend genug ist, die Eichsymmetrien mit einzuschließen, die schon in der QCD und in der Weinberg-Salam-Theorie enthalten sind. Dies ist eine mathematische Aufgabe. Es gibt aber nun nicht eine Symmetrie, die dies kann, und daher vermehren sich die rivalisierenden Theorien. Alle GETs haben aber einige charakteristische Gemeinsamkeiten. Eine besteht

darin, daß die Quarks (die Träger der starken Kraft) und die Leptonen (die Träger der schwachen Kraft) zu derselben theoretischen Struktur verbunden werden. Bislang wurden Quarks und Leptonen als vollständig getrennte Biester angesehen, und es war ein ganz neues Konzept, sie in eine einzige Theorie einzubauen. Damit gelang ein weiterer wichtiger Schritt auf dem Weg zur Vereinheitlichung.

Die an einer GET beteiligte Eichsymmetrie kann man sich in Form eines »magischen Knopfes« vorstellen, der die Identität der Teilchen mischt, nur daß diesmal die Zahl der Zeiger noch weiter zugenommen hat. Anstelle der zwei Zeiger für die elektroschwache Kraft und der drei Zeiger für die QCD haben wir nun fünf Zeiger. Das Drehen des GET-Knopfes ist ein Riesengeschäft. Dabei passieren Dinge, die mit anderen Knöpfen verboten waren. So verwandeln sich nun Quarks in Leptonen oder sogar in Antiquarks. Vorgänge dieser Art waren in vorhergehenden Theorien absolut untersagt.

Wie zuvor führt unsere Forderung an die Natur, eine abstrakte Eichsymmetrie zu respektieren – sie ist diesmal größer –, indem sie ausgleichende Kraftfelder heraufbeschwört, zu der mathematischen Entdeckung von neuen Feldarten mit neuen Eigenschaften, so etwa mit der Fähigkeit, Quarks in Leptonen umzuwandeln. In der einfachsten GET, die von Georgi und Glashow stammt, bindet der magische Knopf rote, grüne und blaue d-Quarks mit Positronen und Antineutrinos zusammen. Dies erfordert 24 vereinheitlichte Kraftfelder. Zwölf der Quanten dieser Kraftfelder sind uns schon bekannt: das Photon, die zwei Ws, das Z und die acht Gluonen.

Die verbleibenden zwölf Quanten sind neu und werden mit dem kollektiven Namen X bezeichnet. Sie korrespondieren mit den Feldern, deren Aufgabe es ist, die umfassendere Eichsymmetrie zu erhalten, die die Quarks mit den Leptonen mischt (was einer Stellung des Knopfes entspricht, bei der zum Beispiel ein rotes d-Quark mit einem Positron hybridisiert wird). Daher können die Quanten dieser Felder – die X-Teilchen – Quarks in Leptonen (und umgekehrt) umwandeln, wenn sie als Boten ausgetauscht werden. Die X-Teilchen tragen elektrische Ladungen der Größe ⅓ oder ⁴⁄₃.

Wir wollen nun das Schicksal eines typischen Hadrons verfolgen, das auf die ungewöhnlichen X-Teilchen trifft. Dazu eignet sich das Proton besonders gut, das zwei u- und ein d-Quark enthält. Das d-Quark vermischt sich auf dem Weg über die große Eichsymmetrie mit dem Positron und kann sich in ein Positron verwandeln, wenn es ein X-Teilchen mit den passenden Eigenschaften austauscht. In diesem Fall muß das X-Teilchen eine relevante Farbladung tragen, und seine elektrische Ladung muß $-4/3$ sein. Das X muß dabei selbst auf ein anderes Teilchen übertragen werden, wofür in unserem Fall ein u-Quark des Protons in Frage käme. Das empfangende u-Quark wird das X absorbieren und sich dabei in ein Anti-u-Antiquark verwandeln.

Dabei ist etwas Bemerkenswertes geschehen. Was als Triplet aus zwei u-Quarks und einem d-Quark begann, wurde in ein Positron und ein Quark-Antiquark-Paar überführt. Das Positron spürt die starke Kraft nicht und fliegt ganz auf sich gestellt aus dem Hadron heraus, das nun gar kein Proton mehr ist. Das zurückbleibende Quark-Antiquark-Paar ist vielmehr ein Meson, genauer gesagt, ein Pion. Für einen Experimentator würde sich die Folge der Ereignisse als *Zerfall eines Protons* in ein Positron und in ein Pion zeigen.

In der ganzen Geschichte der Teilchenphysik hat es immer die unantastbare Regel gegeben, daß das Proton ein absolut stabiles Teilchen ist. Schließlich setzt sich die gewöhnliche Materie aus Protonen zusammen. Daß das Proton instabil sein könnte und mit einer gewissen Wahrscheinlichkeit zerfällt, darin steckt eine Voraussage der GET, die einen sprachlos macht. Sie impliziert, daß letztendlich alle Materie instabil, also nicht von Dauer ist; dies ist in der Tat eine weitreichende Schlußfolgerung.

Zu Beginn des Winters 1974 fuhr ich von London aus zu einer Konferenz im Rutherford-Laboratorium in der Nähe von Oxford. Einer der Mitfahrer war Abdus Salam, und wir fingen an, uns über den Inhalt der Vorlesung zu unterhalten, die er geben wollte. Salam deutete an, er habe einige Ideen im Hinblick auf die Möglichkeit, daß Protonen zerfallen können. Ich erinnere mich, daß mich dies amüsierte, und ich reagierte ziemlich skeptisch. Salam hielt dann seine Vorlesung, die sich als äußerst prophetisch erwies.

Die Konferenz wird aber aus einem anderen Grund in Erinnerung bleiben. Stephen Hawking aus Cambridge kündigte in seiner Vorlesung die sensationelle Entdeckung an, daß schwarze Löcher instabil sind und nach einiger Zeit unter Abgabe eines Teilchenschauers explodieren. Seltsamerweise kann solch ein Hawking-Prozeß auch Protonen veranlassen zu zerfallen, wie Hawking einige Jahre später bemerkte. Quanteneffekte erlauben es einem Proton, spontan nach innen zu »tunneln« und so zu einem virtuellen schwarzen Loch zu werden, welches zuletzt durch den Hawking-Prozeß verdampft, wobei ein Positron ausgespieen wird. Das Ableben eines Protons über den Weg eines schwarzen Lochs ist allerdings viel weniger wahrscheinlich als über den Weg, den die GET unterstellt.

Das plötzliche Verschwinden eines Protons ist ein Ereignis, das mit großer Wahrscheinlichkeit die Aufmerksamkeit eines scharf beobachtenden Physikers wecken würde. Somit erhebt sich die Frage, warum solch ein Zerfall nicht schon vor langer Zeit entdeckt worden ist. Um hierauf zu antworten, muß man nach der *Häufigkeit* fragen, die die Theorie für solch ein Ereignis voraussagt. Erfahrungen mit der Radioaktivität haben deutlich gemacht, daß Halbwertszeiten extrem schwanken können und abhängen von der Stärke der Wechselwirkung, die den Zerfall bewirkt, und von der Masse der Teilchen, die beteiligt sind. Ein beim Protonenzerfall wesentlicher Parameter ist die Masse des X-Teilchens, die nach den Spielregeln seine Reichweite bestimmt. Falls das X sehr massiv ist, wird sein aktiver Radius klein bleiben. Damit ein Protonenzerfall eintritt, müssen die beiden beteiligten Quarks dicht genug zusammenkommen, um ein X zu tauschen, und solche nahen Begegnungen treten nur selten per Zufall auf. Dies könnte erklären, warum der Protonenzerfall den Experimentatoren bislang verborgen geblieben ist. Nimmt man die besten Abschätzungen der Lebensdauer eines Protons zu Hilfe und arbeitet sich zurück, dann kommt heraus, daß die Masse des X-Teilchens etwa 10^{14} Protonenmassen entspricht. Ein ungeheurer Wert, gegen den das bislang schwerste bekannteste Teilchen – das Z mit der etwa neunzigfachen Protonenmasse – zur Bedeutungslosigkeit verblaßt.

Bevor wir auf dieser wahnwitzigen Zahl weiter herumreiten, muß ein offensichtliches Paradoxon aufgeklärt werden. Der Leser wird sich fragen, wie ein Proton in sich selbst ein Teilchen tragen kann, das 10^{14}mal schwerer ist als es selbst. Die Antwort geben die Unbestimmtheitsrelationen von Heisenberg. So ein X existiert nur

einen ganz kleinen Augenblick lang, nur solange es zwischen zwei Quarks ausgetauscht wird, die sich gerade sehr nahe gekommen sind. In solch einem kurzen Intervall besteht für die Energie – und also für die Masse – eine riesengroße Unbestimmtheit.
Die Quantentheorie bindet Energie (oder Masse) und Entfernung durch die Unbestimmtheitsrelation zusammen. Daher legt eine Massenskala automatisch eine Entfernungsskala fest. Die Physik, die in einer gewissen Entfernung von Bedeutung ist, ist auch die Physik, die bei einer gewissen Energie (oder Masse) von Bedeutung ist. Daher braucht man hochenergetische Beschleuniger, um kleine Entfernungen zu erproben. Die Massenskala des X-Teilchens gibt uns eine verwandte Entfernungsskala, die grob der Entfernung entspricht, die das X in seiner Eigenschaft als Botenteilchen zurücklegt. Es stellt sich heraus, daß die tatsächliche Entfernung bei etwa 10^{-29} Zentimeter liegt. Dies ist der Bereich des X-Teilchens; so nah müssen sich zwei Quarks kommen, um ein X auszutauschen und ein Proton zerfallen zu lassen. Auf die richtige Größe gebracht, bedeuten 10^{-29} Zentimeter für das Proton soviel wie ein Staubkorn im Sonnensystem. Die Welt der GET und des Protonenzerfalls ist viele millionenmal kleiner als die Welt der Quarks und Gluonen, die unsere Beschleuniger bislang erkundet haben. Es ist wie ein Universum innerhalb eines Protons, wegen seiner Winzigkeit ebenso unerreichbar für uns wie der extragalaktische Raum wegen seiner Weite. Um solch eine Liliputanerwelt direkt zu erkunden, müssen wir einen Beschleuniger bauen, der größer als unser Sonnensystem ist.
Jede vollständige Theorie der Kräfte in der Natur muß die relative Stärke der verschiedenen Kräfte erklären. Die Schöpfer von GETs waren schnell zur Stelle, um zu zeigen, wie ihre Theorien dem großen Unterschied zwischen der elektroschwachen und der starken Kraft Rechnung tragen konnten. Experimentatoren messen nicht die wirkliche Stärke dieser Kräfte, wenn sie das Treiben der subatomaren Teilchen beobachten, denn die Quellen der verschiedenen Felder werden alle durch die beschriebene Polarisation des Vakuums abgeschirmt. Diese Abschirmung sorgt dafür, daß im Nahbereich die elektromagnetische Kraft stärker und die starke Kraft schwächer werden. Sie tendieren also zur Konvergenz. Wenn man die schwache Kraft so adjustiert, daß die Symmetriebrechung stattfinden kann, liegt sie zwischen den beiden ande-

ren Kräften. Wie die starke Kraft wird auch die schwache Kraft »antiabgeschirmt«, sie nimmt also weiter drinnen ab. Es ist von Interesse, den Punkt zu bestimmen, an dem alle Kräfte etwa gleich stark sind. Wir kommen dabei wieder einmal auf diese 10^{-29} Zentimeter, also genau auf die Länge, die mit der Masse der X-Teilchen verknüpft ist. Dies ist eine sehr erfreuliche Übereinstimmung.

Das Ergebnis der ganzen Analyse ist dieses: Bei unglaublich hohen Energien (oder, anders ausgedrückt, in extrem kleinen Bereichen) verschmelzen die elektromagnetische, die starke und die schwache Kraft zu einer einzigen Kraft, wobei die getrennten Identitäten der Quarks und Leptonen verlorengehen. Wir nehmen verschiedene Kräfte und Teilchen nur im Bereich unserer Erfahrung wahr, weil wir hier die Materie bei relativ geringer Energie untersuchen. Die Physiker bezeichnen die 10^{14}-Protonenmassen als »Skala der Vereinheitlichung«. Hinter dieser Zahl verbirgt sich eine dramatische Konsequenz.

Bevor wir dies weiterverfolgen, wollen wir den Stand der großen einheitlichen Theorien einschätzen. Durch die Verschmelzung von drei Kräften zu einer großen Dreieinigkeit verringern die GETs erheblich die Zahl der willkürlichen Parameter, die wir zu unserer Beschreibung der Natur brauchen. Die weniger ehrgeizige Weinberg-Salam-Theorie enthält Konstanten, die einfach vom Experiment angepaßt werden müssen. In den GETs werden einige dieser Parameter nicht mehr länger ad hoc gewählt, sie werden vielmehr durch die Theorie festgelegt.

Es finden sich auch unerwartete Belohnungen für die Forschermühen. Eine davon besteht in der möglichen Erklärung des uralten Geheimnisses, warum die elektrische Ladung immer nur als ganzzahliges Vielfaches einer festliegenden fundamentalen Einheit auftritt. Da im Rahmen der verwendeten Konvention ein Elektron die Ladung -1 und ein Proton die Ladung $+1$ hat, bekommt das d-Quark die kleinste Ladungseinheit, nämlich $-1/3$. Alle anderen Ladungen sind kleine Vielfache dieses Wertes, gleichgültig, ob die Ladung sich auf Quarks, Leptonen oder Botenteilchen befindet. Bevor es die Versuche gab, eine GET zu finden, war kein Grund zu sehen, warum es keine Teilchen geben sollte, deren Ladung irgendeinen krummen Wert hat, etwa wie die Zahl Pi. In einer einheitlichen Theorie kann dies aber nicht vorkommen. Es gibt strenge Regeln, weil alle Teilchen zu großen Familien gehören müssen, die Botenteilchen miteinander tauschen können, die wiederum eine gegebene Ladungseinheit mit sich tragen. Wenn zum Beispiel beim Zerfall eines Protons das d-Quark zu einem Positron wird und dabei dem X eine Ladung von $-4/3$ überträgt, dann muß das absorbierende u-Quark die richtige Ladung haben, um für die passende Antiquarkladung zu sorgen, nachdem es das X geschluckt hat. Diese Rechnungen müssen konsistent sein, was bedeutet, daß alle Teilchen in einer Familie Ladungen haben müssen, die einfache Vielfache voneinander sind (es sei denn, sie sind ungeladen).

Es gibt auch Einwände gegen die GETs. Sie weisen darauf hin, daß es viele davon gibt und daß die Skala der Vereinheitlichung so entfernt ist, daß es keine Aussicht gibt, sie jemals direkt dem Experiment zugänglich zu machen. Wie wollen wir dann zwischen den rivalisierenden Theorien unterscheiden? Wenn die GETs eine Welt beschreiben, die so klein und energiereich ist, daß wir sie nie beobachten können, ist dann die Physik nicht zur reinen Philosophie degeneriert? Sind wir nicht in derselben Lage wie Demokrit und andere griechische Philosophen, die sich endlos über die Gestalten und Eigenschaften der Atome wunderten, ohne jemals die Hoffnung zu haben, eines von ihnen beobachten zu können? Einige Physiker glauben ganz entschieden, daß dies nicht so ist. Sie weisen auf drei Lebenslinien hin, die uns einen Zugriff zur Physik auf der Skala der Vereinheitlichung geben könnten. Wir werden sie alle drei der Reihe nach ansehen.

Ein Blick auf die Urkraft?

Der Zerfall des Protons

In der Woche, in der am CERN die Entdeckung des Z-Teilchens verkündet wurde, nahm Steven Weinberg an einem Treffen der Royal Society in London teil. Er sagte dort, daß ihn die Zukunftsaussichten der Grundlagenphysik ziemlich deprimierten. Dies scheint auf den ersten Blick erstaunlich zu sein. Wie konnte er, dessen Theorie gerade so spektakulär bestätigt worden war, durch den von der Physik eingeschlagenen Weg deprimiert sein?

Wie alle brillanten theoretischen Physiker war Weinberg den Experimenten um viele Längen voraus. Sein Interesse hatte sich seit langem über die elektroschwache Theorie hinaus den Fragen der großen Vereinheitlichung (und was noch danach kommt) zugewandt. Die Ursache von Weinbergs Depression lag nicht in den herrlich positiven Ergebnissen, die man am CERN erhalten hatte, sie lag in einem kaum publik gemachten negativen Ergebnis, das am Eriesee gewonnen worden war.

Das Experiment am Eriesee war eines von vielen, die in der ganzen Welt wiederholt wurden und in denen sich die größte und wahrscheinlich einzige Hoffnung bot, die GET zu testen und dabei einen blassen Schatten der Physik auf der Skala der Vereinheitlichung zu erhaschen. Alle diese Versuche hatten nur ein Ziel – ein einzelnes Proton in dem Moment zu erwischen, in dem es zerfällt. Die sensationelle Vorhersage der GETs, daß Protonen instabil sind, hatte bei den meisten Physikern wie eine Bombe eingeschlagen, obwohl die Idee schon seit einigen Jahren als Gerücht im Umlauf war. Seit langem wurden Experimente durchgeführt, um Grenzen für die Lebensdauer eines Protons anzugeben, doch handelte es sich hierbei mehr um Routine. Niemand erwartete ernsthaft, ein zerfallendes Proton zu sichten.

Als die GETs zeigten, daß die Massenskala der Vereinheitlichung bei etwa 10^{14} Protonenmassen liegt, war den Physikern sofort klar, daß sie die große einheitliche Physik niemals direkt im Versuch erfahren können. Die einzige Hoffnung bestand darin, einen indirekten Test der GET zu finden, und hier bot sich der Protonenzerfall als die offensichtliche Wahl an. Die genaue Lebensdauer eines Protons hängt von der Version der GET ab, die man nimmt. Doch geben die meisten von ihnen (auch die einfachste, die unter dem kryptischen Namen »minimale SU[5]« bekannt ist) einen Wert von etwa 10^{31} Jahren an. Das ist 10^{21}mal mehr als das Alter des Universums.

Wie kann ein Vorgang, der unvergleichlich viel mehr Zeit als das Alter des Universums braucht, jemals von Menschen beobachtet werden? Die Antwort liegt in der Tatsache, daß nicht jedes Proton 10^{31} Jahre braucht, um zu zerfallen. Die Regeln der Quantenphysik verlangen, daß jedes einzelne Zerfallsereignis unvorhersagbar ist. Die durchschnittliche Lebensdauer beträgt 10^{31} Jahre, und das bedeutet, daß es in einer Ansammlung von 10^{31} Protonen höchstwahrscheinlich eines gibt, das in einem oder zwei Jahren zerfällt. Darin besteht die Strategie bei der Suche nach einem zerfallenden Proton. Viele Tonnen Materie werden dort zusammengetragen, wo die kosmische Strahlung nicht hinkommt, und anschließend daraufhin überprüft, ob hier ein plötzliches Zerfallsereignis eintritt. Die kosmischen Strahlen sind ein Hauptärgernis, da sie die empfindlichen Instrumente mit allen Arten von unerwünschten Teilchen überfluten. Um dieser Verunreinigung zu entkommen, muß das Experiment unter einem Berg oder in einer tiefen Grube stattfinden. Doch auch hier kann man die Neutrinos nicht ganz ausschalten.

Bevor es die GETs gab, lagen die besten Grenzwerte der Lebensdauer eines Protons bei 10^{28} Jahren. Dies ist eine eindrucksvolle Zahl, auch wenn sie sich auf ein Nichtereignis bezieht. Hier handelt es sich wahrscheinlich um das von Menschen am genauesten erfaßte Beispiel von etwas, das nicht stattfindet. Wovon sonst weiß man durch direkte Beobachtung, daß es wenigstens in den nächsten 10^{28} Jahren *nicht* eintritt? Mit dem Aufkommen der GETs erhielten die Messungen der Protonenlebensdauer einen Schub. Um die Vorhersagen der GETs zu verifizieren, mußte die experimentelle Genauigkeit mindestens um den Faktor 1000 verbessert

werden, und dies bedeutete, man brauchte mehr und teurere experimentelle Einrichtungen.
Die Aussicht, tatsächlich einen Protonenzerfall beobachten zu können, war so erregend, daß mehrere Forschergruppen sich an dem Rennen beteiligten. Zu den ersten auf der Strecke gehörte ein japanisch-indisches Team, das eine Art Baumkuchen aus Eisenplatten tief im Inneren eines indischen Bergwerks aufstellte. Dieser oberflächlich träge Klumpen aus Materie wurde umhüllt von einem Kranz aus Teilchendetektoren, die darauf eingestellt waren, die Zerfallsprodukte eines Protons zu registrieren. Im Frühjahr 1982 gab es eine erste Mitteilung. Einige »Kandidaten für mögliche Ereignisse« waren beobachtet worden, die nahelegten, daß ein Proton nach etwa 10^{31} Jahren zerfällt, also gerade nach der Zeit, die die einfachste GET vorhergesagt hatte.
Dieser Anspruch wurde zwar mit großem Interesse, aber auch mit einer gewissen Skepsis begrüßt. Selbst noch in der Tiefe, in der das Experiment angesiedelt war, konnten kosmische Strahlen und Neutrinos die Wirkung eines Protonenzerfalls imitieren. Weitere Experimente waren erforderlich, um die Ergebnisse zu bestätigen und die Physiker zu überzeugen. Einige Monate später registrierte auch ein vom CERN unter dem Montblanc durchgeführtes Experiment ein verdächtig richtig aussehendes Ereignis, und das Interesse begann zu wachsen. Es schien, daß die Physiker ganz dicht vor der Schwelle zu einem neuen Bereich der Physik standen.
Ein großer Teil der Aufmerksamkeit richtete sich auf die Konsequenzen, die ein instabiles Proton mit sich bringen würde. Die Protonen sind die Bausteine aller Kernmaterie. Wenn sie alle zum Zerfall bestimmt sind, wird das Universum eines Tages verschwinden. Dies geschieht natürlich nicht plötzlich. Doch so nach und nach über die Äonen wird sich die Materie unwiderruflich verflüchtigen. Wenn die 10^{31} Jahre richtig abgeschätzt sind, bedeutet dies, daß im Lauf unseres Lebens wenigstens ein Proton eine Chance hat zu zerfallen.

Was ist mit den anderen atomaren Bausteinen, den Neutronen und Elektronen? Derselbe Vorgang, der Protonen zerfallen läßt, könnte auch Neutronen zerstören, doch würden viele von ihnen zuvor dem konventionelleren Betazerfall erliegen. Jedes zerfallende Proton überläßt seine Ladung einem Positron, dem Gegenstück zum Elektron aus der Antimaterie. Jedes auftauchende Proton wird ein Elektron heraussuchen und zerstören. Da es genauso viele Elektronen wie Protonen im Universum gibt, scheint es wahrscheinlich, daß die Elektron-Positron-Vernichtung nahezu alle Elektronen des Universums erledigt. Am Ende werden dann eines Tages die 10^{50} Tonnen an Material, die das sichtbare Universum zu bieten hat, auf ein Nichts geschrumpft sein. Ein ernüchternder Gedanke.

Um Gewißheit über dieses Szenario zu gewinnen, mußten die Physiker erst einmal die Voraussetzung prüfen, also die Wirklichkeit des Protonenzerfalls. Immer raffiniertere Experimente wurden in der ganzen Welt unternommen. Eines der besten von ihnen nutzte ein Salzbergwerk 600 Meter unter dem Eriesee aus. Die im Experiment zu beobachtenden Protonen wurden in Form von 8000 Tonnen voll mit hochgereinigtem Wasser geliefert, die in einem würfelförmigen Tank untergebracht wurden, dessen Diagonale etwa 18 Meter lang war. In dem Wasser baumelten die Röhren von nahezu 2000 Fotoverstärkern, deren Aufgabe es war, die winzigen Lichtblitze zu registrieren, die auftreten, wenn geladene Teilchen mit hoher Geschwindigkeit durch ein dichtes Medium sausen. Die Absicht lag darin, die energiereichen Produkte eines Protonenzerfalls durch Aufzeichnung dieser Lichtblitze zu finden. Wenn die geschätzten 10^{31} Jahre Lebensdauer zutrafen, dann sollte man am Eriesee in den ersten drei Monaten des Experiments mehrere Protonen zerfallen sehen. Aber wie es dann so kommt: Es wurde kein einziges Ereignis registriert. Und allmählich schien es, als ob die ersten Berichte falsch gewesen wären, und so sanken die Hoffnungen darauf, daß man jemals sehen würde, wie ein Proton zerfällt.

Dieses negative Ergebnis widerlegt die GETs nicht, es scheint nur die einfachste Version einer großen Vereinheitlichung auszuschließen. Es gibt kompliziertere Theorien, die viel längere Lebenszeiten des Protons vorhersagen. Doch dann ist es unwahrscheinlich, daß wir jemals Zeuge eines solchen Zerfalls werden. Die Experimente nähern sich sehr rasch dem theoretischen Limit an Genauigkeit.

Falls sich der Zerfall des Protons als Sackgasse erweist, wird sich die Aufmerksamkeit mehr und mehr dem anderen experimentellen Zugang zuwenden, von dem uns bekannt ist, daß er einen Blick auf die Physik im Bereich der Skala der Vereinheitlichung gestatten kann. Es geht um den magnetischen Monopol.

Magnetische Monopole

In den vorhergehenden Kapiteln ist oft die legendäre Symmetrie und Schönheit von Maxwells elektromagnetischen Gleichungen erwähnt worden. Es gibt dabei aber einen seltsamen Makel, der die ansonsten perfekte Eleganz dieser Theorie beeinträchtigt. Die Gleichungen sind etwas schief in ihrer Behandlung von Elektrizität und Magnetismus. Obwohl beide Kräfte tief miteinander verwoben sind, treten sie in der Theorie nicht ganz symmetrisch auf. Während elektrische Felder entweder von elektrischen Ladungen oder von sich ändernden Magnetfeldern erzeugt werden, entstehen Magnetfelder nur durch sich ändernde elektrische Felder. Es scheint aber keinen Grund zu geben, warum nicht auch Magnetfelder durch magnetische Ladungen produziert werden können (und elektrische Felder durch magnetische Ströme).

Ein gewöhnlicher Magnetstab hat einen Nord- und einen Südpol. Eine tiefergehende Analyse offenbart jedoch, daß der Magnetismus tatsächlich durch elektrische Ströme hervorgerufen wird, die auf dem atomaren Niveau kreisen. Da nun eine Stromschleife unvermeidlich ein *Paar* aus Magnetpolen erzeugt – einen Nordpol auf der einen und einen Südpol auf der anderen Seite –, wird ein Magnet immer ein »Dipol« sein, das heißt, er wird immer einen Süd- und einen Nordpol haben. So, wie es für eine Münze unmöglich ist, nur eine Seite zu haben, ist es für einen Stromkreis unmöglich, nur einen Pol zu produzieren. Daher ist es ausgeschlossen, einen einzelnen Pol – einen Monopol – aus einem Stabmagneten herauszubrechen.

Untersuchungen zeigen, daß alle Magnete Dipole sind. Falls es magnetische Monopole gibt, dann müssen sie sehr zurückgezogen existieren. Systematische Erkundungen von Felsen (einschließlich Mondgestein) und Proben vom Meeresgrund waren nicht in der Lage, auch nur eine einzige reine magnetische Ladung zu präsentieren. Dies bestärkte viele Physiker in der Annahme, daß es keine magnetischen Monopole gibt. In diesem Fall ist der Magnetismus nur noch ein Nebenprodukt der Elektrizität. Dies würde bedeuten, daß es in der Natur kein Gleichgewicht zwischen Elektrizität und Magnetismus gibt.

Im Jahr 1931 stellte der britische theoretische Physiker Paul Dirac fest, daß die Quantenphysik Platz für einen magnetischen Monopol hat, auch wenn die Natur sich dafür entschieden hat, keinen Gebrauch von dieser Möglichkeit zu machen. Dirac konstruierte eine Verbindung zwischen der Existenz von magnetischen Monopolen und den Phasen von Quantenwellen und fand dabei einen verblüffenden Zusammenhang zwischen elektrischen und magnetischen Ladungen. Falls es magnetische Monopole gibt – so fand Dirac heraus –, dann tragen sie eine magnetische Ladung, die das Vielfache einer gegebenen festen Grundgröße ist, die ihrerseits von der fundamentalen Einheit der elektrischen Ladung bestimmt wird. Damit wissen wir wenigstens, wie groß ein magnetischer Monopol ist, falls sich einer zeigt.

Obwohl Dirac für die magnetischen Monopole einen Platz in der Physik fand, konnte man sie nicht zwingen, diesen auch einzunehmen. Ein halbes Jahrhundert lang wurde fast nichts zu diesem Thema geschrieben. Im Jahr 1975 wurde die Gemeinde der Physiker dann von der Nachricht überrascht, daß in der kosmischen Strahlung ein magnetischer Monopol entdeckt worden sei. Zwar stellte sich diese Nachricht als falsch heraus, sie weckte aber erneut vermehrt Interesse an dieser Frage. Der tiefere Grund dahinter waren neue theoretische Ideen, die weit über die von Dirac hinausgingen. Kurz gesagt, die Theoretiker hatten entdeckt, daß magnetische Monopole die mehr oder weniger unausweichliche Konsequenz von GETs sind.

Der große einheitliche Monopol (oder auch GEM) war von 't Hooft und auch von Alexander Polyakow in Moskau erfunden worden. Ihre theoretischen Arbeiten kamen zu dem Schluß, daß ein solcher GEM ziemlich komische Eigenschaften haben müsse. So müßte jeder Monopol zunächst einmal etwas mehr als die Masse der Vereinheitlichung wiegen, nämlich nahezu 10^{16} Protonenmassen. Dies würde ihn so schwer wie eine Amöbe machen. Monopole wären auch keine punktförmigen Teilchen. Sie besäßen statt dessen eine komplizierte innere Struktur aus verschiedenen Kraftzonen, die wie die Schichten einer Zwiebel aussähen.

Da die direkte Produktion solch eines extrem massiven Teilchens ausgeschlossen ist, wandten sich die Monopolenthusiasten der Kosmologie zu. Vielleicht gab es noch einige GEMs als Überreste der Monopole, die zusammen mit der gewöhnlichen Materie beim

Urknall entstanden waren. Mit großem Eifer wurde gerechnet, um zu sehen, wie viele übriggebliebene Monopole man vernünftigerweise erwarten könnte. Zur völligen Überraschung der Theoretiker stellte sich heraus, daß es einen ungeheuren Überschuß an GEMs geben mußte. Einer Abschätzung zufolge sollten magnetische Monopole im Universum sogar genauso häufig vorkommen wie Atome. Es war klar, daß hier irgend etwas vollständig falsch war. Zwingende Limitierungen bezüglich der Häufigkeit von Monopolen ergaben sich aus Untersuchungen der galaktischen Magnetfelder. Sogar im besten Fall mußten die Monopole von den Atomen um den Faktor 10^{16} übertroffen werden.

Die Theoretiker sind immer noch über diese Fragen zerstritten. Sie nennen diesen Konflikt »das Monopolproblem«. Im zwölften Kapitel werden wir uns einige Ideen ansehen, die das Monopolproblem auf eine hübsche Weise zu lösen scheinen. In der Zwischenzeit wenden wir unser Interesse den Konsequenzen zu, die zu erwarten sind, wenn die Monopole tatsächlich in der Häufung im Universum auftreten, die die astronomischen Beobachtungen zulassen. Schätzungen ergeben, daß jedes Jahr bis zu 200 Monopole aus dem Weltraum auf jeden Quadratkilometer der Erde treffen. Wenn nur einer registriert werden könnte, wäre dies eine spektakuläre Bestätigung der großen Vereinheitlichung.

Diese Aussicht hat eine Vielzahl von Versuchen hervorgerufen, nach kosmischen Monopolen mit Hilfe von elektrischen Stromkreisen zu suchen. Das Prinzip hinter diesen Versuchen basiert auf der als Supraleitung bekannten Eigenschaft einiger Materialien. Supraleiter verlieren jeden Widerstand, wenn sie bis auf sehr tiefe Temperaturen abgekühlt werden. Dies ist im wesentlichen ein Quanteneffekt, und einer der wichtigen Eigenschaften eines Stromes, der in einer supraleitenden Schleife fließt, besteht darin, daß das dabei erzeugte Magnetfeld »quantisiert» ist, das heißt, es liegt nur in gewissen festen Einheiten vor. Sollte ein Monopol direkt durch diese Schleife fliegen, würde man dies an einem Sprung des Magnetflusses um einige bestimmte Quanteneinheiten höher sehen.

Am 14. Februar 1981 registrierte Blas Cabrera von der Stanford-Universität genau solch einen Quantensprung. Diese Beobachtung rief so etwas wie eine Sensation hervor und wurde als erster Beweis für einen magnetischen Monopol aus dem Weltraum betrachtet. Sofort bauten andere Gruppen ihre eigenen Experimente auf, um Cabreras Ergebnisse zu bestätigen, doch blieb dies ohne Erfolg. Zur Zeit wächst wieder die Befürchtung, daß dies ein falscher Alarm war.

In der Zwischenzeit haben sich andere Theoretiker eifrig mit der Frage beschäftigt, was wir sonst noch sehen könnten, falls die Erde von Monopolen aus dem Weltraum überschüttet wird. Eine der besonderen Merkmale eines GEM ist seine ungeheure Masse, die auf ein riesiges Energiereservoir schließen läßt: -10^{16}mal soviel Energie wie die, die ein Urankern in einem Kernreaktor freiläßt. In der Tat würde der Energiegehalt von ein paar Dutzend Monopolen am Tag ausreichen, um den Verbrauch eines durchschnittlichen Haushalts zu decken.

Um diese Energie freisetzen zu können, muß ein Monopol durch einen Antimonopol vernichtet werden, das heißt, ein Nordpol muß auf einen Südpol treffen. Jede Schaffung eines Nordpols ist mit der Schaffung eines Südpols verbunden, somit würden ebenso viele Nord- wie Südpole auf die Erde treffen. Da magnetische Monopole stabil sind, wenn sie in gewöhnlicher Materie eingebettet sind, könnten sie im Prinzip systematisch eingesammelt, in Nord und Süd eingeteilt und in magnetischen »Flaschen« aufbewahrt werden. Später würde man ein paar Nord- mit ein paar Südpolen mischen und dabei erstaunliche Energiemengen freisetzen. Im großen Maßstab könnte diese Anordnung natürlich auch als schrecklich wirksame binäre Waffe eingesetzt werden.

Einige Geophysiker haben darüber spekuliert, ob so etwas ganz natürlich im Inneren der Erde abläuft. Die eintreffenden Monopole werden abgebremst, wenn sie sich durch das Innere der Erde wühlen, woraufhin sie zum Erdkern hinabsinken und sich hier ansammeln. Die Wirkung des geomagnetischen Feldes bestünde darin, die Nordmonopole nach Norden und die Südmonopole nach Süden zu lenken, um auf diese Weise ihre Mischung zu verhindern. In den Zeiten, in denen das Magnetfeld umgekehrt ist, könnten die beiden Populationen die Plätze tauschen. Bei ihrer Wanderung in entgegengesetzte Richtungen käme es zu vielen Nord-Süd-Begegnungen, die zu Vernichtungen in großem Maßstab führten. Manche glauben, daß dieser Vorgang hauptsächlich für die Hitze im Erdinneren verantwortlich ist.

Die Bemühungen um den Zerfall des Protons und die magnetischen Monopole stellen die geringer werdende Hoffnung der Physiker dar, doch einen experimentellen Blick auf die Skala der Vereinheitlichung zu werfen. Es ist zu früh, diese Versuche als gescheitert abzuschreiben, doch mehr und mehr Physiker kommen zu der Überzeugung, daß die Initiative nun von den Theoretikern ausgehen muß. Nur wenige theoretische Physiker glauben, daß die großen einheitlichen Theorien das Schlußwort sind. Schließlich gelang es der GET nur, drei der vier fundamentalen Kräfte zu vereinigen. Welchen Durchblick werden wir erst bekommen, wenn eine wahrhaft einheitliche Theorie vorliegt?

Die Urkraft

Es ist die Gravitation, die nirgendwohin paßt. Die anderen Naturkräfte können alle durch Kraftfelder dargestellt werden, die sich in Raum und Zeit erstrecken; die Gravitation aber *ist* Raum und Zeit. Einsteins Allgemeine Relativitätstheorie beschreibt Gravitation als ein verzerrtes Feld, ein Krümmungsfeld in der Geometrie der Raumzeit. Es ist nichts als eine verdrehte Leere.

Die geometrische Natur des Gravitationsfeldes mag elegant erscheinen, sie hat aber ernste Konsequenzen für jede Quantenbeschreibung. Tatsächlich hat Einsteins Theorie jahrzehntelang allen Versuchen widerstanden, sie in einer konsistenten Quantenformulierung zu erfassen. Trotz der Tatsache, daß sie ein Eichfeld ist, liefert die Beschreibung der Gravitation in Form eines Austausches von Botengravitonen nur für die einfachsten Vorgänge vernünftige Antworten. Die Schwierigkeiten liegen wie immer bei den Ausdrücken, die unendlich werden, wenn eine geschlossene Gravitonenschleife erscheint.

Das Problem mit der Unendlichkeit wird im Fall des Gravitationsfeldes dadurch verstärkt, daß das Graviton selbst gravitationsartig »geladen« ist. In dieser Hinsicht ist es dem Gluon vergleichbar, das als Vermittler der starken Kraft fungiert und dabei auch eine Farb»ladung« trägt. Da alle Formen der Energie – einschließlich der Gravitonen – eine Quelle der Gravitation sind, könnte man sagen, daß Gravitonen Gravitation ausüben. Das heißt, zwei Gravitonen treten dadurch in Wechselwirkung, daß sie ein drittes Graviton austauschen, wie in Abbildung 21 gezeigt wird. Man kann sich ohne weiteres noch kompliziertere Netzwerke von Gravitonen ausdenken, und es ist klar, daß sich geschlossene Schleifen von Gravitonen (Abbildung 22) rasch vermehren, wenn man andere Vorgänge als den einfachen Gravitonenaustausch ins Auge faßt.

Das Auftreten von endlosen Bändern mit unendlichen Termen in den Gravitationsgleichungen wird heute als die tiefe Malaise der Quantengravitation angesehen, die auf Einsteins ursprünglicher Arbeit basiert. Die Situation erinnert an die schwache Kraft, bevor diese mit der elektromagnetischen vereinheitlicht wurde. Beide Theorien können aber »renormalisiert« werden. Im Fall der schwachen Kraft liegt das an der Symmetrie. Die alte Theorie hatte davon nicht genug. Nachdem erst einmal eine mächtige Eichsymmetrie eingebaut worden war, verschwanden die Unendlichkeiten wie von Zauberhand. Von dieser Lektion geleitet, begannen die Physiker vor zehn Jahren mit dem Versuch, nach einer neuen Symmetrie zu suchen, die mächtiger war als alle bis dahin bekannten und die die Gravitation vor dem Gift der Nichtrenormalisierbarkeit bewahren sollte. Zu diesem Zweck erfanden sie die *Supersymmetrie.*

Die wesentliche Idee der Supersymmetrie dreht sich um das Konzept eines Spins, wie es im Rahmen der Teilchenphysik verstanden wird. Wenn die Physiker davon reden, daß ein Teilchen einen Spin hat, dann haben sie dabei mehr im Sinn als nur die Vorstellung eines winzigen Balls, der um eine Achse rotiert. Einige Verrücktheiten des Spins haben wir bereits diskutiert. Ein Teilchen mit

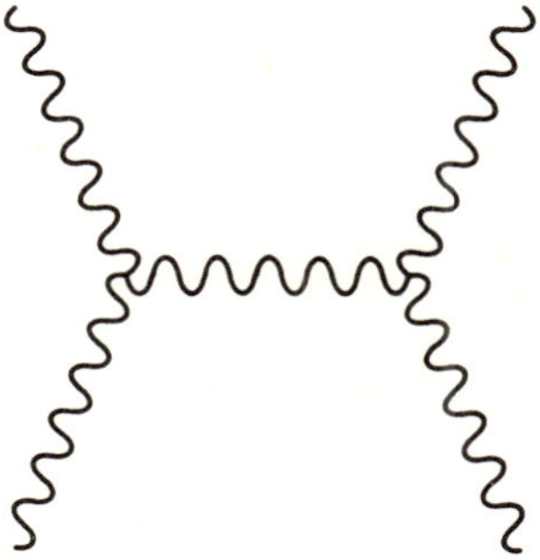

Abbildung 21: Die Gravitation ist selbst eine Quelle der Gravitation. Dies erlaubt Gravitonen (Wellenlinien) auf dem Quantenniveau, mit sich selbst in Wechselwirkung zu treten. In dem gezeigten Vorgang erfahren zwei Gravitonen eine gegenseitige Anziehung, indem sie ein drittes (Boten-)Graviton austauschen.

Spin hat eine seltsame »Doppelbild«-Ansicht von der Welt, die so gar nicht mit unserer geometrischen Intuition übereinstimmt.
Die Existenz des Spins ist in der Natur so fundamental, daß die Teilchen dadurch in zwei Klassen eingeteilt werden. In der einen Klasse gibt es die »Bosonen«, also Teilchen, die entweder wie das hypothetische Higgs-Teilchen nicht »spinen« (das heißt, sie haben den Spin 0) oder die ganzzahlige Vielfache der Spineinheit haben. Dazu gehören das Photon, W und Z mit dem Spin 1 und das Graviton mit dem Spin 2. Das Verhalten der Bosonen entfernt sich – was den Spin angeht – nicht allzuweit von unserer Intuition.
In der anderen Klasse sind die »Fermionen«. Ihr Spin ist immer ein halbzahliges Vielfaches der Einheit. Alle Quarks und Leptonen sind Fermionen mit dem Spin ½. Es ist der Spin der Fermionen, der mit seiner Eigenschaft der Doppeldrehung unsere Vorstellungskraft auf eine harte Probe stellt.
Die Unterscheidung zwischen Bosonen und Fermionen spielt in der Physik eine große Rolle. Sie wird dann vor allem deutlich, wenn die Teilchen in großen Mengen auftreten. Die Fermionen – also die Teilchen mit dem halbzahligen Spin wie zum Beispiel das Elektron – werden von einer Art Xenophobie (Fremdenfeindlichkeit) beherrscht. Sie erlauben es keinem Verwandten, zu nahe zu kommen. Als die Quantenphysik noch in ihren Kinderschuhen steckte, formulierte Wolfgang Pauli sein berühmtes »Ausschließungsprinzip«, das es zwei Elektronen untersagt, einen Quantenzustand miteinander zu teilen. Dies bedeutet, wenn man ein Gefäß von gegebener Größe mit Elektronen füllt, dann kann man nur soundsoviel hineintun, bevor sie anfangen zu protestieren. (Dies hat nichts mit ihrer elektrischen Abstoßung zu tun, die getrennt

Abbildung 22: Die Fähigkeit der Gravitonen, miteinander in Wechselwirkung zu treten, erlaubt auch Vorgänge mit komplizierteren Gravitonschleifen. Hier wird nur eine gezeigt. Die Schleifen produzieren unkontrollierbar unendliche Terme in der mathematischen Beschreibung der Quantengravitation, wodurch die Theorie ziemlich nutzlos wird.

davon wirkt. Neutronen oder Neutrinos verhalten sich genauso antisozial.) Das Pauli-Prinzip war ein bemerkenswerter früher Erfolg der Quantenphysik, weil es erklärte, warum sich die Elektronen in schweren Atomen nicht alle den niedrigsten Energiezustand aussuchen und hier durcheinanderrasen. Statt dessen verhalten sie sich ordentlich und füllen nach und nach jedes Energieniveau auf. Ohne diese Disziplin wäre die Chemie tatsächlich ein auf Zufälle angewiesenes Geschäft. Mit Hilfe von Paulis Regel kann man hingegen die Organisation des periodischen Systems der Elemente sofort verständlich machen.

Das Pauli-Prinzip erklärt noch viel mehr von dieser Welt, zum Beispiel den Unterschied zwischen einem elektrischen Leiter und einem Isolator. In einem Leiter gibt es einige freie Elektronen, die die Energie eines angelegten elektrischen Feldes aufnehmen und beschleunigt auf höhere Stufen der Energie übergehen können. Dies ist in einem Isolator deshalb ausgeschlossen, weil alle verfügbaren höheren Energieniveaus bereits von anderen Elektronen besetzt sind. Ein weiterer Erfolg des Pauli-Prinzips besteht in einer Erklärung der Kraft, die weiße Zwerge und Neutronensterne gegen den Kollaps durch die Gravitation aufwenden können. Ohne sie würden alle Sterne eines Tages als schwarze Löcher enden.

Im Gegensatz zu dem auf Isolation bedachten Verhalten der Fermionen lieben es die Bosonen über alles, zusammenzukommen. Es wird auch kein Einwand erhoben, wenn einmal viele in einem Bett liegen. Kein Ausschließungsprinzip wirkt hier, und folglich verhält sich eine Menge von Bosonen vollständig anders als ihre Vettern, die Fermionen. Bosonen lassen sich ohne Protest in denselben Zustand oder auf denselben Platz quetschen oder schieben. Wegen dieses kooperativen Verhaltens können individuelle Bosonen als Team zusammenarbeiten, wobei sie die Aktivität des einzelnen verstärken und nicht behindern. Auf diese Weise gelingt es vielen Bosonen, orchesterartig zu handeln und dabei makroskopische Wirkungen hervorzurufen, die wir direkt wahrnehmen können. Zum Beispiel können ganze Armeen von Photonen kohärent verschmelzen und dabei eine wohldefinierte elektromagnetische Bewegung wie eine Radiowelle zuwege bringen. Fermionen würden dies nie schaffen, sie kämen sich gegenseitig ins Gehege. Deshalb sehen wir niemals eine makroskopische Elektronenwelle, trotz der Tatsache, daß mit Elektronen eine Welle assoziiert ist.

Die mächtigen physikalischen Unterschiede zwischen Fermionen und Bosonen haben die Physiker veranlaßt, diese Teilchen jahrzehntelang in Taubenschlägen einzusperren, die in verschiedenen Hirnregionen lagen. So waren alle Botenteilchen Bosonen, und alle Quarks und Leptonen waren Fermionen. Damit wurden die Bosonen mehr mit *Kräften* und die Fermionen mehr mit *Materie* in Verbindung gebracht. Diese scharfe Trennung erklärt vielleicht, warum so viele Physiker zurückschraken, als in den frühen siebziger Jahren die Supersymmetrie zum erstenmal vorgeschlagen wurde. Denn die Supersymmetrie *vereint* Bosonen und Fermionen in einer Theorie. Dies mag zwar nach einer Zwangsheirat aussehen – die beiden Parteien sind so völlig anders –, doch kann diese Verbindung bewerkstelligt werden, wenn man eine Symmetrieoperation zu Hilfe nimmt, die noch mächtiger als die Lorentz-Poincaré-Symmetrie wirkt, die der Relativitätstheorie zugrunde liegt. Mathematisch ähnelt die Supersymmetrie dem Ziehen der Quadratwurzel aus der Lorentz-Poincaré-Symmetrie. Physikalisch entspricht sie der Umwandlung eines Bosons in ein Fermion und umgekehrt. Natürlich können wir dies in der realen Welt ebensowenig ausführen wie die Drehung eines Knopfes, der die Elektronenartigkeit eines Elektrons im Rahmen der Eichsymmetrie einstellt, die wir in früheren Kapiteln beschrieben haben. Dennoch kann die Operation mathematisch erkundet werden, und es lassen sich Theorien konstruieren, die die Supersymmetrie als eine Eigenschaft enthalten.

Es dauerte nicht lange, bis die Supertheoretiker ihre Aufmerksamkeit der Gravitation zuwandten. Die Supersymmetrie ist nämlich eng mit der Geometrie verwandt. Wer zwei supersymmetrische Operationen in Folge ausführt, wird eine einfache geometrische Operation erhalten wie zum Beispiel eine Verschiebung der Position im Raum. Und so wurde auch die Mathematik der Supersymmetrie als Quadratwurzel der Geometrie bezeichnet. Die Gravitation als reine gekrümmte Geometrie erhält durch die Sprache der Supersymmetrie ihre natürliche Ausdrucksweise, die die Eichfeldnatur der Gravitation auf eindrucksvolle Weise darstellt.

Da die Supersymmetrie Bosonen und Fermionen vereint, schließt sie Teilchen mit unterschiedlichem Spin zu Familien zusammen.

Vereinigungen aus Teilchen – einige mit dem Spin 0, andere mit ½, 1 und so weiter – können so angeordnet werden, daß die ganze Familie supersymmetrisch ist. Wenn man nun verlangt, daß die Gravitation durch eine supersymmetrische Theorie beschrieben werden soll, dann bedeutet dies zum Beispiel, daß das Graviton mit dem Spin 2 nicht allein existieren kann. Es muß zu einer ganzen Familie von Teilchen gehören, die sich mit dem Spin 2 über die supersymmetrische Operation verbinden lassen. Dies schließt Teilchen mit dem Spin 0, ½, 1 und – ganz wichtig – 3⁄2 ein. Da bislang noch kein elementares Teilchen mit dem Spin 3⁄2 beobachtet worden ist (obwohl sich drei Quarks so anordnen können, daß sich ein Spin von 3⁄2 ergibt), steckt in dessen vorhergesagter Existenz ein neuer Zug der Supersymmetrie.

Derartige Beschreibungen der Gravitation nennt man *Supergravitation.* Die Supergravitation unterscheidet sich von der gewöhnlichen Gravitation dadurch, daß das Graviton nicht mehr das einzige Teilchen ist, das die Schwerkraft übermittelt. Dies wird vielmehr von der ganzen supersymmetrischen Familie übernommen, wobei vor allem den rätselhaften Teilchen mit dem Spin 3⁄2 viel abverlangt wird, weshalb die Physiker sie zu »Gravitinos« ernannt haben.

Die genauen Details der Familienstruktur hängen davon ab, wie die Theoretiker sich entscheiden, die Supersymmetrie mathematisch darzustellen. Die mächtigste Repräsentation ist als »N = 8-Supergravitation« bekannt. Sie erzeugt eine Teilchenfamilie von beträchtlicher Größe: 70 Mitglieder mit Spin 0, 56 mit Spin ½, 28 mit Spin 1 und 8 mit Spin 3⁄2, und dazu kommt natürlich noch ein einsames Graviton mit Spin 2. Dabei taucht eine interessante Frage auf: Können alle diese Teilchen mit in der Natur erkannten Teilchen identifiziert werden, also mit Quarks, Leptonen und Boten? Falls dies möglich ist, dann steht uns eine einheitliche Theorie der Natur zur Verfügung, die nicht nur alle Teilchen der Materie in einer Familie zusammenbringt, sondern die darüber hinaus alle Botenteilchen und somit alle Kräfte zusammenschweißt. Die Supergravitation liefert den Rahmen für eine *vollständige Vereinheitlichung,* in der die ganze Welt sich unter Kontrolle einer einzigen Meisterkraft – der Urkraft – befindet, die sich in verschiedenen Gewändern zu erkennen gibt – der Elektromagnetismus durch Botenphotonen, die starke Kraft durch Gluonen

und so weiter –, die aber alle durch die Supersymmetrie verbunden sind (Tabelle 5).
Die Supergravitation geht sogar darüber hinaus. Sie liefert eine einheitliche Beschreibung von *Kraft* und *Materie.* Sowohl die Kraft als auch die Materie entstammen den Quantenteilchen, doch sind die Photonen, W- und Z-Teilchen und Gluonen Bosonen, während die Quarks und Leptonen Fermionen sind. Und so, wie das Graviton sein Gravitino hat, das mit ihm gemeinsam auftritt, so schließen sich tatsächlich alle Botenteilchen mit neuen Teilchen zusammen, die Photinos, Winos, Zinos und Gluinos genannt werden!
Die Existenz all dieser »Inos« wirkt sich entscheidend auf die mathematische Struktur der Theorie aus, vor allem, was die verflixte Frage der Renormalisierbarkeit angeht. Grob gesagt, rufen die »Inos«, die ausnahmslos Fermionen sind, in der Theorie Unendlichkeiten hervor, die das entgegengesetzte Vorzeichen zu den Unendlichkeiten haben, die von den Bosonen wie dem Graviton herkommen. Es gibt also eine Tendenz zur Aufhebung, bei der die negativ unendlichen Gravitino-Schleifen die positiv unendlichen Graviton-Schleifen auslöschen. Die Unendlichkeiten supersymmetrisieren sich sozusagen zu Tode.
Seit es die Supergravitation gibt, brennt den Physikern vor allem eine Frage unter den Nägeln: Ist die Supersymmetrie kraftvoll genug, um die Supergravitation renormalisierbar machen zu können? Es war nicht leicht, darauf eine Antwort zu finden. Die Supergravitation ist inzwischen eine Art Industrie geworden, die die Aufmerksamkeit von Dutzenden von Theoretikern fesselt und jährlich Hunderte von Forschungsberichten hervorbringt. Die Details der Mathematik sind so verwickelt geworden, daß nur wenige außerhalb des Kreises der Eingeweihten überhaupt eine Ahnung davon haben, was die verwendeten Symbole bedeuten. In meiner Abteilung arbeitet einer der Experten der Supergravitation. Er häuft routinemäßig zehn Zentimeter dicke Papierstapel an, um auch nur eine einzige Rechnung auszuführen. Das Problem liegt darin, daß es unabhängig von der eleganten und einfachen mathematischen Grundlage zu einem haarigen Geschäft werden kann, besondere Einzelheiten zu überprüfen.
Wegen dieser Zähigkeit und Komplexität hat es bislang noch keine raschen Antworten im Hinblick auf die Renormalisierbarkeit ge-

Elektrizität	Elektromagnetismus (Maxwell, um 1850)	Elektroschwache Kraft (Salam u. Weinberg, 1967)	Große einheitliche Theorien (Glashow u. a., 1974)	Urkraft (1990?)
Magnetismus				
Schwache Kraft				
Starke Kraft				
Gravitation				

Tabelle 5: Die stufenweise Vereinheitlichung der Kräfte der Natur begann mit Maxwells Synthese von Elektrizität und Magnetismus im 19. Jahrhundert. Die Vereinigung der schwachen und der elektromagnetischen Kraft ist nun fester Bestand der Physik, seit 1983 die W- und die Z-Teilchen nachgewiesen werden konnten. Evidenz für die große Vereinheitlichung wird zwar eifrig gesucht, sie hat sich aber bislang nicht gezeigt. Die theoretischen Grundlagen für eine Theorie der Urkraft werden zunehmend ausgebaut.

geben. Doch das, was erreicht worden ist, sieht vielversprechend aus. Es scheint sogar, daß die Supergravitation über die bloße Renormalisierbarkeit hinausgeht, bei der die Unendlichkeiten in der Theorie bleiben und nur durch mathematische Tricks umgangen werden. Statt dessen versucht die Supergravitation, *endliche* Antworten zu finden. Und tatsächlich haben bislang alle Berechnungen ohne Ausnahme endliche Resultate erbracht. Die Physiker glauben fest daran, daß die Supergravitation die katastrophalen Unendlichkeiten ausradiert hat, mit denen sich die Feldtheorie zwei Generationen lang herumplagen mußte.

Die Supergravitation ist der krönende Abschluß einer langen Suche nach der Einheit in der Physik. Obwohl sie erst noch in ihrer Entstehungsphase steckt, ruht zweifellos die große Hoffnung auf ihr, drei der Hauptprobleme der Physik lösen zu können, das heißt, die vier Naturkräfte in einer Urkraft zusammenzufassen, die Existenz all dieser elementaren Teilchen zu erklären und verständlich zu machen, warum die Gravitation so viel schwächer als die anderen Kräfte ist.

Das Vertrauen auf einen positiven Abschluß dieser Untersuchungen ist so groß, daß Stephen Hawking prophezeit hat, mit der $N=8$-Supergravitation sei der höchste Gipfel der theoretischen Physik erreicht. Von ihm aus könnte man im Prinzip die ganze physikalische Welt sehen und verstehen, alle Kräfte und alle Teilchen. Falls er recht hat – und vielleicht ist es doch noch zu früh für Physiker, um sich bei den Biochemikern nach Jobs zu erkundigen –, dann würde sich die Supergravitation in einer grundlegenden Hinsicht von allen anderen Theorien der Physik unterscheiden. Bislang wurden physikalische Theorien bloß als Modelle angesehen, die ungefähr die Wirklichkeit der Natur beschreiben. Mit besseren Modellen wurde die Übereinstimmung zwischen Theorie und Realität immer genauer. Nun behaupten einige Physiker, daß die Supergravitation die Wirklichkeit *ist*, daß also mathematisches Modell und reale Welt perfekt übereinstimmen. Dies ist eine starke philosophische Behauptung, und sie ist ein Indiz für die Euphorie, die mit den letzten Erfolgen aufgekommen ist.

Von diesem theoretischen Optimismus heben sich deutlich die dunklen Aussichten ab, die bestehen, wenn es darum geht, die Theorie im Experiment zu überprüfen. Auf dem Treffen der Royal Society konzentrierte sich Weinberg auf dieses Hindernis.

Er sagte dazu: »Die Quantengravitation scheint für jedes Experiment, das wir uns ausdenken können, unzugänglich zu sein. Tatsächlich bewegt sich die Physik auf ein Gebiet zu, in dem grundlegende Fragen nicht mehr durch denkbare Experimente beleuchtet werden können. Dies ist eine sehr beunruhigende Position für denjenigen, der sich darin befindet.« Ich habe ihn dann gefragt, ob dies heißt, daß die Physik zur reinen Philosophie verkommt. Seine Antwort: »Vermutlich nicht. Ich glaube, daß der Einfallsreichtum der Experimentatoren einen Ausweg aus dieser Situation finden wird.« Er gab allerdings zu, selbst nicht sagen zu können, wie dieser Weg aussehen kann.
Zur Zeit der Niederschrift dieses Buches (und auch zur Zeit der Übersetzung; Anmerkung des Übersetzers) hat also die Vereinheitlichung der Physik einen großen Schritt nach vorne getan, und zum erstenmal kann eine vollständige Theorie der Natur in ihren Umrissen erkannt werden, selbst wenn experimentelle Bestätigungen noch außer Reichweite zu liegen scheinen. Wie viele fesselnde Bilder mag auch dies nur eine Fata Morgana sein. Doch können wir erstmals in der Geschichte der Wissenschaft eine Vorstellung davon bekommen, wie eine vollständige wissenschaftliche Theorie der Welt aussehen kann.

In wieviel Dimensionen leben wir?

Die erste einheitliche Feldtheorie

Einen großen Teil ihrer Faszination bezieht die Physik aus der Tatsache, daß sie die Welt oftmals mit Hilfe von Dingen erklärt, die wir nicht sehen und die wir uns möglicherweise nicht vorstellen können, wenn wir unsere Phantasie auch noch so anstrengen. Einige Beispiele dafür sind uns bereits begegnet, der Spin eines Teilchens etwa, die Dualität Welle und Teilchen und der elastische Raum. Es gibt Leute, die diese Abstraktionen entweder für Wahnsinn oder für ein Ärgernis halten, anderen hingegen kommt dies raffiniert und äußerst attraktiv vor. Wer sich an Science-fiction erfreut, kommt nicht darum herum, die neue Physik als Goldgrube voll verrückter Ideen anzusehen.

Ein klassisches Beispiel für die Verwendung abstrakter Konzepte zur Erklärung der Natur lieferte Albert Einstein 1915, als er seine epochale Allgemeine Relativitätstheorie veröffentlichte. Sie stellt eine der wenigen Arbeiten dar, die einen Wendepunkt in der menschlichen Wahrnehmung der Welt bedeuten. Die Schönheit von Einsteins Theorie beruht nicht nur auf der Stärke und Eleganz der Feldgleichungen, die die Gravitation beschreiben, sie basiert ebenso auf dem umfassenden Radikalismus, den sie im Hinblick auf die konzeptionelle Grundlage ausübt. Denn Einstein fegte nicht nur Newtons Gravitation *und* seine Mechanik mit einem Schwung weg, er räumte überhaupt mit der Vorstellung auf, daß die Gravitation eine Kraft ist. Die Allgemeine Theorie der Relativität etablierte ein und für allemal die Idee, daß die Gravitation ein Feld aus geometrischen Verzerrungen ist. Einstein führte dabei die Gravitation auf reine Geometrie zurück. Wo man bis dahin eine Zugkraft vermutete, da ist nun eine »Raumzerrung«.

Einsteins Theorie brachte einen wichtigen Fortschritt in der Sicht der Dinge, der es unvermeidbar machte, auch bald die anderen

Kräfte der Natur noch einmal genauer in Augenschein zu nehmen. Der Elektromagnetismus war die einzige andere Kraft, die man damals eindeutig identifiziert hatte. Sie schien der Gravitation allerdings in keiner Weise zu ähneln. Zudem war sie bereits mehrere Jahrzehnte zuvor erfolgreich von Maxwell beschrieben worden, und es gab keinen Hinweis, daß Maxwells Theorie angezweifelt werden müßte.

Sein Leben lang hat Einstein davon geträumt, daß eine einheitliche Feldtheorie konstruiert werden könnte, in der alle Kräfte der Natur mit einem einzigen Schema beschrieben werden, das ausschließlich auf reiner Geometrie basiert. In der Tat widmete Einstein den größeren Teil seiner späten Jahre der Suche nach einem solchen Schema. Ironischerweise stammt die größte Hoffnung, daß sich Einsteins Traum verwirklicht, aus der Arbeit eines nur wenig bekannten polnischen Physikers mit Namen Theodor Kaluza. Er legte bereits 1921 die Grundlagen für einen erstaunlichen neuen Ansatz zur Vereinheitlichung der Physik, der in seiner Kühnheit atemberaubend ist.

Kaluza war durch die Macht der Geometrie bei der Beschreibung der Gravitation inspiriert worden, und er wollte Einsteins Arbeit ausdehnen, um den Elektromagnetismus mit in die geometrische Formulierung der Feldtheorie aufnehmen zu können. Dabei mußte er dies bewerkstelligen, ohne die geheiligten elektromagnetischen Gleichungen Maxwells zu ändern. Wie er dies machte, liefert ein klassisches Beispiel für die Verquickung von kreativer Phantasie und physikalischem Verständnis. Kaluza bemerkte, daß es selbst dann keinen Weg gab, Maxwells Theorie in eine Geometrie umzuwandeln, wie wir sie normalerweise verstehen, wenn er dabei Raumzerrungen zuließ. Seine Lösung war von brillanter Einfachheit. Er erweiterte die Geometrie gerade so weit, daß Maxwells Theorie noch Platz fand. Der Weg, den er dazu einschlug, ist zugleich bizarr und überzeugend. Kaluza zeigte, daß der Elektromagnetismus tatsächlich eine Form der Gravitation ist, wobei aber nicht mehr die Gravitation der gewohnten Physik gemeint ist. Der Elektromagnetismus ist vielmehr die Gravitation einer ungesehenen Dimension des Raumes.

Die Physiker waren schon seit langem daran gewöhnt, die Zeit als vierte Dimension aufzufassen. Die Relativitätstheorie macht deutlich, daß Raum und Zeit keine eigenständigen universellen physikalischen Größen sind. Man muß sie statt dessen in eine einzige vierdimensionale Struktur zusammenpacken, die Raumzeit heißt. Kaluza ging nun einen Schritt darüber hinaus, und er postulierte, daß es noch eine andere Dimension gebe, eine weitere Raumdimension, insgesamt also vier Raumdimensionen. Wenn man dies tut – so zeigte Kaluza –, dann tritt eine Art mathematisches Wunder ein. Das Gravitationsfeld verhält sich in einem fünfdimensionalen Universum wie die gewöhnliche Gravitation *plus* Maxwells elektromagnetischem Feld, wenn man dies aus der beschränkten Perspektive der vier Dimensionen ansieht. Kaluza sagte mit seiner kühnen Hypothese, daß es nur ein einziges Kraftfeld gibt – die Gravitation –, wenn wir unsere Sicht des Universums auf fünf Dimensionen ausweiten. Was wir Elektromagnetismus nennen, ist nur der Teil der Gravitation, der in der fünften Dimension operiert, also der zusätzlichen Raumdimension, die wir noch nicht erkannt haben.

Kaluzas Lösung verbindet die Gravitation und den Elektromagnetismus nicht nur in einer einzigen Theorie, sie liefert auch eine geometrische Formulierung für die beiden Kraftfelder. In dieser Sicht ist eine elektromagnetische Welle wie die Radiowelle nichts anderes als eine Kräuselung in der fünften Dimension. Die unterschiedliche Bewegung von elektrisch geladenen Teilchen in elektrischen und magnetischen Feldern wird in diesem Rahmen sehr überzeugend gedeutet, indem angenommen wird, daß sich die Teilchen in der fünften Dimension aufbäumen. In dieser Sicht gibt es überhaupt keine Kräfte, sondern nur eine gezerrte fünfdimensionale Geometrie, und die Teilchen mäandrieren frei durch eine Landschaft aus strukturiertem Nichts.

Die Tatsache, daß Einsteins Gravitationsfeld in fünf Dimensionen vollständig und exakt mit Gravitation und Elektromagnetismus übereinstimmt, muß mehr als eine zufällige Koinzidenz sein. Doch bleibt in Kaluzas Theorie – so, wie er sie vorschlug – ein Aspekt sehr verwirrend: Wir sehen diese vitale vierte Raumdimension nicht. Der Raum unserer Wahrnehmung ist klar und deutlich dreidimensional. Falls es eine vierte Dimension des Raumes gibt, wo ist sie nur? Bevor wir diese Frage beantworten, wollen wir sehen, was das Konzept einer Dimension tatsächlich bedeutet.

Was sind Dimensionen?

Die Erfinder von Science-fiction-Geschichten haben schon immer aufs höchste die Eigenschaften zusätzlicher räumlicher Dimensionen gepriesen. Manchmal berufen sich die Autoren auf »andere Dimensionen«, um ihre Personen ohne Verzug von einem Ort im Universum zum anderen zu schaffen, ohne sie damit belästigen zu müssen, den gewöhnlichen dreidimensionalen Raum mit weniger als der Lichtgeschwindigkeit zu durchqueren, was dann eher der Geschwindigkeit einer Schnecke entspricht. In Arthur C. Clarkes Buch »Odyssee im Weltraum« endet eine Expedition zum Saturn mit dem ungestümen Eintauchen in eine andere Dimension, die sich auf einem der Saturnmonde befindet.

Die Dimensionen haben die Menschen aber nicht erst fasziniert, seit es Science-fiction gibt. Schon die alten Griechen schätzten ihre Bedeutung für die Wissenschaft von der Geometrie hoch ein. Ein seltsames Beispiel, das die Griechen direkt mit dem Problem der Dimensionalität konfrontierte, betraf die Eigenschaften von Polygonen (geschlossene Figuren, die aus Seiten gleicher Länge bestehen, wie etwa ein Quadrat, ein Pentagon oder ein Oktagon). Die Zahl der Polygone ist unbegrenzt, jede Seitenzahl ist möglich. Im Gegensatz dazu gibt es nur *fünf* Arten von Polyedern (geschlossene Oberflächen, die aus regelmäßigen Formen wie Dreiecken zusammengesetzt sind). Wie immer verbanden die Griechen ihre Geometrie mit tiefen mystischen Bedeutungen. Ptolemäus verfaßte sogar eine Studie über die Dimensionalität, in der er Argumente dafür vorbrachte, daß in der Natur nicht mehr als drei Dimensionen erlaubt sind.

In der modernen Zeit begannen Mathematiker wie Georg Friedrich Bernhard Riemann aus eigenem Interesse heraus mit dem systematischen Studium von höherdimensionalen Räumen. Dabei trafen sie auf das grundlegende Problem, wie eigentlich Dimensionalität befriedigend zu definieren ist. Dies war wichtig, weil die Mathematiker strenge Theoreme über die Eigenschaften von Räumen mit verschiedenen Dimensionen beweisen wollten.

Intuitiv teilen wir die geometrischen Strukturen in solche mit einer, zwei oder drei Dimensionen auf, je nach der Natur ihrer Ausdehnung. So hat ein Punkt keinerlei Ausdehnung und also die Dimension Null. Eine Linie ist eindimensional, eine Fläche ist zwei- und ein Volumen ist dreidimensional. Wir können es kaum besser sagen, als es Euklid etwa im Jahr 300 v. Chr. geschrieben hat:

»Ein Punkt ist das, was keinen Teil hat.
Eine Linie ist eine Länge ohne Breite.
Eine Fläche ist das, was nur Länge und Breite hat.
Ein Körper ist das, was Länge, Breite und Tiefe hat.«

Euklid wies weiter darauf hin, daß die Enden einer Linie Punkte sind, daß die Grenze einer Fläche eine Linie und die Grenze eines Körpers eine Fläche ist. Dies führte zu der Idee, die Dimensionalität in Form einer Hierarchie zu definieren. Bei einem Punkt fängt man mit Null an, und anschließend baut man eine Dimension nach der anderen darauf auf. Daher ist ein Objekt dann eindimensional, wenn seine Enden aus Punkten bestehen, das heißt, es ist eine Linie. Auf diese Weise gelangen wir auch induktiv zu der Definition einer vierdimensionalen Struktur als einer solchen, die durch ein dreidimensionales Volumen begrenzt wird. Es gibt keine Schranke für die Zahl der Definitionen, die auf diese Weise *logisch* formuliert werden können, obgleich das Verfahren nichts über die reale physikalische Situation aussagt.
Ein besserer Zugriff auf die Dreidimensionalität gelingt, wenn wir uns ein Schema ausdenken, mit dem wir Punkte im Raum markieren. Dazu stellen wir uns vor, wir wollen einen Freund an einem vorgegebenen Punkt treffen. Eine Methode bestünde darin, die geographische Länge und Breite anzugeben. Dabei könnten wir zum Beispiel die Koordinaten des Empire State Building in New York ausgewählt haben. Dies läßt uns noch die Freiheit, die Höhe festzulegen. Auf welchem Flur werden wir sein? Insgesamt sind drei voneinander unabhängige Zahlen erforderlich, um eindeutig einen Punkt im Raum zu definieren. Aus diesem Grund sagt man, der Raum ist dreidimensional.
Die Relativitätstheorie legte dann offen, wie der Raum mit der Zeit verknüpft ist. Wir sollten wirklich nicht an den Raum allein denken, sondern an eine Raumzeit. An welchem Tag treffen wir den Freund im Empire State Building? Um die Zeit eines Ereignisses festzulegen, brauchen wir eine einzige Zahl – das Datum –, und also ist die Zeit eindimensional. Setzen wir Raum und Zeit zusammen, erhalten wir die vierdimensionale Raumzeit.

Wenn wir versuchen, uns zusätzliche Dimensionen vorzustellen – zum Beispiel eine vierte Raumdimension und somit fünf Dimensionen der Raumzeit –, dann versagt unsere Intuition. Eine Methode, die hier helfen kann, besteht darin, zu einer Analogie Zuflucht zu nehmen. Dazu stellen wir uns ein zweidimensionales Lebewesen in Form eines Pfannkuchens vor, das dazu ausersehen ist, sein ganzes Leben auf eine Fläche beschränkt zu bleiben. Es hat keine Vorstellungen von rauf oder runter. Das Universum dieses Pfannkuchens sieht man in Abbildung 23. Wir können erkennen, daß die Oberfläche in der Tat in einem dreidimensionalen Raum eingebettet liegt, aber der Pfannkuchen selbst kann sich an dieser weiteren Perspektive nicht erfreuen. Er nimmt nur wahr, was innerhalb der Oberfläche passiert.
Wir können das zweidimensionale Wesen nun fragen, was passiert, wenn ein dreidimensionales Objekt in die Fläche eindringt. Die Fläche schneidet aus dem Objekt eine Scheibe aus, deren Größe und Form sich im allgemeinen ändern werden, wenn das Objekt durch die Fläche tritt. Eine Kugel zum Beispiel würde zuerst als Punkt registriert, dann zu einer Scheibe anschwellen, einen maximalen Radius erreichen, wieder zusammenschrumpfen und erneut als Punkt verschwinden. Kompliziertere Objekte würden dabei kompliziertere Figuren hervorbringen.

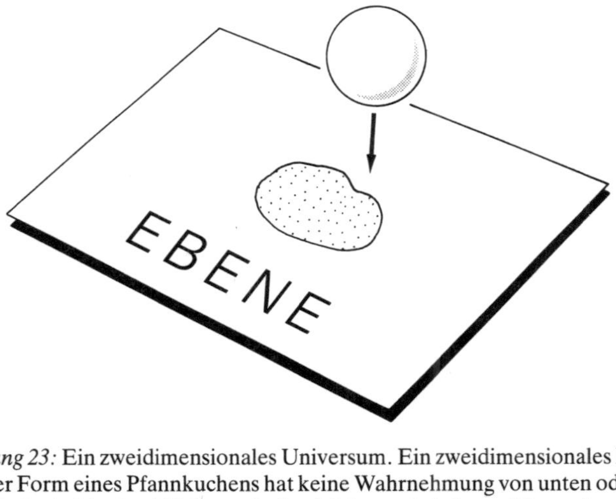

Abbildung 23: Ein zweidimensionales Universum. Ein zweidimensionales Lebewesen in der Form eines Pfannkuchens hat keine Wahrnehmung von unten oder oben. Der Ball, der bald seine Flächenwelt durchdringt, wird als zweidimensionale Form wahrgenommen, die sich mit der Zeit ändert.

Wenn wir mit Hilfe von Analogien argumentieren, können wir annehmen, daß die vier Dimensionen unserer Raumzeit in einem Universum von fünf (oder mehr) Dimensionen untergebracht sind, dessen Geometrie wir uns nicht vorstellen können, das wir aber mit Hilfe der Mathematik vollkommen logisch beschreiben können. Tatsächlich haben die Mathematiker schon seit langem die Regeln der Geometrie für Räume mit beliebiger (auch unendlicher) Dimension verallgemeinert. Man kann daher mit höherdimensionalen Räumen etwas Sinnvolles anfangen, auch wenn nur drei davon unserer Wahrnehmung zugänglich sind.

Welche besonderen Eigenschaften würde ein vierdimensionaler Raum besitzen? Ein Aspekt der Dimensionalität betrifft die Zahl der zueinander senkrechten Richtungen, die gefunden werden können. Die Fläche dieser Buchseite ist zum Beispiel zweidimensional. Legen wir sie einmal flach auf den Tisch. Die Ecken der Seite legen zwei Linien im rechten Winkel zueinander fest. Es ist nicht möglich, auf die Seite eine dritte Linie zu zeichnen, die senkrecht zu diesen beiden Linien verläuft. Solch eine Richtung kann aber dann gefunden werden, wenn wir bereit sind, die Ebene der Seite zu verlassen und eine senkrechte Linie nach oben zu zeichnen. Im dreidimensionalen Raum gibt es also im Gegensatz zu der zweidimensionalen Fläche drei Richtungen, die jeweils senkrecht aufeinanderstehen.

Im vierdimensionalen Fall gäbe es also *vier* zueinander senkrechte Richtungen. Abbildung 24 zeigt, wie die Situation in drei Dimensionen aussieht, wenn drei zueinander senkrechte Linien das Maximum bilden. Was immer wir auch versuchen, wir können keine weitere Linie im gewöhnlichen Raum finden, die senkrecht zu diesen drei Richtungen verläuft. Jede Linie dieser Art müßte eine Richtung einschlagen, die nicht mehr in unserem Raum liegt. Obwohl wir uns nicht vorstellen können, *wohin* eine solche Linie geht, so ist doch klar, daß, *logisch* gesehen, eine solche Linie existieren könnte. Wir könnten sie beschreiben. Ihre geometrischen Eigenschaften könnten ausgewertet und katalogisiert werden.

Der berühmte Satz des Griechen Pythagoras, den jedes Schulkind lernen muß, liefert ein einfaches Beispiel für solch eine Eigenschaft. Der Satz betrifft rechtwinklige Dreiecke. In Abbildung 25 nennen wir die Seitenlängen des rechtwinkligen Dreiecks a, b und

x. Mit diesen Symbolen konstatiert der Satz von Pythagoras eine Verbindung zwischen diesen Längen, die durch eine einfache Formel ausgedrückt werden kann:

$$a^2 + b^2 = x^2$$

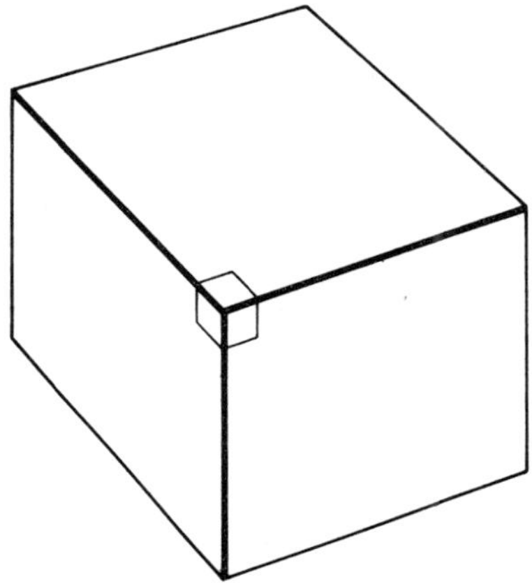

Abbildung 24: Die Kanten eines rechtwinkligen Blocks bilden drei senkrecht aufeinanderstehende Linien. In unserem dreidimensionalen Raum kann keine weitere Linie gezogen werden, die auf diesen drei Linien senkrecht steht.

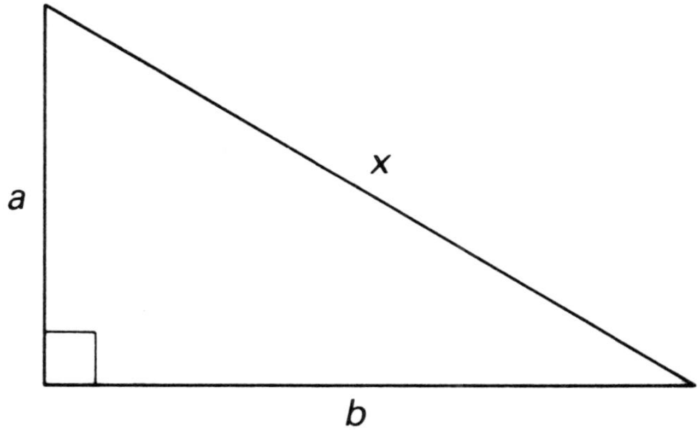

Abbildung 25: Pythagoras' Theorem setzt die Längen a, b und x eines rechtwinkligen Dreiecks zueinander in Beziehung. Man kann dieses Theorem für mehr Dimensionen verallgemeinern.

Für den bequemen Fall, daß $a = 3$ und $b = 4$ ist, können wir schließen, daß $x = 5$ ist, denn $3^2 + 4^2 = 5^2$.

Das in Abbildung 25 gezeigte Dreieck ist natürlich ein zweidimensionales Objekt. Wir können aber den Satz von Pythagoras ohne weiteres auf drei Dimensionen verallgemeinern. Abbildung 26 zeigt einen rechteckigen Kasten mit den Seitenlängen a, b und c. Das Theorem bezieht sich nun auf die Diagonale x zwischen gegenüberliegenden Ecken des Kastens. Der Satz von Pythagoras lautet nun wie folgt:

$$a^2 + b^2 + c^2 = x^2$$

Die Form dieser Gleichung ist eng mit dem zweidimensionalen Fall verwandt, den wir oben beschrieben haben, doch nun benötigen wir die Längen von *drei* senkrecht zueinander stehenden Seiten (a, b, c), um die Länge der Diagonalen x zu berechnen.

Im vierdimensionalen Raum würde die Länge der Diagonalen durch *vier* aufeinander senkrechte Längen bestimmt, also etwa a, b, c und d. Wir müßten dann mit der Formel

$$a^2 + b^2 + c^2 + d^2 = x^2$$

rechnen. Obwohl wir uns keinen vierdimensionalen Kasten vorstellen können, sind wir doch in der Lage, Einzelheiten seiner geometrischen Eigenschaften zu diskutieren.

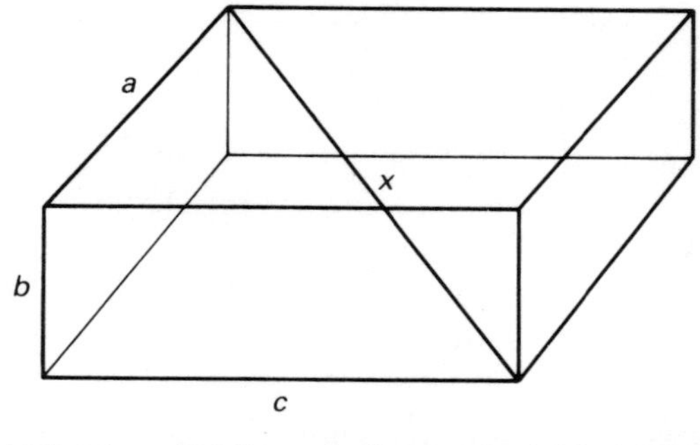

Abbildung 26: Die Länge der Diagonale dieses rechtwinkligen Blocks kann durch eine einfache Verallgemeinerung des Satzes von Pythagoras mit den Seiten a, b und c in Verbindung gebracht werden. Es ist kein Problem, diese Verallgemeinerung auf noch mehr Dimensionen auszuweiten.

So wertvoll diese geometrischen Einsichten auch waren, sie ergaben nicht mehr als ein Kartenhaus. Und dieses Kartenhaus stürzte zusammen, als gegen Ende des 19. Jahrhunderts die moderne Mathematik mit der Entwicklung des mächtigen Zweigs begann, der Mengenlehre heißt. Die Mathematiker wurden nun unter anderem durch die Entdeckung von Georg Cantor schockiert, daß es auf einer Linie ebenso viele Punkte gibt wie in einer Fläche. Die intuitive Idee, daß eine Fläche mehr Punkte hat als eine einzelne Linie, die man in diese Fläche gezeichnet hat, wurde äußerst unglaubwürdig. Diese Bombe ließ viele verdiente Mathematiker ungläubig staunend zurück. Einige erklärten Cantor sogar für verrückt. So schrieb etwa Charles Hermite abweisend: »Die Lektüre von Cantors Schriften scheint wahrhaft eine Qual zu sein . . . Die Abbildung zwischen einer Linie und einer Fläche läßt uns vollkommen kalt . . . solch eine Willkür . . . der Autor wäre besser beraten gewesen, wenn er gewartet hätte« und so weiter.
Erst nach der Jahrhundertwende konnte der Schaden repariert und eine befriedigende Definition der Dimensionalität gegeben werden. Viele bedeutende Beiträge von Luitzen Egbertus Jan Brouwer, René Lesbegue und anderen lieferten schließlich eine wasserdichte Methode, um zwei Räume zu vergleichen und zu entscheiden, ob sie dieselbe Dimension haben. Die Beweise beruhen auf subtilen und abstrakten Ideen der Mengenlehre und sind meilenweit von jeder Intuition entfernt. Erst mit dieser Sorgfalt und Aufmerksamkeit für das Detail können die logischen Grundlagen unserer Wissenschaft und unserer Erfahrung auf sichere Füße gestellt werden.

Warum drei?

Was auch immer die Dimensionalität des Raumes wirklich ist, es besteht kein Zweifel daran, daß nur drei Dimensionen unseren Sinnen direkt zugänglich sind. Viele Wissenschaftler haben sich gefragt, ob man verstehen kann, warum sich die Natur drei Dimensionen gewählt hat. Ist diese Zahl auf irgendeine Weise bevorzugt?
1917 schrieb der Physiker Paul Ehrenfest eine Arbeit mit dem Titel »Woran zeigt sich in den Grundgleichungen der Physik, daß der Raum drei Dimensionen hat?«. Ehrenfest konzentrierte seine Aufmerksamkeit auf die Existenz stabiler Umlaufbahnen von

Planeten um die Sonne und von Elektronen um den Atomkern. Das weitverbreitete Auftreten von Kraftgesetzen mit umgekehrtem Quadrat ist in der Physik wohlbekannt. Wir haben im fünften Kapitel gesehen, wie sowohl die Schwerkraft als auch die elektrischen und magnetischen Kräfte solch einem Gesetz folgen. Schon 1747 hatte Immanuel Kant die tiefe Verbindung zwischen diesem Gesetz und der Dreidimensionalität des Raumes erkannt. Die Gleichungen, die das Gravitationsfeld oder das elektrische Feld einer punktförmigen Quelle beschreiben, können ohne weiteres auf andere Dimensionen verallgemeinert und gelöst werden. Die Lösung offenbart, daß wir es in einem Raum mit der Dimension n mit einem Kraftgesetz zu tun haben, dessen umgekehrter Exponent $n-1$ ist. Im Fall von drei Dimensionen erhalten wir also wegen $n-1 = 2$ wieder das Gesetz des umgekehrten Quadrats. In vier Dimensionen erhalten wir mit $n-1 = 3$ ein umgekehrtes kubisches Gesetz, und entsprechend geht das weiter. Es kann nun leicht gezeigt werden, daß die Planeten sich in Spiralen auf die Sonne zu bewegen und von ihr geschluckt würden, falls das Gravitationsfeld einem umgekehrten kubischen Gesetz folgen würde.
Bei Atomen liegt eine ähnliche Situation vor. Selbst wenn man Quanteneffekte mitberücksichtigt, stellt es sich heraus, daß Elektronen in Räumen mit mehr als drei Dimensionen keine stabilen Bahnen haben können. Und ohne stabile Atomorbitale gibt es keine Chemie und also auch kein Leben.
Eine andere Erscheinung, die empfindlich von der Dimensionalität abhängt, ist die Ausbreitung von Wellen. Es kann schnell gezeigt werden, daß sich in Räumen mit gradzahliger Dimension eine Welle nicht sauber ausbreiten kann, sie wird statt dessen Störungen mitschleppen, die von Echoeffekten begleitet werden. Aus diesem Grund ist es nicht möglich, wohldefinierte Signale in einer zweidimensionalen Oberfläche (etwa einem Gummituch) zu verschicken. Als er dieses Thema 1955 diskutierte, schloß der Mathematiker G. J. Whithrow, daß hochentwickeltes Leben in einem Raum mit gradzahliger Dimension nicht existieren kann, denn Lebewesen kommen nicht ohne wirkungsvolle Transmission und Verarbeitung von Information aus, wenn sie kohärent operieren wollen.
Diese Überlegungen zeigen nicht, daß andere Raumdimensionen unmöglich sind, sie zeigen nur, daß die Physik in einer Welt mit

mehr oder weniger als drei Dimensionen tiefreichend anders und weit weniger geordnet wäre als die Welt, die wir kennen.
Wie können wir dies alles mit Kaluzas Theorie vereinen, die ein Universum mit vier räumlichen Dimensionen vorsieht? Eine Möglichkeit besteht darin, diese zusätzliche und ungesehene Dimension nur als einen Kniff, einen mathematischen Trick ohne physikalische Bedeutung, aufzufassen. Doch es wurde eine viel attraktivere Idee vorgeschlagen, kurz nachdem Kaluza seine grundlegende Arbeit veröffentlicht hatte.

Die Theorie von Kaluza und Klein
Im Jahr 1926 gab der schwedische Physiker Oscar Klein eine phantastische Antwort auf die Frage, wohin Kaluzas fünfte Dimension verschwunden ist. Kleins Idee besagte, daß wir die zusätzliche Dimension deshalb nicht bemerken, weil sie in gewisser Weise zu einer sehr kleinen Größe »aufgerollt« sei. Die Situation kann mit einem Schlauch verglichen werden. Aus der Ferne gesehen, wirkt der Schlauch wie eine wackelige Linie. Bei näherem Hinsehen wird aus einem Punkt auf dieser Linie ein Kreis um den Schlauchmantel (Abbildung 27). Nehmen wir einmal an, so schlug Klein vor, daß unser Universum genauso aussieht. Was wir

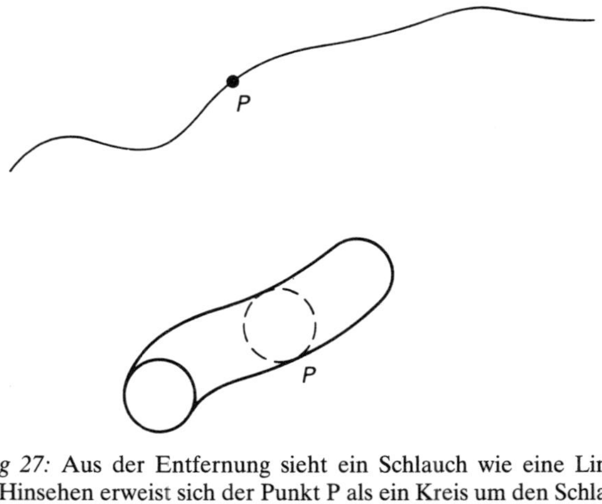

Abbildung 27: Aus der Entfernung sieht ein Schlauch wie eine Linie aus. Bei näherem Hinsehen erweist sich der Punkt P als ein Kreis um den Schlauch herum. Es ist möglich, daß eine von uns als Punkt angesehene Einheit des dreidimensionalen Raumes in Wirklichkeit ein winziger Kreis um eine andere Raumdimension ist. Diese Idee bildet die Grundlage der Klein-Kaluza-Theorie, mit der die elektromagnetische und die Gravitationskraft vereinigt werden.

gewöhnlich für einen Punkt im dreidimensionalen Raum halten, ist in Wirklichkeit ein winziger Kreis, der eine vierte Raumdimension umrundet. An jedem Punkt unseres Universums beginnt ein kleiner Kreis, der sich in eine Richtung erstreckt, die im Raum unserer Sinne nicht vorkommt, also weder rauf noch runter, noch irgendwie zur Seite weggeht. Der Grund, warum wir diese Schleifen noch nicht bemerkt haben, liegt darin, daß sie einen so unglaublich kleinen Durchmesser haben.

Es dauert ein wenig, bis man sich an Kleins Idee gewöhnt hat. Die Schwierigkeit steckt zum Teil darin, daß wir uns nicht vorstellen können, *wohin* diese Schleifen gehen. Die Schleifen sind nicht *innerhalb* des gewohnten Raumes, sie dehnen den Raum aus, gerade so, wie eine wackelige Linie, die starr auf einer Schleife bewegt wird, aus einem Schlauch herausweist. Wir können uns die Situation ohne weiteres in zwei Dimensionen vorstellen, aber nicht in vier. Dennoch ist die Idee sinnvoll. Hier gibt es weder Probleme mit stabilen Umlaufbahnen noch mit der Ausbreitung von Wellen, denn Materie und Wellen können sich nicht einfach unbegrenzt in die zusätzliche Dimension hineinbewegen. Die fünfte Dimension kann immer noch *vorhanden* sein, wenn auch niemand in ihr sehr weit kommen kann. Somit besteht natürlich leider keine Möglichkeit für die Autoren von Science-fiction-Romanen, Kaluzas und Kleins Theorie zu verwenden, um Abkürzungen bei Weltraumreisen zu finden.

Klein gelang es, den Radius der Schleifen um die fünfte Dimension auszurechnen, wobei er von den bekannten Werten für die elektrische Ladung von Elektronen und anderen Teilchen und für die Stärke der Gravitation zwischen Teilchen ausgehen konnte. Als Ergebnis kam der Wert 10^{-32} Zentimeter heraus, das ist der 10^{20}ste Teil der Größe eines Atomkerns. Dann ist es natürlich kein Wunder, daß wir die fünfte Dimension noch nicht bemerkt haben, denn sie ist so fein aufgerollt, daß sie viel kleiner als die kleinste bisher erkannte Struktur ist, selbst wenn man die subnukleare Teilchenphysik mit einschließt. Es kann natürlich keine Rede davon sein, daß ein Atom diese fünfte Dimension umkreist, man sollte sich vielmehr vorstellen, daß diese zusätzliche Dimension irgendwie innerhalb der Atome existiert.

Trotz ihres Scharfsinns blieb Kaluzas und Kleins Theorie über fünfzig Jahre lang nicht mehr als eine mathematische Kuriosität.

Als in den dreißiger Jahren die schwachen und starken Kräfte entdeckt wurden, verlor die Idee, den Elektromagnetismus und die Schwerkraft zu vereinigen, viel von ihrer Anziehungskraft. Jede erfolgreiche einheitliche Feldtheorie mußte nun nicht nur zwei, sondern vier Kräfte beherbergen. Dieser Schritt konnte natürlich nicht ohne genaueres Verstehen der schwachen und starken Kräfte unternommen werden. Dann, in den späten siebziger Jahren, als den Theoretikern gerade die GETs und die Supergravitation eingefallen waren, erinnerte sich jemand an die alte Theorie. Sie wurde sofort aus der Mottenkiste geholt, ein wenig abgestaubt und frisch modelliert, um der nun erweiterten Palette der Kräfte Platz zu bieten.

In den vorhergehenden Kapiteln haben wir gesehen, daß die Fähigkeit der Theoretiker, in ihren GETs drei verschiedene Arten von Kräften unter einen konzeptionellen Schirm zu bringen, von der Entdeckung abhing, daß alle drei in Frage kommenden Kräfte in Form von Eichfeldern beschrieben werden konnten. Die zentrale Eigenschaft dieser Eichfelder steckt in dem Vorhandensein von bestimmten abstrakten Symmetrien, durch die ihnen Mächtigkeit und Eleganz verliehen werden können. Das Vorliegen von Symmetrien in Kraftfeldern weist bereits deutlich darauf hin, daß irgendeine Form von verborgener Symmetrie am Werk ist. In der neu zum Leben erweckten Kaluza-Klein-Theorie werden die Eichfeldsymmetrien konkret: Es handelt sich um die geometrischen Symmetrien, die mit den zusätzlichen Raumdimensionen verbunden sind.

Wie in der ursprünglichen Version der Theorie wird Platz für die Kräfte geschaffen, indem der bekannten Raumzeit mehr Dimensionen aufgepfropft werden. Doch da wir nun drei Kräfte unterzubringen haben, werden mehrere zusätzliche Dimensionen erforderlich. Zählt man einfach ab, wieviel Symmetrieoperationen in der großen vereinheitlichten Kraft eingebaut sind, dann führt dies zu einer Theorie, in der *sieben* zusätzliche Dimensionen auftreten müssen. Dies ergibt insgesamt zehn Raumdimensionen, dazu kommt noch die Zeit, also gibt es *elf* Raumzeitdimensionen. Die moderne Fassung von Kaluzas und Kleins Theorie behauptet, daß das Universum elfdimensional ist.

Wiederum ist die Annahme erforderlich, daß die sieben zusätzlichen Dimensionen irgendwie so klein »aufgerollt« sind, daß wir sie nicht wahrnehmen können. Es gibt nur einen Weg, eine zusätzliche Dimension aufzurollen, und zwar als Kreis. Höherdimensionale Räume können hingegen auf viele verschiedene Weisen verpackt werden. Zum Beispiel könnte eine zweidimensionale Fläche so mit sich verbunden werden, daß sie entweder zur Oberfläche einer Kugel oder eines schlauchförmigen Ringes wird (der als Torus bezeichnet wird). Obwohl beide Strukturen geschlossen sind, unterscheidet sich ihre Topologie gewaltig. Ein Torus hat ein Loch in seiner Mitte.

Kommt man erst einmal zu sieben Dimensionen, dann wächst die topologische Palette unglaublich an. Welche Gestalt ist die richtige? Eine besonders attraktive Möglichkeit steckt in dem siebendimensionalen Analogon zu einer Kugel, das man schlicht und einfach als Siebenkugel tituliert. Falls die ungesehenen Raumdimensionen tatsächlich diese Form haben, dann bedeutet dies, daß jeder Punkt des dreidimensionalen Raumes in Wirklichkeit ein siebendimensionaler »Hyperball« ist. Die Siebenkugel erregte vor mehr als einem halben Jahrhundert die Aufmerksamkeit der Mathematiker, weil sie eine Anzahl von besonderen Eigenschaften besitzt, die sie mit reichhaltigen geometrischen Qualitäten versieht. Die Details sollen uns hier nicht weiter beschäftigen, doch wenn die Natur eine geschlossene geometrische Struktur hätte finden müssen, um die fundamentalen Kräfte und Felder zuzulassen, die wir in der realen Welt wahrnehmen, dann böte die Siebenkugel die einfachste Möglichkeit dazu an. Die Strukturen, die wir sehen – von den Atomen bis zu den Galaxien –, könnten nicht aus einer einfacheren mathematischen Anordnung gewonnen werden.

Eine Kugel besitzt eine höchst symmetrische Gestalt, und eine Siebenkugel enthält viele zusätzliche Symmetrien, die einer gewöhnlichen Kugel fehlen. Mit ihnen sollen die den Kraftfeldern zugrundeliegenden Eichsymmetrien modelliert werden. Einer der Gründe jedoch, aus denen die Physiker so lange brauchten, um die Kräfte zu verifizieren, liegt darin, daß die Symmetrien manchmal verborgen sind oder gebrochen vorliegen, so, wie dies im achten Kapitel beschrieben worden ist. Im Rahmen von Kaluzas und Kleins Theorie wird das Brechen der Symmetrie erreicht, indem die siebendimensionalen Strukturen ein wenig in ihrer Kugelförmigkeit gestört werden. Die »zerquetschte« Siebenkugel erscheint

auf diese Weise als die am stärksten bevorzugte Form der ungesehenen verpackten zusätzlichen Dimensionen.
Die wiedererstandene Theorie von Kaluza und Klein hat sich als so anregend erwiesen, daß sich die Physiker sofort darangemacht haben, die Gesetze der Physik in elf Dimensionen neu zu fassen. Eine Frage, die sich dabei stellt, lautet, warum die Raumzeit diese Aufteilung von sieben zu vier vorgenommen hat. Ist es unvermeidlich, daß sich sieben Dimensionen in die Unsichtbarkeit aufrollen und dabei vier Dimensionen für die direkte Erfahrung zurücklassen? Oder kann es auch eine andere Art der Aufteilung geben, also zum Beispiel acht zu drei?
Bei ihrer Suche nach einem Grund dafür, warum sich sieben Dimensionen spontan verpacken, sind die Physiker von der Annahme ausgegangen, daß physikalische Systeme immer dazu tendieren, den Zustand mit niedrigster Energie einzunehmen. Wir haben mit dem mexikanischen Hut im achten Kapitel ein hilfreiches Beispiel dazu kennengelernt. Hier findet der Ball seinen stabilen Zustand mit kleinster Energie auf dem Hutrand. Diese Situation legt die Vermutung nahe, daß eine geschrumpfte und zerquetschte Siebenkugel die Form der Raumzeit ist, die die niedrigste Energie hat.
Alternativ dazu ist es denkbar, daß die Anordnung als Siebenkugel nur eine von vielen Möglichkeiten darstellt. Es ist faszinierend, die Hypothese zu betrachten, daß der Raum weit draußen im Kosmos, jenseits der Grenzen des beobachtbaren Universums, eine andere Zahl von Dimensionen besitzt. Wenn wir Tausende von Millionen Lichtjahren weit reisen könnten, vielleicht fänden wir uns dann in einem Universum wieder, das fünf Raumdimensionen anstelle von drei hat. Falls dies so ist, dann müssen wir die Frage beantworten, warum drei? Es könnte sein, daß sich die elfdimensionale Raumzeit in Form von Bereichen organisiert, deren offenliegende Dimensionen verschieden sind. Da die Struktur der Kraftfelder von den geometrischen Symmetrien der verpackten Dimensionen abhängt, würden sich die Kräfte von Bereich zu Bereich ändern. Zu diesen Änderungen kämen noch die vielen Probleme mit den stabilen Umlaufbahnen und der Wellenbewegung, die wir weiter oben diskutiert haben. All dies trägt dazu bei, daß die physikalischen Bedingungen in den Bereichen, die sich nicht einer Sieben-zu-vier-Aufteilung erfreuen, sehr von

denen verschieden sind, die wir in unserem eigenen Kosmos vorfinden. Es ist zweifelhaft, daß Leben in solchen Bereichen aufblühen oder überhaupt entstehen kann. Lebende Organismen sind sehr empfindlich, und sie scheinen kritisch von der einzigartigen glücklichen Mischung der Kräfte abzuhängen, die man in unserer Region des Universums vorfindet. Daraus kann man den Schluß ziehen, daß wir selbst als Beobachter gerade durch unser Vorhandensein die Region der Raumzeit ausgewählt haben, die drei wahrnehmbare Dimensionen des Raumes hat. In irgendeinem noch vorhandenen Bereich mit anderer Dimensionalität könnten wir schlicht und einfach nicht leben.

Warum elf?

Wer diese sogenannte »anthropische« Argumentation verwendet, um zu erklären, warum uns der Raum dreidimensional erscheint, handelt sich ein weiteres verwickeltes Problem ein. Muß die Zahl aller Raumzeitdimensionen immer und unvermeidlich elf sein, oder kann auch sie von Ort zu Ort variieren? Man könnte sich doch auch ein (sagen wir mal) 21dimensionales Universum vorstellen, in dem sich 17 Dimensionen zu einer kompakten Struktur aufrollen und die Welt mit einem viel komplexeren Muster an Kraftfeldern ausstatten, als es bei den 4 Feldern im Bereich unserer Erfahrung der Fall ist. Wer will denn sagen, welche herrlichen Formen des Lebens in solch einem Universum umherstreifen können?

Ihre ganze Geschichte hindurch waren Männer und Frauen vom Spiel der Zahlen fasziniert. Die alten Griechen sprachen bestimmten Zahlen mystische und metaphysische Bedeutungen zu. Bis auf den heutigen Tag hat die Zahl 4 – die Zahl der Seiten eines Quadrats – eine Spur ihrer alten Verbindung mit Ehrlichkeit und Fairneß behalten, wie in dem englischen Ausdruck »a square deal« für ein gutes Geschäft im gegenseitigen Einverständnis belegt. Viele Leute kennen immer noch ihre »Glückszahl« oder ihre »Unglückszahl«, zum Beispiel 3, 7 oder 13. Die Bibel verwendet wiederholt die Zahlen 7 und 40. Und viele Menschen verbinden auch heute noch die Zahl 666 mit dem Bösen.

Wenn Zahlen ganz natürlich in der Welt vorkommen, ist man versucht, nach einer Bedeutung zu suchen, die dahinterstecken könnte. Manchmal scheinen sie rein zufällig zu sein, wie etwa die

Zahl der Planeten in unserem Sonnensystem. Andere Zahlen deuten aber auf tiefere Zusammenhänge hin. Die Zahl der Hadronen erwies sich als Konsequenz der Zahl verfügbarer Mutationen von Quarkkombinationen. Ist nun die Dimensionalität der Raumzeit bloß ein Zufall, also so etwas wie die Zahl der Planeten? Oder weist die Dimensionalität auf eine tiefe Wahrheit über die logische und mathematische Struktur der physikalischen Welt hin?

Es gibt da ein seltsames Indiz, daß die Zahl 11 tatsächlich eine tiefe mathematische Bedeutung hat. Es stammt aus einem Bereich der Physik, der, oberflächlich betrachtet, nur wenig mit der Theorie Kaluzas und Kleins zu tun hat. Es geht um die Supergravitation.

In dem vorangehenden Kapitel haben wir die hoffnungsvollste Formulierung der Supergravitation diskutiert, die als N = 8 bekannt ist. Die kryptische Bezeichnung N = 8 benötigt eine Erklärung. Die Operation der Supersymmetrie bringt Teilchen mit unterschiedlichem Spin zu einer Superfamilie mit 163 Mitgliedern zusammen. Man könnte sich fragen, warum es nur 163 Mitglieder in dieser Superfamilie gibt. Wenn die Operation der Supersymmetrie ein Teilchen mit einem bestimmten Spin in ein Teilchen mit einem anderen Spin überführt, warum können wir dies nicht beliebig fortsetzen und dabei eine endlose Folge von Teilchen mit immer weiter zunehmendem Spin erzeugen? Die Antwort liegt darin, daß die Supersymmetrie, um überhaupt eine Symmetrieoperation zu sein, aus einer »geschlossenen« Folge von Operationen bestehen muß. Sie kann nur eine Familie mit endlich vielen Mitgliedern erzeugen. Da es gute mathematische Gründe dafür gibt, daß ein Spin nicht höher als 2 sein kann, wird eine Superfamilie mit 163 Mitgliedern zu der größten Familie, die überhaupt möglich ist.

Die Bezeichnung N = 8 bezieht sich auf die Zahl der Schritte, die die Teilchen mit unterschiedlichem Spin über den ganzen verfügbaren Spinbereich mit Hilfe der supersymmetrischen Operation verbinden. Da ein Spin sowohl nach »oben« als auch nach »unten« zeigen kann, variieren seine Projektionen zwischen +2 (ein Teilchen mit Spin 2, der nach oben zeigt) und −2 (ein Teilchen mit Spin 2, der nach unten zeigt) in halbzahligen Schritten. Zwischen +2 und −2 gibt es acht solcher Schritte, weshalb acht supersymmetrische Operationen für alle notwendigen Spinprojektionen nötig

sind, um die Superfamilie der Teilchen herzurichten. Es stellt sich zudem heraus, daß diese Zahl auch mit der Zahl der Gravitinoarten in Beziehung steht, die in dieser Theorie 8 beträgt.
In der gewöhnlichen Formulierung bezieht sich das Konzept des Spins auf Dreheigenschaften eines Teilchens im guten alten dreidimensionalen Raum. Vor einigen Jahren nun machten sich Mathematiker einen Spaß daraus, Beschreibungen des Spins in Räumen mit anderen Dimensionen zu erfinden. Sie wollten einfach mal sehen, was dabei herauskommt. Wie sich dann bezüglich der Supergravitation zeigte, erscheint die Theorie viel einfacher, wenn mehr als drei Dimensionen vorhanden sind. Und tatsächlich ergibt sich die allereinfachste Beschreibung genau dann, wenn die Theorie für *elf* Dimensionen neu entworfen wird. In elf Dimensionen stürzen die acht getrennten Symmetrieoperationen der N = 8-Supergravitation auf gerade eine zusammen – wir bekommen eine N = 1-Supergravitation.
Stellen wir uns einmal einen enthusiastischen Mathematiker vor, der die Zahl der Dimensionen in der realen Welt nicht kennt, der aber mit Eleganz und mit der Hilfe der Vereinheitlichung die Supergravitation entdeckt hat. Er würde dazu geführt werden, eine elfdimensionale Theorie der Raumzeit zu formulieren, und den Schluß ziehen, daß das reale Universum elf Dimensionen hat, falls die Natur weiß, was mit ihr los ist. Ist dieses Zusammentreffen mit der Zahl 11 nur ein Zufall, oder weist es auf einen tiefen Zusammenhang zwischen der Supergravitation und der Theorie von Kaluza und Klein hin? Viele Physiker hoffen, daß diese Verbindung tatsächlich vorliegt und daß die zwei Traditionen zur Vereinheitlichung der Physik – die Supergravitation und die großen einheitlichen Theorien – zu einer gemeinsamen Beschreibung verschmolzen werden können. Salam hat dazu folgendes geschrieben: »Falls diese Theorie richtig ist, dann könnten wir einer letzten und vollständigen Vereinheitlichung aller Kräfte mit der sich drehenden Materie schon sehr nahe sein, und die fundamentalen Ladungen wären dann die Manifestationen von verborgenen Dimensionen des Raumes.«

Die Geometrisierung der Natur

Wir haben gesehen, wie Einsteins Traum von einer geometrisch begründeten einheitlichen Feldtheorie seiner Verwirklichung tatsächlich sehr nahe gekommen ist. In der modernen Theorie von Kaluza und Klein werden alle Kräfte der Natur (und nicht nur die Gravitation) als Manifestationen der Raumzeitstruktur behandelt. Was wir Gravitation nennen, ist eine Zerrung in den vier Dimensionen der von uns wahrgenommenen Raumzeit, und die anderen Kräfte werden auf höherdimensionale Raumzerrungen zurückgeführt. Alle Kräfte der Natur werden als eine im verborgenen wirkende Geometrie entlarvt.

Bereits im Jahr 1870 trug der Mathematiker W. K. Clifford vor der renommierten Philosophischen Gesellschaft in Cambridge Überlegungen zu dem Thema »Über die Raumtheorie der Materie« vor. Clifford erklärte:

> »Kleine Bereiche des Raumes sind analog zu Hügeln auf einer Fläche, die im Durchschnitt flach ist ... Die Eigenschaft, gekrümmt oder gezerrt zu sein, wird kontinuierlich von einem Abschnitt des Raumes zu einem anderen in der Form einer Welle gereicht. Die Variation in der Krümmung des Raumes ist das, was wirklich der Erscheinung zugrunde liegt, die wir *Bewegung der Materie* nennen. In der physikalischen Welt gibt es nichts außer diesen Variationen.«

Diese Gedanken klingen wie eine Prophezeiung der Allgemeinen Relativitätstheorie, die Einstein ein knappes halbes Jahrhundert später entwickelt hat. Clifford scheint sogar über die allgemeine Relativität hinauszugehen, wenn er vorschlägt, daß sowohl die Kräfte als auch die Materieteilchen nichts als Unebenheiten oder Abbiegungen im leeren Raum sind.

Es ist eine Art Zwang, der einen an die Idee glauben läßt, daß das ganze Universum, einschließlich all der offenkundig konkreten Materie, die unsere Sinne beschäftigt, in Wirklichkeit nur der Scherz eines verdrehten Nichts ist und daß sich die Welt irgendwann als eine Skulptur aus reiner Abwesenheit, als selbstorganisierte Leere erweisen wird. Die Geometrie war die Hebamme der Wissenschaft. Die mühevolle Arbeit von Generationen von Astronomen, die die Wege der Himmelskörper ausgemessen haben, führte schließlich zu der Newtonschen Revolution und damit zu der Erklärung von Himmelsmustern durch Kräfte und Felder. Nun schließen wir den Kreis, indem wir die Kräfte und Felder selbst wieder durch Geometrie erklären.

In den frühen sechziger Jahren weitete der amerikanische theoretische Physiker John Wheeler die Arbeiten Cliffords und Einsteins aus. Er versuchte, eine vollständige Theorie der Welt zu entwikkeln, die ausschließlich auf der Geometrie der leeren Raumzeit basieren sollte. Er nannte sein Vorhaben »Geometrodynamik«. Sein Ziel bestand darin, sowohl die Teilchen als auch die Kräfte mit Hilfe geometrischer Strukturen zu erklären.

Wheelers Modell der elektrischen Ladung erlaubt es, die Philosophie hinter diesem Ansatz zu illustrieren. Wheeler spekulierte, ein geladenes Teilchen sei in Wirklichkeit eine Art von Eingang oder Tor zu einem Tunnel, der einen Punkt des Raumes mit einem anderen verbinde. Der Tunnel sei so etwas wie eine winzige Raumbrücke in anderen Dimensionen. Das entfernte Ende eines Tunnels werde von uns als ein anderes Teilchen mit entgegengesetzter Ladung gesehen. Mit anderen Worten, die beiden Enden eines Wheelerschen Wurmloches könnten zum Beispiel ein Elektron-Positron-Paar sein. Während man im 19. Jahrhundert noch gesagt hätte, daß die »elektrischen Kraftlinien« auf ein Teilchen zulaufen und dort enden, schlägt Wheeler vor, daß sich die Linien einfach an ihm entlangkonzentrieren und unversehrt am anderen Ende wieder austreten (Abbildung 28). Auf diese Weise wäre überhaupt keine Quelle für die Elektrizität erforderlich, man brauchte nur Löcher im Raum, um in ihnen die elektrischen Felder zu fangen!

Die Geometrodynamik hat viele erfreuliche Qualitäten, sie wurde aber niemals zu einem vollen Erfolg. Wheeler selbst schrieb einmal, daß »ihr offensichtlichstes Scheitern darin liegt, daß sie nicht in der Lage ist, einen vollständig natürlichen Platz für den Spin ½

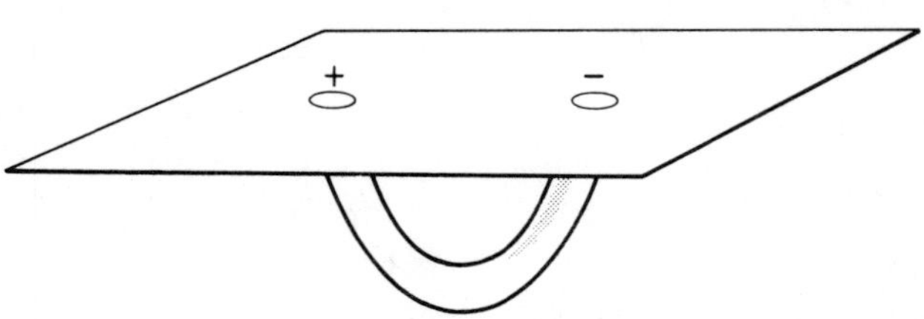

Abbildung 28: Wheeler hat die These vorgeschlagen, daß ein elektrisch geladenes Teilchen das Ende einer winzigen Röhre oder einer Wurmhöhle sein könnte, die sich durch eine andere Raumdimension in unseren dreidimensionalen Raum dorthin zurückkrümmt, wo sich ein Teilchen mit der entgegengesetzten Ladung befindet.

im allgemeinen und das Neutrino im besonderen zu finden«. In jüngster Zeit hat Wheeler die Position bezogen, daß keine Theorie, die eine Raumzeit voraussetzt, diese Raumzeit erklären kann. Vor allem wird von vornherein die Dimension der Raumzeit in die Theorie eingebaut, sie kann also nicht als Konsequenz der Theorie gewonnen werden. Jede vollständige Theorie der Natur muß der Existenz des »Rohmaterials« – dies ist die Raumzeit selbst – Rechnung tragen, aus dem die geometrodynamische Welt aufgebaut ist. Wheeler glaubt, daß dies nur durch ein Studium der Quantenphysik möglich ist, und er freut sich schon auf den Tag, an dem er verstehen wird, wieso das Quantum (und nicht die Raumzeit) der fundamentale Baustein der Wirklichkeit ist.
Mit dem Vorteil des Rückblicks ausgestattet, können wir sehen, daß das Scheitern der Geometrodynamik zum Teil durch ihre Beschränkung auf vier Dimensionen verstanden werden kann. Mit dem vollen Spektrum der elf verfügbaren Dimensionen werden die Vielfalt und die Komplexität der physikalischen Strukturen, die errichtet werden könnten, stark erweitert. In der Theorie von Kaluza und Klein werden Teilchen nicht als »Wurmlöcher« im Raum, sondern als *Anregungen* in einer elfdimensionalen Geometrie aufgefaßt. Die Hoffnung besteht zur Zeit darin, diese Geometrie selbst, ganz, wie Wheeler es wünscht, mit Hilfe von Quantenphänomenen erklären zu können.

Superfäden

Die moderne Forschung hat es mit der ihr eigenen Geschwindigkeit fertiggebracht, daß es seit der Drucklegung der englischen Ausgabe dieses Buches zu einer ganz neuen Entwicklung im Programm der Vereinheitlichung gekommen ist. Sie läuft unter dem Namen »Theorie der Superfäden« (»superstring theory«).
Bei dem konventionellen Versuch, die Welt zu modellieren, setzt sich alle Materie aus Teilchen zusammen. Die Suche nach den fundamentalen Teilchen bildet demnach die grundlegende Motivation für die Hochenergiephysik. Wie wir gesehen haben, werden sogar die Bereiche der Theorie, die die Naturkräfte formulieren, in Form von Teilchen gedeutet, den »Boten« nämlich. Diese fundamentale Annahme wird nun bestritten. Die Welt – so scheint es – besteht vielleicht gar nicht aus Teilchen, sondern vielmehr aus Fäden.

Die Theorie der Fäden tauchte zum erstenmal in den sechziger Jahren auf, als man versuchte, die internen Zustände von Hadronen zu verstehen. Es stellte sich heraus, daß sich die im Inneren der Hadronen umherwirbelnden und durch Gluonen verbundenen Quarkteilchen in gewisser Hinsicht wie rotierende Fäden verhielten. Sosehr dies zum Teil auch einleuchtete, der Erfolg der frühen Fadentheorie war nicht vollständig. Vor allem stellte sich heraus, daß sich die Fäden unter bestimmten Umständen schneller als Licht bewegen konnten, und dies ist ein absolutes Tabu. Damit geriet die Theorie etwas aus dem Blickfeld, aber sie blieb lebendig, und dafür sorgten vor allem Michael Green vom Queen Mary College in London und John Schwarz vom California Institute of Technology in Pasadena.

In der Mitte der siebziger Jahre gelang ein bedeutender Fortschritt, mit dem aus der trickreichen alten Fassung schließlich eine unvergleichlich viel bessere Fadentheorie wurde, die umfassender und eleganter war. Damals übte das Konzept der Supersymmetrie einen starken Einfluß auf die theoretische Hochenergiephysik aus, und die Theoretiker untersuchten die Konsequenzen von supersymmetrisch angelegten Fäden. Dabei wurde klar, daß diese neuen »Superfäden« riesige Vorteile gegenüber den alten Fäden hatten. Gleich zu Beginn gelang es damit, Geschwindigkeiten zu vermeiden, die schneller als die des Lichtes sind. Und weiter sah die Grenze der Theorie bei niedrigen Energien sehr vertraut aus: Sie hatte starke Ähnlichkeit mit der Supergravitation. Man konnte den Eindruck gewinnen, als ob in den Superfäden mehr steckte als eine Theorie der Hadronen. 1982 fanden dann Green und Schwarz, daß der Supersymmetrie ihr übliches Versteckspiel mit den Unendlichkeiten bei Fäden ebensogut gelang wie bei Teilchentheorien. Die schrecklichen Unendlichkeiten bei hohen Energien, die sowohl die Teilchen- als auch die alten Fadentheoretiker quälten, verschwinden vollständig für eine bestimmte Klasse von Superfäden.

1983 trat ein Ereignis ein, das die Gemeinde der Physiker dann endgültig aufhorchen und aufmerken ließ. Es betraf eine bemerkenswerte mathematische Eigenschaft der Superfäden, die fast so schien, als sei sie »zu schön, um wahr zu sein«. Eine der mathematischen Krankheiten, die immer wieder die Quantenphysik belästigen, kennt man als das Anomalieproblem. Anomalien ist der irgendwie unschuldige Name, den man den mathematischen Termen in der Quantentheorie gegeben hat, die aufgrund von Symmetrien, die vor der Quantisierung in die Theorie eingebaut worden sind, eigentlich Null sein sollten. Mit anderen Worten, bei der Quantisierung erscheinen aus heiterem Himmel Terme, die eigentlich gar kein Recht haben dazusein. Solche Terme verderben aber die Konsistenz der Theorie und bringen auch manchmal solche unerwünschten Vorhersagen wie die Verletzung der Erhaltungssätze von Energie und Ladung mit sich. Die erstaunliche Eigenschaft der besonderen Version der Superfadentheorie, die Green und Schwarz damals untersucht haben, bestand nun darin, daß es eine unerwartete Verknüpfung von mathematischen Termen gab, in der sich die Anomalien exakt gegenseitig aufhoben. Mike Green erklärte: »Ausdrücke, von denen wir uns nicht vorstellen konnten, wie sie sich jemals aufheben sollten, tun dies doch.« Wie durch ein Wunder ist die Theorie frei von Anomalien. Dieses Wunder der beseitigten Anomalien reichte aus, um die Aufmerksamkeit anderer sehr bekannter Theoretiker anzulokken. Und dies war nur der Anfang. Wie sich herausstellte, kommt es zur Aufhebung der Anomalien nur, wenn die Superfäden mit einer bestimmten Eichsymmetrie konstruiert worden sind, die technisch als SO (32) oder $E_8 x E_8$ bekannt ist. Anders als bei den auf Teilchen basierenden Theorien wird durch eine konsistente Superfadentheorie die zugelassene Eichgruppe nahezu eindeutig festgelegt. Und in der Tatsache, daß die beiden erlaubten Gruppen so vertraute Gruppen wie SU (3) in Verbindung mit den schwachen, starken und elektromagnetischen Kräften enthalten, zeigt sich durch alle Gerüste hindurch die Gestalt einer traditionellen Physik niedriger Energien.

Der letzte und entscheidende Grund, aus dem heraus die Superfäden quasi über Nacht berühmt wurden, steckt in der Tatsache, daß die Theorie in *zehn* Dimensionen der Raumzeit formuliert werden mußte. In der Vergangenheit schien die hohe Dimensionalität die Superfäden hoffnungslos unwirklich zu machen, doch war die Gemeinde der Physiker nach zehnjährigem Umgang mit der Kaluza-Klein-Theorie soweit, daß sie die Idee von mehr Dimensionen mit Gleichmut aufnahm. Schließlich kann man die unerwünschten zusätzlichen Dimensionen immer durch eine »Kompaktisierung« loswerden.

Der entscheidende Punkt für die zehn Dimensionen besteht jedoch darin, daß sie einen wesentlichen mathematischen Vorteil gegenüber den elf Dimensionen der Kaluza-Klein-Theorie haben. Ed Witten von der Princeton-Universität hatte nämlich bewiesen, daß jede Theorie, die mit einer ungeraden Zahl an Dimensionen formuliert wird, ernsthafte Mängel aufweist. Dies hängt mit der »Händigkeit« oder der Chiralität der Natur zusammen. Wie wir gesehen haben, bringt die schwache Kraft eine Asymmetrie zwischen links und rechts in die Physik hinein. Und nur wenn man mit einer Theorie anfängt, in der es eine gerade Zahl von Dimensionen gibt, kann man zu einem vierdimensionalen Universum gelangen, das zudem die erforderliche Händigkeit zeigt. Dieses für die Kaluza-Klein-Theorie sehr unangenehme Hindernis wird von der zehndimensionalen Theorie der Superfäden leicht überwunden.

Der tiefere Grund für den Vorteil, den Superfäden gegenüber Teilchen haben, liegt in ihrem Verhalten bei hohen Energien. Bei tiefen Energien verhalten sich die Fäden mehr wie Teilchen. Wenn aber die Planck-Energie angesteuert wird, gewinnen die Bewegungen im Inneren der Fäden an Bedeutung, die Fäden fangen an zu »wackeln«. Dies ändert die mathematische Struktur genau an der Stelle, an der die konventionellen Theorien immer falsch geworden und auf unerwünschte Unendlichkeiten getroffen sind. Durch eine gelungene Kombination aus Supersymmetrie und innerer Bewegung der Fäden scheint es sehr wahrscheinlich zu werden, daß die Unendlichkeiten zu guter Letzt tatsächlich eliminiert werden.

Die Superfädentheorie, die mit dem bescheidenen Versuch begonnen hat, einige Eigenschaften der Hadronen zu modellieren, besitzt inzwischen den Status eines voll ausgewachsenen Programms der Vereinheitlichung. Es läßt sich in zwei Klassen aufteilen: Die Superfäden können offen oder geschlossen sein. Ursprünglich haben Green und Schwarz die Version mit offenen Enden befürwortet, doch erlaubt diese Theorie nur eine Verwendung der Symmetriegruppe mit Namen SO (32). Einige Theoretiker finden die andere Gruppe, E_8xE_8, attraktiver, und zwar zum Teil deshalb, weil es dann möglich ist, die Theorie zunächst als reine Gravitation zu konstruieren und die anderen Kräfte wie in der Klein-Kaluza-Theorie daraus zu gewinnen.

Der Buchstabe E steht in diesem Fall für »exzeptionell«; diesen

Namen haben die Mathematiker deshalb gewählt, weil die Existenz solcher Gruppen nicht sehr offensichtlich ist. Das Modell der geschlossenen Fäden verwendet eine zweifache Form der Gruppe E_8 (daher die Bezeichnung E_8xE_8), die eine merkwürdige Möglichkeit mit sich bringt: Sie scheint die Existenz zweier Welten vorherzusagen, eine für jede Kopie von E_8. Die Teilchen innerhalb einer jeden Welt hätten alle üblichen Eigenschaften, einschließlich der Fähigkeit, mit den verschiedenen Kräften der Natur in Wechselwirkung zu treten. Die Teilchen in der »anderen« Welt hätten ihre eigene identische, aber davon getrennte Version dieser Kräfte. Zwischen den Teilchen in der einen und in der anderen Welt würde es keine direkte Wechselwirkung geben – mit Ausnahme der Gravitation. Die Wirkungen der Materie aus der anderen Welt würden immer noch durchkommen.

Dies bringt die verrückte Idee eines »Schattenuniversums« mit sich, das unser eigenes durchdringt. Gerade jetzt könnte Schattenmaterie durch uns hindurchtreten, wobei die schwächliche Gravitation nicht ausreicht, um spürbare Wirkungen zu hinterlassen. Auf der anderen Seite könnte ein Schattenplanet, der unser Sonnensystem durchquert, die Erde aus ihrer Bahn werfen. Und ein schwarzes Loch im Schattenreich wäre nicht von einem schwarzen Loch aus »gewöhnlicher« Materie zu unterscheiden. Es ist von Bedeutung, daß die Kosmologen seit langem wissen, daß es im Universum eine große Menge an unsichtbarer Materie gibt, die Störungen in der Gravitation hervorruft, ansonsten aber unauffällig bleibt. Die Möglichkeit, daß ein Teil dieser unsichtbaren Materie Schattenmaterie sein könnte, ist nicht übersehen worden.

Witten hat die Theorie der Superfäden als ein »Wunder durch und durch« bezeichnet und vorhergesagt, daß sie die Physik in den kommenden fünfzig Jahren beherrschen wird. Ob diese Euphorie zu früh geäußert wurde, bleibt abzuwarten, und in der Zwischenzeit gibt es viel Arbeit zu erledigen. Wie bei Kaluza und Klein beginnt die Superfädentheorie von oben nach unten, das heißt, man beginnt mit einer Urkraft, einer umfassenden und eleganten Vereinheitlichung aller Teilchen in Kräfte bei ultrahohen Energien, und muß dies dann nach unten projizieren, in die unordentliche Physik des alltäglichen Kleinkrams der realen Welt. Ein Weg muß gefunden werden, der von den Fäden in zehn Dimensionen zum Verhalten der Teilchen bei niedrigen Energien in vier Dimensionen führt, wenn die Theorie der Superfäden jemals Anschluß an die experimentelle Physik finden soll. Zur Zeit sehen die mathematischen Details dieses Wegs furchtbar aus. Dennoch ist die Attraktion, die von den vollständigen Programmen zur Vereinheitlichung wie der Kaluza-Klein- oder der Superfädentheorie ausgeht – man redet von den Theorien über alles –, so groß, daß sich viele talentierte Theoretiker gefunden haben, die den Versuch wagen wollen.

Die Suche nach verborgenen Dimensionen

Die Natur mag zwar wunderschön sein, doch wird Schönheit allein kaum einen Physiker von der Richtigkeit einer Theorie überzeugen. Harte physikalische Evidenz wird ebenso verlangt. Die Kraft und die Eleganz der Theorien von Klein und Kaluza und der Superfäden zwingen uns dazu, sie ernst zu nehmen; doch wenn es keinen denkbaren Weg gibt, das Vorhandensein weiterer Dimensionen zu verifizieren, dann verliert die Theorie viel von ihrer Anziehungskraft. Glücklicherweise gibt es jedoch die Möglichkeit, die Existenz weiterer Dimensionen physikalisch zu demonstrieren. Damit die Theorie funktionieren kann, müssen sieben zusätzliche Raumdimensionen auf den Umfang von 10^{-32} Zentimeter aufgerollt werden, und zwar wahrscheinlich in Form der Siebenkugel. Die Erkundung von Strukturen auf diesem ultramikroskopischen Niveau stellt eine größere Herausforderung dar: Wir haben keine direkte Kontrolle über Objekte dieser Größenordnung, und wir können nicht irgend etwas »in« diese Siebenkugel hineinbugsieren, um sie zu erkunden.

Die Quantenphysik verbindet eine Energieskala (äquivalent zur Masse) mit einer Längenskala. Maß für Maß korrespondiert der Durchmesser eines Kerns (etwa 10^{-12} Zentimeter) etwa mit der Masse des Pions. Wenn man zu kleineren Abständen kommt, beginnen die Energien zu steigen. Um das quarkgefüllte Innere eines Protons zu erkunden, muß man zu Energien greifen, die mindestens zehnmal größer als die Protonenmasse sind. Viel weiter oben auf der Skala der Energie liegt die Masse der Vereinheitlichung bei ungefähr 10^{14} Protonenmassen. Wenn uns Energien dieser Größenordnung zur Verfügung stünden (sie tun es nicht), könnten wir in die Welt der X-Teilchen vordringen, in der die Unterscheidung zwischen Leptonen und Quarks verblaßt.

Wieviel Energie ist nun aber erforderlich, um in das »Innere« einer Siebenkugel zu gelangen, wo man die anderen Dimensionen des Raumes erkunden könnte? Nach Auskunft der Theorie Kaluzas und Kleins muß man dazu noch über die Skala der Vereinheitlichung hinausgehen und eine Energie von 10^{19} Protonenmassen aufwenden. Erst bei dieser unvorstellbaren Energie würden sich die zusätzlichen Dimensionen offenbaren.

Der riesige Wert von 10^{19} Protonenmassen ist als »Planck-Skala« bekannt. Sie erhielt ihren Namen nach Max Planck, dem Entdekker der Quantentheorie, der sie auch zuerst beschrieben hat. Bei der Planck-Energie würden alle vier Kräfte der Natur vollständig zu einer Urkraft verschmelzen, und alle zehn räumlichen Dimensionen würden gleichberechtigt existieren. Wenn wir Energie hinreichend konzentrieren könnten, um uns bis hinauf auf die Planck-Skala zu heben, würden alle Dimensionen des Raumes in ihrer Herrlichkeit vor uns liegen.

Wenn wir der Phantasie ihren freien Lauf lassen, dann können wir uns eine Menschheit vorstellen, die eines Tages die Kontrolle über die Urkraft bekommt. Um dies zu erreichen, müßten wir die größte Kraft im Universum manipulieren, denn die Urkraft ist letztendlich dafür verantwortlich, alle Kräfte und alle physikalischen Strukturen hervorzubringen. Sie ist der Urquell aller Existenz. Wird die Urkraft erst einmal losgelassen, dann können wir die Struktur von Raum und Zeit ändern, wir können unsere eigenen Knoten ins Nichts binden und Materie nach Wunsch bauen. Die Kontrolle über die Urkraft würde uns in die Lage versetzen, Teilchen nach unserem Willen zu konstruieren und zu ändern, wobei exotische Formen der Materie entstehen könnten. Möglicherweise wären wir sogar in der Lage, die Dimensionalität des Raumes selbst zu manipulieren und dabei bizarre künstliche Welten zu schaffen, die unvorstellbare Eigenschaften besitzen. Wir wären dann wahrlich die Herren des Universums.

Doch wie kann diese Kontrolle gewonnen werden? Zuerst müssen wir hinreichend viel Energie einspannen. Um eine Vorstellung davon zu kriegen, worum es hier geht, denken wir an den linearen Beschleuniger von Stanford. Er ist drei Kilometer lang und kann Elektronen auf das Energieäquivalent von zwanzig Protonenmassen anheben. Um die Planckenergie zu erreichen, müßte der Beschleuniger 10^{18}mal länger sein – er wäre dann so lang wie die

Milchstraße, also 100 000 Lichtjahre lang. Dies ist keine Aufgabe von der Sorte, die man über Nacht erledigt!

In der vereinheitlichten Theorie der Kräfte können wir drei kritische Schwellen oder Energieskalen erkennen. Da ist zunächst die Energie nach Weinberg und Salam, die bei ungefähr neunzig Protonenmassen liegt; jenseits von ihr verschmelzen die elektromagnetische und die schwache zur elektroschwachen Kraft. Die zweite Schwelle ist die Energie der Vereinheitlichung bei 10^{14} Protonenmassen, die den Beginn der von der GET bestimmten Physik markiert. Und schließlich gibt es die Planck-Energie mit 10^{19} Protonenmassen, die die letztmögliche Energieskala darstellt, weil jenseits von ihr die ganze Physik in spektakulärer Einfachheit zusammenfindet. Eines der großen ungelösten Probleme besteht darin, diese drei Zahlen zu erklären, vor allem aber begreifbar zu machen, warum der Abstand zwischen den ersten beiden Zahlen so unheimlich groß ist.

Die derzeit bestehende Technik kann uns nur bis an die erste dieser Schwellen bringen. Wie wir in dem vorhergehenden Kapitel gesehen haben, könnte der Zerfall des Protons einen indirekten Weg freimachen, um die Physik an der Skala der Vereinheitlichung zu erkunden. Doch scheint keine Aussicht zu bestehen, die Energie der Vereinheitlichung (und erst recht nicht die Planck-Energie) direkt zu erreichen.

Bedeutet dies, daß wir niemals in der Lage sein werden, die rohe Urkraft in Aktion zu sehen und die ungesehenen Dimensionen des Raumes wahrzunehmen? Es trifft natürlich zu, daß unser Weg entlang der Energiestraße mit Hilfe der Technik bald mit dem vorgeschlagenen Desertron sein Ende erreichen wird. Dennoch erschöpft die menschliche Technik nicht das gesamte Spektrum der physikalischen Umstände. Da gibt es noch die Natur selbst. Das Universum ist ein riesiges natürliches Laboratorium, in dem vor 18 Milliarden Jahren das größte aller Hochenergieexperimente ausgeführt worden ist. Wir nennen es den Urknall. Wir werden sehen, daß diese urtümliche Gewalt ausgereicht hat, um die Urkraft loszulassen. Wenn dies auch nur momentan geschehen ist, so war dieser Augenblick doch lang genug, um der Urkraft zu ermöglichen, dauerhafte Spuren ihrer Existenz zu hinterlassen.

Kosmische Fossilien

Der Ursprung der Elemente

An einem sonnigen Tag im Frühling 1822 besuchte ein junger Landarzt mit Namen Gideon Mantell einen Patienten in der Nähe seiner Heimatstadt Lewes, die in der englischen Grafschaft Sussex liegt. Dr. Mantell wurde dabei von seiner Frau begleitet, die die Gelegenheit zu einem kleinen Ausflug benutzte, während ihr Mann sich um seinen Patienten kümmerte. Als sie eine Landstraße entlanglief, traf sie auf einen Haufen von Steinen, die aus einem nahen Steinbruch stammten und für Reparaturarbeiten verwendet werden sollten. Dabei bemerkte sie einen seltsamen braunen und glänzenden Gegenstand, der sich bei näherer Betrachtung als ein Stück Sandstein herausstellte, in dem mehrere große Zähne steckten. Frau Mantell zeigte den Fund ihrem Mann, der ein Amateurgeologe war. Dr. Mantell wurde ganz aufgeregt. Die Zähne erinnerten ihn an das Gebiß der Iguana-Eidechse, und der Arzt äußerte die kühne Vermutung, daß die Zähne, die seine Frau zufällig gefunden hatte, einstmals einem riesigen pflanzenfressenden Reptil gehört haben, das mit seinen Artgenossen die Erde bewohnt hatte, noch bevor die Säugetiere existierten. Er gab der Kreatur den Namen *Iguanadon.* Die Mantells hatten die ersten fossilen Überreste eines Dinosauriers gefunden und korrekt identifiziert.

Frau Mantells zufällige Entdeckung kam in einem kritischen Augenblick für die Wissenschaft. Traditionell glaubte man, das Alter der Erde liege bei einigen tausend Jahren, und dieser Glaube wurde durch den biblischen Schöpfungsbericht bestärkt. Am Ende des 18. Jahrhunderts jedoch wurde die Geologie zu einer verläßlichen wissenschaftlichen Disziplin, und den meisten Geologen war mehr und mehr klar geworden, daß riesige Zeitintervalle erforderlich waren, um solche geologischen Vorgänge wie Sedimentation und Erosion vollständig ablaufen zu lassen. Trotzdem setzte noch 1779 der französische Geologe Georges Louis Leclerc das Erdalter auf 75 000 Jahre fest. Doch schon in der Mitte des 19. Jahrhunderts war dieser Zeitraum zunächst auf Hunderte und dann auf Tausende von Millionen Jahren ausgedehnt worden. Heute hat man mit Hilfe der Radioaktivität als Alter der Erde 4,6 Milliarden Jahre bestimmt.

Fossile Funde wurden bald als Überreste von heute ausgestorbenen Dinosauriern identifiziert, die vor etwa 200 Millionen und bis vor etwa 65 Millionen Jahren auf der Erde lebten. Es ist schon ein bemerkenswerter Gedanke, daß wir etwas über eine so weit entfernte Vergangenheit lernen können, indem wir einen Felsen untersuchen. 200 Millionen Jahre sind eine dermaßen lange Periode, daß sie sich der menschlichen Vorstellungskraft entzieht. Eifrige Nachforschungen haben fossile Überreste von einstmals lebenden Organismen zutage gefördert, die wenigstens drei Milliarden, wenn nicht nahezu vier Milliarden Jahre alt sind.

Obwohl die meisten Leute bei Fossilien an die eingefrorenen Eindrücke von Geschöpfen denken, die einmal vor langer Zeit gelebt haben, gibt es auch viele andere physikalische Objekte, die Eindrücke einer fernen Vergangenheit unveränderlich festhalten. So zeugen zum Beispiel die pockennarbigen Oberflächen von Mond, Mars und Merkur von einer Phase heftiger Bombardierung zur Zeit des beginnenden Sonnensystems. In gewisser Hinsicht sind alle physikalischen Gegenstände Fossilien. Jedes vorhandene Ding besitzt eine Art von Geschichte und enthält Informationen über die Umstände, die seine Existenz ermöglichten. Der Witz besteht darin, schlau genug zu sein, um die Information zu entschlüsseln.

Ein interessantes Spiel besteht darin, den Gegenstand zu nehmen, der uns am vertrautesten ist – unseren Körper –, und zu fragen, was er uns über die Vergangenheit erzählen kann. Da ist zunächst die biologische Information. Sie steckt verschlüsselt in unseren Genen, die aus Molekülen mit besonderer Form – der DNS – gebaut sind. Das Leben auf der Erde basiert auf der DNS, die daher als ein Relikt des Ursprungs des Lebens der Erde angesehen werden kann, das vor vier Milliarden Jahren begann. Unsere besondere genetische Struktur trägt zahllose Eindrücke der physikalischen Bedingungen in sich, denen unsere Vorfahren über die Äonen hin ausgesetzt waren und die geholfen haben, den evolutionären Weg anzulegen, dem unsere Art dann gefolgt ist. Unsere Körper sind demnach lebende Fossilien, die eine verschlüsselte Geschichte unseres Planeten darstellen.

Die biologische Information betrifft die Art und Weise, in der Kohlenstoff-, Wasserstoff-, Sauerstoff- und andere Atome zu komplizierten Strukturen zusammengesetzt sind. Was weiß man aber über die Elemente selbst, über das Rohmaterial, aus dem unser Körper und alle uns umgebenden Objekte bestehen?

Nach den modernen Vorstellungen der Kosmologen hat es diese Atome nicht immer gegeben, sie sind vielmehr Überreste physikalischer Prozesse, die vor langer Zeit – in der Vorgeschichte der Erde – aus der Tiefe des Universums heraus stattgefunden haben. Sie sind kosmische Fossilien. Wie wir im zweiten Kapitel gesehen haben, ist der Hauptbestandteil des kosmischen Materials Wasserstoff. Helium macht ungefähr zehn Prozent aller Atome aus, und die etwa neunzig anderen Elemente stellen nur einen winzigen Bruchteil des Ganzen dar. Viel von dem Material in unseren Körpern besteht dann also aus Spurenelementen in höchster Konzentration. Ihr Ursprung muß in komplexen Vorgängen gesucht werden, die im Inneren von Sternen ablaufen.

Als das Universum begann, enthielt das kosmische Material im wesentlichen keine mittleren oder schweren Elemente. Diese Elemente sind erst als Asche des nuklearen Feuers entstanden, das die Sterne betreibt. In einem Stern wie der Sonne muß man sich das Zentrum als nuklearen Fusionsreaktor vorstellen, dessen Brennstoff im wesentlichen aus Wasserstoffkernen (Protonen) besteht. Die intensive Hitze des Sonnenofens schüttelt die Protonen mit solch einer Heftigkeit durcheinander, daß es gelegentlich zu sehr engen Begegnungen kommt, obwohl sich Protonen mit einer mächtigen elektrischen Kraft gegenseitig abstoßen. Sollten die zusammenstoßenden Protonen sich so nahe kommen, daß sie in den Bereich der starken Kernkraft gelangen, dann kann eine Fusion eintreten. Ein Kern, der aus zwei Protonen besteht, ist instabil. Wenn sich aber ein Proton mit Hilfe der schwachen Kraft in ein Neutron umwandelt (quasi ein umgekehrter Betazerfall), dann bildet sich der stabile Deuteriumkern. Dabei wird Energie freigesetzt, die hilft, den Ofen weiterzuheizen. Weitere Fusionen sorgen für die Umwandlung des Deuteriums in Helium. In alten Sternen ist die Synthese von schweren Kernen aus leichten schon weiter entwickelt. Aufeinanderfolgende Fusionen produzieren zunächst Kohlenstoff und dann eine ganze Folge immer komplexerer Kerne.

Wenn sich ein Stern den Grenzen seiner Brennstoffreserven nähert, ähnelt seine innere Struktur den Häuten einer Zwiebel, bei der – um die Analogie noch einmal zu benutzen – jede nachfolgende Schicht aus verschiedenen chemischen Elementen verschiedene Stationen in der langen Folge der Synthese repräsentiert. Im Lauf seines Lebens ist in einem alten Stern allmählich aus dem ursprünglich vorhandenen Wasserstoff und Helium eine Ablage für verbrauchte nukleare Asche in Form von schweren chemischen Elementen geworden. In der letzten Aktivitätsphase kann ein Stern instabil werden. Die nachlassenden Kernreaktionen sind nicht mehr in der Lage, die intensive innere Hitze und den Druck aufrechtzuerhalten, der erforderlich ist, um den Stern gegen sein eigenes Gewicht zu verteidigen. Die Gravitation gerät außer Kontrolle und quetscht das Zentrum schlagartig zusammen (Implosion). Ein riesiger Energiestoß in Form von Neutrinos und Schockwellen aus dem Zentrum schleudert die äußeren Schichten des Sterns in den Raum hinaus und erbricht die schweren Elemente in die Tiefe der Galaxie. Dieser Ausbruch ist als Supernova bekannt. Jede dieser Explosionen reichert das galaktische Material mit den Spurenelementen an, die entscheidend wichtig für die Bildung fester Planeten wie die Erde und die sie bewohnenden Formen des Lebens sind. Unsere Körper bestehen aus dem zu Fossilien erstarrten Abfall von einst leuchtenden Sternen, die sich selbst Äonen vor der Zeit vernichteten, seit der es die Sonne oder die Erde gibt.

Die schweren Elemente in der uns umgebenden Welt berichten von heftig bewegten Zeiten. Die leichten Elemente – Wasserstoff und Helium – stammen aus einer noch gewalttätigeren Epoche unserer Geschichte, dem Urknall nämlich. Dabei taucht die Frage auf, ob die Elemente einfach von Anfang an da waren oder ob auch sie die Fossilie einer sehr frühen Phase sind.

Die intensive Hitze, die mit dem Urknall einherging, liefert den Schlüssel zum Verständnis des frühen Universums. In ihrer einfachsten Form nimmt die Theorie des heißen Urknalls an, daß das

Universum aus einem Zustand mit unendlicher Dichte und unendlicher Hitze spontan in seine Existenz hineinplatzte. Mit zunehmender Expansion fiel die Temperatur ab, zuerst schnell und dann langsamer, bis sich das Universum hinreichend abgekühlt hatte, so daß Sterne und Galaxien entstehen konnten. Dann blieb die Temperatur etwa hunderttausend Jahre lang konstant auf einigen tausend Grad und verhinderte so, daß sich Atome bildeten. Das Weltall blieb die ganze Zeit über im Zustand eines glühenden Plasmas aus ionisiertem Wasserstoff und Helium. Erst nachdem sich das Universum auf die Temperatur abgekühlt hatte, die heute an der Oberfläche der Sonne herrscht, entstanden die ersten Atome. Atome sind also die Relikte einer Zeit hunderttausend Jahre nach der Schöpfung.

Dabei bleibt allerdings eine interessantere Frage zurück: Was ist der Ursprung der Kerne von Wasserstoff und Helium? Sind auch sie Überbleibsel physikalischer Vorgänge, die in noch weiter zurückliegenden Epochen stattgefunden haben? In den ersten Minuten nach dem Urknall lag die Temperatur des Plasmas weit über 10^6 Grad Kelvin, was heiß genug ist für nukleare Reaktionen. Mit Hilfe von Computermodellen und unter Berücksichtigung von kernphysikalischen Daten können die Astrophysiker die Details der Kernaktivität rekonstruieren, die in den ersten Minuten des Universums vorlag.

Am Ende der ersten Sekunde war die Temperatur 10^{10} Grad Kelvin, und das ist für zusammengesetzte Kerne zu heiß, um zu existieren. Statt dessen füllte eine »Suppe« aus einzelnen Protonen und Neutronen in chaotischer Bewegung den ganzen Raum aus, vermischt mit Elektronen, Neutrinos und Photonen (Wärmestrahlung). Das frühe Universum expandierte extrem rasch, so daß nach einer Minute die Temperatur auf 10^8 Grad Kelvin gefallen war, und nach nur wenig mehr Minuten war sie auf das Niveau gesunken, unterhalb dessen Kernreaktionen möglich sind. Es gab also nur eine relativ kurze Periode von einigen Minuten, in der sich die Neutronen und Protonen zu Kernen zusammenfinden konnten.

Die wichtigste Kernreaktion bestand in der Fusion von Protonen und Neutronen, um Heliumkerne zu bilden, die aus jeweils zwei Protonen und Neutronen bestehen. Da Protonen geringfügig leichter als Neutronen sind, kamen sie etwas häufiger vor, so daß nach Abschluß der Heliumproduktion einige freie Protonen übrigblieben. Die Rechnungen zeigen, daß sonst in der verfügbaren Zeit nicht viel passiert ist; die Komposition des entstehenden Plasmas bestand zu zehn Prozent aus Heliumkernen und zu neunzig Prozent aus Wasserstoffkernen, was mit befriedigender Genauigkeit die beobachtete Häufigkeit dieser Elemente im heutigen Universum widerspiegelt. Der Schluß liegt nahe, daß das Element Helium ein fossiler Überrest des ursprünglichen Ofens ist, der in den ersten Minuten brannte, die auf die Schöpfung folgten.

Glücklicherweise war das ursprüngliche Material überreich an Protonen, denn aus diesem Überschuß an ungepaarten Protonen holte sich das Universum den Wasserstoff. Ohne Wasserstoff würde die Sonne nicht brennen, und es gäbe kein Wasser im Kosmos. Es erscheint unwahrscheinlich, daß unter solchen Umständen Leben entstanden wäre.

Fossilien der ersten Sekunde

Die Tatsache, daß die Astrophysiker ein Fossil aus den ersten Minuten der Existenz des Weltalls identifiziert haben, stellt eine unglaubliche Leistung dar. Doch Wissenschaftler sind nie zufrieden, und sie drängen immer weiter über die bekannten Grenzen ihres Themas hinaus auf das nächste Ziel zu. Dies ist das Wesen der Forschung. Eine Erklärung der chemischen Elemente erfordert die Kenntnis des Universums am Ende der ersten Sekunde. Was aber war mit früheren Momenten, wie sieht es mit Epochen *innerhalb* der ersten Sekunde aus?

Wer sich auf solche Studien einläßt, betritt eine Welt wie Alice im Wunderland mit geheimnisvollen Zuständen der Materie und ungewohnten Kräften. Es gilt, noch weiter an das größte aller Geheimnisse heranzukommen, an das Ereignis der Schöpfung selbst. Um uns leichter ein Bild vom Universum machen zu können, bevor es eine Sekunde alt war, stellen wir uns eine Maschine vor, die uns von diesem Alter an Augenblick um Augenblick bis zur Zeit Null zurückführt, als das Universum explosionsartig auftauchte. Doch Vorsicht! Das meiste, das wir von der ersten Sekunde wissen, beruht auf Vermutungen und Extrapolationen. Positive Beweise sind nur schwer zu bekommen. Was in diesem und den folgenden Kapiteln beschrieben wird, ist das Ergebnis von theoretischen Modellen, die zum Teil umstritten und spekulativ sind.

Um einen Sinn in den Ereignissen zu finden, die sich in dem frühen Universum abspielten, ist es erforderlich, die Natur der kosmischen Aktivität zu verstehen. Wenn wir vom heutigen Tag an rückwärts in der Zeit reisen könnten, würden wir feststellen, daß mit zunehmendem Reiseverlauf die Ereignisse immer schneller werden. Im Lauf der Erdgeschichte von 4,6 Milliarden Jahren haben sich Änderungen nur langsam vollzogen. Die geologischen Zeittafeln werden in Millionen von Jahren berechnet. Wenn wir in eine Zeit zurückkehren könnten, die nur noch einige Millionen (statt einiger tausend Millionen) Jahre vom Urknall entfernt ist, würden wir finden, daß die Dinge sehr viel schneller vonstatten gehen. Galaxien wurden in einem Zeitraum von einigen hundert Millionen Jahren gebildet, während Sterne noch schneller auftraten, vielleicht in wenigen zehntausend Jahren.

Vor etwa hunderttausend Jahren zeigte das Universum ziemlich wenig charakteristische Merkmale. Es steckte in der Phase des glühenden Plasmas. Die Schnelligkeit der Ereignisse kann mit Hilfe der Rate der kosmischen Expansion und der fallenden Temperatur geeicht werden. Die Expansion verlief damals einige hunderttausendmal schneller als heute, und die Temperatur betrug einige tausend Grad. Davor expandierte das Universum noch schneller, und es war noch heißer. Im Alter von einer Sekunde verdoppelte das Universum in jeder Sekunde seine Größe bei einer Temperatur von 10^{10} Grad Kelvin. Innerhalb dieser ersten Sekunde eskalierte die Geschwindigkeit des Wechsels noch mehr. Sie steigt schließlich ohne Grenzen, wenn man sich dem Augenblick der Schöpfung nähert.

Mathematisch wird diese beschleunigende Phase an Aktivität durch eine »reziproke« Beziehung beschrieben. Die Expansionsrate ist proportional zum Kehrwert der Zeit ($1/t$), und die Temperatur ist proportional zum Kehrwert ihrer Wurzel ($1/\sqrt{t}$), wenn mit t die Zeit gemeint ist, die seit der Schöpfung des Universums vergangen ist. Wenn nun t immer kleiner wird, steigen diese Größen immer schneller auf unendliche Werte an. Da jede Aktivität immer rascher vor sich geht, wenn wir uns weiter rückwärts in der Zeit bewegen, wird es wahrscheinlicher, daß wichtige Ereignisse in immer kürzeren Intervallen stattfinden. Es ist dann sinnvoller, die Zeit durch den

Faktor 10 aufzuteilen. Zum Beispiel passierte in dem Intervall von 0,1 bis 1 Sekunde genausoviel wie in dem Intervall von 0,01 bis 0,1 Sekunde. Und entsprechend für andere Abschnitte. Jedesmal, wenn wir das Intervall wieder durch 10 teilen, treffen wir auf einen vergleichbaren Grad an Änderungen, die in dieses kleinere Intervall hineingequetscht worden sind.
Die Frage, die sich nun offensichtlich stellt, lautet, wie weit zurück können wir unser Modell des frühen Universums mit einem Minimum an Vertrauen extrapolieren? Ich erinnere mich noch, daß ich als Student in den späten sechziger Jahren eine Vorlesung über Kosmologie besucht habe, in der auch die gerade entdeckte kosmische Hintergrundstrahlung erwähnt wurde. Der Redner trug nur sehr ungehalten die Berechnungen des Heliumüberschusses vor, die auf nuklearen Reaktionen beruhten, die in den ersten Minuten aufgetreten waren. Der größte Teil des Publikums lachte auch ganz offen über die Kühnheit eines solchen Vorhabens und war der Meinung, daß die Modellierung des Universums in solch einem frühen Stadium allzu spekulativ und nicht akzeptabel war. Heute hat sich da die Stimmung gewaltig geändert. Die Heliumberechnungen sind Teil eines etablierten kosmologischen Dogmas geworden, und die Aufmerksamkeit wendet sich viel früheren Epochen als der Phase der Kernsynthese zu.
Man ist oft überrascht, wenn man lernt, daß die extremen Bedingungen, die in der ersten Sekunde des Universums bestanden haben, heutigen experimentellen Methoden zugänglich sind. Die modernen Teilchenbeschleuniger können für einen winzigen Augenblick die physikalischen Bedingungen simulieren, die nach nur 10^{-12} Sekunden vorgelegen haben, als die Temperatur auf der unglaublichen Höhe von 10^{16} war und das ganze Universum nur einen Bereich von der Größe unseres Sonnensystems umfaßte. Mit anderen Worten gesagt, auf unserer Reise zurück in die seltsame Welt des ursprünglichen Weltalls können uns sowohl das Experiment als auch die Theorie einen guten Teil des Weges entlangleiten.
Wenn wir uns aber immer weiter zurücktasten, treffen wir auf immer extremere physikalische Situationen. Der wichtigste Parameter, an dem unser Fortschritt meßbar wird, ist die Energie. Die Energie eines typischen Teilchens, das in der Ursuppe (Plasma) umherspringt, steigt immer schneller an, je näher wir dem ersten

Augenblick kommen. Bei einer Minute haben wir noch mit Kernenergien zu tun. Bei einer Sekunde erreichen wir Energien, die von einigen radioaktiven Strahlungen erreicht werden. Bei einer Mikrosekunde (1μs) wird die Energie eines typischen Teilchens derjenigen vergleichbar, die von den ersten Teilchenbeschleunigern erreicht werden konnte. Wenn wir bei einer Pikosekunde ($1\,ps = 10^{-12}\,s$) ankommen, schließen wir zur Grenze der heutigen Teilchenbeschleuniger auf. Darüber hinaus kann uns dann nur noch die Theorie helfen.

In früheren Kapiteln haben wir gesehen, wie die vier Kräfte der Natur zur Zeit als Teile einer einzigen Kraft angesehen werden, der Urkraft. Unser Fehler, den vier Kräften vier getrennte Identitäten zuzuordnen, rührte daher, daß wir normalerweise die Welt bei vergleichsweise niedrigen Energien betrachten. Wenn die Energien zunehmen, fangen die Kräfte an, sich zu vereinigen. Zunächst verschmilzt die elektromagnetische Kraft mit der schwachen Kraft. Dies tritt bei einer Energie ein, die äquivalent zu etwa neunzig Protonenmassen ist, was einer Temperatur von rund 10^{15} Grad Kelvin entspricht. Die vorhandenen Beschleuniger können gerade diese Größenordnung erreichen und hier die W- und Z-Teilchen befreien. Die weitere Verschmelzung der elektroschwachen und der starken Kraft (und schließlich auch der Gravitation) tritt nicht ein, bevor nicht ungeheuer viel größere Energien erreicht worden sind. Wir müssen bis an die Skala der Vereinheitlichung und an die Planck-Skala gelangen – also billionenfach mehr Energie als bei der elektroschwachen Skala aufwenden.

Wir können uns nun das ursprüngliche Universum als riesiges natürliches Laboratorium vorstellen, in dem die Energie des Urknalls frei wird, um physikalische Vorgänge anzutreiben, die jenseits von aller Laborerfahrung sind. Obwohl wir vermutlich nie in der Lage sein werden, mit der Urkraft direkt zu experimentieren, können wir uns doch an die Kosmologie wenden mit der Bitte, uns mit Hinweisen über die vergängliche Aktivität in den ersten Augenblicken der kosmischen Existenz zu versorgen.

10^{-12} Sekunden nach dem Urknall war die Temperatur des Universums so hoch, daß alle uns heute bekannten Teilchen aus der vorhandenen Hitzeenergie produziert werden konnten. Das damalige Weltall enthielt etwa gleiche Anteile an Materie und Antimaterie. Als sich später die Teilchen-Antiteilchen-Paare, die den

Hauptbestandteil an Material bildeten, vernichtet hatten, blieb ein Rest an Materie übrig. Die Dichte der Teilchen war so hoch, daß ein Gleichgewicht erreicht werden konnte, in dem die verfügbare Energie demokratisch auf alle verschiedenen Teilchensorten verteilt wurde.

Die Natur des kosmischen Materials zu diesem Zeitpunkt war verschieden von dem, das wir aus direkter Erfahrung kennen. Die Hadronen waren so dicht miteinander verpackt, daß sie keine individuelle Identität beanspruchen konnten. Protonen und Neutronen existierten nicht als getrennte Einheiten. Statt dessen bestand das kosmische Material aus einer Flüssigkeit von Quarks, die sich alle mehr oder weniger unabhängig bewegten. Weiterhin war bei diesen Energien jede Unterscheidung zwischen der schwachen und der elektromagnetischen Kraft verlorengegangen, und die Natur der Leptonen und Quarks war tatsächlich verwunderlich. Teilchen, die wir heute sehen – die Elektronen, Myonen und Neutrinos –, existierten nicht in ihrer gewohnten Form. Die Photonen, die W- und die Z-Teilchen, waren untrennbar in ihrer Identität verschmolzen. Wenn wir zeitlich zu diesem Augenblick zurückkehren könnten, sähen wir eine ganz neuartige und dem Menschen unbekannte Phase der Materie, in der sich die Teilchen noch nicht so eingerichtet hatten, daß sie von Hochenergiephysikern identifiziert werden konnten.

Der Schlüssel zum Verständnis dieser wirren Hochtemperaturphase der Materie steckt in der Symmetriebrechung. Im achten Kapitel haben wir erklärt, wie eine Eichsymmetrie spontan gebrochen werden kann, um Teilchen mit Massen zu versorgen und die Unterscheidung zwischen der elektromagnetischen und der schwachen Kraft herbeizuführen. Dies ist eine allgemeine Regel in der Natur; bei hohen Temperaturen besteht eine Tendenz dazu, Symmetrie herzustellen. Ein gutes Beispiel für diese Regel stellen die flüssige und die feste Phase des Wassers dar. Ein Eiskristall zeigt bevorzugte Richtungen im Raum, nämlich entlang den Kanten des Kristallgitters. Wenn das Eis schmilzt, bricht die Kristallstruktur auseinander. Der Wassertropfen, der den Kristall ersetzt, zeigt die Bevorzugung einer räumlichen Richtung nicht mehr; das heißt, er ist symmetrisch. Die Wirkung der Temperaturerhöhung besteht darin, die grundlegende Symmetrie der Orientierung wiederherzustellen, die spontan durch den Eiskristall gebrochen worden ist. Wenn die Temperatur der Materie auf 10^{16} Grad Kelvin erhöht wird, tritt ein analoger Phasenwechsel ein, genau wie beim Übergang von Eis zu Wasser. Nur daß diesmal die wiederhergestellte Symmetrie die grundlegende Eichsymmetrie der elektroschwachen Kraft ist.

Unser Bild des Universums nach einer Pikosekunde zeigt also bemerkenswerte Eigenschaften. Das Weltall ist mit einer geheimnisvollen Flüssigkeit angefüllt, die seitdem im Kosmos unbekannt ist. Die Bewohner dieses Universums sind keine Teilchen, die wir erkennen können. Doch kann diese sonderbare Phase der Materie nicht bestehenbleiben. Als die Temperatur fällt, tritt ein plötzlicher Phasenwechsel auf, so, wie Wasser zu Eis wird. Schlagartig können die gewohnten Teilchen – Elektronen, Neutrinos, Photonen, Quarks – identifiziert werden. Die Eichsymmetrie ist gebrochen worden, und die elektromagnetische Kraft trennt sich von der schwachen Kraft.

Verfolgen wir den weiteren Fortschritt des kosmischen Materials in Richtung der Zeit, tritt ein weiterer kritischer Phasenwechsel nach einer Millisekunde auf. Der harte Druck der umherwirbelnden Quarks erstarrt plötzlich zu einem See von wohldefinierten Hadronen. Individuelle Protonen, Neutronen, Mesonen und andere über die starke Kraft miteinander in Wechselwirkung tretende Teilchen können nun unterschieden werden, wobei die Quarks sich zu Einheiten von zwei und drei zusammenschließen. Später dann, wenn die Temperatur noch weitersinkt, kommt es zur Vernichtung aller noch verbleibenden Antiteilchen wie den Positronen, wobei riesige Mengen von Gammastrahlung freigesetzt werden. Das kosmische Material enthält nun die gewohntere Mischung aus Protonen, Neutronen, Elektronen, Neutrinos und Photonen, die die Bühne für die Synthese von Helium bereiten, die sich einige Sekunden später vollzieht.

Unser Studium des Universums nach einer Pikosekunde und aufwärts hat uns eine faszinierende neue Perspektive im Hinblick auf die Natur der Materie beschert. Wir können nun sehen, daß es die Bausteine der Materie, die Protonen und Neutronen, nicht immer gegeben hat, sondern daß sie vielmehr nach einer Millisekunde aus einer Quarkbrühe heraus erstarrt sind. Diese Kernteilchen können daher als Fossilien der ersten Millisekunde angesehen werden. Und noch bizarrer ist die Tatsache, daß die Leptonen und die

Quarks, die aller Materie zugrunde liegen, ihre augenblickliche Identität nach etwa einer Pikosekunde erlangt haben. Sie sind also die Fossilien der ersten Pikosekunde.
Ein systematisches Bild beginnt sich abzuzeichnen. Wir sind in der Lage, den Ursprung der Elemente bis in ferne Epochen voller Sternenfeuer zurückzuverfolgen und die Kernsynthese in den ersten Minuten des Universums anzusehen. Die Protonen und die Neutronen, die dann diese Elemente aufbauen, haben ihren Ursprung in noch weiter zurückliegenden Momenten, während die Leptonen und die Quarks (die ihrerseits die Kernbausteine bilden) schließlich Relikte einer Zeit sind, als das Universum erst den Millionsten Teil einer Millionstelsekunde existiert hatte. Doch ein Geheimnis bleibt immer noch bestehen. Dieses Geheimnis bringt uns zurück in eine noch weit frühere Epoche des Universums, in das sogenannte GET-Zeitalter.

Der Ursprung der Materie
Als die Urknalltheorie vorgeschlagen wurde, konnte keine überzeugende Erklärung dafür gegeben werden, wie zunächst die Existenz des Materials, das explosionsartig aus der ursprünglichen Explosion herauskam, begonnen hat. Die Kosmologen mußten auf die Annahme zurückgreifen, daß das Material, aus dem das Universum konstruiert ist, von Anfang an vorhanden war. Es gab damals keinen bekannten physikalischen Vorgang, der in der Lage gewesen wäre, diese Materie hervorzubringen. Heute bietet die neue Kosmologie eine plausible Erklärung für den Ursprung der Materie an. Sie basiert auf der Aktivität der Urkraft.
Die Möglichkeit, daß Materie aus konzentrierter Energie entstehen kann, ist seit mehreren Jahrzehnten bekannt. Und beim Urknall gab es keinen Mangel an Energie. Sie reichte aus, um die gesamte Materie des sichtbaren Universums zu erzeugen, insgesamt etwa 10^{50} Tonnen. Das Geheimnis steckt in dem Problem, wie all diese Materie ohne eine entsprechende Menge an Antimaterie existieren kann. Dieses Problem haben wir kurz im zweiten Kapitel angesprochen. Wenn man im Laboratorium Materie generiert, entsteht immer auch Antimaterie. Die Symmetrie zwischen Materie und Antimaterie scheint ein tiefverwurzeltes Gesetz der Physik zu sein. Damit stellt sich die Frage, wohin diese Antimaterie verschwunden ist.

Zunächst müssen wir vor allem sicher sein, daß das Universum tatsächlich vollständig aus Materie besteht. Ein Felsen aus Antimaterie würde in allen Beziehungen wie ein Felsen aussehen, der aus Materie gemacht ist. Man könnte sie durch Hinsehen nicht unterscheiden. Es gibt aber einen unmißverständlichen Weg, um zu bestimmen, was was ist. Wenn jeder der beiden Felsen mit einem Stück Materie zusammengebracht wird, dann verschwindet der Felsen aus Antimaterie in einer heftigen Explosion. Sogar ein zarter Lufthauch würde die Antimaterie zu heftigen Reaktionen veranlassen, und intensive Gammastrahlung wäre die Folge. Es ist klar, daß die Erde zu hundert Prozent aus Materie besteht.

Doch trifft diese Asymmetrie auch für das Universum als Ganzes zu? Soweit wir das sagen können, schon. Wenn unsere Galaxie größere Mengen an Antimaterie enthalten würde, dann würden die unvermeidbaren Zusammenstöße zwischen Gaswolken, Sternen, Planeten und anderen Objekten uns mit Gammastrahlen überschwemmen, wenn dabei Materie auf Antimaterie trifft und beide sich vernichten. Gammastrahlung von dieser Intensität könnte ganz sicher ermittelt werden, und die Astronomen legen so die obere Grenze an Antimaterie bei einem Teil in Tausend fest. Von gelegentlichen Antiprotonen abgesehen, die in kosmischen Strahlen gefunden werden, scheint die Galaxie ziemlich reine Materie zu sein.

Es ist denkbar, daß andere Galaxien fast vollständig aus Antimaterie bestehen. Doch stoßen auch Galaxien von Zeit zu Zeit zusammen, und in der Vergangenheit waren sie noch viel dichter beieinander. Die Gammastrahlen solcher Berührungen wären heute meßbar. Darüber hinaus ist es schwer zu glauben, wie – betrachtet man das Universum als Ganzes – eine anfängliche Mischung aus Materie und Antimaterie sich jemals auf getrennte Raumgebiete verteilen könnte. Unter dem Eindruck dieser plausiblen Vorstellung glauben die meisten Kosmologen, daß der Kosmos vorwiegend aus Materie besteht und daß die Asymmetrie von den ersten Anfängen an festgeschrieben worden ist.

Die einzige Erklärung, die vor zehn Jahren angeboten wurde, um das Urungleichgewicht zwischen Materie und Antimaterie zu erklären, bestand in der Annahme, daß dies von Anfang an eingebaut war, daß das dem Urknall entströmende Material einen überproportionalen Anteil an Materie gehabt habe. Diese Art der

»Erklärung« – die Anrufung geeigneter Anfangsbedingungen – besagt, daß die Dinge so sind, wie sie sind, weil sie so waren, wie sie waren. Dies kann man nicht Wissenschaft nennen. Nahezu jede Zusammensetzung des ursprünglichen Materials kann so erklärt werden. Wir erfahren dadurch aber nicht, warum das Ungleichgewicht gerade so klein oder so groß war. Es scheint auch keinen besonderen Grund zu geben, warum nicht zweimal oder auch millionenmal mehr Materie einfach nicht hergestellt worden ist.

Die Rettung durch die GETs

Statt den Überschuß an Materie als von Gott gegeben hinzunehmen, schafft es eine tiefere Befriedigung, wenn man unterstellt, daß es am Anfang eine vollständige Symmetrie zwischen Materie und Antimaterie gab, daß sich daraus irgendwie *nachher* durch natürliche Ursachen ein Übergewicht der Materie entwickelt hat und daß dieser Zustand dann eingefroren wurde. Dann würde es überflüssig, von willkürlichen Anfangsbedingungen auszugehen. Der Zustand exakter Gleichheit (kein Überschuß) ist eindeutig. Der beobachtete Überschuß von Materie über Antimaterie müßte quantitativ mit Hilfe einer physikalischen Theorie erklärt werden. Damit diese Idee funktioniert, wird es offensichtlich erforderlich, einen physikalischen Mechanismus zu haben, der die Symmetrie von Materie und Antimaterie bricht, was traditionell eine der unverletzbaren Regeln der Physik ist. In den späten siebziger Jahren wurde den Physikern solch ein Mechanismus in Gestalt der großen einheitlichen Theorien (GET) in die Hand gegeben. Wie bereits erläutert, besteht eine der sensationellen Vorhersagen der GETs in der Behauptung, daß Protonen instabil sind und in Positronen zerfallen. Die Verbindung zwischen dem Protonenzerfall und der Asymmetrie von Materie und Antimaterie kann man am besten sehen, wenn man sich das mögliche in ferner Zukunft liegende Schicksal eines Wasserstoffatoms (Proton plus Elektron) ansieht. Wenn ein Proton zerfällt, sendet es ein Pion und ein Positron aus. Das Pion zerfällt in zwei Photonen, während das Positron das Elektron vernichtet und dabei zwei weitere Photonen produziert. Was als Atom begann, endet als reine Strahlungsenergie. In diesem Vorgang ist Materie vollständig in Energie umgewandelt worden, ohne auf Antimaterie zu treffen. Nun kann jeder physikalische Vorgang umgekehrt ablaufen, was bedeutet, daß es möglich ist, sich eine Form von Energie auszudenken, die sich in Materie umwandelt, ohne gleichzeitig Antimaterie hervorzubringen. Dieser Vorgang könnte – bei geeigneter Beschleunigung – erklären, wie es mit der Existenz der Materie begonnen hat.

Um den Schöpfungsvorgang im Detail zu modellieren, ist es erforderlich, in das sogenannte GET-Zeitalter zurückzugehen, also volle zwanzig Zehnerpotenzen hinter die elektroschwache Epoche, die wir in dem vorhergehenden Abschnitt betrachtet haben. Dies bedeutet, wir versuchen zu beschreiben, wie das Universum aussah, als es 10^{-32} Sekunden alt war! In diesem Augenblick erschien das Weltall wie eine Brühe aus verrückten und unidentifizierbaren Teilchen, von denen einige sehr schwer und ungeheuer dicht (10^{73} kg/m^3) waren. Sie badeten in der heißen Brühe bei einer Temperatur von 10^{28} Grad Kelvin. Das Universum war zu dieser Zeit so jung, daß von seinem ersten Moment an das Licht noch nicht die Strecke zurückgelegt haben konnte, die dem Milliardsten Teil des Durchmessers eines Protons entspricht.

Die essentiellen Zutaten in dieser exotischen Brühe sind superschwere Teilchen, die die große einheitliche Kraft vermitteln. Es sind die sogenannten X-Teilchen, die im achten Kapitel erwähnt worden sind. Es sind nun diese Teilchen, die die Ungleichheit zwischen Materie und Antimaterie herbeiführen. Und dies geht so: Wenn ein X zerfällt, kann es viele Tochterteilchen produzieren, von denen ⅔ aus Materie und ⅓ aus Antimaterie bestehen. Die genauen Details dieser Asymmetrie hängen von der GET ab, die man verwendet. Auf jeden Fall aber kann der Zerfall der X-Teilchen zu einem Übergewicht der Materie führen.

Man muß dabei allerdings auf einen Punkt achtgeben. Die Ursuppe wird auch die Antiteilchen von X enthalten, die wir $\overline{X}$ nennen. Unsere Annahme war bekanntlich, daß das Universum symmetrisch angefangen hat, also mit gleichen Anteilen von X und $\overline{X}$. Wenn nun die $\overline{X}$-Teilchen zerfallen, drehen sie die Asymmetrie herum, sie liefern ⅔ Antimaterie und ⅓ Materie. Der Nettoeffekt besteht darin, daß die Symmetrie intakt bleibt.

Um diesem Engpaß zu entkommen, nehmen die Theoretiker an, daß es ein grundlegendes Ungleichgewicht in den Zerfallsraten von X und $\overline{X}$ geben muß. Unter einer Milliarde Zerfällen gibt es vielleicht einen mehr von X, was zu einem Eins-zu-einer-Milliarde-Überschuß an Materie über Antimaterie führt.

Wie vernünftig ist nun diese Annahme? Physiker sind genaue Kenner der Geschichte, vor allem, wenn es um ihr eigenes Thema geht. Die Lektionen der Geschichte haben sie immer im Kopf, wenn sie an die Konstruktion neuer Theorien gehen. Eine dieser Lektionen erhielten sie 1956. Damals schmissen zwei chinesisch-amerikanische Physiker, T. D. Lee und C. N. Yang, alles über den Haufen, als sie darauf bestanden, daß die schwache Kraft eine ehemals geheiligte Symmetrie der Natur verletzt. Sie meinten die Spiegelsymmetrie. Bis dahin hatten die Physiker angenommen – mehr oder weniger, ohne nachzudenken –, daß es den Kräften der Natur gleich ist, wenn rechts und links vertauscht werden. Natürlich gibt es viele natürliche Gebilde, die eine »Händigkeit« eingebaut haben; das berühmteste Beispiel ist die DNS. Moleküle aus DNS besitzen eine Gestalt wie eine spiralenförmige Treppe, die sich dauernd nach rechts windet. Obwohl in der Natur keine linksgängige DNS vorkommt, gibt es doch kein fundamentales Gesetz der Physik, das dies verbietet. Die Tatsache, daß alles Leben auf der Erde aus der rechtshändigen Form aufgebaut ist, liegt vermutlich daran, daß die ersten selbstverdoppelnden Moleküle zufällig so gedreht waren. Dies liefert ein gutes Beispiel für eine spontane Symmetriebrechung. Die tatsächliche Struktur ist asymmetrisch, obwohl die zugrundeliegenden physikalischen Kräfte symmetrisch bleiben.
Wenn ein Physiker sagt, die Kräfte der Natur sind spiegelsymmetrisch, dann meint er damit, daß die fundamentalen Vorgänge, die von diesen Kräften hervorgerufen worden sind, in einem Spiegel ebenso zulässig wie in der direkten Sicht erscheinen. Wir stellen uns vor, den Zerfall eines Teilchens aufzunehmen, und dann legen wir den Film falsch herum (vorne nach hinten) in den Projektionsapparat. Wenn die den Zerfall betreibenden Kräfte spiegelsymmetrisch sind, sollte kein Physiker in der Lage sein, die Täuschung zu bemerken.
Die Physiker hatten so viel Vertrauen in die Annahme, daß die subatomaren Kräfte rechts und links nicht auseinanderhalten konnten, daß sie gar nicht daran dachten, daß es erforderlich wäre, dies nachzuprüfen. Dann traten aber Lee und Yang mit ihrem neuen Konzept auf den Plan. Rasch wurde von einer weiteren chinesisch-amerikanischen Physikerin, C. S. Wu, ein entsprechendes Experiment durchgeführt. Zu jedermanns Verwunderung

wurde dabei entdeckt, daß Lee und Yang recht hatten. Die schwache Kraft verletzt die Spiegelsymmetrie tatsächlich. Das Wu-Experiment, daß darin bestand, die Zahl der links- und rechtsdrehenden Elektronen zu messen, die von sorgfältig ausgerichteten Kobaltkernen emittiert wurden, wurde zu einem Wendepunkt der Physik. Von nun an war keine Symmetrie mehr sicher.
Der zweite Schock folgte 1964. Mit großem Interesse wandte man sich dem verwirrenden Verhalten eines seltsamen Teilchens zu, das als neutrales K-Meson bekannt ist. Die Vorstellung, daß die Spiegelsymmetrie verletzt war, hatte man längst akzeptiert. Dabei wurde stets angenommen, daß die Antiteilchen die Spiegelsymmetrie in umgekehrter Hinsicht verletzen würden. (Antiteilchen zeigen gewöhnlich das umgekehrte Verhalten wie die ihnen entsprechenden Teilchen.) Wenn dies tatsächlich der Fall wäre, dann gäbe es keinen Weg, auf dem das Universum einen Überschuß an Materie gegenüber der Antimaterie hätte heranschaffen können. Denn zu jedem Prozeß, in dem ein Teilchen produziert würde, gäbe es irgendwo sein Spiegelbild, das ein Antiteilchen kreierte. Die Besonderheiten des neutralen K-Mesons, das eine Art Hybrid aus Teilchen und Antiteilchen ist, machten es möglich, diese Ideen zu testen. Das entscheidende Experiment dazu wurde von V. L. Fitch und J. W. Cronin in Brookhaven ausgeführt. Sie stellten fest, daß die Spiegelsymmetrie von Teilchen und Antiteilchen *nicht* in gleicher Stärke und entgegengesetzter Richtung verletzt wird, wenigstens nicht, soweit es das neutrale K-Meson betraf. Es gibt hierbei eine winzige, aber bedeutende Schieflage. Solch eine Asymmetrie drückt ein grundlegendes Ungleichgewicht in der Natur der Kräfte aus, die einige der Teilchenzerfälle antreiben. Damit erhalten wir einen konkreten experimentellen Beleg für eine Asymmetrie zwischen Materie und Antimaterie.
In den späten siebziger Jahren fingen die Theoretiker an, die GET-Phase des Urknalls unter der Annahme zu modellieren, daß die oben erwähnte Asymmetrie in der großen einheitlichen Kraft tatsächlich existiert. Sie lieferten dadurch Zahlen, die typischerweise ein Ungleichgewicht zwischen Materie und Antimaterie von eins zu einer Milliarde vorschlugen. Das heißt, für eine Milliarde Antiteilchen, die hergestellt werden, entstehen zugleich eine Milliarde und ein Teilchen. Obwohl er nur winzig ist, dieser geringe Überschuß an Materie erweist sich als ausschlaggebend. Wenn

sich das Universum abkühlt, wird die Antimaterie vernichtet und mit ihr nahezu alle Materie. Aber eben nicht alle, denn der eine Teil aus der einen Milliarde bleibt übrig. Und aus diesem winzigen Rest – sozusagen eine Hinterlassenschaft der Natur – sind alle Objekte des Universums geschaffen worden; wir selbst sind dabei eingeschlossen. Damit wird letztlich *alle* Materie zu einer Fossilie, einem Überbleibsel aus dem GET-Zeitalter, das bloß 10^{-32} Sekunden nach dem Urknall eingetreten ist.

Wenn man dieser Analyse glaubt, dann verschwand der überwiegende Teil der Materie, die dem Urknall entströmte, bevor auch nur die ersten Sekunden verstrichen waren, und mit ihr verschwand alle kosmische Antimaterie. Nun wissen wir, warum es so wenig Antimaterie im Universum gibt. Doch hat das verschwundene Material ein Echo seiner vormaligen Existenz in Form von Energie hinterlassen. Die Vernichtung von Materie und Antimaterie hat für jedes übrigbleibende Elektron und für jedes unversehrte Proton eine Milliarde Photonen (Gammastrahlen) produziert. Diese Strahlung ist heute durch die kosmische Expansion etwas abgekühlt und bildet nun die Hintergrundstrahlung, die das Universum ausfüllt. Abgesehen von der Energie, die in der Materie eingeschlossen ist, sorgt diese Hintergrundwärmestrahlung für den größeren Teil der Energie des Universums. Damit steht uns nun eine Theorie zur Verfügung, die nicht nur erklärt, wie die Materie zu existieren angefangen hat, sondern die auch noch dem Verhältnis von Materie und Energie im Kosmos Rechnung trägt. Kein Grund konnte angegeben werden, warum die heutige Temperatur der Hintergrundwärmestrahlung nicht bei 0,3 oder 30 Grad Kelvin statt der tatsächlichen 3 Grad Kelvin liegen sollte. Die großen einheitlichen Theorien liefern aber ein Mittel, diese Temperatur aus der Physik abzuleiten. Eine gegenwärtige Temperatur von 3 Grad Kelvin bedeutet, daß es für jedes Proton und Elektron im Universum 10^9 Photonen gibt. Dieser Wert stimmt sehr gut mit dem Eins-zu-einer-Milliarde-Überschuß von Teilchen zu Antiteilchen überein, den die GETs vorhersagen. Damit kann einer der fundamentalen Parameter der Kosmologie mit Hilfe physikalischer Vorgänge vorhergesagt werden, die im GET-Zeitalter eingetreten sind. In diesem unvorstellbar frühen Augenblick der Existenz wurden die Fundamente für die Strukturen des Universums gelegt, die wir heute sehen.

Was verursachte den Urknall?

Das Paradoxon der Schöpfung

Jedesmal, wenn ich eine Vorlesung über Kosmologie halte, wird eine bestimmte Frage gestellt: Wodurch kam es zum Urknall? Vor einigen Jahren hatte ich darauf noch keine Antwort. Doch heute, so glaube ich, wissen wir, was den Urknall verursacht hat.

In dieser einen Frage stecken eigentlich zwei. Wir würden gerne wissen, warum das Universum mit einem Knall begann und was diesen explosiven Ausbruch zunächst verursacht hat. Hinter diesem physikalischen Rätsel liegt aber ein tieferes metaphysisches Geheimnis. Falls der Urknall den Ursprung jeder physikalischen Existenz einschließlich der von Raum und Zeit darstellt, in welchem Sinne können wir dann überhaupt noch fragen, was dieses Ereignis *verursacht* hat?

Nur von der Physik her betrachtet, stellt das plötzliche Erscheinen des Universums in einer riesigen Explosion schon eine Art von Paradoxon dar. Von den vier Kräften der Natur, die die Welt beherrschen, wirkt nur die Gravitation systematisch in kosmischen Größenordnungen, und in unserer Erfahrung wirkt die Schwerkraft anziehend. Es ist eine Zugkraft. Doch die Explosion, die den Beginn des Universums markiert, scheint eine Schubkraft von unvorstellbarer Größe besessen zu haben. Sie mußte den Kosmos auseinandertreiben und ihn auf den Weg der Expansion bringen, den er bis zum heutigen Tag verfolgt.

Einige Leute sind oft verwirrt durch ihre Überzeugung, daß das Universum sich zusammenziehen (und nicht expandieren) müsse, wenn es von der Gravitationskraft dominiert wird. Als Zugkraft sorgt die Gravitation dafür, daß Gegenstände implodieren und nicht explodieren. So wird zum Beispiel ein hochkompakter Stern nicht in der Lage sein, sein eigenes Gewicht auszuhalten; er kann kollabieren und zu einem Neutronenstern oder einem schwarzen Loch werden. In seiner Anfangsphase übertraf die Kompression des Universums selbst die des dichtesten Sterns, und diese Tatsache ruft oft die Frage hervor, warum sich das Universum nicht von Anfang an in ein schwarzes Loch verwandelt hat.

Der traditionellen Antwort fehlt es an Glaubwürdigkeit. Hier wird argumentiert, daß die ursprüngliche Explosion einfach als Anfangsbedingung hingenommen werden muß. Natürlich hat die Geschwindigkeit der kosmischen Expansion unter dem Einfluß der Gravitation seit dem ersten Augenblick stetig abgenommen, doch im Moment der Schöpfung dehnte sich das Universum unendlich rasch aus. Es gab keine Kraft, die diese Explosion verursacht hat, sie war einfach als Anfangsbedingung vorhanden. Wäre die explosive Gewalt weniger extrem gewesen, dann hätte die Gravitation das sich ausbreitende Material bald überwältigt, die Expansion umgedreht und den ganzen Kosmos in einer katastrophenartigen Implosion geschluckt, wobei etwas von der Art eines schwarzen Lochs entstanden wäre. Es geschah aber gerade, daß der Knall groß genug war, um das Universum in die Lage zu versetzen, seiner eigenen Gravitation zu entgehen und für alle Zeiten unter dem Einfluß der anfänglichen Explosion zu expandieren. Es kann zumindest Tausende von Millionen Jahren lang mit dem Anfangsschwung überleben, bevor es sich möglicherweise einer Implosion beugt und vernichtet wird.

Die Schwierigkeiten dieses traditionellen Bildes liegen darin, daß es in keiner Weise eine Erklärung für den Urknall liefert. Wieder einmal wird ein grundlegender Zug des Universums ausschließlich einer ad hoc gegebenen Anfangsbedingung zugeschrieben. Der Urknall »hat einfach stattgefunden«. Wir bleiben ohne Verständnis dafür zurück, warum die Stärke der Explosion gerade so groß war. Warum ist das Universum nicht noch viel heftiger explodiert, so daß es heute noch viel schneller expandiert? Oder andersherum, warum expandiert es heute nicht viel langsamer, oder warum zieht es sich nicht schon längst zusammen? Natürlich wären wir gar nicht hier, um solche Fragen zu stellen, wenn der Kosmos es *versäumt* hätte, mit hinreichender Gewalt zu explodieren, doch stellt dies kaum eine Erklärung dar.

Bei näherem Hinsehen stellt man fest, daß das Schöpfungsparadoxon in Wirklichkeit noch viel tiefer reicht. Genaue Messungen zeigen, daß die Expansionsrate sehr nahe bei dem kritischen Wert liegt, bei dem das Universum gerade seiner Gravitation entkommt und für alle Zeiten expandieren kann. Ginge die Ausdehnung nur ein wenig langsamer vonstatten, würde der Kosmos kollabieren, ginge sie nur ein wenig schneller vonstatten, würde sich das kosmische Material längst in alle Winde verstreut haben (ohne Galaxien zu bilden). Es ist interessant zu fragen, mit welcher Präzision die Feinabstimmung der Expansion geschehen ist, um gerade auf dem engen Grat zwischen zwei Katastrophen zu enden? Falls nach einer Sekunde (zu der Zeit war das Muster der Expansion längst fest etabliert) die Expansionsrate von dem tatsächlichen Wert nur um mehr als 10^{-18} abgewichen wäre, hätte dies ausgereicht, um das empfindliche Gleichgewicht umzustoßen. Die Explosionsgewalt des Universums paßt mit fast unglaublicher Genauigkeit zur Macht seiner Schwerkraft. Der Urknall war offensichtlich nicht irgendein Feuerwerk, er war eine Explosion mit ganz genau geregelter Größe. In der traditionellen Version der Urknalltheorie werden wir nicht nur gebeten hinzunehmen, daß da eine Explosion stattgefunden hat, sondern daß sie in sehr eingeschränkter Weise stattgefunden hat. Die Anfangsbedingungen mußten in der Tat von besonderer Qualität sein.

Die Expansionsrate ist nur eines von mehreren offensichtlichen kosmischen »Wundern«. Ein weiteres steckt in dem Muster der Expansion. Was wir heute beobachten, zeigt, daß das Universum im großen Maßstab außerordentlich gleichförmig im Hinblick auf die Art und Weise ist, in der Materie und Energie verteilt sind. Von einer fernen Galaxie aus gesehen, würde der Kosmos die identische Sicht wie von der Erde aus bieten. Die Galaxien sind im Weltraum mit konstanter Durchschnittsdichte verstreut, und von jedem Punkt aus würde das Universum in allen Orientierungen gleich aussehen. Die ursprüngliche Hitzestrahlung, in der das Universum badet, trifft auf der Erde mit gleichförmiger Temperatur aus allen Richtungen ein (die Abweichungen liegen unter einem Zehntausendstel). Diese Strahlung hat Tausende von Millionen Lichtjahren im Weltraum zurückgelegt und würde jede Abweichung von der Uniformität, auf der sie dabei getroffen ist, in sich tragen.

Diese großräumige Uniformität bleibt fortwährend im Lauf der Zeit erhalten, wenn sich das Universum ausdehnt. Daraus folgt,

daß die Expansion selbst hochgradig gleichförmig sein muß. Die Expansionsrate ist nicht nur in allen Richtungen gleich, sie ist auch in jeder Region des Kosmos dieselbe. Wenn sich das Universum in einer Richtung schneller ausdehnen würde als in einer anderen Richtung, dann würde dadurch die Temperatur der Hintergrundstrahlung vermindert, die aus dieser Richtung kommt. Dies würde auch das Bewegungsmuster der Galaxien verzerren, wie es von der Erde aus beobachtet wird. Damit hat das Universum nicht nur mit einem Knall von ganz genauer Größe begonnen, die Explosion war auch sehr gut orchestriert, der Ausbruch ist gleichzeitig mit überall exakt gleicher Stärke in jeder Richtung erfolgt.
Die extreme Unwahrscheinlichkeit, daß solch eine kohärente und synchrone Eruption spontan eintritt, wird noch durch die Tatsache vergrößert, daß die verschiedenen Regionen des Urkosmos in der traditionellen Urknalltheorie kausal isoliert angesehen werden müssen. Dies liegt an der Relativitätstheorie, die es keinem physikalischen Einfluß erlaubt, sich schneller als Licht auszubreiten. Konsequenterweise können verschiedene Regionen des Kosmos erst in kausalen Kontakt miteinander kommen, wenn eine gewisse Zeit verstrichen ist. Zum Beispiel kann das Licht eine Sekunde nach dem Urknall nur eine Lichtsekunde – also 300 000 Kilometer – weit gekommen sein. Weiter voneinander entfernte Regionen können (nach einer Sekunde) noch keinen Einfluß aufeinander ausgeübt haben. Doch zu dieser Zeit hatte das Universum (das wir heute beobachten) bereits einen Durchmesser von 10^{-14} Kilometern. Es muß daher aus 10^{-27} kausal voneinander unabhängigen Regionen bestehen, die alle nichtsdestoweniger mit der exakt gleichen Rate expandieren. Sogar heute noch erhalten wir – wenn wir die kosmische Hintergrundstrahlung betrachten – identische Fingerabdrücke aus Bereichen des Universums, die um das Neunzigfache der Entfernung voneinander getrennt sind, die das Licht zu der Zeit zurückgelegt haben könnte, als die Hitzestrahlung zu uns hin emittiert wurde.
Wie ist es möglich, diesen bemerkenswerten Grad an Kooperation zwischen verschiedenen Teilen des Universums zu erklären, die offenbar niemals miteinander in Kommunikation gestanden haben? Wie ist es möglich, daß sie sich so ähnlich verhalten? Die traditionelle Antwort greift wieder auf besondere Anfangsbedingungen zurück. Die extreme Uniformität der Urexplosion ist

schlicht als harte Tatsache hinzunehmen: »Das Universum hat eben so angefangen.«
Die großräumige Gleichförmigkeit des Universums ist noch verwunderlicher, wenn man die Tatsache berücksichtigt, daß das Universum in einem irgendwie kleineren Rahmen *nicht* gleichförmig ist. Das Vorhandensein von Galaxien und galaktischen Haufen weist deutlich genug auf eine Abweichung von einer exakten Uniformität hin, eine Abweichung, die darüber hinaus überall von gleicher Größe und Ausdehnung ist. Da die Gravitation dazu neigt, jedes anfängliche Zusammenklumpen von Material zu verstärken, war der Grad der Nichtgleichförmigkeit, der zur Produktion von Galaxien erforderlich war, zur Zeit des Urknalls geringer als heute. Dennoch muß in der ursprünglichen Phase des Kosmos ein kleiner Grad an Unregelmäßigkeit geherrscht haben, denn sonst hätte es nie Galaxien gegeben. In der alten Urknalltheorie wurden auch diese Unregelmäßigkeiten als Anfangsbedingungen wegerklärt. Mit anderen Worten, man mutete uns also die Annahme zu, daß das Universum in dem seltsamen Zustand einer außergewöhnlichen, aber eben nicht perfekten Ordnung angefangen hat.
Die Erklärungen können wir wie folgt zusammenfassen: Mit der Gravitation als einziger verfügbaren kosmischen Kraft muß der Urknall schlicht und einfach als von Gott gegeben hingenommen werden, als ein Ereignis ohne Ursache, als vermutete Anfangsbedingung. Darüber hinaus war es ein Ereignis von erstaunlicher Präzision, denn der gegenwärtige und hochgradig strukturierte Kosmos könnte nicht entstanden sein, wenn das Universum nicht schon von Anfang an auf die genau richtige Weise konstruiert worden wäre. Dies ist das Paradoxon der Genesis.

Die Suche nach der Gegengravitation

Obwohl eine Auflösung des Schöpfungsparadoxons erst in den letzten Jahren gelungen ist, reicht die wesentliche Idee dazu weit in die Geschichte zurück und in eine Zeit hinein, in der weder die Expansion des Weltalls noch die Urknalltheorie bekannt waren. Schon Newton hatte bemerkt, daß es ein ernstes Problem im Hinblick auf die Stabilität des Kosmos gab. Wie konnten die Sterne dort einfach ohne Unterstützung herumhängen? Die universelle und anziehende Kraft der Gravitation sollte die ganze Sternenansammlung doch zum Einsturz bringen.

Um dieser absurden Situation zu entkommen, verwendete Newton ein kurioses Argument. Wenn – so überlegte er – das Universum unter seiner eigenen Gravitation zusammenbricht, dann müßte jeder Stern auf das Zentrum der Ansammlung stürzen. Wir nehmen nun weiter an, daß das Universum unendlich groß ist und daß die Sterne gleichförmig in diesem unendlichen Raum verteilt sind. Dann gibt es einfach kein gemeinsames Zentrum, auf das die Sterne zufallen können; in einem unendlichen Universum ist jede Region mit jeder anderen Region identisch. Jeder beliebige Stern würde den Zug durch die Schwerkraft von all seinen Nachbarn spüren, doch würde dieser sich in verschiedene Richtungen aufheben. Es gäbe also keine systematische Nettokraft, die einen Stern zwingen könnte, sich in Richtung eines bestimmten Ortes zu bewegen, wo sich alle anderen Sterne versammeln.

Als Einstein 200 Jahre später die Newtonsche Gravitation ablöste, quälte ihn ebenso das Rätsel, wie das Universum einen Kollaps vermeidet. In seiner ersten Arbeit über Kosmologie, die noch publiziert wurde, bevor Hubble seine berühmte Entdeckung des expandierenden Universums machte, nahm Einstein wie Newton an, daß der Kosmos statisch ist. Er löste das Problem der Stabilität dann aber viel direkter. Einstein glaubte, daß es eine andere kosmische Kraft geben müsse, die der Gravitation entgegenwirkt und so das Universum daran hindert, unter seiner eigenen Schwerkraft zu implodieren. Diese neue Kraft müßte anstoßend und nicht anziehend wirken, es müßte eine Schub- und keine Zugkraft sein. In dieser Hinsicht könnte man sie als »Gegengravitation« betrachten, obwohl der Ausdruck »kosmische Abstoßungskraft« genauer ist. Einstein schlug seine kosmische Gegenkraft nicht so einfach ad hoc vor. Er hatte bemerkt, daß seine Gravitationsgleichungen frei verfügbare Ausdrücke enthielten, die gerade zu einer Kraft mit den gewünschten Eigenschaften führten.

Obwohl diese Idee einer abstoßenden Kraft gegen die Gravitation einfach genug zu verstehen ist, sind die Eigenschaften dieser Kraft ausgesprochen seltsam. Es braucht nicht extra betont zu werden, daß wir auf der Erde keine derartige Kraft bemerken*, und die seit

* Heute (1987) gibt es erste umstrittene Hinweise auf eine Kraft gegen die Erdschwere, sie ist allerdings anders als von Einstein vorgesehen, und ihre Existenz beeinträchtigt die folgenden Argumente nicht; Anmerkung des Übersetzers.

Jahrhunderten durchgeführten Vermessungen der Planeten durch die Astronomen haben ebenfalls keinen Hinweis darauf ergeben. Falls es solch eine abstoßende Kraft gibt, dann kann sie offensichtlich nicht im Nahbereich wirksam werden, sie muß vielmehr über astronomische Entfernungen an Stärke zunehmen. Ein derartiges Verhalten lief allen damaligen Erfahrungen mit Kräften entgegen, die mit der Entfernung abnahmen und nur im Nahbereich stark waren. Die elektrische und die Schwerkraft fallen nach dem Gesetz des umgekehrten Quadrats stetig auf Null zu. Dennoch trat in Einsteins Theorie eine Kraft mit diesen seltsamen Eigenschaften ganz natürlich zum Vorschein.

Die kosmische Abstoßung, die Einstein da gefunden hatte, sollte nicht als fünfte Kraft der Natur angesehen werden. Sie ist vielmehr bloß ein verrückter Nebeneffekt der Gravitation selbst. Tatsächlich kann man die Wirkungen der kosmischen Abstoßung auf die gewöhnliche Gravitation zurückführen, wenn als Gravitationsfeld das eines Mediums mit ziemlich ungewöhnlichen Eigenschaften gewählt wird. Ein vertrautes materielles Medium wie etwa ein Gas übt einen Druck aus; von dem hypothetischen kosmischen Medium, von dem hier die Rede ist, wird verlangt, daß es einen *negativen* Druck ausübt oder eine Spannung besitzt. Um eine Vorstellung davon zu bekommen, was hierbei eine Rolle spielt, stellen wir uns vor, daß wir einen Kessel mit dem vermuteten kosmischen Stoff füllen können. Statt nun nach außen gegen die Kesselwände zu drücken, würde das kosmische Medium versuchen, die Wände nach innen zu ziehen.

Wir können uns daher die Abstoßung als eine Art Ergänzung zur Gravitation vorstellen, als eine Wirkung der herkömmlichen Gravitation, die von einem unsichtbaren flüssigen Medium verursacht wird, das den ganzen Raum mit einem negativen Druck ausfüllt. Es besteht im übrigen kein Konflikt zwischen der Tatsache, daß der negative Druck an den Wänden des Kessels saugen würde, und der Tatsache, daß das hypothetische Medium eine Abstoßung der Galaxien (und keine Anziehung) bewirkt. Der abstoßende Effekt hängt von der *Gravitation* des Mediums und nicht von seiner mechanischen Aktion ab. Wie immer es auch wirkt, mechanische Kräfte treten durch Druckunterschiede und nicht durch den Druck selbst auf, und das Medium soll den ganzen Raum erfüllen. Es könnte nicht in einem Kessel festgehalten werden. In der Tat würde ein in dem Medium badender Beobachter überhaupt keine faßbare Substanz wahrnehmen. Der Raum sähe vollständig leer aus, und er fühlte sich ebenso an.

Trotz dieser bizarren Eigenschaften erklärte Einstein, er habe ein überzeugendes Modell des Kosmos gefunden, in dem ein Gleichgewicht zwischen der Gravitation und der neu entdeckten kosmischen Abstoßungskraft herrsche. Mit Hilfe einiger kleiner Rechnungen fand er heraus, welche Stärke die abstoßende Kraft haben muß, um der Gravitation im Universum die Waage zu halten. Einstein konnte so bestätigen, daß die Abstoßung in unserem Sonnensystem so gering ist, daß wir sie bei unseren Beobachtungen nie bemerkt hätten. Und eine Zeitlang sah es tatsächlich so aus, als hätte er ein uraltes Problem auf brillante Weise gelöst.

Doch nach und nach gingen einige Dinge schief. Zuerst gab es Probleme mit der Stabilität. Die wesentliche Idee bestand doch darin, die Kräfte der Anziehung und Abstoßung im Gleichgewicht zu halten. Doch stellte sich dies als ein sehr delikates Geschäft heraus. Wenn sich zum Beispiel Einsteins statisches Universum um einen Bruchteil ausdehnen würde, dann würde die Gravitation (die mit der Entfernung abnimmt) nachlassen, während die Abstoßung (die mit der Entfernung zunimmt) stärker wird. Es käme zu einer Überreaktion, die Abstoßung wäre überlegen, sie würde eine weitere Expansion erzwingen und schließlich ein auseinanderstrebendes Universum mit dominierender Abstoßung ergeben. Wenn das Universum andererseits ein wenig schrumpfen würde, nähme die Gravitation zu, und die Abstoßung ließe nach, die Gravitation würde die Oberhand gewinnen, und das Universum würde immer schneller zusammenschrumpfen und gerade dem Kollaps zustreben, den Einstein eigentlich vermeiden wollte. Bei dem allerkleinsten Schluckauf würde das sorgsame Gleichgewicht versagen, und eine kosmische Katastrophe wäre unaufhaltsam.

Dann entdeckte Hubble 1927, daß das Universum sich ausdehnt. Damit wurden alle Balancierakte überflüssig. Es war unmittelbar ersichtlich, daß das Universum *Implosionen* vermeidet, weil es sich in einer *Explosion* befindet. Wäre Einstein nicht von der abstoßenden Kraft abgelenkt worden, hätte er dies seinen Gleichungen entnehmen können. Er hätte die Expansion des Weltalls ein Jahrzehnt vor seiner tatsächlichen Entdeckung voraussagen können. Dies wäre mit Sicherheit als eine der größten theoretischen Vorhersagen in die Geschichte eingegangen. So mußte sich Einstein nun angewidert von der kosmischen Abstoßung abwenden. Er beklagte dies später als den größten Schnitzer seines Lebens. Doch ist die Geschichte damit noch nicht zu Ende.

Die kosmische Abstoßung war von Einstein erfunden worden, um ein nicht vorhandenes Problem zu lösen, nämlich um ein statisches Universum zu erklären. Doch wie es mit Geistern nun so ist, wenn sie erst einmal aus der Flasche gelassen worden sind, kann niemand sie mehr hineinbringen, und so lebte die Möglichkeit weiter, daß die Dynamik des Universums ein Wettstreit zwischen anziehenden und abstoßenden Kräften ist. Obwohl astronomische Beobachtungen keinen Hinweis darauf liefern, daß im Weltraum eine kosmische Abstoßung tätig ist, kann nicht bewiesen werden, daß sie nicht existiert. Sie mag einfach zu schwach sein, um sich bislang gezeigt zu haben.*

Einsteins Feldgleichungen ließen zwar ganz natürlich eine abstoßende Kraft zu, sie legten ihr aber keine Beschränkungen im Hinblick auf ihre Stärke auf. Nach seinen bitteren Erfahrungen stand es Einstein frei, zu postulieren, daß ihre Stärke präzise Null ist. Damit eliminierte er die Abstoßung vollständig, obwohl es dafür keinen zwingenden Grund gab. Andere Wissenschaftler hielten fröhlich an der Abstoßung fest, obwohl sie längst nicht mehr zu ihrem ursprünglichen Zweck gebraucht wurde. Ohne gegenteilige Evidenz – so argumentierten sie – hat niemand das Recht, die Kraft gleich Null zu setzen.

Die Konsequenzen des Festhaltens an der Abstoßung im Bild des expandierenden Universums kann man sich leicht ausmalen. Im frühen Leben des Kosmos, wenn das Universum noch ziemlich komprimiert ist, spielt die Abstoßung keine Rolle. In dieser Phase besteht die Wirkung der Anziehung durch die Schwerkraft darin, die Geschwindigkeit der Expansion zu mindern – gerade so, wie eine vertikal abgeschlossene Rakete von der Schwerkraft der Erde verlangsamt wird. Wenn man ohne weitere Erklärung annimmt, daß das Universum mit einer raschen Expansion beginnt, wirkt die Gravitation stetig darauf ein, die Expansionsrate zu vermindern,

* Derzeit (1987) wird versucht, an einem superpräzisen »schiefen Turm« die weiter oben erwähnte neue Kraft nachzuweisen, die abstoßend sein soll und die etwa zweihundertmal kleiner als die Gravitationskraft eingeschätzt wird und nach 200 Metern ihre Wirkung verlieren soll; Anmerkung des Übersetzers.

bis sie den heute beobachteten Wert erreicht. Im Lauf der Zeit, wenn sich das kosmische Material zerstreut, nimmt die Gravitationskraft ab. Im Gegensatz dazu wächst die kosmische Abstoßung, da die Galaxien sich weiter voneinander entfernen. Schließlich übertrifft die Abstoßung die Anziehung durch die Schwerkraft, und die Expansionsrate nimmt wieder zu, sie wird schneller und schneller. Danach wird das Universum von der kosmischen Abstoßung beherrscht, und es expandiert den Rest seiner Ewigkeit.

Astronomen haben überlegt, daß dieses ungewöhnliche Verhalten – erst verlangsamen und dann beschleunigen – in der beobachteten Bewegung der Galaxien sichtbar sein müsse. Doch haben sorgfältige Untersuchungen keinerlei Beweis für solch eine Wendung gebracht, obwohl dies hin und wieder behauptet worden ist.

Kurioserweise wurde die Idee eines Universums, das sich in einer ausbrechenden Expansion befindet, schon im Jahr 1916 durch den holländischen Astronomen Wilhelm de Sitter in Erwägung gezogen, also mehrere Jahre, bevor Hubble entdeckte, daß das Universum sich ausdehnt. De Sitter hatte argumentiert, daß ein von gewöhnlicher Materie leeres Universum keine Gravitationskraft erfahren würde. Der Kosmos käme dann unter den alleinigen Einfluß der Abstoßung, und die würde für seine Expansion sorgen. (Dies war damals eine ganz neue Idee.)

Ein Beobachter, der nicht in der Lage wäre, das kuriose unsichtbare Medium mit negativem Druck zu bemerken, würde den Eindruck gewinnen, daß der leere Raum expandiert. Die Ausdehnung könnte betrachtet werden, indem Testgegenstände an verschiedene Positionen gestellt und ihre Bewegungen voneinander weg beobachtet werden. Die Idee eines expandierenden leeren Raumes wurde damals als bloße Kuriosität abgetan, obwohl sie sich als eine bemerkenswerte Prophezeiung erwiesen hat, wie wir noch sehen werden.

Was können wir aus dieser Geschichte lernen? Die Tatsache, daß Astronomen keine Wirkung einer kosmischen Abstoßungskraft sehen, läßt logisch nicht den Schluß zu, daß es diese Kraft nicht gibt. Alle Beobachtungen enthalten eine gewisse Fehlerquote, so daß nur eine obere Grenze der Stärke dieser Kraft angegeben werden kann. Vor diesem Hintergrund könnte argumentiert werden, daß die Naturgesetze schöner wären, wenn es die Abstoßung nicht gäbe. Diese unschlüssige Debatte über die Existenz einer »Gegengravitation« hatte sich über die Jahre dahingeschleppt, als plötzlich und unerwartet ein neuer Dreh gefunden wurde, der dem Thema eine neue Dringlichkeit gab.

Inflation: die Erklärung des Urknalls

In dem vorangegangenen Abschnitt haben wir gesehen, daß eine kosmische Abstoßung – falls es diese Kraft gibt – sehr schwach sein muß, viel zu schwach, um irgendeine Wirkung von Belang für den Urknall zu haben. Doch dieser Schluß beruht auf der Annahme, daß die abstoßende Kraft sich im Lauf der Zeit nicht ändert. In Einsteins Tagen nahm jeder dies an, denn diese Kraft war »von Hand« in die Theorie eingeführt worden. Niemand dachte daran, daß die kosmische Abstoßung durch physikalische Prozesse *hervorgerufen* werden könnte, die sich im Lauf der Expansion des Universums ändern. Hätte jemand mit solch einer Möglichkeit gespielt, wäre die Geschichte der Kosmologie vielleicht anders verlaufen. Man hätte sich dann ein Szenarium ausdenken können, in dem die kosmische Expansion unter den extremen Bedingungen des frühen Universums die Gravitation beherrscht und den Kosmos zur Explosion bringt, bevor sie zur Bedeutungslosigkeit herabsinkt.

Dieses Szenarium entspricht genau dem Bild, das sich aus den neuesten Arbeiten über das Verhalten der Materie und der Kräfte im jungen Universum ergibt. Heute ist klargeworden, daß die riesige kosmische Abstoßung ein unvermeidliches Nebenprodukt der Aktivität der Urkraft ist. Die »Gegengravitation«, die Einstein aus dem Fenster geworfen hat, ist durch eine Hintertür wieder hereingekommen.

Den Schlüssel zum Verstehen der neuentdeckten kosmischen Abstoßung liefert die Natur des Quantenvakuums. Wir haben bereits gesehen, wie solch eine Abstoßung durch ein bizarres unsichtbares Medium bewirkt werden kann, das genau wie der leere Raum aussieht, das aber mit einem negativen Druck ausgestattet sein kann. Die Physiker glauben heute, daß genauso das Quantenvakuum aussieht.

Im siebten Kapitel haben wir betont, daß das Vakuum als ein Ferment von Quantenaktivität angesehen werden muß, durchsetzt von virtuellen Teilchen und voller komplexer Wechselwirkungen.

Es ist wichtig, sich klarzumachen, daß im Rahmen einer Quantenbeschreibung dem Vakuum eine dominierende Rolle zukommt. Was wir Teilchen nennen, sind nur kleinere Störungen, die über diesem See an Aktivität als Hintergrund brodeln.
In den späten siebziger Jahren wurde es offensichtlich, daß die Vereinheitlichung der vier Kräfte eine drastische Neueinschätzung der physikalischen Natur des Vakuums erfordert. Die Theorie machte deutlich, daß sich die Energie des Vakuums auf mehr als eine Weise einrichten konnte. Um es einfach auszudrücken: Das Vakuum konnte angeregt werden und eine verschiedene Anzahl von Zuständen mit verschiedenen Energien annehmen. Diese vielen Vakuumzustände würden identisch aussehen, wenn wir sie anschauen könnten, sie besitzen aber sehr verschiedene Eigenschaften.
Zunächst einmal springt die Energie vom einen zum anderen Vakuumzustand um einen riesigen Betrag. In den großen einheitlichen Theorien zum Beispiel ist die Lücke zwischen der kleinsten und der größten Vakuumenergie nahezu unfaßbar groß. Um eine Vorstellung für das Gigantische der entsprechenden Zahlen zu bekommen, sehen wir uns den massiven Fluß von Energie aus der Sonne an, der sich im Lauf ihres ganzen Lebens von etwa fünf Millionen Jahren angesammelt hat. Stellen wir uns weiter vor, wir würden diese Riesenmenge an Energie auf ein Volumen zusammendrücken, das kleiner als unser Sonnensystem ist. Dann nähern wir uns langsam der Energiedichte, die in einem Vakuumzustand der GET enthalten ist.
Mit diesen unglaublichen Energieunterschieden gehen gleich große Änderungen im Druck der Vakuumzustände einher. Doch hier kommt der entscheidende Dreh: Der Druck ist immer *negativ*. Das Quantenvakuum verhält sich genauso wie das vorherige hypothetische Medium, das die kosmische Abstoßung hervorruft, nur daß diesmal die Zahlen so groß sind, daß die Stärke der abstoßenden Kraft 10^{120}mal größer wird als die, die Einstein gebraucht hat, um ein statisches Universum hinzukriegen.
Damit hat sich der Weg geöffnet, auf dem der Urknall erklärt werden kann. Stellen wir uns vor, daß sich das Universum am Anfang in einem angeregten Vakuumzustand – die Physiker sprechen in diesem Fall von einem »falschen« Vakuum – befunden hat. In diesem Zustand wäre das Universum einer kosmischen Absto-

ßung von solcher Stärke ausgesetzt, daß es kopfüber mit hoher Geschwindigkeit zur Expansion käme. In der Tat ähnelte das Universum in dieser Phase dem Universum Wilhelm de Sitters, das wir in dem vorhergehenden Abschnitt behandelt haben. Der Unterschied liegt darin, daß der niederländische Astronom eine gemächlich und über astronomische Zeiträume vonstatten gehende Expansion im Sinn hatte, während das falsche Vakuum eine alles andere als gemächliche De-Sitter-Phase bewirkt. Ein typischer Abschnitt des Raumes würde sich etwa alle 10^{-34} Sekunden verdoppeln!

Die Art und Weise, mit der diese Hyperexpansion vor sich geht, ist sehr charakteristisch: Abstände nehmen exponentiell schnell zu. (Das Konzept der exponentiellen Änderungen haben wir im vierten Kapitel kennengelernt.) Das heißt, daß sich alle 10^{-34} Sekunden jeder Abschnitt des Universums verdoppelt, sich dann wieder verdoppelt und immer so weiter. Diese Art der ausreißenden Expansion ist von Alan Guth, der diese Idee zuerst 1980 am Massachusetts Institute of Technology vorgeschlagen hat, als »Inflation« bezeichnet worden. Unter dem Einfluß der zunehmend schneller werdenden Expansion hätte sich das Universum bald in einem Zustand befunden, in dem es explosiv angeschwollen wäre. Das war dann der Urknall.

Irgendwie muß die inflationäre Phase zu ihrem Ende kommen. Wie dies bei allen Quantensystemen der Fall ist, bleibt auch das falsche Quantenvakuum nicht stabil und neigt zum Zerfall. Wenn dies eintritt, verschwindet die abstoßende Kraft. Damit käme die Inflation zum Stehen, und das Universum würde von der gewöhnlichen und anziehenden Gravitation beherrscht. Die Expansion des Universums dauert natürlich aufgrund des anfänglichen Schwungs der inflationären Episode noch an, doch nimmt die Geschwindigkeit stetig ab. Die einzige Spur, die von der kosmischen Abstoßung noch verbleibt, besteht in der abnehmenden Expansion.

Nach diesem inflationären Szenarium fing das Universum als ein Vakuumzustand an, dem alle Materie und Strahlung fehlte. Selbst wenn Strahlung und Materie zunächst vorhanden gewesen wären, hätten sich alle ihre Spuren wegen des gewaltigen Faktors, um den das Universum in der inflationären Phase angewachsen ist, bald verloren. In diesem unglaublich kurzen Abschnitt wuchs die Region des Weltalls, die wir heute überblicken können, von dem

Milliardsten Teil eines Protons auf mehrere Zentimeter. Die Dichte jedes vorher vorhandenen Materials wäre im wesentlichen auf Null gefallen.
Gegen Ende der Inflation wurde das Universum dann leer und kalt. Als die Inflation jedoch ganz aufhörte, wurde das Universum plötzlich mit einer großen Hitze angefüllt. Dieser Hitzeblitz, der den Kosmos erleuchtete, verdankt seinen Ursprung den riesigen Energiereserven, die in dem falschen Vakuum eingeschlossen waren. Als das falsche Vakuum zerfiel, wurde seine Energie in Form der Strahlung abgegeben, die das Universum sofort auf etwa 10^{27} Grad Kelvin erhitzte, was heiß genug war, um die Prozesse der GET einzuleiten. Von hier an entfaltete sich das Universum gemäß der Standard-Urknalltheorie. Die Hitze kreierte die Materie und die Antimaterie, das Universum fing an, sich abzukühlen, und in einer Folge von Schritten begannen all die Strukturen »auszufrieren«, die wir heute beobachten können.
Das dornige Problem, das der Urknall verursacht hat, wird also durch eine Inflationstheorie gelöst: Der leere Raum selbst explodierte unter der abstoßenden Kraft des Quantenvakuums. Die riesige Energie der urtümlichen Explosion – die Energie also, die alle Materie und alle Energie des heutigen Universums hervorgebracht hat – muß aber doch irgendwoher gekommen sein! Wir haben die Existenz des Universums nicht erklärt, solange wir nicht die Quelle für diese Urenergie ausgemacht haben.

Der kosmische Münchhausen

Das Universum kam inmitten eines riesigen Energieausbruchs zum Vorschein. Diese Energie überlebt im Hintergrund als Wärmestrahlung und im kosmischen Material – in den Atomen, aus denen die Sterne und Planeten bestehen – als »Masse«, also als eingeschlossene Energie. Sie lebt ebenso in dem nach außen gerichteten Spurt der Galaxien und der wirbelnden Aktivität aller astronomischer Körper. Die Urenergie zog das entstehende Universum auf und betreibt es bis heute.
Woher kam nun diese vitale Energie, die unserem Universum half, ins Leben zu treten? Der inflationären Theorie zufolge kam die Energie aus dem leeren Raum, aus dem Quantenvakuum. Ist dies aber eine befriedigende Antwort? Wir müssen immer noch fragen, wie das Vakuum selbst diese Energie einmal bekommen hat.

Wenn wir fragen, woher diese Energie kam, dann formulieren wir eine wichtige Annahme über die Natur der Energie. Eines der fundamentalen Gesetze der Physik betrifft die *Erhaltung* der Energie. Es besagt, daß man Energie zwar von einer Form zur anderen bringen kann, daß aber die Gesamtmenge unverändert bleibt. Man kann sich leicht Beispiele überlegen, mit denen sich dieses Gesetz testen läßt. Stellen wir uns einen Motor und eine Menge an Benzin vor, wobei der Motor dazu dient, einen Stromgenerator zu betreiben, der zuletzt eine Heizung versorgt. Wenn das Benzin zu Ende geht, ist seine gespeicherte chemische Energie über die elektrische Energie in Wärmeenergie umgewandelt worden. Wird der Motor statt dessen dafür verwendet, ein Gewicht auf die Spitze eines Turmes zu hieven, und wird das Gewicht dann fallen gelassen, dann würde sein Aufprall auf den Boden dieselbe Wärmeenergie erzeugen, die man auch mit der Heizung bekommen hätte. Hier kommt es auf die Tatsache an, daß, unabhängig von all ihren Änderungen und Wechseln, Energie weder erzeugt noch vernichtet werden kann. Dieses Gesetz gebrauchen Ingenieure tagein, tagaus.

Wenn aber Energie weder erzeugt noch vernichtet werden kann, wie kam dann jemals die Urenergie zum Vorschein? Wurde sie uns schlicht und einfach am Anfang der Zeit injiziert als eine weitere Ad-hoc-Anfangsbedingung? Und wenn dies der Fall ist, warum enthält das Universum gerade so viel Energie, wie es tut? Es gibt im Universum etwa 10^{68} Joule an Energie. Warum nicht 10^{99} oder $10^{10\,000}$ oder irgendeine andere Zahl?

Die Inflationstheorie gibt eine mögliche wissenschaftliche (also keine metaphysische) Antwort auf dieses Rätsel. Nach ihrer Vorstellung fing das Universum im wesentlichen ohne Energie an. Dann gelang es ihm aber in den ersten 10^{-32} Sekunden, seinen Batzen an Land zu ziehen. Der Schlüssel zu diesem Wunder steckt in einer höchst bemerkenswerten kosmologischen Tatsache: Das Gesetz von der Erhaltung der Energie *versagt* in seiner gewöhnlichen Bedeutung, wenn es auf ein expandierendes Universum angewendet wird.

Auf diese Sache sind wir schon einmal gestoßen. Die kosmologische Expansion sorgt dafür, daß die Temperatur des Universums fällt. Die strahlende Hitzeenergie, die in der urtümlichen Phase so intensiv gewesen ist, fällt dann fast bis auf den absoluten Nullpunkt. Wo ist all die Wärmeenergie hingegangen? Die Antwort liegt darin, daß sie sich in gewisser Weise selbst entleert hat, indem sie dem Universum geholfen hat zu expandieren. Sie hat ihren Druck der explosiven Gewalt des Urknalls hinzugefügt. Wenn sich eine gewöhnliche Flüssigkeit ausbreitet, wirkt ihr Druck nach außen und leistet Arbeit, sie verbraucht ihre Energie. Dies bedeutet, wenn sich ein gewöhnliches Gas ausdehnt, sinkt seine innere Energie, um für die geleistete Arbeit zu bezahlen. Im starken Kontrast zu diesem konventionellen Verhalten benimmt sich die kosmische Abstoßung wie eine Flüssigkeit mit *negativem* Druck. Wenn sich eine Flüssigkeit mit negativem Druck ausdehnt, dann *steigt* ihre Energie, statt zu sinken. Genau dies ist in der inflationären Periode geschehen, als die kosmische Abstoßung das Universum in einen Zustand mit beschleunigter Expansion brachte. Die ganze Zeit bis zum Ende der Inflationsperiode stieg die Energie des Vakuums an, und es sammelte sich ein riesiger Vorrat davon an. Als die Inflation aufhörte, wurde diese Energie in einem einzigen Ausbruch freigelassen, und sie erzeugte dabei alle Wärme und Materie, die schließlich aus dem Urknall heraustrat. Von jetzt an überwog die konventionelle Expansion bei positivem Druck, und die Energie nahm langsam wieder ab.

Die Schaffung der Urenergie hat einen Hauch von Magie an sich. Das Vakuum mit seinem verrückten negativen Druck scheint nahezu unglaubliche Fähigkeiten zu haben. Auf der einen Seite produziert es eine mächtige abstoßende Kraft, die ihre eigene beschleunigende Expansion schafft; auf der anderen Seite sorgt gerade diese Expansion mehr und mehr dafür, daß die Energie des Vakuums erhöht wird. Es besitzt eine eingebaute Instabilität, um die Expansion fortzusetzen und kostenlos unbegrenzte Mengen an Energie zu erzeugen. Nur der Quantenverfall des falschen Vakuums macht dieser Bonanza ein Ende.

Das Vakuum ist der wunderbare Energiespender der Natur. Es gibt prinzipiell keine Schranke für die Menge an Energie, die von einem inflationären Universum erzeugt werden kann. Wir erhalten hier ein revolutionäres Ergebnis, das überhaupt nicht mit der uralten Tradition zusammenpaßt, die seit den Tagen des Parmenides im 5. Jahrhundert v. Chr. in dem Satz »Aus dem Nichts kommt nichts« zusammengefaßt wird. Die Idee einer Schöpfung aus dem Nichts gehörte bis vor kurzem ausschließlich in den Bereich der

Religion. Die Christen haben lange Zeit geglaubt, daß Gott das Universum aus dem Nichts geschaffen hat. Doch wurde die Möglichkeit, daß alle kosmische Materie und Energie spontan als Ergebnis rein physikalischer Vorgänge erschienen sein könnte, noch bis vor einem Jahrzehnt von Wissenschaftlern als vollständig ausgeschlossen angesehen.

Wer sich mit diesem Konzept des »Etwas aus dem Nichts« nicht anfreunden kann, kann sich die Schöpfung der Energie durch das expandierende Universum auch auf eine andere Art ansehen. Da Gravitationskräfte normalerweise anziehend sind, ist es erforderlich, Arbeit zu verrichten, um die Materie gegen ihre eigene Gravitation auseinanderzuziehen. Das bedeutet, daß die Gravitationsenergie einer Ansammlung von Körpern negativ ist. Werden dem System noch weitere Körper hinzugefügt, wird Energie frei, und die Gravitationsenergie wird immer negativer, um dafür zu bezahlen. Im Zusammenhang mit dem inflationären Universum könnte das Erscheinen von Wärme und Materie durch die negative Gravitationsenergie exakt als ausgeglichen angesehen werden. In diesem Fall wäre die Gesamtenergie des Universums gleich Null, und ein Nettobetrag von Energie wäre überhaupt nicht aufgetreten! So attraktiv dieser Blick auf die Schöpfung auch erscheint, er sollte nicht allzu ernst genommen werden, denn das ganze Konzept der Energie behält im Hinblick auf die Gravitation einen sehr dubiosen Geschmack.

Die Besonderheiten des Vakuums erinnern an die unter Physikern beliebte Geschichte von dem Jungen, der in einen Sumpf fällt und sich an seinen Schnürsenkeln aus ihm herauszieht (oder eben an den Baron Münchhausen, der sich selbst an den Haaren aus einem Sumpf zieht; Anmerkung des Übersetzers). Das sich selbst erschaffende Universum ist wie dieser Junge (oder der Baron Münchhausen), da es sich »an seinen eigenen Haaren« nach oben zieht. Ganz aus seiner eigenen physikalischen Natur heraus flößt sich das Universum all die notwendige Energie selbst ein und betreibt auch seinen eigenen explosiven Ursprung. Das ist der kosmische Münchhauseneffekt. Wir verdanken unsere Existenz seinen erstaunlichen Eigenschaften.

Erfolge der Inflation

Als Guths Grundidee, daß das Universum eine frühe Phase von extrem rascher Expansion durchlaufen hat, erst einmal diskutiert worden war, wurde deutlich, daß dieses Szenarium eine elegante Erklärung für viele Charakteristika des Urknalls lieferte, die bis dahin ad hoc eingeführt werden mußten.

In einem früheren Abschnitt sind wir mehreren Paradoxien der »Feineinstellung« begegnet, die sich auf die Tatsache bezogen, daß die Urexplosion in hohem Maß orchestriert und präzise arrangiert vor sich gegangen sein muß. Eine dieser bemerkenswerten Übereinstimmungen betrifft die Art und Weise, in der die Stärke der Explosion genau so mit der Gravitationskraft des Kosmos zusammenpaßt, daß die Expansionsrate heute sehr nahe an der Grenze zwischen Wiederzusammenbruch und rascher Zerstreuung liegt. Ein kritischer Test des inflationären Szenariums besteht in der Antwort auf die Frage, ob es einen Urknall mit genau dieser passenden Stärke erzeugt. Wie sich nun herausstellt, wird durch die Natur der exponentiellen Expansion – das Charakteristikum der inflationären Phase – die Explosivkraft gerade automatisch so angepaßt, daß sie genau den richtigen Wert liefert, der einem Universum entspricht, das eben noch seiner eigenen Gravitation entkommen kann. Die Inflation kann keine andere als die beobachtete Rate der Expansion liefern.

Ein zweites großes Rätsel betrifft die Uniformität des Universums im großen. Auch dieses wird von der Inflation sofort erklärt. Jede Unregelmäßigkeit, die anfänglich im Universum existiert hätte, wäre durch die enormen Ausdehnungen zu Tode gestreckt worden, so, wie es auch mit den Falten auf der Hülle eines leeren Luftballons geschieht, der aufgeblasen wird. Da die Regionen des Raumes um den Faktor 10^{50} ausgeweitet werden, verdünnt sich jede Unregelmäßigkeit zur Bedeutungslosigkeit.

Wir haben aber auch gesehen, daß eine *vollständige* Uniformität allein nicht richtig wäre, denn ein kleiner Grad von Anhäufung war im frühen Universum erforderlich, um dem augenblicklichen Vorhandensein von Galaxien und galaktischen Haufen Rechnung zu tragen. Die ursprüngliche Hoffnung der Astronomen bestand darin, daß die Existenz von Galaxien als ein Ergebnis der Anziehung durch die Gravitation nach dem Urknall erklärt werden konnte. Eine Gaswolke neigt dazu, sich durch ihre eigene Gravitation zusammenzuziehen und dann in kleinere Wolken aufzubrechen, die selbst wieder in kleinere Wolken zerbrechen und so weiter. Man kann sich vorstellen, daß ein gleichförmig verteiltes Gas, das aus dem Urknall entspringt, an einigen Stellen zufällig dichter und an anderen Stellen weniger dicht wird. Die Gravitation würde diese Tendenz verstärken und die verdichteten Bereiche veranlassen, noch mehr Material einzusaugen, anschließend zu schrumpfen und nach und nach in Fragmente zu zerbrechen, von denen die kleinsten zu Sternen werden. So gelangte man zu einer Hierarchie von Strukturen, wobei Sterne in Gruppen angehäuft werden, die sich zu Galaxien zusammenfinden, aus denen galaktische Haufen werden.

Leider benötigte das Wachsen der Galaxien durch diesen Mechanismus mehr Zeit, als das Alter des Universums erlaubt, wenn nicht von Anfang an Unregelmäßigkeiten in dem Gas vorhanden wären. Denn das Schrumpfen und Fragmentieren befindet sich in einem Wettstreit mit dem Expandieren des Universums, also dem Versuch, das Gas zu zerstreuen. In der alten Version der Urknalltheorie war es daher erforderlich anzunehmen, daß die Keime der Galaxien schon in der Struktur des Universums enthalten waren, als dieses gerade entstand.

Darüber hinaus mußten diese anfänglichen Unregelmäßigkeiten gerade von der richtigen Größenordnung sein. Wären sie zu klein gewesen, hätten sich keine Galaxien bilden können. Wären sie zu groß gewesen, hätten sich die überdichten Regionen per Kollaps in schwarze Löcher verwandelt. Wir können nicht wissen, warum die Galaxien so groß sind, wie sie sind, oder warum die Haufen gerade die Anzahl an Galaxien haben, aus denen sie bestehen.

Heute ist es möglich, aufgrund des inflationären Szenariums eine bessere Erklärung für die galaktischen Strukturen zu geben. Die zentrale Idee ist einfach genug. Die Inflation tritt ein, solange der Quantenzustand des Universums im instabilen »falschen« Vakuumzustand festhängt. Irgendwann zerfällt dieses falsche Vakuum, und seine Überschußenergie wandelt sich in Wärme und Materie um. In diesem Augenblick verschwindet die kosmische Abstoßung, und die Inflation ist damit zu Ende. Der Zerfall des falschen Vakuums tritt aber nicht überall im Raum zu genau demselben Zeitpunkt ein. Wie in allen Quantenprozessen, so gibt es auch hier Fluktuationen in der Geschwindigkeit, mit der das Vakuum zerfällt. Einige Regionen des Universums werden etwas schneller als andere zerfallen. In diesen Abschnitten hört also die Inflation etwas früher auf. Im Endzustand wird es demnach einige Unregelmäßigkeiten geben. Die Hoffnung besteht darin, daß diese Unregelmäßigkeiten als Keime oder als Zentren einer gravitationsbedingten Anhäufung agieren können, die letztendlich zu Galaxien und galaktischen Haufen führen. Die Theoretiker haben an dem Fluktuationsmechanismus mit gemischtem Erfolg herumgebastelt. Generell ist die Wirkung zu groß, und die berechneten Unregelmäßigkeiten sind zu deutlich. Doch sind diese Modelle noch zu grob, und erst ein verfeinerter Ansatz könnte Erfolg bringen. Obwohl die Theorie an dieser Stelle noch sehr vage ist, läßt sich wenigstens eine Art von Mechanismus erkennen, der zu Galaxien führen könnte, ohne auf besondere Anfangsbedingungen zurückgreifen zu müssen.

In Guths ursprünglicher Fassung des inflationären Szenariums zerfällt das falsche Vakuum abrupt in das »wahre« Vakuum, also den Zustand des Vakuums mit der niedrigsten Energie, den wir heute mit dem leeren Raum gleichsetzen. Die Art und Weise, mit der dieser Wechsel eintrat, wurde ähnlich wie ein Phasenübergang etwa von einem Gas zu einer Flüssigkeit betrachtet. Man stellte sich vor, daß sich in dem falschen Vakuum zufällig Blasen aus richtigem Vakuum bildeten, die sich dann mit Lichtgeschwindigkeit ausdehnten und immer größere Volumen des Raumes umfaßten. Um das falsche Vakuum lang genug leben zu lassen, damit die Inflation ihren Zauber entfalten konnte, wurden die beiden Zustände durch eine Energiebarriere getrennt, durch die das System gezwungenermaßen »quantentunneln« mußte, wie es im zweiten Kapitel für Elektronen beschrieben worden ist. Dieses Modell leidet aber an einer großen Schwäche: Man findet all die vom falschen Vakuum freigelassene Energie an den Wänden der Blasen wieder, und es gibt keinen Mechanismus, sie gleichmäßig im Inneren der Blasen zu verteilen. Wenn sich nun die Blasen treffen und verschmelzen, steckt die Energie zuletzt in verknautschten Tüchern. Das sich ergebende Universum enthielte grobe Unregelmäßigkeiten, die die Arbeit der Inflation – die Herstellung großräumiger Uniformität – zunichte machten.

Verbesserte Versionen des inflationären Szenariums sind entworfen worden, die diese Schwierigkeiten umgehen. In der neuen

Theorie gibt es kein Tunneln zwischen den beiden Vakuumzuständen. Statt dessen werden die Parameter so gewählt, daß der Zerfall des falschen Vakuums sehr langsam vor sich geht, was dem Universum hinreichend Zeit zur Inflation läßt. Wenn dann der Zerfall eintritt, wird die Energie des falschen Vakuums innerhalb der ganzen »Blase« freigesetzt, die sich rasch auf 10^{27} Grad Kelvin erhitzt. Dabei wird angenommen, daß sich das ganze beobachtbare Universum in einer einzigen großen Blase aufhält. Auf einer ultragroßen Skala kann es also schon sein, daß das Universum unregelmäßig ist, doch liegt unsere eigene Region (und einiges darüber hinaus) in einer Domäne ruhiger Gleichförmigkeit.

Seltsamerweise bestand Guths ursprünglicher Grund zur Erfindung des inflationären Szenariums darin, ein ganz anderes kosmologisches Problem aufzugreifen, nämlich die Abwesenheit von magnetischen Monopolen zu verstehen. Wie im neunten Kapitel erklärt worden ist, sagt die Standardtheorie des Urknalls einen Superüberschuß an Monopolen voraus, die in der Anfangsphase gebildet worden seien. Dabei passiert es auch, daß die Monopole von anderen bizarren Objekten begleitet werden, die als »Schnüre« (»strings«) oder »Tücher« (»sheets») bekannt sind, womit ihre analogen ein- beziehungsweise zweidimensionalen Gebilde gemeint sind. Die Inflation löst das Monopolproblem und entsprechende Schwierigkeiten durch das Anschwellen des Raumes, das die Dichte der Monopole nahezu verschwinden läßt.

Obwohl das inflationäre Szenarium erst teilweise entwickelt ist und eine spekulative Theorie bleibt, hat es doch eine Menge Ideen aufgeworfen, die das Aussehen der Kosmologie für alle Zeiten zu verändern in der Lage sind. Wir können nun nicht nur eine Erklärung dafür ins Auge fassen, warum es einen Urknall gegeben hat, wir können auch allmählich verstehen, warum der Urknall so gewaltig war und warum er in genau der beobachteten Form eingetreten ist. Wir fangen an zu sehen, wie es kommt, daß die Uniformität des Universums im großen zur selben Zeit wie die Unregelmäßigkeiten im kleinen entstanden sind. Die Urexplosion, die das hervorbrachte, was wir als Kosmos kennen, kann nun nicht mehr als ein Geheimnis betrachtet werden, das sich den physikalischen Wissenschaften für alle Zeiten entzieht.

Das sich selbst erschaffende Universum

Trotz des großen Erfolgs der Inflationsidee bleibt im Hinblick auf den Ursprung des Universums ein Geheimnis bestehen. Wie ist das Universum überhaupt jemals in den Zustand des falschen Vakuums geraten? Was ist *vor* der Inflation gewesen?

Eine vollständig befriedigende wissenschaftliche Antwort müßte erklären, wie der Raum (genauer gesagt, die Raumzeit) entstanden ist, damit er dann die Inflation durchlaufen konnte. Einige Wissenschaftler geben sich mit der Annahme zufrieden, daß der Raum immer schon existiert hat oder daß die Frage seiner Entstehung nicht Thema der Wissenschaft werden kann. Andere sind da ehrgeiziger. Sie glauben, daß eine Diskussion darüber möglich ist, wie der Raum im allgemeinen und das falsche Vakuum im besonderen buchstäblich aus dem Nichts aufgetaucht sind und wie dies durch Prozesse erreicht wurde, die im Prinzip einer Untersuchung zugänglich sind.

Wie schon angemerkt worden ist, wurde der Glaube, daß nichts aus dem Nichts kommen kann, erst in der letzten Zeit herausgefordert. Der kosmische Münchhausen kommt dem theologischen Konzept der Schöpfung *ex nihilo* sehr nahe. Es trifft sicher zu, daß Objekte in der gewohnten Welt der Erfahrung ihre Existenz anderen Objekten verdanken. Die Erde wurde aus dem solaren Nebel gebildet, der seinerseits aus galaktischen Gasen stammt und so weiter. Wenn wir jemals auf einen Gegenstand treffen, der plötzlich aus dem Nirgendwo erscheint, dann neigen wir dazu, an ein Wunder zu glauben. Dazu brauchen wir uns nur vorzustellen, wir würden einen leeren Safe verschließen, der dann plötzlich voller Münzen, Bestecke oder Bonbons ist, wenn wir ihn Sekunden später wieder öffnen. Im täglichen Leben erwarten wir, daß alles von irgend etwas abstammt oder irgendwoher kommt.

Auf der anderen Seite ist die Lage bei etwas weniger konkreten Dingen überhaupt nicht so klar. Woraus wird zum Beispiel ein Gemälde geschaffen? Pinsel, Leinwand und Farben werden natürlich als Werkzeuge benötigt, doch die *Form* des Bildes – die Auswahl der Farben und Figuren, die Oberfläche der Leinwand, die Komposition – wird nicht von Pinsel und Farbe geschaffen. Sie ist das Ergebnis von Vorstellungen und Ideen.

Werden Ideen und Vorstellungen aus einem Etwas geschöpft? Es gibt sicher Gedanken, die auch vielleicht alle ein Gehirn benötigen, doch ist das Gehirn nur die Verwirklichung der Gedanken, nicht aber ihre Ursache. Gehirne allein bringen keine Gedanken hervor, genausowenig, wie Computer allein Rechnungen durchführen. Gedanken können von anderen Gedanken kreiert werden, doch dies liefert keine Erklärung für den Ursprung der Gedanken. Empfindungen führen zu einigen Gedanken, auch das Gedächtnis ruft Gedanken hervor. Die meisten Künstler würden aber ihre Arbeit als Ergebnis einer *spontanen* Eingebung ansehen. Wenn dies so ist, dann stellt die Schaffung eines Gemäldes – oder wenigstens die Idee zu einem Gemälde – eine Schöpfung aus dem Nichts dar.

Können wir uns jetzt auch von einem physikalischen Objekt – oder gar vom ganzen Universum – vorstellen, daß seine Existenz aus dem Nichts heraus begonnen hat? Im Osten der USA gibt es eine Stelle, wo sich seltsamerweise theoretische Physiker und Kosmologen konzentrieren, die diese kühne Möglichkeit sehr ernst nehmen. Sie haben den Versuch angefangen, die Mathematik so zu handhaben, daß sie die Wahrheit über die Schöpfung *ex nihilo* kundtut. Zu dieser esoterischen Gruppe gehören Alan Guth vom Massachusetts Institute of Technology, Sidney Coleman von der Harvard-Universität, Alex Vilenkin von der Tuffs-Universität sowie Ed Tyron und Heinz Pagels aus New York. Sie alle glauben daran, daß in der einen oder anderen Bedeutung »das Nichts instabil« ist und daß das physikalische Universum spontan aus dem Nichts erblüht ist, angetrieben von den Gesetzen der Physik. »Solche Ideen sind Spekulationen im Quadrat«, wie Guth gerne zugibt, »doch auf einer bestimmten Ebene sind sie vielleicht richtig ... Manchmal sagt man, daß es im Leben nichts umsonst gibt. Das Universum jedoch ist umsonst.«

Bei all diesen Vorschlägen spielt der Quantenfaktor die entscheidende Rolle. Das wesentliche Element der Quantenphysik besteht – wie im zweiten Kapitel beschrieben – in der Unterbrechung der Verbindung zwischen Ursache und Wirkung. In der alten klassischen Physik liefert die Wissenschaft von der Mechanik das Beispiel für die starre Kontrolle der Kausalität. Die Aktivität eines jeden Teilchens, jede Drehung und Wendung, war durch die Gesetze der Physik im Detail vorgeschrieben. Ein Körper bewegte sich stetig in einer wohldefinierten Weise unter dem Einfluß eines auf ihn wirkenden Musters von Kräften. Die Bewegungsgesetze verkörperten die Verbindung zwischen Ursache und Wirkung per Definition, so daß das ganze Universum in jedem winzigen Detail durch das vorhandene Muster an Aktivität reguliert wurde. Das Universum galt als ein gigantisches Uhrwerk. Es war diese allesumfassende und äußerst zuverlässige Kausalität, die Pierre Laplace zu der Behauptung veranlaßte, daß man mit einem hinreichend guten Rechner die kommende Geschichte und die Bestimmung des ganzen Universums würde ausrechnen können. Das Universum entfaltet sich in dieser Sicht entlang eines längst vorbestimmten Wegs.

Die Quantenphysik hat dieses zwar geordnete, aber sterile Schema Laplaces verworfen. Die Physiker haben gelernt, daß die Materie und ihre Bewegung auf der atomaren Ebene unvorhersagbar sind. Teilchen können sich wild aufführen und gegen fest vorgeschriebene Bewegungen rebellieren. Sie können an unerwarteten Plätzen ohne ersichtlichen Grund auftauchen und ohne Warnung kommen und gehen.

Im Quantenbereich ist die Kausalität nicht vollständig verschwunden. Sie ist nur ins Wanken geraten und zweideutig geworden. Wenn zum Beispiel ein Atom durch den Zusammenstoß mit einem anderen Atom irgendwie angeregt worden ist, wird es gewöhnlich schnell in seinen Zustand mit niedrigster Energie zurückkehren und dabei ein Photon emittieren. Das Erscheinen des Photons ist in erster Linie natürlich eine Konsequenz davon, daß das Atom angeregt worden ist. Wir können damit sicher sagen, daß die Anregung die Ursache für das Photon ist. Hier bleiben Ursache und Wirkung verbunden. Dennoch bleibt der genaue Moment unvorhersagbar, in dem das Photon erscheint; das Atom kann zu jedem Zeitpunkt zerfallen. Die Physiker können die zu erwartende (durchschnittliche) Verzögerung bis zum Erscheinen des Photons ausrechnen, sie können aber in keinem Einzelfall wissen, wann dieses Ereignis eintritt. Vielleicht sollte man diese Situation dadurch beschreiben, daß man sagt, die Anregung des Atoms sorgt für (und verursacht nicht) das Erscheinen eines Photons.

Die Quantenwelt ist daher nicht durch ein dichtes Netzwerk von kausalen Einflüssen verbunden, sie hängt vielmehr durch ein Gewimmel von locker befolgten Befehlen und Vorschlägen zusammen. Im alten Schema à la Newton würde eine Kraft einem Gegenstand unwiderruflich befehlen: »Du wirst dich bewegen!« In der Quantenwelt besteht die Kommunikation mehr aus Einladungen als aus Befehlen.

Warum nun finden wir die Vorstellung eines plötzlich aus dem Nichts erscheinenden Gegenstandes so unglaublich? Was legt bei solch einer Erscheinung den Gedanken an ein Wunder oder an einen übernatürlichen Einfluß nahe? Vielleicht liegt die Antwort an unserer Gewöhnung. Wir treffen im täglichen Leben nicht auf das unerwartete Erscheinen von Gegenständen. Wenn ein Zauberer ein Kaninchen aus dem Zylinder zieht, dann wissen wir, daß wir da an der Nase herumgeführt werden.

Stellen wir uns einmal vor, wir leben in einer Welt, in der von Zeit zu Zeit Gegenstände ohne Grund und in vollständig unvorhersehbarer Weise aus dem Nichts auftauchen. Wenn wir uns erst einmal an solche Vorgänge gewöhnt haben, hören wir auf, uns darüber zu wundern. Die spontane Schöpfung akzeptieren wir dann als einen Gag der Natur. Vielleicht würde es in dieser Welt die Geduld nicht mehr überstrapazieren, wenn wir uns vorstellen, daß ein komplettes Universum so aus dem Nichts hervorspringt.

Die oben beschriebene imaginäre Welt unterscheidet sich übrigens gar nicht so sehr von der wirklichen Welt. Wenn wir die Atome tatsächlich mit unseren Sinnesorganen direkt beobachten könnten (und nicht durch zwischengeschaltete Instrumente), würden wir häufig sehen, wie Gegenstände ohne wohlbestimmten Grund auftauchen und wieder verschwinden.

Der bekannte Vorgang, der einer Schöpfung aus dem Nichts am nächsten kommt, tritt ein, wenn ein elektrisches Feld stark genug gemacht werden kann. Bei einer kritischen Feldstärke tauchen plötzlich Elektronen und Positronen vollständig zufällig aus dem Nirgendwo auf. Rechnungen zeigen, daß in der Nähe der Oberfläche eines Urankerns das elektrische Feld intensiv genug ist, um dicht davor zu sein, diesen Effekt hervorzurufen. Wenn man Kerne mit mehr als 200 Protonen machen könnte (Uran hat 92), könnte man die spontane Erzeugung von Elektronen und Positronen beobachten. Leider ist ein Kern mit so vielen Protonen extrem instabil, doch niemand ist in dieser Hinsicht sicher.

Die spontane Erschaffung von Elektronen und Positronen in einem intensiven elektrischen Feld kann als bizarre Form der Radioaktivität aufgefaßt werden, bei der es der leere Raum – das Vakuum – ist, das zerfällt. Wir haben bereits auf die Idee hingewiesen, daß ein Vakuumzustand in einen anderen zerfällt. Dabei zerfällt das Vakuum in einen Zustand mit Teilchen.

Obwohl der Zerfall des Raumes mit Hilfe eines elektrischen Feldes nur schwer zu erreichen ist, kann ein analoger Vorgang, bei dem die Gravitation eine Rolle spielt, auf ganz natürliche Weise eintreten. In der Nähe der Oberfläche von schwarzen Löchern ist die Gravitation derart intensiv, daß das Vakuum mit einem kontinuierlichen Strom neu geschaffener Teilchen brodelt. Dies ist die berühmte Strahlung der schwarzen Löcher, die Stephen Hawking entdeckt hat. Letztendlich ist die Gravitation für die Erzeugung der Strahlung verantwortlich, doch tut sie dies nicht im Sinne der alten Newtonschen Kausalität. Da erscheint kein bestimmtes Teilchen zu einer bestimmten Zeit an einem bestimmten Ort als Ergebnis der Gravitation. In jedem Fall ist die Gravitation nur eine Verzerrung der Raumzeit, so daß wir sagen können, daß es die Raumzeit selbst ist, die die Schöpfung der Materie einleitet.

Das spontane Auftauchen der Materie im leeren Raum wird oft als Schöpfung »aus dem Nichts« bezeichnet; dieser Vorgang kommt dem Geist der Schöpfung *ex nihilo* in der christlichen Lehre nahe. Für einen Physiker ist aber der leere Raum weit davon entfernt, nichts zu sein; er ist vielmehr ein Teil des physikalischen Universums. Wenn wir die abschließende Frage beantworten wollen, wie die Existenz des Universums begonnen hat, dann reicht es nicht aus zu sagen, der leere Raum war von Anfang an vorhanden. Wir müssen erklären, woher der Raum selbst gekommen ist. Die Vorstellung, daß der *Raum* geschaffen worden ist, mag sehr exotisch wirken, doch im Grunde passiert es die ganze Zeit um uns herum. Die Expansion des Universums ist nichts anderes als das kontinuierliche Anschwellen des Raumes. Jeden Tag schwillt die unseren Teleskopen zugängliche Region des Universums um 10^{18} Kubiklichtjahre an. Woher kommt dieser Raum? Eine nützliche Analogie steckt in einem Stück Gummi. Wenn man ein Gummiband streckt, kriegt man »mehr davon«. Der Raum ist dann eher superelastisch, weil er sich (soweit wir wissen) für alle Zeiten strecken kann, ohne zu »reißen«.

Das Strecken und Zerren des Raumes ähnelt einem Gummiband auch insofern, als daß die »Bewegung« des Raumes denselben mechanischen Gesetzen wie die Materie unterliegt. Es sind die Gesetze der Gravitation. Gerade so, wie die Quantentheorie sich auf die Aktivität der Materie bezieht, kann sie auch auf Raum und Zeit angewendet werden. In früheren Kapiteln haben wir gesehen, wie die Quantengravitation ein unverzichtbarer Teil der Suche nach der Urkraft ist, und dies macht eine seltsame Möglichkeit denkbar: Wenn die Quantentheorie materiellen Teilchen erlaubt, aus dem Nichts ins Sein zu hüpfen, könnte sie dann, auf die Gravitation angewendet, nicht auch dem Raum gestatten, aus dem Nichts aufzutauchen? Wenn dies aber so ist, sollte das spontane Erscheinen des Universums vor 18 Milliarden Jahren dann überhaupt noch solch eine Überraschung auslösen?

Gibt es etwas umsonst?

Das Konzept der Quantenkosmologie – die Anwendung der Quantentheorie auf das ganze Universum aus Raumzeit und Materie – wird von den theoretischen Physikern sehr ernst genommen. Oberflächlich betrachtet, scheint Quantenkosmologie einen Widerspruch im Wort selbst zu enthalten. Quantenphysik handelt von den kleinsten Systemen und Kosmologie von den größten. Trotzdem, das Universum ist einst sehr zusammengeschrumpft gewesen, und es muß eine Zeit gegeben haben, in der die Quanteneffekte wichtig waren. Rechnungen verdeutlichen, daß die Quantenphysik in der GET-Phase (10^{-32} Sekunden) nicht ignoriert werden kann und in der Planck-Phase (10^{-43} Sekunden) wohl dominiert hat. Es war in einem Augenblick zwischen diesen beiden Epochen – so behaupten die Theoretiker wie etwa Vilenkin –, daß das Universum in seine Existenz platzte. In den Worten von Sidney Coleman: »Wir machen einen Quantensprung aus dem Nichts in die Zeit.« Die Raumzeit, so scheint es, ist eine Fossilie dieses Abschnitts.

Colemans Quantensprung kann als eine Form des »Tunnelns« beschrieben werden. Wir haben gesehen, wie in der ursprünglichen Theorie der Inflation der falsche Vakuumzustand durch eine Energieschranke in den wahren Vakuumzustand tunneln mußte. Im Fall des spontanen Erscheinens des Quantenuniversums wird unsere Vorstellungskraft aber bis an die Schmerzgrenze strapaziert. Ein Ende des »Tunnels« repräsentiert das physikalische Universum aus Raum und Zeit, das durch den Quantentunnel aus dem Nichts aufgetaucht ist, womit am anderen Ende des »Tunnels« »Nichts« sein muß. Vielleicht ist es besser, man sagt, der

Tunnel hat nur ein Ende; das andere Ende des Tunnels gibt es nicht.
Diese Versuche, den Ursprung des Universums zu erklären, sehen sich einer zentralen Herausforderung gegenüber. Sie besteht darin, die Tatsache begreiflich zu machen, daß der Kosmos in einem falschen Vakuumzustand erschaffen worden ist. Wäre die frisch geschaffene Raumzeit im wahren Vakuumzustand aufgetaucht, hätte die Inflation nicht stattfinden können, der Urknall wäre auf ein Flackern reduziert worden, und die Raumzeit wäre nach einem flüchtigen Augenblick wieder aus seiner Existenz geschrumpft und von der Quantenaktivität verschluckt worden, die sie zunächst hervorgebracht hat. Es kann sein, daß ein falscher Quantenzustand durch die extremen Bedingungen verursacht worden ist, die damals vorlagen. Wenn zum Beispiel das Universum mit hinreichend hoher Temperatur geschaffen wurde und dann abgekühlt ist, dann kann es dabei einfach im Zustand des falschen Vakuums hängenbleiben. Derzeit bleiben noch viele technische Fragen dieser Art ohne Lösung.
Wie auch immer die Wahrheit im Hinblick auf die tiefen konzeptionellen Fragen aussieht, irgendwie muß das Universum seine Existenz begonnen haben, und nur die Quantenphysik bietet sich als Zweig der Wissenschaft an, bei dem das Konzept einer Wirkung ohne Ursache Platz findet. Wenn es um das Thema der Raumzeit geht, dann hat es überhaupt wenig Sinn, von einer Ursache im herkömmlichen Sinn zu reden. Verursachung ist etwas, das mit dem Konzept der Zeit verwurzelt ist. Somit muß jede Idee über eine Einrichtung, die die Zeit schafft, auf ein umfassenderes Konzept der Kausalität zurückgreifen als das, was in den augenblicklichen Wissenschaften verwendet wird.
Wenn der Raum wirklich zehndimensional ist, dann weist die Theorie darauf hin, daß zu Beginn des Universums alle zehn Dimensionen gleichberechtigt waren. Eine attraktive Möglichkeit stellt die spontane »Kompaktifizierung« dar, das Aufrollen der sieben Dimensionen, und das könnte mit dem Phänomen der Inflation verknüpft sein. Diesem Szenarium zufolge wird die Antriebskraft der Inflation als Nebenprodukt der Kräfte erzeugt, die sich durch die sieben zusätzlichen Raumdimensionen ausdrücken. Der zehndimensionale Raum kann sich dann ganz natürlich so entwickeln, daß drei Dimensionen sich auf Kosten der ande-

ren sieben an der Inflation beteiligen, die in die Unsichtbarkeit schrumpfen. So erleidet ein mikroskopischer Quantenklumpen mit zehn Raumdimensionen einen Krampf, der drei Dimensionen aufbläst, die dann ein Universum bilden, während die anderen sieben auf Dauer im Mikrokosmos bleiben, von wo aus sie sich nur indirekt manifestieren, nämlich als Kräfte der Natur. Dies ist eine sehr attraktive Theorie.

Obwohl noch viel theoretische Arbeit über die Physik des frühen Universums zu erledigen bleibt, ist es möglich, eine grobe Skizze der Ereignisse zu geben, die den Kosmos so gestaltet haben, wie wir ihn heute antreffen. Am Anfang brach das Universum spontan aus dem Nichts heraus. In einem strukturlosen Ferment aus Quantenenergie fingen Blasen aus leerem Raum an, sich immer schneller aufzublähen, wobei sie die kolossale Energiereserven an den Haaren herbeizogen und so zum Vorschein brachten. Dieses falsche Vakuum, angefüllt mit selbstgeschaffener Energie, war instabil, und sein Zerfall begann, als die Energie in Form von Wärme verschleudert wurde und jede Blase mit einem Feuerball anfüllte. Die Inflation hörte damit auf, aber der Urknall war ausgelöst. Die Zeit zeigte 10^{-32} Sekunden.

Aus diesem Feuerball trat alle Materie hervor und kamen alle physikalischen Strukturen ans Licht. Als es sich abkühlte, durchlief das kosmische Material eine Reihe von Phasenübergängen. Bei jedem Übergang wurden mehr Strukturen aus dem Urstoff ausgefroren. Nach und nach trennten sich selbst die Kräfte der Natur. Schritt für Schritt erwarben die Objekte, die wir heute als subatomare Teilchen bezeichnen, ihre gegenwärtige Identität. Als die Suppe der Materie immer komplexer wurde, fingen die aus der Inflation verbliebenen Unregelmäßigkeiten im großen Maßstab an, zu Galaxien heranzuwachsen. Mit zunehmender Strukturierung und Spezialisierung der Materie begann das Universum, eine mehr und mehr erkennbare Form anzunehmen. Das heiße Plasma kondensierte zu Atomen, die Sterne bildeten sich, dann die Planeten, und schließlich tauchte das Leben auf. Damit wurde das Universum auf sich selbst aufmerksam.

Materie, Energie, Raum, Zeit, Kräfte, Ordnung und Struktur: Dies sind die Dinge, die der Schöpfer auf seiner Einkaufsliste notiert hatte, es sind die unersetzbaren Voraussetzungen für ein Universum. Die neue Physik enthält das quälende Versprechen, daß wir vielleicht mit Hilfe der Wissenschaft erklären können, wie *alle* diese Dinge angefangen haben zu existieren. Wir brauchen sie nicht mehr wie noch zu Beginn »von Hand« einzusetzen. Wir können sehen, wie alle grundlegenden Eigenschaften der physikalischen Welt *automatisch* entstanden sind, ausschließlich als Konsequenz der physikalischen Gesetze und ohne daß wir annehmen müßten, das Universum sei zu Beginn in einem sehr speziellen Zustand errichtet worden. Die neue Kosmologie sagt uns, daß der Anfangszustand des Kosmos irrelevant ist, alle Informationen über ihn werden im Lauf der inflationären Phase vernichtet. Das Universum, das wir sehen, trägt nur die Eindrücke der physikalischen Vorgänge, die sich seit dem Einsetzen der Inflation ereignet haben.

Die Menschheit hat immer geglaubt, daß aus dem Nichts nichts kommen kann. Heute können wir argumentieren, daß alles aus dem Nichts gekommen ist. Niemand muß für das Universum bezahlen. Das Universum gibt es umsonst.

Die Einheit des Universums

»Alle Dinge durch unsterbliche Kraft
Nah oder fern
Sind verborgen miteinander verbunden,
So daß du keine Blume berühren kannst,
Ohne einen Stern zu belästigen.«
Francis Thompson (1859–1907)

Das Konzept Universum
Das Wort »Universum« hat dieselbe Wurzel wie Einheit oder Eins. Es bedeutet wörtlich, daß die Gesamtheit der Dinge als ein Ganzes angesehen wird. Das »Ganze« heißt auf englisch »whole« und hat hier denselben Ursprung wie »holy«, heilig. Dies spiegelt die tiefen mystischen und metaphysischen Assoziationen der Kosmologie wider. In der Tat gehörte das Studium des Universums als Ganzes bis zum 20. Jahrhundert fast ausschließlich in den Bereich der Religion. Eine wissenschaftliche Kosmologie gibt es erst seit jüngster Zeit.

Der mystische Reiz der Kosmologie sorgt für ihre beträchtliche Popularität unter den Wissenschaftlern und auch beim allgemeinen Publikum. Viele Menschen unterscheiden nur grob zwischen der wissenschaftlichen Kosmologie, einem Mystizismus und den offensichtlichen Betrügereien im Grenzbereich des sozusagen Paranormalen. Trotz dieses Durcheinanders glaube ich, daß das weitverbreitete Interesse an der Kosmologie eine gute Sache in einer Welt ist, in der allzuoft Aufspaltungen und Konflikte über die Einheit triumphieren.

Heute wird so viel von »dem Universum« gesprochen, daß man die bemerkenswerteste kosmologische Tatsache aus den Augen zu verlieren beginnt, nämlich daß das Konzept Universum überhaupt eine Bedeutung hat. Wie ist es möglich, daß wir alle physikalische Existenz als ein Ganzes behandeln können?

In dieser Frage steckt ein tiefes philosophisches Problem. Wissenschaft gründet sich auf den Konzepten von Gesetzen und experimentellen Überprüfungen. Eine wissenschaftliche Theorie ist eine kohärente Darlegung einiger Aspekte der Natur, die auf einer Sammlung von konsistenten Prinzipien beruht, die vorzugsweise in ihrer mathematischen Form ausgedrückt werden. Die Theorie soll ein Modell eines Teils der Welt sein. Sie lebt oder stirbt mit seiner Verwendbarkeit. Andere Wissenschaftler sind aufgefordert, mit Experimenten zu testen, wie gut das Modell auf die Wirklichkeit paßt. Wenn die Experimente die Genauigkeit des Modells wiederholt bestätigen, wächst unser Vertrauen in die Theorie, und sie wird zu einem Teil des schon akzeptierten Wissenschaftsgebäudes, solange keine bessere, genauere und umfassendere Theorie entwickelt wird.

Ein wesentlicher Teil der wissenschaftlichen Methode beruht auf der Wiederholbarkeit der experimentellen Ergebnisse. Um ein einfaches Beispiel zu nehmen: Galilei behauptete, daß alle Körper mit der gleichen Beschleunigung zu Boden fallen, so daß zwei gleichzeitig aufschlagen, wenn sie zur selben Zeit aus derselben Höhe fallen gelassen werden. Diese Behauptung wurde mit großer Skepsis betrachtet, denn seit Jahrhunderten hatten die Menschen Aristoteles' Lehre vertraut, die sich eng an unsere Intuition anlehnt und derzufolge schwerere Körper schneller zur Erde fallen. Was man auch immer geglaubt hat, es war für Galilei ein leichtes, seine Behauptung zu überprüfen. Er ließ einfach zwei Gegenstände fallen, um herauszufinden, was zutrifft. Nachdem dies oft genug gemacht worden war, fingen die Leute an, Galileis Version zu übernehmen.

In dem gewählten Beispiel war der Test der Theorie sehr einfach, denn es gibt einen unerschöpflichen Vorrat an kleinen Körpern, die man fallen lassen kann. In der Kosmologie ist die Lage aber ganz anders. Es gibt per definitionem nur ein einziges Universum. Ohne Frage wird es also auch kein »kosmisches Gesetz« geben, denn solch ein Gesetz könnte niemals durch Experimente an einer Sammlung von ähnlichen Gegenständen überprüft werden. Dies bringt uns zu der tiefreichenden Frage, wie es überhaupt möglich ist, wissenschaftliche Argumente auf das Universum als Ganzes anzuwenden.

In der Praxis greifen die Kosmologen auf die Idee der Extrapolation zurück. Die Gesetze der Physik, die durch Experimente und Beobachtungen an Teilen des Universums gewonnen wurden, werden unverändert auf das Ganze angewendet. So wird zum Beispiel die Relativitätstheorie (unser derzeit bestes Modell der Gravitation) herangezogen, um die Bewegungen des Universums

zu berechnen, obwohl sie nur durch Versuche innerhalb unseres Sonnensystems getestet wird. Wenn man die Gesetze, die nur einen Teil des Universums erfassen, verwendet, um den ganzen Kosmos zu beschreiben, scheint man eine plausible Darstellung des beobachteten Zustandes zu erhalten. Wie kommt das?
Die Antwort auf diese Frage bringt mich zu dem Ausgangspunkt zurück, an dem wir wissen wollten, wie man zunächst überhaupt sinnvoll über »das Universum« reden kann. Es gibt da eine Analogie zur menschlichen Gesellschaft. Ein Politiker mag etwa folgendes sagen: »Ich bin für Steuersenkungen, meine Freunde sind für Steuersenkungen, die Meinungsumfragen zeigen, daß die meisten Menschen für Steuersenkungen sind. Also wird das Land zufrieden sein, wenn es eine Steuersenkung gibt.« Die Annahme liegt hier darin, daß die Gesellschaft als Ganzes eine Art kollektives Bewußtsein hat, das die Vorlieben seiner einzelnen Mitglieder widerspiegelt. Daher kann man dieselben Prinzipien, die für den einzelnen anwendbar waren, auch auf die Gesamtheit anwenden. Diese Argumentation funktioniert allerdings nur, wenn die Gesellschaft aus vernünftigen und gleichgesinnten Individuen besteht. Im Hinblick auf Steuersenkungen denken die meisten Leute dasselbe. Das Ergebnis kann aber ganz anders ausfallen, wenn es etwa um Religion geht.
Bei der Anwendung der physikalischen Gesetze auf das Universum machen wir denselben logischen Sprung wie bei den Steuersenkungen. Das Universum besteht aus sehr (vielleicht unendlich) vielen ähnlichen Systemen. Im großen Maßstab können wir beim Universum an eine Ansammlung von Galaxien denken. Im kleinen Maßstab ist das Universum eine Kollektion von Atomen. Auf dem tiefsten Niveau besteht das Universum aus einer Ansammlung von Quantenfeldern. Die Tatsache wird häufig einfach nur hingenommen, daß wir im ganzen beobachtbaren Universum dieselben Arten von Objekten finden. Und doch ist es keineswegs offensichtlich, warum diese erstaunliche Universalität existieren sollte.
Die Universalität der physikalischen Systeme ist der Ausgangspunkt einer wissenschaftlichen Kosmologie. Eine Durchsicht des Himmels offenbart, daß die Sterne unserer Sonne sehr ähnlich sind und daß andere Galaxien unserer Milchstraße in Struktur und Größe sehr ähneln. Genauere Analysen zeigen, daß diese entfern-

ten Objekte aus denselben Atomen bestehen wie die, die wir auf unserer Erde finden. Ein irdisches Atom ist von einem Atom vom Rand des beobachtbaren Universums nicht zu unterscheiden. Die physikalischen Prozesse, die in den am weitesten entfernten Regionen des Kosmos auftreten, scheinen exakt von derselben Art zu sein wie die, die in unserer eigenen kosmischen Nachbarschaft auftreten. Vor allem aber sind die Kräfte der Natur universell. So kann zum Beispiel die Stärke der elektromagnetischen Kraft in weit entfernten Quasaren durch ein sorgfältiges Studium der Lichtspektren erschlossen werden. Es gibt keinen feststellbaren Unterschied zu der elektromagnetischen Kraft, die wir im irdischen Laboratorium beobachten.

Als die Astronomen ihren Horizont immer mehr ausdehnten und immer weitere Regionen des Kosmos in ihren Blick bekamen, haben sie im allgemeinen das ihnen schon Bekannte wiedergefunden. Warum dies so sein soll, ist keineswegs klar. Noch vor mehreren Jahrhunderten glaubte die Menschheit, daß die Erde im Zentrum des Universums stehe und einzigartig in Form und Position sei. Seit den Tagen des Kopernikus weist alle Evidenz in die andere Richtung, das heißt, die Erde ist ein typischer Planet in einer typischen Galaxie, die in einer typischen Region des Weltalls liegt, das aus einem Haufen mehr oder weniger gleicher Dinge besteht.

Die Wissenschaftler formalisieren solche Ideen in so etwas wie ein »kosmologisches Prinzip«, welches in lockerer Formulierung sagt, daß unsere lokale Nachbarschaft im Universum typisch für das Ganze ist. Die gilt nicht nur für Atome, Sterne und Galaxien, sondern auch für die allgemeine Organisation und Verteilung von Materie und Energie. Das Universum ist außerordentlich gleichförmig, sowohl in der Art, in der die Galaxien tief durch den ganzen Raum verstreut sind, als auch in der Orientierung um uns herum. Soweit wir sehen können, gibt es im Kosmos weder privilegierte Lokationen noch Richtungen. Darüber hinaus bleibt diese Uniformität im Lauf der Zeit erhalten, wenn sich das Universum ausdehnt. Die Expansionsrate ist in allen Raumbereichen und in allen Richtungen gleich. Es ist tatsächlich schwierig, sich ein einfacheres Universum vorzustellen, das mit der Existenz von lebenden Beobachtern konsistent wäre. In vorhergehenden Kapiteln haben wir sehr überzeugende Gründe für diese kosmische Kooperation

im großen und die sogenannte Theorie des inflationären Universums gefunden.
Die wissenschaftliche Betrachtung des Kosmos liefert daher ein gleichförmiges, kohärentes Bild mit großräumiger Einfachheit. Wenn sich das Universum mit drastisch verschiedenen Geschwindigkeiten in verschiedenen Richtungen ausdehnen würde oder wenn große Variationen in der Dichte oder Anordnung der Materie existierten, dann erschiene es zweifelhaft, ob es so etwas wie eine wissenschaftliche Kosmologie gäbe. (Wahrscheinlich gäbe es dann auch gar keine Wissenschaftler.) Es ist die Uniformität, Kohärenz und Einfachheit, die uns in die Lage versetzt, von »dem Universum« als einer einzigen Einheit zu sprechen. Noch in jüngster Zeit blieben die Ursprünge dieser Qualitäten ein Geheimnis. Nun können wir sehen, daß die Instruktionen zum Bau eines uniformen, kohärenten Kosmos in den Gesetzen der Physik aufgeschrieben sind. Die Urkraft enthält gerade die richtigen Eigenschaften, um im frühen Universum das Kommando zu übernehmen und es in die einheitliche Struktur mit der Einfachheit im großen zu überführen, die wir heute beobachten.

Machs Prinzip: das Kleine mit dem Großen verbinden
Obwohl wir alle die stark überzeugende Einheit in der *Form* des Universums anerkennen, gibt es noch ein zwanghaftes Verlangen, nach einer tieferen kosmischen Einheit zu suchen, nach einer Einheit, die unsere eigene lokale Region auf innigste Weise mit dem großen Ganzen verbindet. Das Kleine mit dem Großen, das Lokale mit dem Globalen zu verbinden, das übt eine starke Anziehungskraft aus, denn dann fühlen wir uns mit der Schöpfung vereint, was einem mystischen Ziel entspricht, das den meisten Religionen dieser Welt gemeinsam ist. Viele Menschen fühlen sich ohne Zweifel spirituell mit der Gesamtheit der Dinge verbunden. Und es gab auch in der Wissenschaft eine Tradition, die solche Verbindungen schmieden wollte.
Ein erstes Argument für das Vorhandensein einer tiefen Verbindung zwischen der großräumigen Struktur des Universums und der lokalen Physik hat der österreichische Physiker und Philosoph Ernst Mach (1838–1916) verkündet, der durch die Verwendung von »Mach« als Einheit der Schallgeschwindigkeit Unsterblichkeit erlangt hat. Obwohl Mach einige falsche Ideen verbreitete – so

glaubte er nicht an die Existenz von Atomen –, hat sich doch seine Arbeit über die Natur der Trägheit als eine der langlebigsten wissenschaftlichen Spekulationen erwiesen. Sie wurde dann später mit dem Titel »Machs Prinzip« gewürdigt. Ganz sicher übten Machs Ideen einen tiefgehenden Einfluß auf den jungen Einstein aus, als er versuchte, seine Allgemeine Relativitätstheorie zu formulieren. Einstein erkannte seine Schuld und Dankbarkeit Mach gegenüber in einem Brief vom Juni 1913 an, also ein Jahr nach der Veröffentlichung von Machs Buch über »Die Mechanik«.

Mach ist in Turas geboren worden, einer Stadt, die heute zur Tschechoslowakei gehört. Er war Professor für Mathematik und für Physik an der Universität von Graz, bevor er als Professor für Philosophie erst nach Prag und dann nach Wien zog. Hier wurde er zum Anhänger der sogenannten positivistischen Bewegung. Er glaubte, daß die Erkenntnis der Wirklichkeit in Beobachtungen wurzeln müsse, und diese Sicht trug auch zu seinen kosmologischen Ideen bei.

Mach beschäftigte sich intensiv mit der Natur der Bewegung. Vor allem interessierte ihn die Unterscheidung, die zwischen einer wirklichen und einer scheinbaren Bewegung gemacht wurde. Unsere Vorfahren glaubten, daß die Himmel sich um die Erde drehen, daß die Erde fest im Zentrum des Universums sitzt und daß sich Sonne, Mond und Sterne auf gekrümmten Bahnen bewegen. Dies war ein ganz natürlicher Glaube, denn wir können die Himmelskörper doch sehen, wie sie am Firmament entlangziehen. Im 17. Jahrhundert waren solche Ideen aber in Mißkredit geraten, und die Himmelskörper bewegten sich nur scheinbar. In Wirklichkeit war es die Erde, die sich bewegte; sie rotierte.

Wie können wir einem Skeptiker beweisen, daß die Drehung der Sterne nur scheinbar erfolgt und daß es die Erde ist, die um ihre Achse rotiert? Ein Weg könnte sein, die Newtonsche Dynamik zu nutzen. Die sich drehende Erde unterliegt zentrifugalen Kräften, die dazu führen, daß der Äquator etwas aufgebläht ist. Sorgfältige Messungen der irdischen Geometrie zeigen, daß der Durchmesser am Äquator 43 Kilometer größer ist als die Entfernung von Pol zu Pol. Der Grund für die Aufblähung am Äquator kann in der Existenz der Trägheit gesucht werden.

Trägheit ist eine uns allen bekannte Eigenschaft. Schwere Gegenstände haben eine große Trägheit, was bedeutet, daß sie erst schwer zu bewegen und dann kaum zu bremsen sind. Leichtere Gegenstände können einfacher bewegt werden. Es ist die Trägheit der Erde, die sie durch den Raum eilen läßt. Ohne ihre Trägheit würde die Erde auf ihrer Bahn stehenbleiben und in die Sonne stürzen. Die Trägheit schleudert uns aus unserem Sitz, wenn ein Auto scharf bremsen muß, und sie läßt quasi den Magen zurück, wenn ein Aufzug plötzlich abstürzt. Es ist unsere Trägheit, die uns aus einem Karussell schmeißen will und die uns in einer Zentrifuge gegen die Wand drückt. Die Trägheit ruiniert ein Schwungrad, das zu schnell geht, und es ist die Eigenschaft der Materie, von sich drehenden Körpern weggeschleudert zu werden – man spricht dann auch von den Zentrifugalkräften –, die für das Aufblähen des Erdäquators verantwortlich ist.

Wie sollen wir die Kraft der Trägheit mit den anderen Kräften der Natur in Verbindung bringen? Dieses Rätsel hat schon Newton selbst beschäftigt, als er seine erste systematische Beschreibung der Bewegungsgesetze gab. Der zentrale Punkt in Newtons Arbeit bestand in der Einsicht, daß eine gleichförmige Bewegung – eine Bewegung mit konstanter Geschwindigkeit – ausschließlich relativ ist. Stellen wir uns einmal vor, wir wären in den Tiefen des Weltalls in einem undurchsichtigen Kasten eingesperrt. Es gäbe für uns kein Mittel, um herauszufinden, ob sich der Kasten bewegt oder ob er ruht. Diesen Zustand kann man in etwa an Bord eines Flugzeugs erleben, das sich mitten im Flug befindet. Unsere Erfahrungen von Kraft und Bewegung unterscheiden sich hier in nichts von den Erfahrungen in einem Zimmer auf der Erde. Die gleichförmige Bewegung des Flugzeugs beeinträchtigt in keiner Weise das Verhalten von Gegenständen und anderen Objekten; unser Gehen, Essen, Atmen und was wir sonst tun erscheinen normal.

Warum sagen wir dann, daß sich das Flugzeug bewegt? Es ist natürlich klar, daß wir bei einem Blick aus dem Fenster sehen, wie unten der Boden vorbeizieht. Wir meinen dabei, daß sich das Flugzeug *relativ* zur Erde bewegt. Die Erde selbst steht natürlich auch nicht still. Sie umrundet die Sonne (wovon wir auch nichts merken), und die Sonne wiederum bewegt sich durch unsere Galaxie.

Eine wichtige Überlegung betrifft die Tatsache, daß der Raum selbst keine Markierungen hat. Es ist also unmöglich, unsere

Bewegung durch den Raum als solche zu eichen. Jede Region des Raumes sieht wie jede andere aus. Es gibt keine Möglichkeit, zu sehen oder zu fühlen, wie der Raum »vorbeizieht«, wie das ein Fisch kann, der im Ozean schwimmt. Es bleibt keine Spur zurück, die uns helfen könnte, unsere Geschwindigkeit festzustellen. Im Raum »in Ruhe« zu sein, das hat für eine Beobachtung überhaupt keine Bedeutung, eine Tatsache, die schon Newton erkannt und erwähnt hat: »Denn es könnte sein, daß es überhaupt keinen ruhenden Körper gibt, auf den die Position und die Bewegungen der anderen bezogen werden können.«

Die Relativität der gleichförmigen Bewegung ist in den Newtonschen Bewegungsgesetzen eingebaut, die besagen, daß keine Kraft und keine physikalische Ursache erforderlich sind, um eine gleichförmige Bewegung aufrechtzuerhalten. Im Gegenteil! Ein Körper wird so lange fortfahren, sich gleichförmig zu bewegen, bis etwas dazwischenkommt und diesen Zustand verändert. Ohne äußere Kräfte wird ein Körper kontinuierlich von seiner Trägheit weitergetragen.

Es ist auf der Erde ziemlich mühsam, den Einmischungseffekt anderer Kräfte abzuschirmen. Ein Puck, der über eine Eisfläche saust, kommt einer freien Bewegung ziemlich nahe. Seine Trägheit sorgt dafür, daß er sich mit ziemlich unverminderter Geschwindigkeit und ohne erneuten Antrieb weiterbewegt, wenn er einmal abgeschossen worden ist. Im Gegensatz dazu trifft ein Automobil auf so viel Reibung und Windwiderstand, daß seine Trägheit von diesen Kräften bald übermannt wird. Ein Auto kommt nach einer kurzen Strecke zum Stillstand, wenn der Motor abgeschaltet wird.

Im Gegensatz zur Relativität der gleichförmigen Bewegung besitzt die beschleunigte oder ungleichförmige Bewegung einen ganz anderen Charakter. Wenn ein Flugzeug plötzlich absackt oder beschleunigt, dann stellen die Passagiere diese Störung sofort durch die Art fest, in der sie herumgeworfen werden. Sogar im Inneren eines undurchsichtigen Kastens würde eine beschleunigte Bewegung unmittelbar registriert.

Wie kommt es nun, daß wir eine beschleunigte Bewegung so problemlos bemerken? Der Schlüssel dazu ist die Trägheit. Wenn ein Körper einer Beschleunigung unterworfen wird, dann versucht er spürbar, sich dem zu widersetzen. Die Rotation ist der Spezialfall einer beschleunigten (ungleichförmigen) Bewegung. Wenn unsere undurchsichtige Kiste anfangen würde, sich zu drehen, stellten wir fest, daß wir gegen die Wand gedrückt werden. Denn unser Körper versucht, sich gradlinig zu bewegen, und der Kasten zwingt ihn in eine Kurve. Es scheint einfach so zu sein, daß eine gleichförmige Bewegung zwar relativ, daß aber eine beschleunigte Bewegung absolut ist.

Einige Wissenschaftler und Philosophen konnten diese Schlußfolgerung nicht akzeptieren. Der irische Bischof George Berkeley, fast ein Zeitgenosse Newtons, schrieb dazu: »Ich glaube, daß jede absolute Bewegung, von der wir uns ein Bild machen können, in ihrem Grunde nichts anderes als eine relative Bewegung ist.« Berkeley argumentierte damit, daß der Raum keine Markierungen biete. Deshalb könnten wir uns überhaupt keine Form der Bewegung durch den Raum als solchen ausdenken. Nur wenn wir uns auf andere Körper bezögen, bekomme diese Idee ihren Sinn: »Es reicht aus, den ›absoluten Raum‹ durch einen relativen Raum zu ersetzen, der vom Himmel der Fixsterne festgelegt wird... Wenn Bewegung und Ruhe durch diesen relativen Raum definiert werden, dann können sie bequem anstelle der absoluten Begriffe benutzt werden.«

Berkeley führt hier einen kritischen und rätselhaften Faktor ein, die Fixsterne. Heute wissen wir, daß die Fixsterne nicht wirklich feststehen, sondern daß sie sich vielmehr in der Galaxie bewegen. Nichtsdestoweniger kann ihre Bewegung kaum wahrgenommen werden, weil sie so weit entfernt sind. Der wichtige Vorschlag, den Berkeley macht, besteht darin, daß die sehr weit entfernte Materie des Universums als Bezugsrahmen in Frage kommt, von dem aus gesehen wir alle Bewegung beurteilen können.

Hinter dieser Debatte um die Bewegung steckt die ganze Frage nach der Natur des Raumes und nach dem Unterschied zwischen dem Raum und dem Nichts. Aristoteles hatte erklärt, daß die Natur das Vakuum verabscheue. Er argumentierte, daß die Leere ein Nichts sei und daher nicht existieren könne. Den offensichtlich vorhandenen leeren Raum zwischen den Gegenständen könne man sich nur als kontinuierlich mit einer möglicherweise ätherischen Substanz ausgefüllt vorstellen.

Die parallel sich bildende These, daß auch die Leere, der leere Raum, ein Existenzrecht habe, zog ebenfalls einige Anhänger an.

Dazu gehörte Newton, der über den von ihm so genannten »absoluten Raum« sagte, daß er »ohne Beziehung zu irgendeinem Äußeren« sei. Newtons absoluter Raum wurde von seinem Rivalen Gottfried Leibniz verlacht, der erklärte: »Es gibt keinen Raum, wo es keine Materie gibt.«

Die heutigen Physiker durchschlagen diesen Knoten einfach, in den sich die alte Kontroverse verwickelt hatte. Sie ersetzen den Raum durch ein Quantenvakuum, das eine Art Gewebe für das liefert, was oberflächlich als Leere erscheint. Dennoch hat das Quantenvakuum mit den virtuellen Teilchen als besonderem Gag nur sehr entfernt etwas mit der kontinuierlichen Substanz des Aristoteles zu tun.

Newton glaubte, er könne die Existenz des absoluten Raumes durch Trägheitseffekte wissenschaftlich beweisen. Die Aufblähung am Äquator verdeutlicht, daß es die Erde ist, die sich dreht, und nicht der Sternenhimmel. Die Drehung der Erde, so erklärte Newton, geschieht aber nicht relativ zu den Sternen, sie ist absolut. Die Erde dreht sich *wirklich* im absoluten Raum.

Es war diese Behauptung, die Bischof Berkeley auf den Plan rief. Er behauptete, daß in einem Universum mit nur einem Gegenstand das Konzept der Bewegung bedeutungslos sei – ganz gleich, ob es um gleichförmige oder um beschleunigte Bewegungen gehe. Berkeley schrieb: »Wenn es einen allein existierenden Globus gäbe, könnte von ihm keine Bewegung wahrgenommen werden.« Wir wären nicht in der Lage festzustellen, ob er sich drehe oder nicht. Berkeley schrieb dann weiter: »Lassen wir nun zwei Globen nebeneinander existieren und nichts Körperliches neben ihnen.« In diesem Fall können wir zwar von einer relativen Bewegung dieser beiden Globen aufeinander zu oder voneinander weg reden, aber »eine kreisförmige Bewegung der zwei Globen um ein gemeinsames Zentrum kann sich unsere Vorstellungskraft nicht ausdenken«. Auf der anderen Seite aber gilt folgendes: »Nehmen wir an, der Himmel mit seinen Fixsternen sei erschaffen worden; dann kann mit einem Mal die Drehbewegung festgestellt werden, und zwar aufgrund der Konzeption der Annäherung der Globen an die verschiedenen Teile des Himmels.«

Unabhängig vom Erfolg der Newtonschen Mechanik blieben diese Ansichten des Bischofs lebendig, und sie fanden 200 Jahre später bei Mach ihr Echo. Mach weigerte sich ebenfalls, eine fundamentale Unterscheidung zwischen gleichförmiger und ungleichförmiger Bewegung zu akzeptieren, indem er erklärte, daß beschleunigte und durch Trägheit bedingte (also gleichförmige) Bewegungen »zu *demselben* Ergebnis führen«. Wie wollte Mach nun seine Konzeption, daß sogar beschleunigte Bewegungen wie Rotationen ausschließlich relativ seien, mit der Existenz von Trägheitskräften vereinbaren, wie sie sich in den Zentrifugalkräften zeigten, die einen sich drehenden Körper an seinem Äquator aufblähen? Schließlich hatte Newton alle diejenigen explizit herausgefordert, die die Existenz einer absoluten Bewegung bezweifelten: »Die Effekte, die die absolute von der relativen Bewegung unterscheiden, sind die Zentrifugalkräfte. Denn in einer Kreisbewegung, die nur relativ ist, kommen diese Kräfte nicht vor.«

Die Argumente, die Mach verwendete, um dieser Herausforderung zu begegnen, sind mutig und direkt. Wenn die Rotation bloß relativ zu den »Fix«sternen sei, so argumentierte er, dann müßten die Zentrifugalkräfte, die ein sich drehender Körper erfahre, von den Sternen *verursacht* werden. Machs Hypothese läuft auf nichts weniger als die Behauptung hinaus, daß die Trägheit ihren Ursprung in den fernen Tiefen des Universums hat. Wenn diese Deutung der Trägheit akzeptiert wird, dann kann Newtons absoluter Raum vergessen und alle Bewegung als relativ behandelt werden. Diese Argumentationskette ist heute als Machs Prinzip bekannt. Es hat eine seltsame Faszination auf mehrere Generationen von Physikern ausgeübt. Es hat aber auch schärfste Kritiken herausgefordert. Sogar Lenin meinte, Machs Idee verwerfen zu müssen.

Kann Machs Prinzip funktionieren? Das erste Problem besteht darin, die Natur der Verbindung zu erklären, die die weit entfernten Sterne in die Lage versetzt, die Erde (und andere Teile des Universums) mit Trägheitseffekten zu versorgen. Wir bekommen einen Hinweis aus der Tatsache, daß sich die Zentrifugalkraft wie eine Gravitationskraft anfühlt. Ein Plan für eine zukünftige Raumstation besteht in einer radförmigen Struktur, die mit der richtigen Geschwindigkeit um ihre eigene Achse rotieren soll, um in ihrer Peripherie ein »g« (die Erdbeschleunigung) zu simulieren. Dies beruht auf der Idee der »künstlichen Gravitation«. Die enge Verwandtschaft zwischen Zentrifugal- und Gravitationskräften ist von Galilei und Einstein genau verstanden worden. In der Tat sagt ein Gründungsprinzip der Allgemeinen Relativitätstheorie, daß die beiden Kräfte lokal identisch sind. Es ist daher ganz natürlich, das Gravitationsfeld des Universums zu bemühen, wenn man die Zentrifugal- und andere Trägheitskräfte erklären will.

Wie könnte nun die Gravitation der Sterne die Trägheit bewirken? Als eine mögliche Idee könnte man vorschlagen, daß ein rotierender Körper eine Art von Gravitationseinfluß aussendet, der von den Sternen empfangen wird. Die Sterne werden leicht gestört und produzieren daraufhin ihren eigenen Gravitationseffekt, der auf den sich drehenden Körper zurückwirkt. Als Reaktion entsteht das, was wir Zentrifugalkraft nennen. Zugegeben, der Beitrag eines bestimmten Sterns zur Zentrifugalkraft muß aufgrund der weiten Entfernungen extrem klein sein, doch ist die Zahl der Sterne so groß, daß der kumulative Effekt schließlich spürbar wird. Dies ist ein faszinierender Vorschlag. Jedesmal, wenn man in einem absackenden Aufzug seinen Magen spürt, dann sind es die viele Millionen Lichtjahre entfernten Galaxien, die an ihm ziehen!

Das Problem mit dem oben beschriebenen Bild besteht darin, daß nach der Relativitätstheorie keine Wirkung sich schneller als Lichtgeschwindigkeit ausbreiten kann. Und selbst mit Lichtgeschwindigkeit würde es viele Millionen Jahre dauern, bevor das Echo der Gravitation eines rotierenden Körpers zurückkommen könnte. Wir wissen aber, daß die zentrifugalen Effekte sofort einsetzen, sobald der Körper seine Drehung beginnt.

Einstein glaubte, daß er einen Weg gefunden hätte, der dieses Problem der Verzögerung beseitigen könnte, als er Machs Prinzip als Teil seiner kosmologischen Untersuchungen formulierte. Seltsamerweise funktionierte dieses Schema nur im Fall eines gekrümmten Universums. Das Universum mußte dabei auf besondere Weise gekrümmt sein, es mußte nämlich räumlich geschlossen (eine Hyperkugel) sein. Mit dem unendlichen und unbeschränkten Raum klappte Einsteins Verfahren nicht. Dies rief eine ablenkende und verworrene Debatte auf den Plan, die heute noch andauert und in der diskutiert wird, ob und in welchem Ausmaß Einsteins Allgemeine Relativitätstheorie Machs Prinzip eingebaut hat oder nicht.

1949 entdeckte der Mathematiker und Logiker Kurt Gödel eine Lösung für die Einsteinschen Gravitationsgleichungen, die tatsächlich ein rotierendes Universum beschrieben. Gödel wollte mit seinem Modell nicht unbedingt das reale Universum darstellen, er zeigte aber auf, welche logischen Möglichkeiten Einsteins Theorie enthält. Mach zufolge ist ein rotierendes Universum nämlich ein unmögliches Konzept, denn relativ wozu soll sich das Universum als Ganzes drehen?

Auf der anderen Seite haben einige Vorhersagen der Allgemeinen Relativitätstheorie ganz den Geschmack von Machs Prinzip. Eine davon hat Einstein in seinem Brief an Mach erwähnt. Stellen wir uns vor, daß die Trägheitskräfte, die auf einen Körper wirken, durch die Wirkung der Gravitation aller anderen Materie des Universums hervorgerufen werden. Der dominierende Einfluß wird dann von der Materie stammen, die weit entfernt ist, denn hier befindet sich der größte Teil davon. Nichtsdestoweniger üben auch nahegelegene Körper winzige Effekte aus. Einstein lud Mach ein, sich einen Körper vorzustellen, der von einer schweren Materiehülle umgeben ist, die sich relativ zu den Fixsternen dreht. Wenn nun Machs Ideen zutreffen, dann besteht das Bezugssystem, auf das hin die Bewegung des eingeschlossenen Körpers geeicht werden muß, aus einer Art von Durchschnitt in Verbindung mit all der anderen Materie des Universums. Wenn nun der Durchschnitt berechnet wird, kann man die kugelförmige Hülle nicht auslassen. Ihr Beitrag zum allgemeinen kosmischen Bezugsrahmen wird zwar klein, aber nicht Null sein. Ihr Wert kann aus der Theorie berechnet werden. Wenn man das tut, dann sieht man, daß die Rotation der Hülle tatsächlich – gerade, wie Mach es erwarten würde – eine kleine Trägheitskraft erzeugt. Diese Kraft wirkt auf den Körper im Inneren der Hülle und versucht ihn mitzuziehen.

Solche Effekte könnten tatsächlich beobachtbar sein. Denken wir zum Beispiel an ein Gyroskop, das sich auf einer Umlaufbahn um die Erde befindet. Die Bewegung des Gyroskops wird von der Raumzerrung der Erde beeinträchtigt, und wenn die Erde rotiert, dann »verdreht« sie diese Zerrung. Dies bringt ebenfalls eine Verdrehung des Gyroskops mit sich. Der Effekt ist zwar sehr klein – das Gyroskop würde sich in einer Million Jahren einmal vollständig herumdrehen –, aber diese Bewegung könnte mit Hilfe der derzeitigen Technik nachgewiesen werden, wenn man das Gyroskop so verpackt, daß andere (nicht gravitationsbedingte) Störun-

gen wie etwa der Sonnenwind vermieden werden. Ein Projekt dieser Art ist jahrelang von William Fairbank in Stanford verfolgt worden, demselben Wissenschaftler, dem wir schon im achten Kapitel in Verbindung mit der Suche nach freien Quarks begegnet sind.
In massiveren Körpern wird der Schleppeffekt der rotierenden Raumzerrung ausgeprägter. Der Extremfall ist der eines sich drehenden schwarzen Lochs, bei dem ein nahegelegenes Objekt mit solcher Gewalt herumgeschleppt werden kann, daß keine Kraft im Universum in der Lage ist, es zu stoppen. Diese spektakuläre Wirkung wird in populären Büchern oft als »Raumwirbel« bezeichnet, der das Loch umgibt.
Es ist möglich, daß Machs Prinzip niemals experimentell bestätigt werden kann. Wie können wir auch jemals herausfinden, ob eine rotierende Erde sich auch in einem sonst leeren Universum aufblähen würde? Auf der anderen Seite ist es möglich, sich ein Experiment auszudenken, durch das das Prinzip falsifiziert werden könnte. Wenn aufgrund sehr sorgfältiger Messungen ermittelt werden könnte, daß das ganze Universum in einem absoluten Sinn rotiert, dann wäre Machs Prinzip hinfällig.
Eine absolute Drehung im Raum geschähe um eine bestimmte Achse herum. Wir könnten erwarten, daß sich diese privilegierte Richtung in der Anordnung der Materie und der Energie manifestieren würde. Die kosmische Hintergrundstrahlung ist bekanntermaßen gleichförmig in allen Richtungen, sie ist dies zumindest mit einer Genauigkeit von 1:10000. Von diesem Wert aus kann eine strenge Grenze für eine kosmische Rotation angegeben werden. Es kann tatsächlich gezeigt werden, daß das Universum in seiner ganzen Geschichte sich nicht mehr als um einige Grad gedreht haben kann. Somit scheint im Universum Machs Prinzip mit einem hohen Grad an Genauigkeit erfüllt zu sein.

Signale aus der Zukunft

Wie viele andere professionelle Wissenschaftler bin ich süchtig nach Science-fiction. Vor einigen Jahren habe ich mich hingesetzt und das Buch »Timescape« (»Zeitflucht«) von Gregory Benford gelesen. Stellen Sie sich meine Überraschung vor, als ich hier auf einen Physiker mit Namen Paul Davies traf, der ein großes Interesse an der Zeit offenbarte. Er erklärte mit voller Autorität, daß es möglich sein müsse, Signale in die Vergangenheit zu senden. Seinem Rat wurde brav gefolgt, und der Held der Geschichte versuchte, Kontakt mit einem Wissenschaftler aus der vorhergehenden Generation aufzunehmen, um die Welt vor einer Katastrophe zu bewahren.

Mein unerwartetes Eintreten in die Romanwelt beruht auf einem langanhaltenden Interesse, das ich an der Natur der Zeit habe. Ich wurde von der Idee fasziniert, Signale in die Vergangenheit zu senden, nachdem ich eine Vorlesung von Fred Hoyle gehört hatte, die er vor der Royal Society in London gehalten hatte, als ich Student war. Hoyle wies darauf hin, daß die berühmten Maxwellschen Feldgleichungen, die die Ausbreitung elektromagnetischer Wellen beschreiben, schon in sich die Möglichkeit enthalten, daß solche Wellen auch zeitlich zurücklaufen.

Diese verwunderliche Schlußfolgerung kann mit Hilfe des Beispiels von Wasserwellen verstanden werden. Wenn man einen Stein in einen Teich wirft, dann bewegen sich die entstehenden Kräuselungen vom Punkt der Störung aus nach außen und werden zum Rand hin schwächer. Es ist sehr einfach, solche nach außen laufenden Muster zu erzeugen. Auf der anderen Seite treffen wir nie auf ein organisiertes Wellenmuster, das am Rand eines Teiches entsteht und sich dann auf einen Punkt zu bewegt. Die physikalischen Vorgänge jedoch, die die Wellenbewegungen kontrollieren, sind problemlos reversibel. Jeder Abschnitt der Welle könnte auch rückwärts laufen. Dennoch werden in der Natur spontan nur auslaufende Wellen hervorgerufen. Zwar kann man konvergierende Wellen künstlich erzeugen – etwa, wenn man einen Ring in einen Teich fallen läßt –, doch ist dies viel schwieriger zu bewerkstelligen als auslaufende Wellen. Warum ist das so?

Der Einbahnstraßencharakter der Wellenstörungen erstreckt sich auf alle Arten von Wellenbewegungen und prägt unserem Universum einen »Zeitpfeil« auf, das heißt eine Unterscheidung zwischen Vergangenheit und Zukunft. Wenn man die Kräuselungen auf einem Teich filmte und den Film rückwärts laufen ließe, fiele uns die Täuschung sofort auf. Im Fall von elektromagnetischen Wellen wie etwa Radiowellen scheint die Idee von Wellen, die auf eine Stelle hin konvergieren, geradezu albern zu sein. Da Radiowellen bis ans Ende des Universums laufen können, besteht der einzige Weg, ein zusammenlaufendes Muster zu produzieren, in einer riesigen kosmischen Verschwörung, durch die Wellen aus dem unendlichen Raum in alle Richtungen und genau im Takt einlaufen.

Wegen der Verbindung zwischen der Wellenbewegung und dem Zeitpfeil können wir von auslaufenden Wellen annehmen, daß sie in die Zukunft reisen; einlaufende Wellen sind dann zeitumgekehrt, das heißt, sie reisen in die Vergangenheit. Die ersten Wellen kommen an, nachdem sie abgeschickt worden sind – man spricht auch von »retardierten« Wellen –, die anderen kommen an, bevor sie abgeschickt worden sind – man nennt sie die »avancierten« Wellen. Seit Maxwells Tagen hat man immer angenommen, daß solche vorausgeschrittenen elektromagnetischen Wellen möglich sind, daß sie logisch von der Theorie zugelassen werden, daß sie als Zeitreisen aber physikalisch lächerlich sind und daher verworfen werden müssen.

Die meisten Wissenschaftler waren damit zufrieden, die avancierten Wellen links liegenzulassen, ohne sich dabei zu fragen, warum das Universum gerade so eingerichtet ist, daß sie ausgeschlossen werden. Ausnahmen waren dabei John Wheeler und Richard Feynman. Am Ende des Zweiten Weltkriegs publizierten sie eine neugierig machende Arbeit, in der sie eine Erklärung dafür versuchten, warum die retardierten Wellen die Norm sind. Außerdem erkundeten sie die Möglichkeit, daß es (vorausgeschrittene) Wellen aus der Zukunft gibt. Wheeler war ein Kernphysiker, der mit Niels Bohr und Enrico Fermi zusammengearbeitet hatte, und Feynman war damals noch ein Student, dem es wenig später gelang, die QED aufzustellen und damit den Nobelpreis zu erlangen.

Wheeler und Feynman entschieden sich dafür zu untersuchen, was in einer Welt passieren würde, in der retardierte und avancierte Wellen in gleichem Maß vertreten sind. In solch einem hypothetischen Universum würde eine Radiostation gleich viele Signale in die Zukunft wie in die Vergangenheit aussenden. Man könnte nun meinen, daß unter solchen Umständen nur ein sinnloses Durcheinander die Folge wäre. Doch Wheeler und Feynman haben mit einem wunderbaren Argument deutlich gemacht, daß dies keineswegs der Fall sein muß.

Betrachten wir das Schicksal einer der geplagten Vorauswellen, die den Sender verlassen und zeitlich rückwärts in den Raum vordringen. Irgendwann trifft eine solche Welle auf Materie in

Form eines elektrisch geladenen Teilchens, vielleicht als dünnes Gas im intergalaktischen Raum. Die Wellen werden diese Ladungen in Bewegung versetzen, so daß sie anschließend sekundäre Wellen mit identischer Frequenz erzeugen, die ebenfalls ihrer Natur nach halb retardiert und halb avanciert sind. Die retardierte Hälfte dieser sekundären Wellen bewegt sich vorwärts in der Zeit und ruft damit ein winziges Echo beim Sender zum Zeitpunkt der ursprünglichen Aussendung hervor. Wir erhalten insgesamt ein kompliziertes Netzwerk von Störungen und Echos, die im Universum und in der Zeit hin und her unterwegs sind.

Obwohl das Echo eines einzelnen geladenen Teilchens wegen seiner großen Entfernung zum Sender unmerklich klein wäre, würde der kumulative Effekt aller Echos dieselbe Stärke wie das Originalsignal erzielen, wenn das Universum für elektromagnetische Strahlung effektiv undurchdringlich wäre. Eine nähere Analyse zeigt etwas noch Außerordentlicheres. Es stellt sich heraus, daß das Echo, das mit den ursprünglich vorausgeschrittenen Wellen ins Gehege kommt, zu diesen Wellen genau phasenverschoben ist. Damit werden alle vorausgeschrittenen Wellen exakt durch Interferenz gelöscht! Alle Signale in die Vergangenheit werden präzise durch ihr eigenes Echo abgewürgt! Daraus schlossen Wheeler und Feynman, daß in einem undurchdringlichen Universum nur retardierte Wellen vorkommen können, selbst wenn jedes einzelne Teilchen symmetrisch sowohl retardierte als auch avancierte Wellen abstrahlt.

Das erstaunliche Ergebnis von Wheelers und Feynmans Analyse kommt dadurch zustande, daß es in ihrer Theorie ausgeschlossen ist, die elektromagnetische Aktivität eines einzelnen geladenen Teilchens von der des ganzen Universums zu trennen. Die an einer Stelle entstehenden Wellen können nicht von den Echos getrennt werden, die sie in immer weiter entfernten Regionen des Kosmos hervorrufen. Da es darüber hinaus die Fähigkeit der avancierten Signale gibt, sich rückwärts in der Zeit zu bewegen, gibt es auch keine Verzögerung von vielen Millionen Jahren, bis das Echo zurückkehrt (dies war das Problem für das Gravitations»echo«, um die Trägheitskraft hervorzubringen). Damit wird aus jedem schlichten Radiosignal buchstäblich ein kosmisches Ereignis.

Das Ganze und seine Teile

Wheelers und Feynmans Theorie repräsentiert den Geist von Mach in dem Sinn, daß sie versucht, das Lokale und das Globale in einem Netz von Einflüssen miteinander zu verbinden. Sie schlägt weiterhin vor, daß wir einzelne physikalische Systeme möglicherweise erst verstehen können, wenn wir sie geeignet in Beziehung zum Ganzen setzen. Obwohl die Theorie spekulativ bleibt, stimmen die Physiker darin überein, daß die Abwesenheit vorausgeschrittener Wellen in der Natur eine kosmologische Deutung erfordert und daß der Pfeil der Zeit einen kosmischen Ursprung hat. Damit wird die Tatsache, daß wir uns einer scharfen Trennung von Vergangenheit und Zukunft in der Welt um uns herum bewußt sind, zu einem Beispiel für die Verbindung, die zwischen dem Großen und dem Kleinen, zwischen dem Ganzen und seinen Teilen besteht.

Verbindungen dieser Art kann es auch in anderer Form geben. Der magnetische Monopol stellt ein weiteres mögliches Beispiel dar. Wie im neunten Kapitel erklärt, fand Dirac bei seiner ursprünglichen Untersuchung dieser Idee heraus, daß die Größe der magnetischen Ladung, die ein möglicherweise vorhandener Monopol trägt, durch die Gesetze der Quantenelektrodynamik mit der fundamentalen Ladungseinheit verbunden ist, die ein Elektron mit sich führt. Das bedeutet unter anderem, daß schon ein einziger im Universum existierender magnetischer Monopol jedem Elektron die elektrische Ladung aufzwingt, die es hat. Daher kann die Ladung eines Elektrons hier auf der Erde von einem magnetischen Monopol am anderen Ende des Universums abhängen.

In den letzten Jahren hat man sich mehr und mehr für die Rolle interessiert, die die Quantenphysik spielt, wenn es darum geht, die Teile mit dem Ganzen zu verbinden. Eine beredsame Erörterung dieses Themas hat David Bohm in seinem Buch »Die implizite Ordnung« gegeben. Hierin schreibt er: »Die Quantentheorie enthält eine neue Art von nichtlokalen Beziehungen, die als nichtkausale Verbindungen von Elementen beschrieben werden können, die voneinander entfernt sind.«*

* Für diese Eigenschaft von Quantensystemen hat Erwin Schrödinger 1936 das Wort »verschränkt« vorgeschlagen; ein Quantensystem ist ein verschränktes Ganzes; Anmerkung des Übersetzers.

Bohm stellt eine Analogie zwischen der Ordnung im Quantenuniversum und der Ordnung in einem Hologramm her. Ein Hologramm ist eine Vorrichtung, mit der Informationen über ein Bild kodiert werden. Die kodierte Szene kann mit Hilfe von Laserlicht als dreidimensionales Bild projiziert werden. Die Information über die Szene ist als ein Muster auf einer fotografischen Platte gespeichert, und zwar in einer Form, die vom menschlichen Auge nicht erkannt werden kann. Das Muster wird erst durch die Interferenz zweier Laserstrahlen produziert; es ist im allgemeinen sehr komplex und kann erst durch einen weiteren Rückgriff auf Laser entwirrt werden. Bei einem konventionellen Dia gibt es zu jedem Aspekt des projizierten Bildes sein Gegenstück auf dem Dia selbst. Es besteht eine Eins-zu-eins-Korrespondenz zwischen den Teilen des Bildes und den Teilen des Dias. Ein Hologramm ist etwas ganz anderes. Jede Eigenschaft des holographischen Bildes ist auf der ganzen Platte kodiert. Der Unterschied fällt am stärksten auf, wenn nur ein Ausschnitt der Platte beleuchtet wird. Das so geschaffene Bild verliert zwar an Qualität, bleibt aber sonst intakt, denn die Information über das ganze Bild ist schon in einem Teil der Platte enthalten. Dies steht in krassem Gegensatz zu einem gewöhnlichen Dia, wo eine unvollständige Durchleuchtung nur zu einem projizierten Bild mit Lücken führt.

Andere Autoren – etwa Fritjof Capra (»Das Tao der Physik«) und Gary Zukav (»The Dancing of the Wu Li Masters«) – haben auf die engen Parallelen zwischen der Quantenphysik und dem östlichen Mystizismus hingewiesen, der die Einheit der Existenz betont und auf subtile Verbindungen zwischen dem Ganzen und seinen Teilen hinweist.

Die ganzheitliche Sicht der Welt wird hauptsächlich durch den nichtlokalen Charakter der Quantenzustände bewirkt, der im dritten Kapitel erläutert worden ist. Wir erinnern uns, daß in Einsteins, Podolskys und Rosens Experiment zwei Teilchen eng verbunden (»verschränkt«) blieben, obwohl sie weit voneinander entfernt waren. In solch einer Situation ist es nicht möglich, jedes Teilchen separat anzusehen und anzunehmen, es existiere in einem wohldefinierten Zustand ohne das andere.

Allgemeiner gesagt, ist es nur möglich, einem Quantenteilchen wohldefinierte Attribute (wie Position oder Impuls) im Kontext einer speziellen experimentellen Anordnung zuzuordnen, die entworfen worden ist, um eine bestimmte Eigenschaft des Teilchens zu messen. Es ist zum Beispiel sinnvoll, von dem Ort eines Teilchens zu reden, wenn es Teil eines komplexen Systems ist, das entworfen wurde, um seine Position zu messen. Es ist nicht sinnvoll, ohne den Meßzusammenhang vom Ort eines Teilchens zu reden. Wir können also die Position eines Quantenteilchens nur im Rahmen eines makroskopischen Systems definieren, das selbst viele Millionen anderer Quantenteilchen enthält. Die Position eines Teilchens ist in Wahrheit ein kollektives oder holistisches (ganzheitliches) Konzept.

Es besteht hier eine deutliche subtile Verbindung zwischen der Wirklichkeit der mikroskopischen Welt und der der vertrauten makroskopischen Welt. Letztendlich können wir die Quantenrealität nicht von der Struktur des ganzen Universums abkoppeln, und somit bekommt der Zustand eines einzelnen Teilchens erst seinen Sinn, wenn er im Kontext mit dem Ganzen gesehen wird. Die mikroskopische und die makroskopische Welt sind miteinander verwoben und können nie getrennt werden.

Die Idee, daß es im Weltall eine nichtkausale und holistische Ordnung gibt, entstammt ursprünglich keineswegs der modernen Physik. So ist zum Beispiel die Astrologie der Versuch, eine kosmische Ordnung zu entziffern, in der die menschlichen Schicksale von der himmlischen Ordnung widergespiegelt werden. Der Psychologe Carl Jung und der Quantenphysiker Wolfgang Pauli schlugen ein nichtkausales Verbindungsprinzip vor, das sie Synchronizität nannten. Sie führten einige Argumente für die These an, daß es eine Art von überzeugender Ordnung gebe, durch die offenkundig unabhängige Ereignisse auf bedeutungsvolle Weise miteinander verbunden einträten. Typisch für solche Ereignisse sind dokumentierte Beispiele von außergewöhnlichen Koinzidenzen, die weit über alle Zufallserwartungen hinausgehen. Einen populären Bericht über diese Ideen hat Arthur Koestler in seinem Buch »Die Wurzeln des Zufalls« gegeben.

Durch diese Vorstellungen läuft ein paradoxes Element, das an Zen erinnert und auch an die »seltsamen Schleifen«, die Douglas Hofstädter in seinem Buch »Gödel, Escher, Bach« diskutiert. Das Ganze unterstützt die Teile, die selbst das Ganze ergeben. Wir brauchen das Universum, bevor wir den Atomen eine Realität zuordnen können, aus denen das Universum besteht! Was kommt zuerst? Die Atome oder das Universum? Die Antwort muß »keiner von beiden« lauten.* Das Kleine und das Große, das Globale und das Lokale, das Kosmische und das Atomare, sie alle sind Aspekte der Wirklichkeit, die untrennbar sind und sich gegenseitig unterstützen. Man kann nicht das eine ohne das andere haben. Die enge alte Idee der Reduktionisten, wonach das Universum einfach die Summe seiner Teile ist, wird von der neuen Physik in Mißkredit gebracht. Im Universum gibt es eine Einheit, und sie geht tiefer als der bloße Ausdruck der Einheitlichkeit. Es ist die Einheit, die besagt, daß es ohne alles nichts gibt.

* Meine Antwort hieße »sowohl als auch«; Anmerkung des Übersetzers.

Ein kosmischer Plan?

Ein rationales Universum

Steven Weinberg hat einmal geschrieben: »Je begreiflicher das Universum erscheint, desto sinnloser erscheint es auch.« Weinberg ist einer der führenden theoretischen Physiker; er hat vermutlich mehr als irgendein anderer seiner Generation dafür getan, die Physik zu vereinheitlichen. Als Mitarchitekt der einheitlichen Theorie für die schwache und die elektromagnetische Kraft kann Weinberg auch die moderne Physik und Kosmologie wie kein anderer Experte überblicken und besonders wohlüberlegte Schlußfolgerungen ziehen. Seine Bemerkung ist typisch für viele dieser Art, die heutzutage von Wissenschaftlern gemacht werden, die aus ihren Forschungen ableiten, daß das Universum keinen erkennbaren Zweck erfüllt und als riesiger und bedeutungsloser Zufall angesehen werden muß.

Seltsamerweise kommen andere Wissenschaftler, die dieselben Prinzipien und dieselben Daten durchsehen, zu ganz anderen Schlußfolgerungen. Einige geben ihr Erstaunen zu, wie zum Beispiel Erwin Schrödinger: »Ich weiß weder, woher ich kam, noch, wohin ich gehe, noch, wer ich bin.« Für sie stellt sich die Natur als zu subtil und zu tiefgründig dar. Wir können nur an der Oberfläche der Realität kratzen, und wir werden immer weite und unerreichbare Tiefen voller Geheimnisse unter uns zurücklassen. Wir können nur darauf hoffen, einige wenige von den Prinzipien zu erkunden, die den Kosmos beherrschen.

Ein paar Wissenschaftler denken da kühner und positiver. Sie geben gerne zu, daß unsere Kenntnis vom Wirken der Natur begrenzt und unsicher ist, sie glauben aber voller Optimismus daran, daß wir eines Tages erfolgreich die fundamentalen Gesetze entdecken können, die das Universum regieren. So hat John

Wheeler geschrieben: »Eines Tages wird sicher eine Tür aufgehen und den glitzernden zentralen Mechanismus der Welt in all seiner Schönheit und Einfachheit sichtbar werden lassen.«

Einige Physiker glauben sogar, daß der »glitzernde zentrale Mechanismus« heute schon in unserer Reichweite liegt. Unter der Überschrift »Ist das Ende der theoretischen Physik in Sicht?« hielt Stephen Hawking seine Antrittsvorlesung, als er den Lehrstuhl an der Universität von Cambridge übernahm, den einmal Isaac Newton besetzt hatte. Hawking wies darauf hin, daß die Supergravitation zum erstenmal die Möglichkeit bietet, eine einheitliche Theorie der Natur zu formulieren, in der alle physikalischen Strukturen und Prozesse durch ein einziges mathematisches Prinzip beschrieben werden. Solch eine Leistung würde – so Hawking – den Gipfelpunkt der physikalischen Wissenschaften markieren. Man könnte sich vorstellen, daß die dabei entstehende Theorie nicht nur eine weitere Annäherung auf dem Weg zur Wahrheit, sondern die Wahrheit selbst ist. Wir könnten dann in dieses abschließende Gesetz der Physik dasselbe Vertrauen haben wie in die Regeln der Arithmetik.

Zwar sind nur wenige Physiker bereit, so weit zu gehen, doch sind viele von ihnen sehr durch die tiefe Harmonie, Ordnung und Einheit der Natur inspiriert worden, die die letzten Fortschritte der Forschung offenbart haben. Sie sind hinreichend beeindruckt von der Art und Weise, mit der die Gesetze der Natur zusammenhängen, und sie wurden gezwungen anzunehmen, daß hinter all dem irgend etwas steckt. Oder in den markigen Worten Fred Hoyles: »Das Universum ist eine Bauarbeit.«

Was bringt die Wissenschaftler zu solch kraftvollen Schlußfolgerungen? In dem vorhergehenden Kapitel haben wir gesehen, daß es einige Evidenz für den Glauben an eine allumfassende Einheit in der Natur gibt. Das Studium der Kosmologie vor allem bietet diese überzeugenden Hinweise; das Thema selbst wäre gar nicht vorhanden, wenn man nicht von »dem Universum« als einem integrierten System reden könnte.

Doch geht die Evidenz weit über die Einheit hinaus. Jeder Fortschritt in der Grundlagenphysik scheint einen stets neuen Aspekt von *Ordnung* zu offenbaren. Der Erfolg der wissenschaftlichen Methode selbst hängt von der Tatsache ab, daß die physikalische Welt nach rationalen Prinzipien funktioniert, die deshalb auch durch rationale Untersuchungen aufgespürt werden können. Logisch gesehen, muß das Universum nicht so sein. Wir könnten uns einen Kosmos denken, in dem das Chaos herrscht. Anstelle von geordnetem und reglementiertem Verhalten von Materie und Energie gäbe es dann ein willkürliches und zufälliges Durcheinander. Stabile Strukturen wie Atome, Menschen und Sterne könnte es nicht geben. Die reale Welt ist aber nicht so. Sie ist geordnet und komplex. Ist dies nicht allein ein erstaunlicher Tatbestand, über den man sich wundern kann?

Wie kommt es dann, daß einige Wissenschaftler wie Weinberg den Schluß ziehen, daß die Welt trotz der allgegenwärtigen Ordnung der Naturgesetze sinnlos ist? Ich glaube, daß dies zum Teil daran liegt, daß wir vor lauter Bäumen den Wald nicht mehr sehen. Ein professioneller Wissenschaftler ist so in seinen Arbeiten über die Naturgesetze versunken, daß er ganz vergessen hat, wie bemerkenswert allein die Tatsache ist, daß es diese Gesetze überhaupt gibt. Da Wissenschaftler rationale Gesetze voraussetzen, halten sie kaum einmal inne, um nachzudenken, warum diese Gesetze existieren. Genau wie ein Kreuzworträtselfanatiker ohne nachzudenken annimmt, daß sein Rätsel eine Lösung hat, wundern sich Wissenschaftler kaum über die Tatsache, daß es rationale Antworten auf ihre Untersuchungen gibt.

Der Geist dieses »Na und?« hat die ganze westliche Gesellschaft erfüllt. Sogar Nichtwissenschaftler akzeptieren, ohne nachzudenken, daß der Kosmos geordnet funktioniert. Sie wissen, daß die Sonne morgens nach Plan aufgehen wird, daß ein Stein immer wieder nach unten und nicht nach oben fällt und daß die Apparate und Maschinen um sie herum korrekt operieren, solange sich kein Defekt im Mechanismus zeigt. Die Rationalität, Verläßlichkeit und Ordnung der physikalischen Welt werden als gegeben vorausgesetzt. Dies ist so sehr ein Teil des Lebens geworden, daß es kaum noch ein Staunen hervorruft.

Die Harmonie der Natur

Die Physiker sind nicht nur tief von der Einheit und der Ordnung der Natur beeindruckt, sie sind es ebenso von ihrer unerwarteten Harmonie und Kohärenz. Traditionell wird die Physik in eine Vielzahl von recht unterschiedlichen Zweigen aufgeteilt, etwa in die Mechanik, die Optik, den Elektromagnetismus, die Gravitation, die Thermodynamik, die Atomphysik, die Kernphysik, die Festkörperphysik und einiges mehr. Die ziemlich künstlichen Einteilungen verbergen die Eleganz, mit der diese Bereiche zueinander passen. So stellen wir zum Beispiel fest, daß die Gesetze der Gravitation niemals mit denen der Elektrodynamik oder der Festkörperphysik in Konflikt geraten. In vielen Fällen ist diese Konsistenz keineswegs offensichtlich, sie zeigt sich vielmehr erst nach einer sehr sorgfältigen Analyse. Ein herrliches Beispiel aus der engeren Umgebung meines Arbeitsbereiches betrifft den zweiten Hauptsatz der Thermodynamik. Obwohl dieses Gesetz in der Mitte des 19. Jahrhunderts ursprünglich für einen sehr begrenzten Bereich von Vorgängen, die mit Wärmemaschinen zu tun hatten, abgeleitet worden war, wurden seine weiteren Anwendungsmöglichkeiten rasch deutlich. Es gilt heute als der allgemeinste Regulator jeder natürlichen Aktivität, die der Wissenschaft bekannt ist. Der zweite Hauptsatz regelt die Art und Weise, mit der Energie und Materie zwischen Systemen auf geordnete Weise ausgetauscht werden können. Er verbietet uns wirkungsvoll, dieselbe Energiemenge immer noch einmal nutzbringend zu verwenden, um damit etwa eine Maschine zu betreiben.

Auf knappste Weise formuliert, legt der zweite Hauptsatz fest, daß aus Unordnung niemals spontan Ordnung werden kann. Genauer genommen reguliert dieses Gesetz die Handelsbilanz der Natur in Form einer Größe mit Namen Entropie, die, grob gesagt, den Grad an Unordnung in einem System repräsentiert. Im Fall von Maschinen hat die Entropie mit der Menge an verfügbarer Energie zu tun. Bei jedem Vorgang verlieren wir die Kontrolle über einen Teil der Energie, er verzieht sich in die Umgebung. Wenn so geordnete Energie ungeordnet wird, steigt die Entropie an. Der zweite Hauptsatz verbietet, daß die Entropie des gesamten Systems abfällt. Sogar die beste Maschine kann die als Reibung verschwendete Energie nicht zurückbekommen.

Nun kann man spekulieren, daß die Vielfalt und Komplexität der natürlichen Vorgänge so groß sind – es gibt ganze Legionen von Energie- und Materieformen und Arten ihrer Aktivität –, daß in wenigstens einem Fall der zweite Hauptsatz verletzt sein wird. Dem ist aber nicht so. Jedesmal, wenn neue Materiearten und neue Wechselwirkungen entdeckt werden, stellt man zugleich fest, daß sie sich vollständig dem zweiten Hauptsatz fügen.

Sehen wir zum Beispiel die Gravitation an. Dies ist ein Thema, das auf den ersten Blick überhaupt nichts mit Thermodynamik zu tun hat. Dennoch offenbart ein kurioses Gedankenexperiment von Hermann Bondi genau das Gegenteil. (In der folgenden Beschreibung habe ich seinen Apparat etwas modifiziert.) Abbildung 29 zeigt eine Wippschaukel, die aus einer steifen optischen Faser

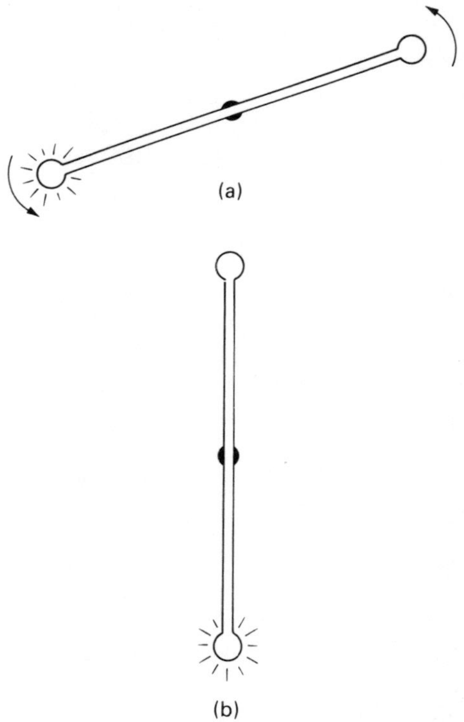

Abbildung 29: Ein Perpetuum mobile? Der sich drehende Stab ist eine optische Faser mit zwei Kugeln an den Enden, die jeweils ein Atom enthalten. (a) Wenn das linke Atom angeregt wird, wiegt es mehr, und der Stab beginnt sich zu drehen. Im Prinzip kann dabei Energie extrahiert werden. (b) Schließlich kommt der Stab zur Ruhe, wenn das angeregte (schwere) Atom unten angekommen ist. Danach kann dieses seine Anregung verlieren und ein Photon aussenden, das durch die Faser läuft und das Atom auf der Spitze anregt. Ein Übergewicht entsteht, und der Stab beginnt erneut, sich zu drehen. Dabei kann wieder Energie extrahiert werden. Wenn man den Einfluß der Gravitation auf die Zeit zu berücksichtigen vergißt, scheint diese Vorrichtung den zweiten Hauptsatz der Thermodynamik zu verletzen und eine unbegrenzte Energiequelle zu sein.

hergestellt worden ist. An jedem Ende der Faser befinden sich Kugeln, die ein einzelnes, passend gewähltes Atom enthalten, und die äußeren Oberflächen des Stabs sind durch Silber lichtundurchlässig gemacht worden. Nehmen wir an, daß zunächst das Atom in der links angebrachten Kugel angeregt ist. Es hat dann mehr Energie als sein rechtes Gegenüber und wird also mehr wiegen. Die Gravitation wird also versuchen, die linke Seite der Wippe nach unten zu ziehen und die rechte nach oben. Die Kraft dieser Bewegung kann verwendet werden, um einen Dynamo zu betreiben, der seinerseits eine Maschine laufen läßt. Irgendwann erreicht der Stab seine größte Neigung, die bei maximaler Wirksamkeit gerade senkrecht sein würde, wobei sich das angeregte Atom unten befindet (Abbildung 29 b). In diesem Fall hält die Maschine an.

Bislang ist noch nichts Bemerkenswertes passiert. Doch erinnern wir uns jetzt daran, daß angeregte Atome instabil sind. Sie zerfallen irgendwann, senden Photonen aus und kehren in ihren Grundzustand zurück. Wenn dies mit dem angeregten Atom in unserer Wippe passiert, bewegt sich ein Lichtpuls durch die Faser. Wenn er an der Spitze ankommt, wird er das hier vorhandene Atom anregen und es schwerer als das andere unten machen. Der Stab ist dann an der Spitze überladen, und er fängt erneut an, sich zu drehen, bis schließlich das angeregte Atom unten und das Atom im Grundzustand oben ist. Dabei wird dem Vorgang wieder Energie entzogen. Der ganze Kreislauf kann anschließend wiederholt werden, und zwar ad infinitum.

Obwohl die beteiligten Kräfte winzig sind und die gewonnene Energie kaum der Rede wert ist, scheint diese Vorrichtung in der Lage zu sein, unbegrenzt Energie zu produzieren, ohne sie zu verbrauchen. (Man muß nur lange genug warten oder hinreichend viele Kopien haben.) Wir haben hier die moderne Version eines Perpetuum mobile vor uns, das die Erfinder aller Zeiten mit Inbrunst gesucht haben, um eine Antwort auf die Energiekrise zu finden. Eigentlich kommt solch ein Apparat mit dem zweiten Hauptsatz der Thermodynamik in Konflikt, der kein Perpetuum mobile zuläßt. Aber wo steckt der Fehler?

Eine genaue Analyse zeigt, daß in der Operation der Wippe eine verborgene Voraussetzung enthalten ist. Die Annahme besteht darin, daß in dem angeregten Atom keine Änderung eintritt, wenn es sich nach unten schaukelt. Doch dies stimmt nicht. Wir haben einen der Effekte der Gravitation vergessen. Wie im zweiten Kapitel geschildert, verlangsamt die Gravitation die Zeit. Die Anregung eines Atoms ist wie eine Vibration. Wenn also die Zeit verlangsamt wird, dann gilt dies auch für die Frequenz der Vibration. Daraus resultiert ein kleiner Rückgang der Anregungsenergie, und es ist genau dieser Energieverlust, der abgezogen wird, um die Wippe zu betreiben. Wenn ein Photon die optische Faser hinaufläuft, wird es oben mit weniger Energie ankommen, als es unten hatte. Es wird dann entweder keine Anregung produzieren können oder eine mit geringerer Energie. Nach einigen Runden wird die Anregungsenergie vernachlässigbar sein, und die Wippe kommt zum Stillstand. Wieder triumphiert der zweite Hauptsatz der Thermodynamik.

In seiner Diskussion dieses raffinierten Beispiels hat Bondi darauf hingewiesen, daß die Verlangsamung der Zeit eines der Grundprinzipien ist, auf denen die Allgemeine Relativitätstheorie beruht. Man kann mit seiner Hilfe die wohlbekannte (schon von Galilei betonte) Tatsache ableiten, daß alle freifallenden Körper gleich schnell beschleunigt werden. Wenn wir diese Tatsachen nicht schon von der Gravitation her kennen würden, könnten wir sie aus einem Gesetz der Thermodynamik ableiten.

Im dritten Kapitel haben wir schon gesehen, wie eine ähnliche Konsistenz zwischen Gravitation und Quantenmechanik Bohr in die Lage versetzte, Heisenbergs Unbestimmtheitsprinzip gegen einen Angriff Einsteins zu verteidigen. Welch herrliche Beispiele für eine Konsistenz der Physik!

Vor etwa 15 Jahren dachten die Physiker, nun endlich seien sie endgültig auf ein physikalisches System getroffen, das den Fesseln des zweiten Hauptsatzes entkommen kann. Es handelte sich um die schwarzen Löcher.

Die erste systematische Untersuchung der thermodynamischen Eigenschaften von schwarzen Löchern hat 1970 Jacob Bekenstein unternommen, der heute an der Ben-Gurion-Universität im Negev arbeitet und damals als Doktorand in Princeton einen Vorschlag Robert Gerochs aus Chicago aufnahm. Bekenstein entwarf ein Gedankenexperiment, in dem eine Kiste voller Wärmestrahlung langsam an einem Seil niedergelassen wird und sich dabei einem schwarzen Loch nähert. Wenn sie auf seiner als Ereignishorizont bekannten Oberfläche auftrifft, wird die Kiste geöffnet und ihr Inhalt geopfert. Die Kiste selbst wird in sichere Entfernung zurückgezogen.

Der offensichtlich irreduzible Verlust von Wärme an das schwarze Loch vermindert die Entropie der Umgebung. Also muß das Loch selbst Entropie tragen – so argumentierte Bekenstein –, die als Folge der Energieaufnahme steigt und somit den lebenswichtigen zweiten Hauptsatz rettet. Indem er bemerkte, daß jedes Energieopfer den Ereignishorizont eines schwarzen Lochs vergrößerte, kam Bekenstein auf die Idee, daß die Oberfläche eines schwarzen Lochs ein Maß für seine Entropie sein könnte.

Diese Spekulationen wurden auf eine solide Basis gestellt, als Stephen Hawking 1974 das spektakuläre Ergebnis einer neuen mathematischen Analyse ankündigte. Hawking wendete die sonst für Atome und Moleküle reservierte Quantentheorie auf schwarze Löcher an und stieß dabei auf vielfältige Überraschungen. Schwarze Löcher sind überhaupt nicht schwarz, wie er feststellte, sie werden vielmehr von einer Hitzestrahlung eingekleidet. Wie es sich für die Konsequenz einer atomar orientierten Theorie gehört, ist die Hawking-Strahlung nur für mikroskopische Löcher in der Größenordnung von Kernen von Bedeutung. Sie überträgt aber wichtigerweise jedem Loch eine neue Form der Entropie, und dies

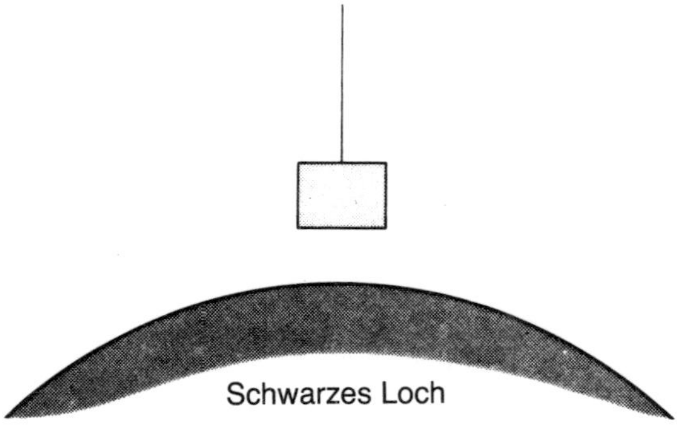

Abbildung 30: Eine Kiste voller Wärmestrahlung wird langsam auf die Oberfläche eines schwarzen Lochs herabgelassen, dann geöffnet, und seine Energie wird ins Loch fallen gelassen. Dabei scheint sich im Hinblick auf den zweiten Hauptsatz der Thermodynamik ein Paradoxon zu entwickeln. Denn das schwarze Loch schluckt zwar die Entropie der Wärme aus der Kiste, nicht aber ihre Energie, da diese als Folge der Arbeit, die die absteigende Kiste leistet, nach und nach extrahiert wird.

bestätigte die ursprünglichen Spekulationen Bekensteins. Die relevante Größe war das Ausmaß des Lochs. Energie kann in ein Loch von außen eindringen und – wenn sie gewartet hat, bis die Hawking-Strahlung abgezogen ist – sogar wieder aus ihm zurückkehren. In all diesen Austauschvorgängen sollte die gesamte Entropie – die gewöhnliche und die des schwarzen Lochs – nicht abnehmen.

Wie gut funktioniert der neue, verallgemeinerte zweite Hauptsatz der Thermodynamik? Bei einfachem Energieaustausch saugt die Entropie des schwarzen Lochs zweifellos das Defizit auf, das von dem nichtwiedergutzumachenden Verlust an Entropie verursacht wird, die das Loch runtergeht. Doch wenn man das Experiment mit der Kiste am Strick wiederholt, gerät man in Schwierigkeiten. Die Probleme entstehen, weil die effektive Energie ihres Inhalts von der übermächtigen Gravitation des Lochs gesenkt wird, wenn die Kiste an immer niedrigeren Positionen zu hängen kommt. Die Ursache dafür kann in der Arbeit gesucht werden, die an dem Gewicht des Inhalts verrichtet werden mußte, als er abgesenkt wurde. Die Gravitation des Lochs ist in der Nähe des Horizonts so stark, daß der gesamte Energieinhalt der Kiste (einschließlich des Beitrags seiner Ruhemasse, der nach $E = m \cdot c^2$ berechnet wird) gegen Null geht. Daraus folgt: Wenn man eine Klappe in der Kiste öffnet und ihren Inhalt in das Loch kippt, wird weniger Energie abgeliefert, als ursprünglich in der Kiste eingeschlossen war.

Die Bedeutung dieses Energiedefizits kann man sich leicht ausmalen. Die Größe des schwarzen Lochs wird von seinem Gesamtenergieinhalt bestimmt. Fügt man Energie hinzu, wächst es entsprechend an. Die Entropie des Lochs hängt ebenfalls von seiner Größe ab, das heißt von der Größe seines Horizonts. Die Hinzufügung von Energie vermehrt also auch die Entropie des Lochs. Das Problem des Szenariums mit der Kiste am Strick steckt darin, daß das erwähnte Energiedefizit auch einen geringeren Anstieg der Entropie nach sich zieht. Wenn man die Kiste sehr nah vor dem Horizont öffnet – so hat Bekenstein gefunden –, dann ist die effektive Wärmeenergie so ausgelaugt, daß sie nicht genug Entropie des schwarzen Lochs kaufen kann, um die Entropie auszugleichen, die mit der Wärmestrahlung im schwarzen Loch verschwindet. Damit wird der zweite Hauptsatz verletzt, und der Weg ist offen für die Konstruktion eines Perpetuum mobile.

Nach einer umfassenden Analyse des gesamten Problems gelang es William Unruh von der Universität von Britisch-Kolumbien und Robert Wald aus Chicago, das Rätsel zu lösen. Das Wesen ihres Arguments liegt in der Beobachtung, daß ein entscheidender Einfluß auf die Kiste vergessen worden ist – nämlich der Quantenaspekt des schwarzen Lochs. Aus der Entfernung erscheint das Loch gemäß dem Hawking-Effekt in eine Wärmestrahlung eingewickelt. Obwohl die Temperatur für ein großes Loch vernachlässigbar klein ist, nimmt die *effektive* Temperatur, die eine aufgehängte Kiste spürt, ständig zu, wenn die Kiste langsam zum Horizont hin abgesenkt wird.

Den Anstieg der effektiven Temperatur kann man sich heuristisch wie folgt klarmachen. Die eskalierende Zeitzerrung, die die Gravitation des Lochs bewirkt, hat zur Folge, daß, grob gesagt, die Zeit immer langsamer geht, wenn man sich dem Loch nähert. Am Horizont kommt sie völlig zum Stehen. (Alles relativ zu einer entfernten Uhr betrachtet.) Die Wärmestrahlung besteht aus Wellen und enthält somit zahllose natürliche Uhren – die Wellenpulse –, die gezwungen sind, in größeren Tiefen in der verdünnten Zeit immer frenetischer zu ticken, um mit ihren höhergelegenen Gegenstücken mitkommen zu können, damit das thermische Gleichgewicht erhalten bleibt. Die höheren Frequenzen führen aber zu höheren Temperaturen. Somit impliziert das thermische Gleichgewicht, daß in einem Gravitationsfeld ein Temperaturgradient besteht. Da die Hawking-Strahlung genau diesen Gleichgewichtscharakter besitzt, erwartet man, daß sie in der Nähe des Lochs heißer wird.

Mit dieser neuen Erkenntnis ausgerüstet, entdeckten Unruh und Wald rasch, daß das Verhalten der aufgehängten Kiste drastisch anders aussieht. Um ihre eigene Wärmestrahlung einzusperren, muß die Kiste mit reflektierenden Wänden ausgestattet sein. Doch dieselbe Eigenschaft, die die eigene Strahlung festhält, hält auch die Hawking-Strahlung ab. Wenn sie herabgelassen wird, schlägt die Kiste folglich eine Höhle in das Wärmetuch, das das Loch umhüllt. Die dabei resultierende Verschiebung der Strahlung bewirkt bei der Kiste einen Auftrieb in der gleichen Weise, in der es die Verschiebung des Wassers einem Boot ermöglicht, oben zu schwimmen. Es ist Archimedes' gefeiertes Prinzip, das hier verwendet werden kann.

Die auf die Kiste wirkende Auftriebskraft verändert den ganzen Wettbewerb zwischen Energie und Entropie, weil das effektive Gewicht der Kiste mit zunehmender Tiefe sinkt und weil folglich die von dem absteigenden Inhalt geleistete Arbeit abnimmt. Daraus folgt, daß das Energiedefizit in dem Augenblick, in dem die Kiste geöffnet wird, nicht so groß ist, wie zuvor angenommen wurde. Tatsächlich ist es sogar so, daß bei hinreichender Tiefe die rasch ansteigenden Temperaturen in der Lage sind, das Gewicht des Kisteninhalts vollständig zu neutralisieren. Man gewinnt auch nichts mehr, wenn man die Kiste bis unter diesen Neutralisationspunkt bringt. Wenn die Kiste geöffnet und ihr Inhalt geopfert wird, dann liefert sie das Minimum an Energie an das Loch ab, das am Neutralisationspunkt erreicht war. Unruh und Wald konnten nun zeigen, daß diese Effekte gerade ausreichen, um den zweiten Hauptsatz der Thermodynamik zu retten und ein Maximum für das Energiedefizit zu errichten, den der Inhalt des Kastens aufnehmen kann, während er herabgelassen wird.

Eine noch spektakulärere Möglichkeit ergibt sich, wenn die Kiste unter den Neutralisationspunkt gebracht wird. Die ansteigende Auftriebskraft wird irgendwann einen Wert erreichen, an dem sie in der Lage ist, das gesamte Gewicht der Kiste zu tragen. Dann kann man den Strick durchschneiden, und die Kiste wird frei im Hitzebad des Lochs schweben!

Eine noch aufregendere Möglichkeit zeigt sich, wenn eine leere Kiste an den Neutralisationspunkt herangeführt und geöffnet wird. Sie wird dann unmittelbar mit einer Hochtemperaturstrahlung angefüllt, die aus dem Wärmetuch stammt, welches das Loch umhüllt. Die Wärmeenergie kann dann abgezogen und verwendet werden. Wir haben damit buchstäblich Energie aus dem Loch gebuddelt (Abbildung 31).

Dieses Ergebnis würde völlig paradox erscheinen, wenn es nicht das Konzept der »negativen Quantenenergie« gäbe. Schließlich stammt die Energie aus dem Inneren des schwarzen Lochs, und dabei sollte eigentlich überhaupt nichts in der Lage sein, aus einem schwarzen Loch zu entweichen. Es kann jedoch gezeigt werden, daß die Energie von der Kiste nicht direkt aus dem schwarzen Loch genommen wurde, sondern durch Injektion von negativer Energie in das schwarze Loch extrahiert werden konnte. Dieser negative Energieeinstrom sorgt dafür, daß das Loch etwas

schrumpft, um für die Wärme in der Kiste zu bezahlen. Nichtsdestoweniger kann das Loch sofort wieder aufgefüllt werden, wenn ein entsprechender Betrag von Abfallmasse hineingeworfen wird. Uns steht damit im Prinzip ein Apparat zur Verfügung, der in der Lage ist, jede unerwünschte Materie in Wärmeenergie umzuwandeln.
Nun macht niemand den Vorschlag, daß Unruhs und Walds Entdeckung die Lösung aller Energieprobleme ist oder auch nur entfernt etwas mit der Wirklichkeit zu tun hat. Das Szenarium mit der Kiste am Strick ist reine Phantasie, es ist ein Gedankenexperiment, mit dem die Gültigkeit der physikalischen Gesetze erprobt werden soll. Dies nimmt ihm aber nicht seine Bedeutung. Wenn die Grundprinzipien der Thermodynamik, der Quantentheorie und der Gravitation nicht miteinander verträglich wären – und sei es in imaginären Situationen –, dann müßten wir wenigstens eine

Abbildung 31: Grubenarbeiten in einem schwarzen Loch. Eine leere Kiste wird auf ein schwarzes Loch herabgelassen. Eine Klappe wird geöffnet, wodurch die Wärmestrahlung eintreten kann, die vor dem Loch hockt. Die Kiste wird anschließend hochgezogen und ihre Energie nutzbringend verwendet. Für diese Energie wird durch einen Strom aus negativer Energie bezahlt, den die reflektierende Unterseite der Kiste ins schwarze Loch sendet. Dadurch wird die Energie (und also Masse und Größe) des Lochs kleiner. Dieser Vorgang gewinnt tatsächlich Energie, die als Masse in der Grube schwarzes Loch vergraben ist.

von ihnen aufgeben. Die Tatsache, daß Konsistenz selbst unter solch exotischen Bedingungen erreicht werden kann, gibt uns das willkommene Vertrauen in die universelle Gültigkeit dieser fundamentalen Gesetze.

Die Botschaft hinter dieser Geschichte heißt, daß das schwarze Loch drei ziemlich verschiedene Zweige der Physik zusammenbringt: Da ist zunächst die Gravitation, die erforderlich ist, um überhaupt erst einmal ein schwarzes Loch zu schaffen; da ist weiter die Quantenmechanik, die das Loch leuchten und Wärmestrahlung aussenden läßt; da ist schließlich die Thermodynamik, die den Energieaustausch zwischen dem Loch und seiner Umgebung reguliert. Auf den ersten Blick scheint es einen Zusammenstoß zu geben. Das schwarze Loch scheint den zweiten Hauptsatz der Thermodynamik zu verletzen. Dies stellt sich jedoch als falsch heraus, aber erst, nachdem die Quantentheorie mit hinzugezogen worden ist. Diese drei Zweige der Physik unterstützen sich gegenseitig, und dies selbst bei einem so bizarren System wie dem schwarzen Loch. Darüber hinaus offenbart sich die Konsistenz dieser drei Verfahren nur auf subtile Weise und nach der sorgfältigen Untersuchung ungewöhnlicher Effekte (wie zum Beispiel der Erscheinung der schwebenden Kiste), die nicht auf den ersten Blick in Erscheinung traten.

Das schwarze Loch bietet ein gutes Beispiel dafür, wie die Physik kohärent zusammenhängt, manchmal eben nur aufgrund sehr subtiler Ursachen. Wüßten wir nichts von der Quantentheorie und hätten wir nur die Gravitation und die schwarzen Löcher zu unserer Verfügung, dann kämen wir zu dem Schluß, daß da etwas grundsätzlich falsch ist. Es ist denkbar, daß wir dann das Phänomen der Hawking-Strahlung erfunden hätten und von da aus weitergeschritten wären, um schließlich die Quantentheorie abzuleiten.

Ein natürliches Genie

Newton soll einer Anekdote zufolge ein umfangreiches Uhrwerkmodell des Sonnensystems konstruiert haben. Als jemand die Klugheit Newtons bewunderte, weil er solch einen verwickelten Mechanismus bauen konnte, antwortete der Physiker mit dem Hinweis, daß Gott offenbar noch viel schlauer sein müsse, denn immerhin habe er das wirkliche Ding gemacht.

Wer ist nicht vom Erfindungsreichtum der natürlichen Welt beeindruckt? Die Natur ist erstaunlich clever in der Art, in der sie die Dinge funktionieren läßt. Die ganze Geschichte von der Urkraft ist ein klassisches Beispiel für einen sinnreichen Mechanismus. Wir brauchen nur an das Geschäft mit den Eichsymmetrien zu denken und uns daran zu erinnern, daß die Kräfte aus der Notwendigkeit resultierten, die Symmetrie unter allgemeinen Eichtransformationen zu erhalten. Eine weniger geniale Mutter Natur hätte die Kräfte einfach von Hand eingesetzt.
Dann sollten wir an die Vereinheitlichung der Kräfte denken. Wie schlau und elegant ist es doch, alle Kräfte, die wir in unserer komplexen und interessanten Welt brauchen, aus nur einer Urkraft abzuleiten. Wiederum hätte die Natur eine brutalere Methode wählen und uns die Kräfte direkt geben können. Und damit noch nicht genug! Die Tatsache erscheint wie ein Wunder, daß die gesamte Eichfeldstruktur mathematisch genau das System darstellt, das zur Beschreibung der Welt in Form einer reinen Geometrie mit elf Dimensionen erforderlich ist – die selbst eine einzigartige Struktur mit unerwarteten und höchst spezifischen mathematischen Eigenschaften ist.
Genauso wunderbar wie das, was sie uns gegeben hat, ist das, was die Natur ausgelassen hat. Die vier Kräfte sind gerade ausreichend, eine Welt mit bescheidener Komplexität zu errichten. Ohne Gravitation gäbe es keine Galaxien, Sterne oder Planeten, ja, das Universum selbst wäre niemals zum Vorschein gekommen; denn die Konzeption eines expandierenden Universums mit dem Urknall als Ursprung der Raumzeit wurzelt in der Gravitation.
Ohne Elektromagnetismus gäbe es keine Atome, keine Chemie oder Biologie, es gäbe keine Wärme und kein Licht von der Sonne. Wenn es keine starke Kernkraft gäbe, könnten Atomkerne nicht existieren und ebensowenig die Atome, es gäbe keine Chemie und keine Biologie, und die Sonne und andere Sterne könnten weder Wärme noch Licht aus der Kernenergie erzeugen. Sogar die schwache Kraft spielt eine Rolle bei der Gestaltung des Universums. Wenn es sie nicht gäbe, kämen die Kernreaktionen in der Sonne und in den Sternen nicht voran, es entwickelten sich wahrscheinlich keine Supernovä, und somit könnten lebenswichtige schwere Elemente das Universum nicht durchdringen. Leben wäre dann nicht möglich. Wenn wir nun daran denken, daß alle

diese vier verschiedenen Kräfte, von denen jede wesentlich mithilft, die komplexen Strukturen zu erzeugen, die unser Universum so aktiv und interessant machen, sich aus einer einzigen und einfachen Urkraft ableiten, dann übersteigt so viel Erfindungsreichtum unseren Horizont.

Ebenso bemerkenswert ist es, daß die Natur nicht auf Nummer Sicher gegangen ist und eben nicht freundlicherweise ein paar Kräfte mehr zur Verfügung gestellt hat. Diese erstaunliche Ökonomie – gerade genug und nicht mehr – hat den britischen Mathematiker Euan Squires veranlaßt zu fragen: »Leben wir in der einfachsten möglichen interessanten Welt?« Squires kam zu dem Schluß, daß ein Universum, das eine Form von Chemie und damit Leben ermöglicht, nicht mit Hilfe von Kräften und Feldern konstruiert werden kann, die von einfacherer Art als die sind, die wir wahrnehmen.

Die Physik ist so randvoll mit Beispielen für diese Genialität und Subtilität, daß man ganze Bücher nur damit füllen könnte. Ein abschließendes Beispiel wird hoffentlich ausreichen, um dem Leser zu demonstrieren, daß die Natur tatsächlich sehr sehr raffiniert ist. Dabei veranschaulichen wir auch noch einmal Einheit, Ordnung und Harmonie.

Grundlegend für das Konzept einer geordneten Welt ist eine Form von Permanenz (Dauerhaftigkeit). Wenn sich die ganze Welt sprunghaft von Augenblick zu Augenblick änderte, dann herrschte Chaos. Wir wollen sicher sein, daß ein geparktes Auto auf seinem Platz bleibt, daß die Möbel ihre Anordnung nicht aufgeben und daß die Erde nicht in den interstellaren Raum abhaut. Die Eigenschaft der Materie, an Ort und Stelle zu bleiben, ist so grundlegend für unsere Erfahrungen, daß wir uns darüber kaum noch wundern. Es wäre auch eine schreckliche Welt, wenn Gegenstände einfach so ohne jedes Motiv losfliegen würden.

Wir können dies etwas verallgemeinern, denn wir wissen, daß ein Gegenstand nur in einem Bezugssystem stationär sein kann. Noch allgemeiner gesagt, wird sich ein Körper gradlinig und ohne Beschleunigung fortbewegen, wenn keine Kraft aufgewendet wird. Diese elementare Tatsache steckt in den Newtonschen Gesetzen. In seinen eigenen Worten: »Die Beschreibung von rechten (das heißt geraden) Linien ..., auf die die Geometrie aufgebaut ist, gehört zur Mechanik.« Die Frage, die uns hier beschäftigen soll, lautet, wie ein Gegenstand dieses Wunder eigentlich fertigbringt, das so entscheidend für die Ordnung in unserer Welt ist. Wie weiß er, welchem Weg er folgen soll? Wie findet er heraus, was eine gerade Linie ist?

Die Antwort – so unglaublich dies klingt – steckt in den Quanteneffekten, sie entspringt vor allem dem Wellencharakter der Quantenteilchen. Wir sind auf dieses Thema bereits im vierten Kapitel gestoßen. Es ist in der Optik immer schon bekannt gewesen, daß sich Licht in geraden Linien fortbewegt. Es gibt tatsächlich eine enge Korrespondenz zwischen der Bewegung eines materiellen Körpers und der Bewegung eines Lichtstrahls, und zwar auch unter komplizierteren Umständen, wenn Kräfte vorhanden und die Wege gekrümmt sind. Im wesentlichen fügen sich beide einem Prinzip, das als Prinzip der Bequemlichkeit bezeichnet werden könnte. Sie bewegen sich so, daß ihre Gesamtaktivität minimal wird. (Ein Maß für die Aktivität kann mathematisch präzise definiert werden, aber darum wollen wir uns hier nicht kümmern.) In gewisser Weise schlagen ein Lichtstrahl und ein materieller Gegenstand den einfachsten Weg ein, der verfügbar ist. Erinnern wir uns daran, daß eine gerade Linie die kürzeste Verbindung zwischen zwei Punkten ist. Doch besteht Licht aus Wellen, und ein materieller Gegenstand ist entweder ein diskretes Teilchen oder eine Kollektion daraus.

Die Einheit des Prinzips zwischen Welle und Teilchen weist auf eine tiefe Harmonie der Natur bezüglich der Bewegung hin. Doch die Art, auf der die Natur die gradlinige Bewegung eines materiellen Körpers erreicht, ist von brillantem Erfindungsreichtum. Auf der Ebene der Quanten folgt ein Teilchen keineswegs einer genauen Bahn (Trajektorie) und sicher nicht einer geraden Linie. Statt dessen ist seine Bewegung verschwommen und chaotisch. Wie können wir nun aus diesem chaotischen Quantenverhalten der Einzelteile (Atome) die ordentliche gradlinige Bewegung eines makroskopischen Gegenstands konstruieren? Die Natur scheint hier eine Sünde in eine Tugend verwandelt zu haben. Wie wir im zweiten Kapitel erklärt haben, gelangt ein Quantenteilchen von A nach B, ohne gleichzeitig alle möglichen Wege »gespürt« zu haben. Erinnern wir uns daran, wie ein einzelnes Photon in dem Youngschen Interferenzversuch irgendwie durch beide Schlitze geht. Allgemeiner können wir uns ein Teilchen wie das Elektron vorstellen, das alle möglichen verwundenen Wege ausprobiert, die seinen Ausgangspunkt mit seinem Endpunkt verbinden (Abbildung 32). Wegen des demokratischen Prinzips trägt jeder Weg gleich zu der Gesamtwelle bei, die das Elektron repräsentiert und die die Wahrscheinlichkeit kodiert, daß das Teilchen an einem bestimmten Ziel eintrifft.

An dieser Stelle nun tritt die Wellennatur des Elektrons auf den Plan. Wie bereits diskutiert worden ist, kommt es zur Interferenz, wenn Wellen zusammengebracht werden. Sind die Wellen im Gleichschritt, verstärken sie sich gegenseitig, sind sie außer Tritt, löschen sie sich aus. Wenn viele Wellen auf zufällige Weise zusammenfallen, kommt es zu einer großen Auslöschung. Genau dies passiert mit all den verwundenen Wegen, denen das Elektron folgen kann. Die Wellen, die mit diesen Wegen assoziiert sind, vernichten sich durch die Interferenz gegenseitig. Die einzigen Wege, für die das nicht passiert, sind die, deren Wellen in Phase

Abbildung 32: Woher weiß ein Teilchen, was der gerade Weg von A nach B ist? Die Quantentheorie gibt eine Antwort. Das Teilchen »tastet« alle möglichen Wege von A nach B »aus«. Durch den Wellencharakter der Quantenmaterie kommt es mit Hilfe der Interferenz überall zur Auslöschung der Wege, außer in dem Gebiet in der Mitte (gestrichelte Linie). Daher ist den Quantenregeln zufolge der wahrscheinlichste Weg derjenige, der entlang der geraden Linie führt. Nur auf dem atomaren Niveau bemerken wir irgendwelche Abweichungen von den klassischen geraden Trajektorien.

sind und die sich folglich verstärken. Eine exakte Verstärkung tritt nun genau entlang des gradlinigen Wegs ein, und in seiner Nachbarschaft kommt es zu einer verminderten Verstärkung. Damit folgt das Teilchen mit größter Wahrscheinlichkeit der kürzesten verfügbaren Strecke. Es hängt von der Masse ab, wie wahrscheinlich ein Teilchen diesen Weg verläßt und auf mehr unbestimmte Weise weiterkommt. Bei einem Elektron ist die Bewegung sehr ungeordnet, doch schwerere Teilchen verhalten sich weniger abenteuerlich. Im Grenzfall großer Gegenstände in der Art von Billardkugeln sind die Abweichungen von der geraden Linie nur noch infinitesimal. Damit gewinnen wir die wohldefinierte gradlinige Bahn der klassischen Mechanik zurück. Der Ursprung des geordneten Verhaltens eines makroskopischen Körpers kann also in der Quantenphysik gefunden werden, die ihm letzten Endes zugrunde liegt.

Design im Universum

Gewöhnlich reagieren Physiker auf bemerkenswerte Entdeckungen der beschriebenen Art mit einer Mischung aus Entzücken (über die Subtilität und Eleganz der Natur) und Verblüffung: »Ich wäre nie auf die Idee gekommen, dies so zu machen.« Wenn die Natur so schlau ist, daß sie Mechanismen ausnutzen kann, die uns durch ihren Einfallsreichtum erstaunen lassen, sollte das nicht Hinweis genug auf ein intelligentes Design sein, das hinter dem physikalischen Universum steckt? Wenn selbst die besten Köpfe nur mit größter Mühe das innere Wirkungsgefüge der Natur enträtseln können, wie soll man dann noch annehmen, daß es sich hier nur um ein zufälliges, sinnloses Ereignis handelt?
An dieser Stelle können wir wieder die Analogie mit dem Kreuzworträtsel bemühen. Auf viele Weisen ähnelt die Suche nach den Gesetzen der Physik dem Ausfüllen eines Kreuzworträtsels. Die Natur gibt uns – oftmals kryptische – Hinweise, und manchmal muß man sehr subtil zu Werke gehen. Die Gesetze der Natur werden nicht sichtbar, wenn man die Welt bloß inspiziert. Sie sind vielmehr hinter der oberflächlichen Aktivität verborgen und können nur entdeckt werden, wenn man tiefer gräbt. Die Gesetze der Atomphysik würden uns nie ohne besondere Technik und sorgfältig geplante Experimente offenbart werden. Die Natur versorgt uns mit so etwas wie kryptischen Hinweisen zu einem Kreuzwort-

rätsel. Die Verwendung der Tips erfordert einigen Erfindungsreichtum, Erfahrung und Vorstellungskraft, denn nur selten treten die Antworten offen zutage.
Wenn mehrere Hinweise verstanden worden sind, zeigt sich allmählich ein Muster. So, wie die Wörter in einem Kreuzworträtsel zusammenpassen und ein geordnetes Bild ergeben, so erkennen wir nach und nach eine bemerkenswerte Ordnung der Natur, auf die wir in vorhergehenden Abschnitten dieses Kapitels zu sprechen gekommen sind. Die Welt ist eine Überlagerung von physikalischen Mechanismen. Ihr Zusammengreifen führt nicht zu einem zufälligen Durcheinander von Wirkungen, wie es leicht der Fall sein könnte, sie führt vielmehr zu einer sorgfältig organisierten Harmonie.
Im Fall des Kreuzworträtsels kämen wir nie auf die Idee, daß die Wörter bloß zufällig in ein Muster passen und daß die Subtilität und Ingenuität der Hinweise schlicht harte Tatsachen ohne Bedeutung oder das Produkt unseres eigenen Geistes sind, der versucht, einer bedeutungslosen Information Sinn zu geben. Doch trifft man genau auf dieses Argument im Hinblick auf das Wunder der Natur, das doch überwältigend viel raffinierter und einfallsreicher als ein Kreuzworträtsel ist. Wenn wir also nicht daran zweifeln, daß die Ordnung, Konsistenz und Harmonie eines Kreuzworträtsels darauf schließen lassen, daß es die Hervorbringung eines einfallsreichen und erfinderischen Geistes ist, warum befallen uns dann Zweifel im Fall des Universums? Warum ist die Evidenz für ein Design so zwingend in dem einen, aber nicht in dem anderen Fall?
Im 19. Jahrhundert wurde die Existenz von Ordnung und Harmonie häufig von Theologen als Argument für einen übernatürlichen Designer angeführt. Einer der lautesten Vertreter des Designarguments war William Paley, der die Analogie zwischen den natürlichen Mechanismen und einer Uhr verwendete. Paley lud seine Zuhörer ein, sich vorzustellen, sie träfen ganz ahnungslos auf eine Uhr. Wenn sie dann ihren verwickelten Mechanismus und die ineinandergreifenden Teile untersuchten, kämen sie zu dem vernünftigen Schluß, daß die Uhr zu einem bestimmten Zweck von einem intelligenten Wesen entworfen worden sei. Vergleiche man nun die Uhr mit vielen außerordentlich verfeinerten Mechanismen in der Natur – wie etwa der Anordnung der Planeten im Sonnensystem und der komplexen Organisation der Lebewesen –, dann

wäre die Evidenz für ein intelligentes Design noch deutlicher als im Fall der Uhr.

Trotz ihres oberflächlichen Reizes hat Paleys Argument – und mit ihm viele nachfolgende Versuche, aus dem Funktionieren der Natur auf die Existenz eines Designs zu schließen – mehreren harten Angriffen von Philosophen und Wissenschaftlern standhalten müssen. Drei der Erwiderungen kann man auch heute noch hören, und sie lauten wie folgt: Wir selbst zwingen der Natur die Ordnung auf, damit sie für uns Sinn hat; das Argument ist verfehlt; jede existierende Ordnung in der Natur ist das Produkt des Zufalls und nicht eines Designs.

Erstens zwingen wir der Welt angeblich die Ordnung auf, damit sie Sinn für uns hat. Der Punkt, um den es hier geht, besteht darin, daß der menschliche Geist am geeignetsten dafür ist, in einem Haufen von Daten Muster zu erkennen, eine Eigenschaft, die uns vermutlich mit einem evolutionären Vorteil ausgestattet hat. Wir werden dauernd mit komplexen Informationen konfrontiert, die vom Gehirn auf irgendeine Weise organisiert werden müssen, damit wir wirkungsvoll funktionieren können. Die berühmten Konstellationen, bei denen zufällige Verteilungen der Sterne am Himmel von unseren Vorfahren als kohärente Muster (Sternbilder) wahrgenommen wurden, liefern ein gutes Beispiel dafür, wie der Geist etwas wahrnimmt, das gar nicht existiert. Es gibt keinen Großen Wagen, keine Jungfrau und keinen Skorpion. Es handelt sich dabei um zufällige Lichtpunkte.

Dennoch überzeugt das Argument nicht so ganz, wenn man es auf die Wissenschaft anwendet. Es gibt objektive Wege, um festzustellen, ob es in einem physikalischen System eine Ordnung gibt. Die Ordnung lebender Wesen ist ganz sicher kein Produkt unserer Einbildungskraft. In der Grundlagenphysik finden die Naturgesetze ihren Ausdruck in mathematischen Strukturen, die den Mathematikern längst bekannt waren, bevor sie auf die reale Welt angewendet wurden. Die mathematische Beschreibung ist also nicht erfunden worden, um eine griffige Beschreibung der Natur zu ermöglichen. Oftmals überrascht uns die Übereinstimmung zwischen der Welt und einer mathematischen Struktur vollständig. Die mathematische Ordnung *tritt hervor,* wenn das physikalische System analysiert wird.

Die elfdimensionale Beschreibung der Naturkräfte liefert hierfür ein gutes Beispiel. Das mathematische Wunder, daß dieselben Gesetze, die die Kräfte kontrollieren, in Form der bislang verborgenen geometrischen Eigenschaft eines vieldimensionalen Raumes ausgedrückt werden können, muß als vollständig überraschend angesehen werden. Die Ordnung, die sich hier zeigt, wurde nicht aufgezwungen, sie tauchte nach einer langwierigen mathematischen Analyse auf.

Kein Physiker würde ernsthaft glauben, daß sich sein Gebiet in einem ungeordneten und bedeutungslosen Durcheinander befindet und daß die Gesetze der Physik keinen wirklichen Fortschritt darstellten. Es wäre lächerlich, wenn man behauptete, die ganze Wissenschaft sei nur eine Erfindung des Geistes, die mit der Realität ebensowenig zu tun habe wie das Sternzeichen der Fische mit den Lebewesen, die im Wasser schwimmen.

Die zweite Erwiderung lautet, daß das ganze Argument fehlerhaft ist. Es wird häufig eingewendet, daß bei dem Schluß auf die Existenz eines Designs im Universum »rückwärts gedacht« wird und daß man dabei dem Fehler einer A-posteriori-Begründung aufsitze. Schauen wir uns dazu zum Beispiel die folgende Passage aus dem Buch »Life Beyond Earth« von Gerald Feinberg und Robert Shapiro an:

> »Ein Geograph mit vorgefaßter Meinung mag irgendwann von der Tatsache überrascht werden, wie gut der Mississippi in sein Tal paßt. Er fließt genau in die richtige Richtung mit genau den erforderlichen Konturen und Nebenflüssen, um die Entwässerung der zentralen amerikanischen Staaten in den Golf von Mexiko sicherzustellen. Dabei kommt er auf seinem Weg noch freundlicherweise bei jeder Werft vorbei und fließt unter jeder Brücke durch. Der Geograph könnte dann versucht sein, den Mississippi in Gedanken mit dem Amazonas zu vertauschen. Wenn er den Amazonas auf eine amerikanische Karte überträgt, stellt er möglicherweise fest, daß der Fluß von Westen nach Osten strömt, was nicht geht, da er dann über die Berge müßte. Und selbst wenn er den Amazonas in die ›richtige‹ Richtung drehte, würde er auf viele Schwierigkeiten stoßen. New Orleans würde von dem großen Amazonasdelta überschwemmt werden, und zahllose Straßen der Städte stünden unter Wasser. Der Geograph käme zu dem Schluß, daß der

Mississippi für seinen Zweck sehr geeignet und daß der Amazonas ungeeignet sei.
Wir wollen diese Situation etwas einschränken. Nehmen wir an, der Geograph würde überhaupt keine anderen Flußsysteme kennen, er habe ausschließlich den Mississippi studiert. Er würde nun feststellen, daß eine größere Änderung in dem Lauf des Flusses Schäden und Verschiebungen zur Folge hätte. Sein Schluß wäre dann, daß nur die vorliegende Form des Flusses ein funktionierendes geologisches System ermögliche. Wenn es andere Flüsse gebe, dann müßten sie genauso aussehen.«

Eine ähnliche Kritik steckt in einem Aufsatz, den Ralph Estling vor wenigen Jahren in der Zeitschrift »New Scientist« veröffentlicht hat:

»Dem Argument für das Übernatürliche oder das Superintelligente liegt das anthropische Prinzip zugrunde, also die Überlegung, daß das Universum so *exakt* das für den Menschen richtige Universum ist, daß wir über die vielen Tausenden von Zufälligkeiten nachsinnen müssen, die absolut unumgänglich dafür sind, daß es den Menschen (und Leben allgemein) überhaupt gibt. Eine winzige Abweichung in nur einer dieser tausend Zufälligkeiten würde das Universum drastisch, wenn nicht vollständig geändert haben. Und doch: Bis hinunter zu den Feinstrukturkonstanten, die die Gravitation, die elektromagnetische, die starke und die schwache Kraft bestimmen, und bis hinauf zu den grundlegenden biologischen Vorbedingungen finden wir, daß der Kosmos im allgemeinen, die Sonne im besonderen und die Erde ganz besonders derart fein auf *uns* abgestimmt ist, daß der Schluß unausweichlich ist: Es war ein Gott, der das so gemacht und dabei an uns gedacht hat. Es gibt – darauf bestehen wir – einfach zu viele Zufälligkeiten und zu viele Wunder, um zu sagen, es sei alles nur reiner Zufall und nicht herbeigeführt worden.«

Diese Autoren machen zu Recht auf die Schwierigkeiten aufmerksam, die es beim rückwärtigen Denken gibt; sie müssen aber nicht immer in Fallen enden. Man kann leicht Beispiele angeben, bei denen diese Argumentation wunderbar funktioniert. In der Tat wenden wir diese Denkweise jeden Tag an, ohne damit hängenzubleiben. Paley hatte ganz sicher recht, als er behauptete, daß eine Uhr das Produkt eines Entwurfs sei. Worauf es ankommt, ist, daß wir mit Vorsicht den bemängelten Gebrauch der Argumentation a posteriori vermeiden müssen.

Wie können wir wissen, ob das rückwärtige Denken uns im Hinblick auf die Ordnung der Welt in die Irre führt? Der Schlüssel steckt darin, daß wir zwei verschiedene Formen der Ordnung unterscheiden müssen. Dies bringt mich zu dem dritten Einwand gegen das Designargument, demzufolge jede in der Natur vorkommende Ordnung das Ergebnis eines blinden Zufalls sei und nichts mit Design zu tun habe.

Dieser schwere Einwand ist in vielen Fällen zweifellos richtig. Er war auch weitgehend dafür verantwortlich, daß viele Theologen das Designargument wieder aufgegeben haben. Es wird jedoch oft ungenau und ohne Beachtung dessen verwendet, daß sich mit dem Konzept »Ordnung« zwei verschiedene Bedeutungen verbinden. Eine Bedeutung von Ordnung ist die der *komplexen Organisation,* wie sie in lebenden Organismen zu sehen ist. Sehen wir uns zum Beispiel das menschliche Auge an. Sein empfindlicher und raffinierter Mechanismus scheint ausschließlich zu dem Zweck entworfen worden zu sein, uns mit Licht zu versorgen. Die Anordnung der Linse und der Retina ist perfekt geordnet, um den physikalischen Gesetzen zu gehorchen. Die vielen Millionen Zellen, aus denen das Auge und der optische Nerv bestehen, sind alle hochspezialisiert, um ganz bestimmte Aufgaben zu erfüllen und um mit den Nachbarzellen auf kontrollierte und geordnete Weise zusammenzuarbeiten. Eine zufällige Anordnung von Zellen (und erst recht von Atomen) kann niemals das Wunder des Sehens bewerkstelligen.

Die Biologen leugnen den unglaublichen Grad der Anpassung nicht, den das Auge aufweist. Trotzdem brauchen sie nicht anzunehmen, daß das Auge durch übernatürliche Mittel im voraus entworfen und zusammengebaut worden ist. Die Theorie der Evolution bietet eine befriedigende Erklärung dafür, wie das menschliche Auge geschaffen ist. Die fossilen Daten und die vergleichende Anatomie liefern ein genaues Bild des Weges, auf dem sich solch ein komplexes Organ wie das Auge stufenweise über viele Generationen und aufgrund des evolutionären Drucks herangebildet hat. Zufällige genetische Änderungen bringen alle Arten von Möglichkeiten hervor; und diejenigen, die einem Organismus Vorteile verleihen, werden von der Natur in dem andauernden Überlebenskampf ausgewählt. Eine Tierart wird eine große Zahl an Möglichkeiten ausprobieren, bevor sie dann zufällig die richtige trifft, nämlich die, die ihre Adaptation an die Umgebung verbessert.

Komplexe Formen der Organisation können daher spontan auftreten, also ohne daß ein vorgegebener Plan oder ein Design notwendig ist. Entscheidend für den Erfolg solcher Verfahren ist allerdings die Existenz eines Ensembles, womit eine große Ansammlung ähnlicher Systeme gemeint ist. In dem biologischen Fall besteht das Ensemble aus den Milliarden Organismen und den Millionen von Generationen, die im Lauf der Erdgeschichte existiert haben. Der riesige Vorrat an ähnlichen Genen, der durch die Vielfalt der Organismen bereitgestellt wurde, versetzt die Natur in die Lage, mit allen möglichen Alternativen zu »experimentieren«, bis zufällig eine günstige Mutation eintritt. Die Selektion isoliert dann diese Mutation und verankert sie im Genvorrat. Die Ansammlung von zahllosen vorteilhaften kleinen Änderungen richtet nach und nach Mechanismen ein, die so komplex sind wie das Auge.

Im Gegensatz zum Konzept der Ordnung als einer komplexen Organisation gibt es auch die Ordnung, die mit Symmetrie und Einfachheit zu tun hat. Diese Art der Ordnung kann sowohl räumlich als auch zeitlich sein. Ein gutes Beispiel für den ersten Fall liefert ein Kristallgitter. In einem Kristall hängen Atome in einer regulären Anordnung zusammen und bilden einfache geometrische Muster mit einem hohen Grad an Symmetrie. Das zugrundeliegende atomare Muster spiegelt sich in den symmetrischen Formen wider, die Kristalle an den Tag legen, etwa in der kubischen Form von Salzkristallen. Und diese atomare Symmetrie ist letztendlich auch für die regulären Formen der Schneeflocken verantwortlich. Ein zweites Beispiel für eine räumliche Ordnung ist die Konstellation des Sonnensystems, in dem nahezu runde Planeten auf nahezu kreisförmigen Bahnen eine nahezu kreisförmige Sonne umrunden.

In beiden Beispielen können wir den Ursprung der räumlichen Ordnung bis zu den Symmetrien in den fundamentalen Gesetzen der Physik verfolgen, die für die beschriebenen Systeme gelten. Viele physikalische Systeme haben stabile Zustände, die einen hohen Grad an Symmetrie und Einfachheit offenbaren. Natürlich müssen wir noch erklären, wie die Systeme zunächst einmal überhaupt in solche Zustände gelangt sind. Ein Grund hierfür liegt darin, daß komplizierte Zustände dazu tendieren, instabil zu sein. Der Zustand mit niedrigster Energie ist beim Wasserstoffatom kugelsymmetrisch, die angeregten Zustände sind dies nicht. Entsprechend ist die Gleichgewichtsform eines der Gravitation unterliegenden flüssigen Körpers (ohne Rotation) eine perfekte Kugel. Wie wir gesehen haben, ist es ein allgemeines Gesetz der Natur, daß physikalische Systeme sich ihren Zustand mit der niedrigsten Energie aussuchen. Wenn ein System mit einem Überschuß an Energie anfängt (wenn es angeregt ist), treten alle Arten von physikalischen Mechanismen in Erscheinung, um ihm diese Energie abzunehmen. Früher oder später wird es sich auf seinem tiefsten Energiezustand einfinden, der im allgemeinen der einfachste ist. Aus diesem Grund ist die räumliche Ordnung ein allgemeines Charakteristikum der Welt. Es ist aber wichtig, sich daran zu erinnern, daß ihr Ursprung in der räumlichen Ordnung steckt, die schon in den Gesetzen der Physik enthalten ist. Wenn zum Beispiel die Gravitationskraft komplizierter wäre und auch von der gegenseitigen Orientierung zweier Körper (und nicht nur von ihrer Entfernung) abhinge, dann müßten die Planeten auf ziemlich wilden Bahnen umherziehen.

Wenden wir uns nun der zeitlichen Ordnung zu. Sie wird durch die Regelmäßigkeit vieler natürlicher Prozesse exemplifiziert, durch das Ticken einer Uhr, die Vibrationen der Atome, den Wechsel von Tag und Nacht, Sommer und Winter. Auch in diesem Fall können die Regelmäßigkeiten bis auf die zugrundeliegenden Gesetze der Physik zurückverfolgt werden, die häufig einfach *periodische* Bewegungen erlauben. Periodische Bewegungen oder Oszillationen sind in der Tat das am weitesten verbreitete Beispiel einer Ordnung in der Physik. Wellenartige Oszillationen liegen im Herzen aller Quantenbewegung; elektromagnetische Wellen tragen Wärme und Licht durch das Universum; Planeten, Sterne und Galaxien sind allesamt Objekte, die sich auf periodischen Bahnen im Raum bewegen.

Neben der geordneten Bewegung von materiellen Körpern gibt

es noch eine tiefere Art von zeitlicher Ordnung in der Welt, die implizit in dem Konzept eines Naturgesetzes enthalten ist und die oft als selbstverständlich einfach hingenommen wird. Die Tatsache, daß es überhaupt Gesetze gibt, legt eine gewisse Konsistenz der Welt von einem Augenblick zum nächsten nah. Auf ihrer tiefsten Ebene besteht diese Konsistenz einfach darin, daß die Welt weiterexistiert. Darüber hinaus ändern sich die Gesetze nicht von Epoche zu Epoche (sonst würden sie auch nicht als Gesetze anerkannt). Die Erde folgt ihrer elliptischen Bahn um die Sonne seit Millionen von Jahren.

Weder die räumliche noch die zeitliche Ordnung stellt eine zufällige Eigenschaft der Welt dar; beide sind in die zugrundeliegenden Gesetze selbst eingebaut. Es sind die *Gesetze,* die die erstaunliche Geordnetheit der Welt einschließen, und nicht die physikalischen Strukturen. Diese Gesetze sind doppelt bemerkenswert, weil sie *sowohl* die Ordnung der räumlichen und zeitlichen Einfachheit *als auch* die Ordnung der komplexen Organisation zulassen. Dieselben Gesetze, die zu der einfachen Form eines Kristalls führen, erlauben auch solche komplizierten und verwickelten Strukturen wie die der Lebewesen. Man könnte sich ohne Zweifel ein Universum vorstellen, in dem die Gesetze so konstruiert sind, daß sie zwar einfache Verhaltensmuster – etwa die Umlaufbahnen von Planeten – ermöglichen, daß sie es aber äußerst komplexen Strukturen wie Polymeren und erst recht Molekülen wie der DNS unmöglich machen zu existieren. Es ist tatsächlich erstaunlich, daß solche einfachen Gesetze wie die, die die moderne Physik an den Tag gebracht hat, die Vielfalt und Komplexität der realen Welt ermöglichen. Und doch ist genau dies der Fall.

Steckt eine Bedeutung hinter der Existenz?

Wie wahrscheinlich ist es nun, daß die Gesetze der Physik die Existenz komplexer Strukturen zulassen? Wie fein müssen diese Gesetze abgestimmt sein?

In einem berühmten Aufsatz in der Wissenschaftszeitschrift »Nature« schreiben die britischen Astrophysiker Bernard Carr und Martin Rees, daß die Welt außerordentlich empfindlich auch gegenüber den kleinsten Änderungen der physikalischen Gesetze sei. Wenn die uns bekannten Gesetze auf irgendeine Weise anders wären, wäre das Universum nicht wiederzuerkennen.

Carr und Rees stellten fest, daß die Existenz komplexer Strukturen extrem von den numerischen Werten abzuhängen scheint, die die Natur den sogenannten Naturkonstanten gegeben hat, welche die Skala der physikalischen Vorgänge festlegen. Zu diesen Konstanten gehören die Lichtgeschwindigkeit, die Massen verschiedener subatomarer Teilchen und eine Zahl von »Kopplungskonstanten« wie etwa die elementare Ladungseinheit, die festlegt, wie stark die verschiedenen Kraftfelder auf die Materie einwirken. Die tatsächlichen Werte dieser Größen bestimmen viele der groben Strukturen dieser Welt, wie etwa die Größe der Atome, der Kerne, der Planeten und der Sterne, die Dichte der Materie im Universum, die Lebensdauer von Sternen und auch die Größe von Tieren.

Die meisten der komplexen Strukturen, die man im Universum beobachtet, sind das Ergebnis eines Wettbewerbs oder einer Balance zwischen miteinander streitenden Kräften. Die oberflächlich ruhig erscheinenden Sterne zum Beispiel sind in Wirklichkeit der Schauplatz für das Wechselspiel der vier Kräfte. Die Gravitation versucht einen Stern zusammenzudrücken. Die elektromagnetische Energie kämpft dagegen an, indem sie für inneren Druck sorgt. Die daran beteiligte Energie stammt von Kernreaktionen, die von den starken und schwachen Kräften betrieben werden. Unter diesen Umständen eines dicht verklammerten Wettstreits hängt die Struktur des Systems sehr genau von der Stärke der beteiligten Kräfte und also vom numerischen Wert der Fundamentalkonstanten ab.

Der Astrophysiker Brandon Carter hat diesen stellaren Kampfplatz im Detail analysiert und dabei eine unglaubliche Empfindlichkeit in dem Gleichgewicht zwischen der Gravitation und der elektromagnetischen Wirkung gefunden. Seine Rechnungen zeigen, daß es zu einer Katastrophe für den Stern führen würde, wenn man die Stärke einer der beiden Kräfte nur geringfügig veränderte.

Viele andere wichtige physikalische Strukturen sind ebenfalls extrem anfällig gegenüber den kleinsten Änderungen in der relativen Stärke der Kräfte. So hätte zum Beispiel ein Anstieg der starken Kraft nur um einige Prozent dazu geführt, daß alle Wasserstoffatome im Urknall verbraucht worden wären, womit ein leerer Kosmos ohne den wichtigsten Brennstoff für die Sterne entstanden wäre.

In meinem Buch »The Accidental Universe« habe ich eine umfassende Untersuchung aller »Zufälligkeiten« und »Übereinstimmungen« vorgelegt, die erforderlich zu sein scheinen, damit die komplexen Strukturen existieren können, die wir heute beobachten. Die schiere Unwahrscheinlichkeit, daß diese glücklichen Übereinstimmungen alle durch eine Reihe von Zufällen zustande gekommen sind, hat viele Wissenschaftler dazu geführt, Fred Hoyles Satz zuzustimmen, daß das Universum ein »put-up job« ist, es muß errichtet worden sein.

Das äußerste Beispiel für eine komplexe Organisation im Universum ist das Leben, und deshalb interessieren wir uns besonders für die Frage, wie abhängig unsere Existenz von der genauen Form der physikalischen Gesetze ist. Menschen benötigen ganz sicher hochspezialisierte Bedingungen zum Überleben, und fast jeder Änderung an den physikalischen Gesetzen würden Bedingungen folgen, die das Leben, das wir kennen, ausschließen. Eine wichtige Frage lautet allerdings, welche Änderungen *jede* Form des Lebens unmöglich machen würden. Eine Antwort auf diese Frage ist deshalb schwierig, weil es keine Definition von Leben gibt, der allgemein zugestimmt wird. Wenn wir uns darauf einigen, daß Leben wenigstens die Existenz schwerer Atome wie Kohlenstoff voraussetzt, dann können einigen der Naturkonstanten strenge Grenzen gesetzt werden. So darf zum Beispiel die schwache Kraft, die eine Supernova antreibt, bei der die schweren Elemente in den interstellaren Raum geschleudert werden, von ihrem beobachteten Wert nicht stark abweichen, um noch immer Sterne explodieren lassen zu können.

Das Ergebnis all dieser Studien scheint zu sein, daß viele der wichtigen physikalischen Strukturen im Universum – das Leben eingeschlossen – kritisch von der genauen Form der physikalischen Gesetze abhängen. Wäre das Universum mit geringfügig anderen Gesetzen erschaffen worden, wären wir nicht (und wahrscheinlich auch niemand sonst) hier, um es anzusehen. Es ist sogar zweifelhaft, daß es dann überhaupt irgendwelche komplexen Strukturen gäbe.

Es wird manchmal eingewendet, daß doch nur die Strukturen verändert wären, wenn die physikalischen Gesetze anders wären. Und auch wenn unser Leben ausgeschlossen wäre, gäbe es eben ein anderes Leben. Doch hat noch niemand den Versuch unternommen nachzuweisen, daß komplexe Strukturen notwendige (und vielleicht sogar wahrscheinliche) Konsequenzen aus physikalischen Gesetzen sind. Alle verfügbare Evidenz weist darauf hin, daß die komplexen Strukturen empfindlich von der besonderen Form der Gesetze abhängen. Man ist daher versucht zu glauben, daß es ein komplexes Universum nur dann geben kann, wenn die Gesetze der Physik nicht viel anders sind, als sie sind.

Sollen wir nun den Schluß ziehen, daß das Universum entworfen worden ist? Die neue Physik und die neue Kosmologie geben ein quälendes Versprechen: Wir könnten eines Tages vielleicht in der Lage sein, zu erklären, wie alle physikalischen Strukturen des Universums zu existieren begonnen haben, und zwar automatisch als Ergebnis natürlicher Vorgänge. Wir sollten dann keinen Bedarf mehr haben für einen Schöpfer im herkömmlichen Sinn. Aber selbst wenn die Wissenschaft die Welt erklärt, dann müssen wir nichtsdestoweniger immer noch die Wissenschaft erklären. Die Gesetze, die das Universum in die Lage versetzen, seine Existenz spontan zu beginnen, können selbst das Ergebnis eines genialen Entwurfs sein. Wenn aber hinter der Physik ein Design steckt, dann muß das Universum einen Zweck haben. Die Evidenz der modernen Physik weist in meinen Augen stark darauf hin, daß dieser Zweck uns einschließt.

Personenregister

Ein faszinierendes Buch

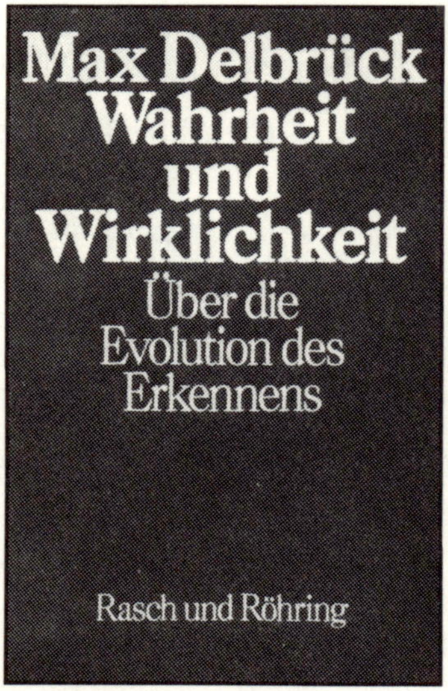

Delbrücks Buch bietet einen faszinierenden Überblick über die Fragen, die die Wissenschaftler sehr unterschiedlicher Disziplinen beschäftigen. Es beschreibt anregend die Entwicklung des Lebens und des Bewußtseins bis hin zu jenem qualitativen Sprung, als in der Physik Theorien entwickelt wurden, die von unserer phylogenetischen Raum-Zeit-Wahrnehmung nicht mehr erfaßt werden konnten, also antiintuitiv waren.

Frankfurter Allgemeine Zeitung

368 Seiten, gebunden mit Schutzumschlag

RASCH UND RÖHRING
VERLAG